해양력이 역사에 미치는 영향 1

The Influence of Sea Power
upon History 1660~1783

알프레드 세이어 마한 지음

김주식 옮김

해양력이 역사에
미치는 영향 1

책세상

일러두기

1. 이 책에 사용된 맞춤법과 외래어 표기는 1989년 3월 1일부터 시행된 〈한글 맞춤법 규정〉과 〈문교부 편수자료〉에 따랐다.

2. 번역의 텍스트로는 《The Influence of Sea Power upon History 1660~1783》(Little, Brown, and Company, 1932)를 사용했다. 볼륨의 방대함으로 인해 두 권으로 나누었고, 페이지는 연속 표기했다.

3. 각 권의 각주는 저자의 원주다.

4. 서명, 잡지명, 선박 이름은 이탤릭 체로 표기했다.

5. 인명과 지명의 원어표기는 최초 1회만 병기했다.

서문

이 책은 해양력이 유럽과 미국의 역사의 흐름에 미친 영향을 바탕으로 유럽과 미국의 전반적인 역사를 검토하려는 목적을 갖고 있다. 역사가는 대체로 바다의 사정에 어둡다. 왜냐하면 그들은 바다의 영향에 관해 특별한 관심이나 지식도 가지고 있지 않기 때문이다. 따라서 그들은 해상력maritime strength이 여러 중요한 문제에 대해 결정적이고 심오한 영향을 주었다는 사실을 가볍게 보아 넘겨왔다. 이러한 일은 해양력의 일반적인 경향보다는 특정한 경우에 한층 더 많이 나타났다고 말할 수 있다. 일반적으로 해양의 사용과 통제는 과거부터 현재까지 세계에서 중요한 요소였다. 그러나 어떤 특정한 정세에서 해양력이 어떠한 의의를 가졌는가를 파악해 보여주는 것은 훨씬 어려운 일이다. 그러나 이러한 작업이 이루어지지 않는다면, 해양력의 일반적인 중요성을 알고 있다고 하더라도 명확하게 인식할 수는 없을 것이다. 당시 상황의 분석을 통하여 해양력으로부터 영향을 받았음이 분명한 사례를 모으고, 이것을 근거로 그 의의를 찾아내야 하는 데에도 불구하고 그렇지 못한 것이 현실이다.

영국은 바다 때문에 위대해진 국가이다. 그런데도 영국이 낳은 두

명의 훌륭한 저술가가 여러 가지 사건에 대한 해양력maritime power
의 영향을 경시하는 경향을 드러내고 있는 것은 이상한 일이다.

그 중 아놀드Arnold는 그의 저서 《로마사History of Rome》에서 다음
과 같이 말하고 있다. "최고의 천재였던 개인이 대국의 자원과 제도
에 맞서 싸운 적이 두 번 있었다. 그리고 두 번 모두 국가가 승리했
다. 한니발Hannibal은 17년 동안 로마와 싸웠고, 나폴레옹Napoleon
은 16년 동안 영국과 싸웠다. 그러나 전자는 자마Zama, 후자는 워털
루Waterloo에서 각각 패배했다." 에드워드 크리시 경Sir Edward Creasy
은 이에 대해 다음과 같이 덧붙이고 있다. "그러나 이 두 차례의 전
쟁이 내포한 유사점 가운데 하나에 대해 적절한 분석이 이루어지
고 있지 않다. 카르타고의 한니발 장군을 격퇴시킨 로마의 스키피
오Scipio 장군과 프랑스의 황제에게 최후의 치명적인 타격을 준 영
국의 웰링턴Wellington 장군 사이에는 커다란 유사점이 있다는 것이
다. 그들은 모두 아주 중요하면서도 전쟁의 주요 작전지역에서 멀
리 떨어진 곳에 주둔해 있던 부대의 지휘관으로 오랫동안 근무했
다. 그들은 중요한 시기에 군 생활을 스페인이라는 같은 나라에서
했다. 스키피오는 웰링턴과 마찬가지로 정복자와 직접 대결하기 전
에 정복자의 거의 모든 예하 장군들과 싸워 이들을 물리쳤는데, 이
러한 활약은 스페인에서 이루어졌다. 스키피오와 웰링턴은 모두 계
속되는 패배로 국민들이 동요하고 있을 때 군대에 대한 국민의 신
뢰를 회복시켜주었으며 두 사람 모두 적의 우수한 지휘관과 선발된
노련한 병사들을 완전히 격퇴시킴으로써 오랜 세월에 걸친 참혹한
전쟁을 종결시켰다."

하지만 이 두 명의 저술가 가운데 누구도 두 전쟁에서 승자가 바
다를 지배하고 있었다는 결정적인 일치점에 대해 언급하지 않고 있

다. 한니발은 로마가 바다를 지배하고 있었기 때문에 골Gaul 지방을 경유하는 멀고 위험한 행군을 해야 했고 그 과정에서 노련한 병사의 절반 이상을 잃어버렸다. 반면 스키피오는 해상 지배 덕분에 휘하 부대를 론Rhone 강에서 스페인으로 파견하여 한니발의 후방 보급선을 차단시킨 후 귀국하여 트레비아Trebia 강에서 침략자를 맞아 싸울 수 있었다. 이 전쟁 동안 로마의 군단은 한니발의 기지가 있던 스페인과 이탈리아 사이를 아무런 방해도 받지 않고 해로로 왕복할 수 있었다. 메타우루스Metaurus 강변에서 일어난 결전의 승패는 로마군이 하스드루발Hasdrubal과 한니발보다 안쪽 위치를 차지하고 있었다는 사실에 의해 좌우되었다. 증원부대를 해로로 보낼 수가 없게 된 하스드루발은 골을 경유하는 육로를 통해 보낼 수밖에 없었으며 따라서 카르타고의 두 부대는 이탈리아의 길이만큼 서로 격리되었고, 이어서 한 부대(하스드루발의 동생이 지휘한 증원군)는 로마 장군들의 연합군에 의해 격파되어버렸다.

다른 한편으로 해군사가들은 일반적으로 자신들의 임무를 해군과 관련된 사건의 단순한 기록자에 한정시킴으로써 일반 역사와 자신들이 다루고 있는 특수한 문제(해군의 역사)의 관련성에 대해 고려하지 않는 경향을 드러냈다. 그러나 프랑스의 해군사가들은 영국과는 달랐다. 천부적 자질과 교육을 갖춘 프랑스의 해군사가들은 특수한 결과를 만들어낸 원인이 무엇이고 또한 여러 사건의 상호관계가 어떠했는가에 대해 영국의 해군사가들보다 훨씬 주의 깊게 조사했다.

그러나 필자가 알기에 이 책이 추구하고 있는 특수한 목적인 해양력이 역사의 진로와 국가의 번영에 미친 영향을 명확하게 밝힌 저서는 아직까지 없다. 일반적으로 역사책은 전쟁과 정치 그리고 여러

나라의 사회경제적 상황을 다루면서도 해양 문제는 단순히 부수적인 것으로 냉담하게 다루고 있을 뿐이다. 이 책은 바다와 관련된 이권의 문제를 전면에 내세우고 있기는 하지만 그것을 일반 역사의 원인과 결과라는 조건에서 분리시키지 않으면서 어떻게 영향을 주고받아 변형되고 또 변형시켰는지를 밝히려는 의도를 갖고 있다.

이 책이 다루고 있는 기간은 범선시대가 고유의 특성을 드러내기 시작한 1660년경부터 미국혁명이 끝난 1783년까지이다. 필자는 연속적인 해양사건과 관련된 일반 역사는 간단하게 다루고, 그 대신 정확한 사건 개요를 제시하려고 노력했다. 필자는 자신의 직업에 대해 아주 만족해하는 해군 장교의 한 사람으로서 이 책을 집필했으며 해군의 정책, 전략, 그리고 전술상의 문제에 대해서는 주저하지 않고 의견을 피력했다. 그러나 기술적인 용어를 피하고 간단하게 서술했기 때문에 전문가가 아닌 독자도 흥미를 가질 것으로 기대한다.

1889년 12월
알프레드 세이어 마한A.T.Mahan

차 례

해양력이 역사에 미치는 영향 1

제3장

네덜란드 연방 대 영불동맹의 전쟁(1672~74), 유럽 연합군 대 프랑스의 최후 전쟁(1674~78), 솔배이 해전, 텍셀 해전, 스트롬볼리 해전 213

제4장

영국 혁명, 아우크스부르크 동맹전쟁(1688~97), 비치 헤드 해전, 라 오그 해전 265

(1690) / 아일랜드에서의 전쟁의 종료 / 라 오그 해전(1692) / 전쟁에 대한 해양력의 영향 / 통상에 대한 공격과 방어 / 프랑스 사략행동의 특징 / 리스빅 평화 조약(1697) / 프랑스의 국력 소모와 그 원인

제5장
스페인 왕위계승전쟁(1702~13), 말라가 해전   305

오스트리아 왕가의 스페인 왕위계승 실패 / 스페인 국왕의 사망 / 루이 14세의 유산 수락 / 루이의 스페인령 네덜란드 도시 점령 / 영국, 네덜란드, 오스트리아의 공격동맹 / 선전포고 / 연합국의 카를로스 3세 스페인 국왕 임명 / 비고 만의 갈레온 사건 / 포르투갈의 연합국 가담 / 해전의 특징 / 영국의 지브롤터 점령 / 말라가 해전(1704) / 프랑스 해군의 쇠퇴 / 지상전의 경과 / 연합국의 사르디니아와 미노르카 점령 / 말버러 장군의 불명예 / 영국의 평화조약 제시 / 위트레흐트 조약(1713) / 평화 조건 그리고 교전국의 서로 다른 전쟁 결과 / 영국의 지도적 위치 / 통상과 해군력에 의존하는 해양력 / 해양력에 대한 프랑스 특유의 위치 / 프랑스의 불경기와 영국의 상업 번창 / 무력한 통상파괴 / 뒤기에 - 트루앙의 리우 데 자네이루 원정(1711) / 러시아와 스웨덴의 전쟁

제6장
프랑스의 섭정, 스페인의 알베로니, 월폴과 플뢰리의 정책, 폴란드 왕위 계승전쟁, 스페인계 중남미 국가에서 영국의 불법무역, 스페인에 대한 대영제국의 선전포고(1715~39)   349

앤 여왕과 루이 14세의 사망, 조지 1세의 왕위 계승 / 필립 오를레앙의 섭정 / 스페인의 알베로니 행정 / 스페인의 사르디니아 침공 / 영국, 프랑스, 네덜란드, 오스트리아의 동맹 / 스페인의 시칠리아 침공 / 파사로에서 스페인 해군의 격파(1718) / 알베로니의 실정과 실각 / 스페인의 조약 조건 수락 / 발트 해에 대한 영국의 간섭 / 필립 오를레앙의 사망 / 프랑스에서 플뢰리의 행정 / 프랑스 통상의 발전 / 프랑스와 동인도제도 / 영국과 스페인의 충돌 / 스페인계 중남미에서의 영국의 불법무역 / 영국 선박에 대한 스페인의 불법수색 / 평화유지를 위한 월폴의 투쟁 / 폴란드 왕위계승전쟁 / 부르봉 왕국의 건설 / 부르봉 왕가의 계약 / 프랑스의 바와 로렌 지방 획득 / 스페인에 대한 영국의 선전포고 / 스페인에 대한 영국 행위의 도덕성 / 프랑스 해군의 쇠퇴 / 월폴과 플뢰리의 죽음

차 례

해양력이 역사에 미치는 영향 2

제8장

7년전쟁(1756-63), 영국의 압도적인 세력 그리고 아메리카·유럽·동인도제도·서인도제도에서 해상 정복, 빙 제독의 미노르카 해전, 호크와 콩플랑, 동인도제도의 포우콕 해전과 다섯 해전

제11장

유럽의 해전(1779~82)

제12장

동인도제도에서 발생한 사건(1778~81), 인도를 향한 쉬프랑의 브레스트 출항(1781), 인도양에서 거둔 쉬프랑의 혁혁한 전과(1782~83)

제13장
요크타운 함락 이후 서인도제도에서 발생한 사건, 드 그라스와 후드의 교전, 세인트 해전, 1781년과 1782년

제14장

1778년 해양전쟁에 대한 비판적 논의

해설 / 알프레드 세이어 마한의 생애와 업적 …… 김주식

지도와 해전도 목록

서론

국가 간의 군사적 투쟁사로서 해양력의 역사

모두가 다 그런 것은 아니지만, 해양력의 역사는 대부분 국가 간의 분쟁이나 경쟁 또는 흔히 전쟁으로까지 발전하는 폭력에 대한 이야기이다. 국가의 부와 힘에 대한 해상무역의 영향력은 국가의 성장과 번영을 지배하는 진정한 원리가 발견되기 훨씬 전부터 확실하게 알려져왔다. 자국 국민에게 가능한 한 많은 이익을 확보해주기 위해서 다른 나라를 배제하려는 온갖 노력이 국가들 사이에 경주되어왔다. 그러기 위해서 국가는 우선 독점적 규칙이나 금지의 성격을 띤 평화적인 입법조치를 하고 그것이 실패할 경우 직접적인 폭력을 사용하는 방법들 중에서 하나를 택해야만 했다. 정착하는 사람이 없거나 멀리 떨어진 상업지역에서의 이익이나 무역의 이익 중 전부는 아니라 하더라도 좀더 많은 몫을 차지하려는 이해관계의 충돌과 격해진 감정이 전쟁을 유발하기도 했다. 반면에 다른 원인에 의해 발생한 전쟁도 해양의 지배에 따라 그 전개양상과 결과가 크게 달라지기도 했다. 그러므로 해양력의 역사는 해양에서 또는 해양에 의해 국민이 위대해지는 모든 경향을 광범위하게 포함하고 있지만, 주요 특징은 어디까지나 군대의 역사이다. 따라서 앞으로는 주로 이 점에 초점을 맞추어 서술할 것이다.

역사적 교훈의 불변성

군대의 위대한 지도자들은 과거의 군대에 대한 연구가 올바른 생각을 갖도록 해주고 장차 일어날 전쟁을 잘 수행할 수 있게 하는 필수적인 것이라고 생각한다. 나폴레옹은 야망을 가진 장교들이 연구해야 할 전투로서, 화약을 사용하지 않았던 알렉산더Alexander와 한니발 그리고 카이사르Caesar의 전투를 추천했다. 또한 전문적인 저술가들도 다음과 같은 점에서는 사실상 의견의 일치를 보고 있다. 역사는 무기체계의 발전에 따라 전쟁의 여러 조건이 시대마다 바뀌지만, 그 중에서 어떤 것은 변하지 않아 보편적인 적용이 가능하기 때문에 일반적인 원칙으로 사용할 수 있다는 교훈을 가르쳐준다. 같은 이유로 과거 바다의 역사에 대한 연구가 교훈적이라는 점도 판명될 것이다. 왜냐하면 과거 반세기 동안의 과학적인 진보에 의해, 그리고 증기를 동력으로 사용함으로써 해군의 병기가 엄청나게 변했음에도 불구하고 과거의 해양사는 해전의 일반 원칙에 대한 실제적인 예가 될 수 있기 때문이다.

발전하고 있는 현대 해군에 대한 견해

범선시대 해전의 역사와 경험을 비판적으로 연구하는 것은 두 배 정도 더 중요하다. 왜냐하면 범선시대의 역사와 경험은 오늘날에도 적용할 수 있는 가치 있는 교훈을 제공해줄 수 있으며, 또한 증기선

시대의 해군에게 아직 결정적인 교훈으로 인용될 만한 역사가 없기 때문이다. 범선시대에 대해서 우리는 많은 경험적인 지식을 가지고 있지만 증기선시대에 대해서는 실질적인 지식을 갖고 있지 못하고 있는 형편이다. 그러므로 장차 일어날 해전에 대한 이론은 거의가 추정에 의한 것이다. 노로 움직이는 갤리galley에는 이미 잘 알려진 오랜 역사가 있다. 바로 그 갤리 함대와 증기선 함대 사이의 유사점을 잘 비교하여 미래 해전의 이론적 기초를 한층 확고하게 하려는 노력이 계속되어왔다. 그러나 그러한 이론이 확실하게 검증될 때까지는 그 유사성에 너무 깊이 빠지지 않는 편이 더 좋을 것 같다. 유사성은 피상적인 것이 아니기 때문이다.

군함의 역사적 등급 사이의 대조

증기선과 갤리의 공통점은 바람과 무관하게 어떤 방향으로든 움직일 수 있는 능력이다. 바로 이 능력은 함선과 범선 사이의 뚜렷한 차이다. 범선은 바람이 불어도 일정한 방향으로만 항해할 수 있으며, 바람이 불지 않으면 그대로 정지 상태로 있어야만 한다. 그러나 비슷한 점을 관찰하는 것만큼이나 차이점을 찾는 것도 현명한 일이다. 왜냐하면 유사점을 발견하면——물론 이것은 가장 즐거운 지적인 탐구 가운데 하나다——상상력이 없어지게 되고 또한 자신이 새로 발견한 유사점 속에 차이점이 존재한다는 것을 이해하기 어려워 그러한 차이점의 인정을 거부하거나 간과해버릴 수도 있기 때문이다. 갤리와 증기선은 위에서 언급한 중요한 특징을 공유하고 있지만 그것들은 최소한 두 가지 점에서 다르다. 따라서 갤리의 역사에서 증기선에 대한 교훈을 찾을 때는 유사점뿐만 아니라 차이점까지도 마음속에 새겨두어야만 한다. 그렇지 않으면 잘못된 추론을 얻을 수 있다. 갤리는 힘이 많이 드는 장시간의 노젓기를 통해 추진력을 얻기 때문에 필연적으로 급속히 쇠퇴할 수밖에 없다. 따라서 전술적인 기동은 한정된 시간 동안만 계속될 수 있었다.[1] 또한 갤리가 사용되던 시대에는 공격무기의 사정거리가 짧았을 뿐만 아니라 대부분의 전투도 백병전의 형태로 전개되었다. 이 두 조건 때문에 거의 모든 전투는 서로에게 돌진하는 형태로 이루어질 수밖에 없었다. 그러나 백병전에 돌입하기 전에 약간의 빈틈도 없이 방향을 바꾸거나 급선회하여 적함으로 향하려는 시도가 없었던 것은 아니다. 오늘날 존경받는 훌륭한 해군 장교들은 그러한 돌진과 혼전——혼전은 역사가 보여주듯이 일종의 난장판인데, 이 때에는 적과 아군을 구분할 수 없다——에서 근대적인 해군 무기가 필연적으로 발전되었다고 보고 있다. 하지만 이러한 견해의 가치가 어떻게 입증되든지 간에, 갤리와 증기선은 여러 차이점에도 불구하고 언제든지 적을 향해 곧바로 직진할 수 있고 또 함수에 충각을 달 수 있다는 사실만을 가지고 역사적인 근거라고 주장할 수는 없다. 앞으로는 어찌 되든 간에 오늘날에는 이 견해가 여전히 추론에 불과하다. 그것에 대한 최종적인 판단은 전투 경험을 거쳐 좀더 확실하게 될 때까지 기다리는 편이 좋을 것 같다. 그때까지는 반론을 제기할 수 있는 여지가 아직 남아 있다. 여기에서 반론이란 전술적인 능력 발휘가 크게 감소된 상

---

1) 시러큐스Syracuse의 헤르모크라테스Hermocrates는 아테네군이 자기가 사는 도시를 공격했을 때(B.C.413) 대담하게 맞아 싸우기 위해 아테네군의 진격로 측면에 위치하여 그들을 위협해야 한다고 주장하면서 다음과 같이 부언했다. "그들의 진격은 느릴 것임에 틀림없기 때문에 우리는 수천 번의 공격기회를 가질 수 있습니다. 만일 그들이 전투를 하기 위해 함선을 정비하고 서둘러 공격해온다면, 그들은 노를 급히 젓느라 무척 피곤해 있을 것이므로 그들이 지쳐 있을 때, 우리는 그들을 덮칠 수 있습니다."

태에서 같은 수의 함선으로 이루어진 함대 사이의 혼전이 오늘날의 정교하고 막강한 무기를 가지고 할 수 있는 최선책이 아니라는 점이다. 사령관이 확신을 가지고 있으면 있을수록, 함대의 전술 수행능력이 우수하면 우수할수록, 함장이 훌륭하면 훌륭할수록 그들이 동등한 능력을 가진 함대와의 혼전에 뛰어들기를 주저한 것은 틀림없는 사실이다. 왜냐하면 혼전을 벌이면 자신들이 가진 장점은 없어져버리고, 그 대신 우연이 가장 큰 영향력을 발휘함으로써 자신의 함대가 한 번도 전투를 같이 한 적이 없는 함선들을 모아놓은 것과 같은 상황에 빠져버리기 때문이다.[2] 역사는 혼전이 언제 적절하고 언제 적절하지 않은지에 대해 교훈을 준다.

갤리는 다른 몇 가지의 중요한 특성에서 증기선과 상당한 차이가 있다. 그런데 이 차이점은 지금 당장은 두드러진 것이 아니기 때문에 별로 중요시되고 있지 않다. 반면에 범선의 두드러진 특징은 근대적인 선박(증기선)과의 차이에 있다. 유사점을 발견하기 쉬운 반면에, 차이점은 두드러지지 않아 이목을 끌지 못하고 있다. 바람에 의존하는 범선이 증기선보다 매우 열등한 것이라고 생각하기 때문에, 이러한 인상은 더욱 강력해지고 있다. 그러나 그 인상은 범선이 다른 범선과 전투를 한다는 이유로 그 전술적인 교훈이 아직도 중요하다는 점을 잊은 데에서 비롯된다. 바람이 불지 않는다고 해서 갤리가 전혀 움직일 수 없었던 것은 아니기 때문에 오늘날에는 갤

---

2) 책을 집필하는 사람은 정교한 전술 기동을 옹호하는 것처럼 보이는 행동을 피해야 한다. 왜냐하면 전술 기동에 대한 논증 작업이 별로 효과를 거두지 못하기 때문이다. 일반적으로 함대가 결정적인 승리를 얻으려면 적과 교전해야 한다. 그러나 항상 기동과 훈련 및 관리면에서 이점을 보유할 때까지 함대는 승리를 확신할 수 없다. 사실 효과 없는 결과들은 가장 소심하고 무익한 전술적 행동으로 조우전을 치르는 것만큼이나 흔히 앞뒤 안 가리고 나타났다.

리가 범선보다도 더 중요하다고 생각되고 있는 것이다. 그러나 범선은 갤리를 대신하게 되었을 때부터 증기선이 실용화될 때까지 최고의 지위를 차지했다. 범선과 증기선의 공통점은 먼 거리에서 적함에 피해를 줄 수 있는 힘을 갖고 있고, 승무원을 지치게 하지 않은 채 무제한으로 기동할 수 있으며, 또한 대부분의 승무원으로 하여금 노 대신에 공격 무기를 다루는 데 대부분의 시간을 보낼 수 있게 하는 능력이었다. 전술적인 면에서 이러한 능력은 적어도 무풍이든 역풍이든 상관없이 움직일 수 있는 갤리의 능력만큼이나 중요하다.

유사점을 추적하다 보면, 차이점을 간과할 뿐만 아니라 유사점을 과장하여 비현실적인 생각에 빠져버릴 위험이 있다. 예를 들어 다음과 같은 점들을 지적할 수 있는 것처럼 보인다. 범선이 긴 사정거리와 비교적 강한 관통력을 가진 큰 함포는 물론, 사정거리는 짧지만 대단한 파괴력을 가진 캐러네이드 포Carronade도 갖추고 있었듯이, 근대의 증기선은 사정거리가 긴 함포와 어뢰 발사대를 갖고 있었다. 그런데 어뢰는 한정된 거리 내에서만 효과가 있고 폭발력에 의해 다른 배에 타격을 주는 반면에 함포는 옛날과 마찬가지로 적함의 심장부를 겨냥한다. 이러한 점들은 사령관이나 함장의 계획에 틀림없이 영향을 주는 전술적인 고려사항이다. 게다가 이러한 유사점은 전혀 터무니없는 것이 아니다. 범선과 증기선은 모두 적함과 직접 접촉하려는 경향이 있다. 범선은 적함의 현측에 접근하여 전투를 하며 또한 증기선은 충각전술로 적함을 침몰시키는 전투형태를 선호한다. 그런데 이러한 전투방식은 두 종류의 함선 모두에게 가장 어려운 임무였다. 왜냐하면 그러한 전술을 사용하기 위해서는 전투 장소의 어떤 한 지점까지 함선을 이동해야 했던 반면에 발사하는 무기는 넓은 해역의 여러 곳에서 사용 가능했기 때문이다.

풍상과 풍하의 근본적인 차이

두 척의 범선이나 두 함대 사이의 풍향과 관련된 위치는 대단히 어려운 전술적인 문제를 포함하고 있는데, 아마도 그 시대의 뱃사람들에게는 최대 관심사였을 것이다. 그러나 피상적으로 볼 때, 증기선에게는 그것이 중요한 관심사가 아니었기 때문에 오늘날의 조건에서는 그것과의 유사점을 찾아볼 수 없다. 따라서 이 점에 대한 역사의 교훈은 가치가 없는 것처럼 보일 수도 있다. 풍하 쪽과 풍상 쪽[3]을 확실하게 구분해주는 특징을 고려할 때, 그 주요 양상에만 주목한 나머지 부차적이고 세세한 사항들을 무시해버린다면 이러한 견해가 잘못이라는 것을 알 수 있을 것이다. 풍상 쪽의 두드러진 특징은 그 위치를 차지한 측으로 하여금 전투를 마음대로 계속하거나 중지할 수 있게 해준다는 점이다. 다시 말해서 이 위치는 공격방법을 선택하거나 공세적인 태도를 취할 수 있게 하는 장점을 내포하고 있다. 그러나 이 위치는 진형을 불규칙하게 만들어버리고, 소사掃射나 종사縱射에 노출시키며, 공격하는 쪽의 포화 전체나 일부를 희생시킨다는 단점도 수반했다. 다만 이 모든 단점은 적에게 접근할 때에만 발생하는 일이었다. 한편, 풍하 쪽 함정이나 함대는 적을 공격할 수 없다. 퇴각하고 싶

---

3) 함정이 '바람의 이점'을 차지한다든가 또는 '풍상의 위치에 있다'는 것은 풍향이 우리 편의 함정으로 하여금 적함 쪽으로 나아갈 수 있게 해주고, 적함은 우리 편으로 곧바로 다가올 수 없을 때 하는 말이다. 극단적인 경우는 바람이 한쪽에서 다른 한쪽으로 곧바로 부는 경우이다. 그러나 '풍상'이라는 말이 적용할 수 있는 범위는 대단히 넓다. 만약 풍하 쪽의 함정이 원의 중심에 놓인다면 이 원 안의 8분의 3에 가까운 범위를 제외한 다른 함정들은 많든 적든 풍상의 위치를 차지하거나 또는 유지하고 있다고 할 수 있다.

지 않은 풍하 쪽 함정은 방어적인 태도만을 취할 수 있으며 또한 적이 선택한 조건에서 전투를 할 수밖에 없다. 그러나 이러한 단점에도 불구하고 풍하 쪽 함정들은 함대의 진형 유지가 비교적 쉽다는 점과 적의 응사가 멈췄을 때 집중사격을 할 수 있다는 장점을 갖고 있다.

이러한 장점과 단점은 역사적으로 어느 시대의 공격이나 방어작전과도 대응하는 한편 유사점도 갖는다. 공격하는 쪽은 적함에 접근하여 격파하기 위해 어느 정도의 모험과 불리한 점을 감수해야 한다. 방어하는 쪽은 계속하여 수세를 유지하는 한 전진하는 모험을 피하고 신중을 기하면서 자신들의 위치를 질서정연하게 유지한다. 그리고 공격하는 쪽이 노출하는 허점을 이용할 수 있다.

해군정책에 미친 필연적인 영향

풍상 쪽과 풍하 쪽 사이의 이러한 두드러진 차이점은 여러 가지 사례를 통해서 분명하게 나타났다. 풍상의 위치는 주로 영국측이 차지했는데, 그 이유는 영국인들이 적함에 다가서서 공격하는 전술을 사용했기 때문이다. 반면에 프랑스인들은 풍하 쪽을 차지했다. 풍하의 위치를 차지함으로써 접근해오는 적함에 타격을 줄 수 있으며 또 결전을 피함으로써 자국의 함대를 유지할 수 있었기 때문이다. 드물게 예외가 있기는 하지만, 프랑스인들은 다른 군사적 측면을 중시하여 해군에 투자하는 것을 꺼렸다. 따라서 그들은 수세적인 위치에서 공격해오는 적을 물리치기 위해서 노력하는 함대의 경제적 운용법만을 모색했다. 이와 같은 방침에 따라, 프랑스는 적이 적절한 행동을 취하지 않고 사기만을 앞세워 공격해올 때 풍하의 위치를 잘 이용하여 효과적으로 대처할 수 있었다. 그러나 로드니Rodney가 단순히 적을 공격하는 것이 아니라 적 진형의 한 부분에 운용 가능한 모든 병력을 집중하기 위해 풍상의 이점을 이용하려는 의도를 분명하게 드러내자, 로드니의 상대방인 신중한 성격의 소유자 드 기셍De Guichen도 자신의 전술을 바꾸었다. 세 번에 걸친 그들의 전투 가운데 처음의 전투에서 프랑스인은 풍하의 위치에 있었다. 그러나 로드니의 의도를 알아차린 드 기셍은 공격하기 위해서가 아니라 자신에게 유리한 경우에만 전투를 하기 위해 풍상의 위치를 차지하려고 기동했지만, 공세를 취하거나 전투를 피할 수 있는 힘은 바람의 위치가 아니라 보다 빠른 속도에서 나왔다. 함대의 속도는 개별 함정의 속도뿐만 아니라 함대 행동의 전술적인 통일성에 달려 있었다. 빠른 속도를 낼 수 있는 함정만이 풍상의 위치를 차지할 수 있었던 것이다.

전략에 적용되는 역사적 교훈

갤리와 마찬가지로 범선의 역사에서 유익한 교훈을 찾아내려고 하는 것은 많은 사람들이 생각하듯이 완전히 헛된 일은 아니다. 두 종류의 함선은 모두 현대의 함선과 유사점을 가지고 있었다. 또한 본질적으로 다른 차이점도 가지고 있었다. 그러한 차이점 때문에 그 함선들의 전투 경험이나 양식을 전술적 선례로 인용하는 것은 불가능하다. 선례는 원칙과 다르며 원칙만큼 귀중하지도 않다. 선례는 원래 잘못일 수도 있고 환경의 변화에 따라 적용하지 못할 수도 있다. 그러나 원칙은 사물의 본질적인 면에 뿌리내리고 있기 때문에 아무리 다양하게 적용되고, 적용 조건이 바뀐다고 하더라도 성공하려면 꼭 지켜야 하는 기준이라는 점에는 변함이 없다. 전쟁에는 그러한 원칙이 있다. 과거의 역사를 연구한다면 원칙의 존재를 발견할 수 있다. 시대가 바뀌어도 그 원칙은 성공과 실패 속에서 드러난다. 조건과 무기는 변화한다. 그러나 조건에 대처하거나 무기를 성공적으로 잘 활용하기 위해서는 전쟁터의 전술에서, 또는 전략에 포함되는 보다 넓은 의미의 전쟁작전에서 배울 수 있는 불변의 역사적 가르침을 존중해야만 한다.

 그러나 역사의 가르침이 한층 확실하고 영구적인 가치를 갖게 되는 곳은 모든 전쟁 지역을 포함하는 광범위한 작전과 지구 전체를 거의 망라하는 해상에서의 전투이다. 전쟁 지역, 전쟁의 수행, 양군의 병력, 이동의 난이도 같은 것들에는 차이가 있을 수 있다. 그러나 그것은 규모와 정도의 차이일 뿐 본질적인 차이는 아니다. 황야가 개간되고, 교통수단이 증가하며, 길이 뚫리고, 강 위에 다리가 놓이며, 식량자원이 풍부해짐에 따라 작전은 훨씬 쉬워지고, 빨라졌으며, 또한 광범위해졌다. 그러나 작전의 원칙은 바뀌지 않고 그대로 존재했다. 도보로 이루어지는 행군이 마차에 의한 수송으로 대체되었고, 이어서 철도에 의한 대규모의 수송으로 다시 바뀌면서 이동거리가 증가했다. 달리 말하면, 이동시간이 줄어든 것이다. 그러나 군대가 집결해야 할 지점, 군대가 이동해야 할 방향, 군이 공격해야 할 적진의 부분, 교통로의 보호 등과 관련된 원칙은 바뀌지 않았다. 해상에서도 마찬가지이다. 항구에서 항구로 기어다니듯이 간신히 이동했던 갤리가 대담하게 지구의 다른 쪽 끝까지 항해할 수 있는 범선으로 대체되고, 또한 범선이 다시 오늘날 증기선으로 발전하면서 해군 작전의 규모와 속도가 크게 증가했다. 그렇다고 해서 해군 작전의 원칙이 근본적으로 바뀐 것은 아니었다. 앞에서 인용한 2천3백 년 전의 헤르모크라테스의 연설에는 올바른 전략적 구상이 포함되어 있는데, 그러한 전략은 오늘날에도 적용할 수 있다. 적대하는 두 군대나 국가의 함대가 접촉하기 전에, 전쟁터 전체에 대한 전반적인 작전계획을 지원하기 위해 결정해야만 하는 수많은 문제점들이 있다. 이러한 문제 중에는 전쟁에서 해군의 적절한 기능, 해군의 진정한 목표, 해군이 집결해야 할 하나 혹은 그 이상의 지점, 석탄과 보급품 저장소의 설치, 이들 지점과 본국의 기지 사이의 항로 확보, 전쟁의 결정적이거나 부수적인 작전으로서 통상파괴작전의 군사적 가치, 가장 효율적으로 통상파괴를 실시할 수 있는 제도(분산된 순양함들에 의한 통상파괴를 택할 것인가, 아니면 상선들이 반드시 통과하는 중요한 장소에 군대를 집결시켜서 통상을 방해할 것인가) 등이 있다. 이 모든 것은 전략적인 문제인데, 이 문제에 대해 역사는 할 말이 대단히 많다. 영국의 해군 집단에서는 제독이었던 하우Howe와 세인트 빈센트St.Vincent 경이 프랑스와의 전쟁 때 선택한 배치방식의 장단점을 비교하는 중요한 토론이 계속되고 있다. 이 문제는 순전히 전략적이기 때문에 단순히 역사에 대한 흥미로만 볼 수 없다. 그것은 오늘날에도 대단히 중요한 문제이며, 그러한 결정을 내리게 된 원칙은 지금까지도 유효하다. 빈센트 경의 방침은 영국을 침략으로부터 구해냈고, 넬슨Nelson과 그의 동료 제독들로 하여금 곧바로 트라팔가르로 향할 수 있도록 해주었던 것이다.

여전히 적용 가능한 역사적 교훈

특히 해군전략 분야에서는 조건이 비교적 쉽게 바뀌지 않기 때문에 과거의 가르침은 매우 유용하다. 그러나 전략적으로 고려하여 선정된 지점에서 두 함대가 충돌하게 되었을 때, 전술적인 면에서는 별로 유익하지 않다. 인류의 지속적인 진보는 무기의 변화를 끊임없이 가져왔고, 그러한 무기의 발달 덕분에 전투방식——전쟁터에서 군대와 함정의 배치와 운용——의 변화도 계속 일어났다. 그래서 많은 해군 관계자들은 과거의 경험을 연구하는 것은 불필요하며 그러한 연구를 위해 사용된 시간도 낭비라고 생각하게 되었다. 이러한 관점은 당연히 광범위한 전략적인 고려——그것은 국가가 함대를 유지하게 하고 함대의 행동범위를 지시하여 세계의 역사를 바꾸어 왔으며 또한 이후로도 계속하여 바꿀 수 있을 것이다——를 완전히 무시하는 것일 뿐 아니라 전술적인 면에 대해서 편협한 것이다. 과거 전투의 승패는 전쟁의 원칙에 얼마나 확신을 가지고 싸웠는가에 따라 결정되었다. 그러므로 성공과 실패의 원인을 주의 깊게 연구한 해군 관계자는 이러한 원칙을 감지하고 자신의 것으로 소화할 뿐 아니라 그것을 당대의 함정과 무기의 전술적인 운용에 이용하려는 경향을 보여줄 것이다. 그는 또한 무기의 변화 이후에 전술 변화가 발생하며, 그 두 변화 사이의 간격이 대단히 크다는 사실을 알게 될 것이다. 이것은 의심할 여지없이 무기의 개선은 한두 명의 노력으로 이루어질 수 있는 반면에 전술 변화는 보수층의 타성을 극복해야 하기 때문이다. 그것은 아주 불행한 일이다. 이러한 불행은 각 변화에 대한 정확한 인식, 새로운 함정과 무기의 능력과 한계에 대한 세심한 연구, 그러한 연구를 통해 함정과 무기의 특성에 맞추어 사용하는 방법을 꾸준하게 적용하는 것으로만 치료될 수 있다. 역사는 대체로 군인이 훌륭한 전술을 위해 노력하기를 바라는 것은 헛된 일이지만 훌륭한 전술을 위해 노력한 군인은 매우 큰 이점을 가지고 전투를 할 수 있다는 대단히 가치 있는 교훈을 보여준다.

따라서 우리는 여기서 프랑스의 전술가 모로그Morogues가 125년 전에 다음과 같이 한 말을 받아들여도 될 것 같다. "해군의 전술은 여러 가지 조건을 근거로 하고 있는데, 그 조건의 주요 원인이 되는 무기는 변화할 수 있다. 그리고 무기의 변화는 필연적으로 함정의 구조와 그 함정을 다루는 방식, 궁극적으로는 함대의 배치와 운용을 변화시킨다." 하지만 "해군전술은 영원불멸의 원칙에 근거를 둔 과학이 아니다"라는 그의 말은 상당한 비판의 여지가 있다. 이 말은 원칙의 적용은 무기의 변화에 따라 변한다고 바꾸면 더 정확할 것 같다. 전략에서도 원칙의 적용은 분명히 때때로 변하지만 전략의 변화는 전술변화보다 훨씬 적다. 그러므로 기본적인 전략 원칙을 이해하는 일은 비교적 쉽다. 모로그의 말은 역사적인 사건으로부터 몇 가지의 사례를 도출하려고 하는 우리 주제에 상당히 중요하다고 할 수 있다.

사례 1 : 나일 강 전투(1798)

1798년에 일어난 나일 강 전투는 프랑스함대에 대한 영국함대의 압도적인 승리일 뿐만 아니라 프랑스와 이집트 사이의 나폴레옹군 교통로를 파괴하는 중요한 결과를 발휘했다. 이 해전 자체에서 영국의 넬슨 제독은 대전술——대전술은 전투 도중뿐만 아니라 전투 이전부터 훌륭한 조화를 이루는 기술로 정의할 수 있다——의 가장 멋진 모범을 보여주었다. 그때의 특별한 전술적인 조화는 풍상 쪽 함정들이 격파되기 이전에 정박하고 있는 함대의 풍하 쪽 여러 함정들을 지원하기 위해 그쪽으로 다가갈 수 없다는 조건을 근거로 했는데, 이것은 이미 과거의 것이 되어버렸다. 그러나 이 조화를 이루는 배합 밑에 깔려 있는 원칙, 다시 말해서 적의 전열 가운데 가장 취약한 부분을 선택하여 우세한 병력으로 공격한다는 원칙을 낡은 것이라고 할 수는 없다. 세인트 빈센트 곶Cape St.Vincent 해전에서 저비스Jervis 제독이 15척의 함정을 가지고 27척의 적 함대에 승리를 거두었을 때, 그의 행동은 위의 원칙을 따랐다. 다른 것은 적함이 정박해 있지 않고 항해 중일 때 이 해전이 일어났다는 점이었다. 그러나 인간의 마음이란 영원한 원칙보다는 상황의 변화 추이에 의해 더 깊은 인상을 받기 마련이다. 반대로 넬슨의 승리가 전쟁에 미친 전략적 영향에 포함되었던 원칙은 쉽게 인식될 뿐 아니라 오늘날에도 적용될 수 있다는 것을 곧바로 알 수 있게 해준다. 이집트 원정의 승패는 프랑스와의 자유 항로를 유지하는 데 달려 있었다. 이 항로는 해군력에 의해서만 확보될 수 있었는데, 영국은 나일 강 전투에서 승리함으로써 프랑스 해군력을 파괴해서 프랑스에 결정적인 패배를 안겨줄 수 있었다. 그러한 타격은 적의 교통로를 파괴한다는 원칙에 따라 취해졌는데, 우리로 하여금 그 원칙이 오늘날에도 여전히 유효하고, 범선시대와 증기선시대뿐만 아니라 갤리시대에도 역시 그러했을 것으로 짐작할 수 있게 해준다.

사례2 : 트라팔가르 해전(1805)

그럼에도 불구하고 막연하게 과거를 시대에 뒤떨어진 것으로 얕잡아보려는 감정은 해군역사의 표면에 나타난 영구적인 전략적 교훈에 대해서조차 눈을 멀게 만든다. 예를 들어 넬슨의 영광스러움과 천재성을 드러낸 트라팔가르 해전을 하나의 독립적이고 예외적이며, 훌륭한 사건 이상으로 보는 사람이 몇 명이나 있겠는가. "영국 함정들이 어떻게 바로 그곳에 있을 수 있었을까"라는 전략적인 질문을 던지는 사람이 몇 명이나 있겠는가. 트라팔가르 해전이 역사상 가장 위대한 두 명의 지도자, 나폴레옹과 넬슨이 1년 이상 싸운 하나의 거대한 전략적인 드라마라는 것을 이해하는 사람이 도대체 몇 명이나 있겠는가. 트라팔가르에서 패배한 사람은 빌뇌브Villeneuve가 아니고 정복당한 나폴레옹이며, 승리한 것은 넬슨이 아니라 덕분에 구원받은 영국이었다. 그렇다면 그 이유는 무엇이었을까. 그것은 나폴레옹의 연합작전이 실패하고, 영국의 함대가 넬슨의 직관력과 적극적인 행동으로 계속 적의 항적을 추적하다가 결정적인 순간에 전투를 벌일 수 있었던 점 때문이었다.[4] 세부사항에 대해서 비판의 여지가 없는 것은 아니지만, 트라팔가르에서의 전술은 큰 줄거리로 볼 때 전쟁의 원칙을 따른 것이다. 그리고 영국 함선들의 대담성은 그 결과뿐만 아니라 긴급한 상황에 의해서도 정당화되었다. 그러나 트라팔가르 해전이 일어나기 몇 개월 전부터 준비된 영국 지휘관들의 생각과 효율적인 통찰력, 적극적이고 정력적인 실천력, 효율적인 대비와 행동은 전략적이며, 오늘날에도 훌륭한 교훈이다.

사례 3 : 지브롤터 공방전(1779~82)

위의 두 경우는 결국 당연하고 결정적인 결과였다. 다음으로 인용할 세 번째의 경우는 그러한 결말에 이르지 않았다. 그러므로 어떻게 해야 했는가에 대해 많은 이론이 있을 것이다. 미국 독립전쟁 중인 1779년에 프랑스와 스페인은 영국에 대항하여 동맹을 맺었다. 연합함대는 영국해협에 세 번에 걸쳐 모습을 드러냈는데, 한 번은 66척으로 구성된 연합함대가 영국함대를 항구 안으로 밀어 넣었다. 이것은 영국의 함대가 수적으로 대단히 열세였기 때문에 가능했다. 이 때 스페인의 가장 큰 목표는 지브롤터와 자메이카의 수복이었다. 지브롤터 해협을 되찾기 위해 동맹국들은 거의 난공불락이었던 이 요새에 대해 육지와 해상에서 막대한 노력을 기울였다. 그러나 그들은 아무런 효과도 거둘 수 없었다. 그곳에서 제시된 문제——이것은 순수하

---

4) 서론의 끝에 있는 주 ※를 참조하라.

게 해군전략의 문제였다──는 다음과 같았다. 대영제국으로부터 멀리 떨어져 있고 또한 아주 튼튼했던 전진기지에 대해 막대한 노력을 기울이는 것보다는 영국해협을 통제하고, 항구 안에 정박해 있는 영국함정들을 공격하며, 또한 통상파괴와 영국 본토에 대한 공격을 통해 지브롤터를 보다 확실하게 되찾을 수 없었을까 하는 것이다. 영국인들은 오랫동안 침공의 두려움에 대단히 민감한 한편 자국의 함대에 대한 신뢰가 대단히 컸기 때문에 이러한 신뢰가 깨어지면 그만큼 더 크게 실망했을 것이다. 어떻게 결정되었든 간에 이 문제는 전략적인 면에서 정당했다. 그리고 그 문제는 그 당시의 프랑스 장교에 의해 또 다른 형태로 제기되었다. 그 장교는 지브롤터 대신 서인도제도의 한 섬에 더욱 막대한 노력을 기울였다. 그러나 영국은 자기 나라와 수도를 지키기 위해서는 지브롤터를 넘겨줄 수도 있었겠지만 다른 여러 해외 소유지 대신에 지중해의 열쇠라고 할 수 있는 지브롤터를 포기했으리라고는 생각되지 않는다. 나폴레옹은 언젠가 비스툴라 기슭에서 폰디체리를 다시 정복하겠다고 말했다. 만일 그가 1779년의 동맹국함대처럼 영국해협을 통제할 수 있었다면, 그가 영국 해안에서 지브롤터까지 점령했으리라는 점을 의심할 수 있을까?

사례 4 : 악티움 해전(B.C. 31)과 레판토 해전(1571)

역사가 사실을 통해 전쟁의 원칙을 예증하고 전략적인 연구를 제시한다는 것을 강조하기 위해 두 가지 실례를 더 들 수 있다. 그 실례들은 이 책에서 주로 다루고 있는 시대보다 훨씬 더 앞선 것이다. 지중해 동쪽의 열강과 서쪽의 열강 사이에 일어난 두 차례의 전쟁──그 중 한 전쟁 때문에 유명한 세계적인 제국이 곤경에 빠지게 되었다──에서 적대적인 두 함대가 악티움Actium과 레판토Lepanto

라는 그렇게 가까운 거리에서 어떻게 맞부딪쳤을까. 이것은 단순히 우연의 일치에 지나지 않았을까, 아니면 미래에서조차 언제든지 다시 발생할 수 있는 조건 때문이었을까.[5] 만약 후자가 맞는다면, 그 이유는 연구할 만한 가치가 있을 것이다. 왜냐하면 터키나 안토니 Antony와 같은 동방의 위대한 해양강국이 다시 흥기한다면 전략적인 문제가 비슷해질 것이기 때문이다. 실제로 현재는 해양력의 중심이 프랑스와 영국을 중심으로 한 서양에 치우쳐 있는 것으로 보인다. 그러나 현재 러시아가 보유하고 있는 흑해 해역의 통제에 어떤 기회가 주어진다면, 지중해 입구의 점유는 해양력에 영향을 미치는 현재의 전략적인 조건들을 모두 수정하도록 만들 것이다. 만약 서방세계가 동방 세계에 대항한다면, 영국과 프랑스는 그들이 1854년에 했던 것처럼, 그리고 영국이 1878년에 단독으로 했던 것처럼 어떠한 저항도 받지 않고 곧바로 레반트Levant로 갈 수 있을 것이다. 그러나 앞에서 말한 변화가 일어난다면, 동방의 강대국은 서방의 세력을 도중에서 맞아 싸울 수 있을 것이다.

사례 5 : 제2차 포에니전쟁(B.C. 218~210)

세계사에서 가장 두드러지고 중요한 시기에 해양력은 전략적인 관계와 중요성을 지니고 있었지만, 오늘날까지 그것은 거의 인정을 받지 못하고 있다. 제2차 포에니전쟁의 결과에 미친 해양력의 영향을 자세하게 더듬어보는 데 필요한 완전한 지식을 오늘날 얻을 수는 없지만 현재까지 남아 있는 증거들은 해양력이 결정적인 요소였다는 주장을 뒷받침하기에 충분하다.

---

5) 터키와 서부 열강 사이의 나바리노Navarino 전투(1827)는 이 근처에서 발생했다.

오늘날까지 확실하게 전해지고 있는 여러 가지 사실들만을 이해하는 것으로는 이 전쟁에 대해 정확히 판단할 수 없다. 왜냐하면 그때까지 항상 그러했던 것처럼 해군의 보고서를 가볍게 지나쳐버렸기 때문이다. 보잘것없는 증거들로부터 잘 알려진 시기의 지식을 근거로 정확한 추론을 끌어내기 위해서는 일반적인 해군역사의 세부사항에 익숙해질 필요가 있다. 아무리 실질적이라고 해도 해양통제는 적의 범선 한 척이나 소규모 전대가 항구에서 빠져나올 수 없도록 하고, 대양 항로를 빈도와 회수에 무관하게 횡단할 수 없도록 하며, 해안선이 긴 곳의 무방비 지점을 적이 습격할 수 없도록 하며, 적함이 봉쇄된 항구에 들어갈 수 없도록 하는 것만을 의미하지는 않는다. 마찬가지로 역사는 아무리 열세한 해군력을 가진 약소국이더라도 이런 회피 노력은 어느 정도 할 수 있다는 것을 보여주고 있다. 그러므로 다음과 같은 사건이 일어났다고 해서 그 시기에 로마함대가 바다를 혹은 바다의 중요한 부분을 통제하고 있었다는 것과 모순되는 것은 아니다. 카르타고의 제독 보밀카르Bomilcar는 전쟁이 일어난 지 4년째 되던 해에 칸나이에서 로마군을 멋지게 패배시킨 후 4천 명의 병력과 코끼리떼를 이탈리아 남부에 상륙시켰다. 전쟁 발발 7년째 되는 해에 그는 시러큐스 앞바다에서 로마함대로부터 도주한 후 당시 한니발의 수중에 있던 타렌툼Tarentum에 다시 모습을 드러냈다. 한니발은 카르타고에 함선을 파견했으며, 마침내 피로에 지친 지상군을 아프리카로 철수시켰다. 이 모든 것이 한니발이 원했지만 실제로는 받지 못했던 충분한 지원을 카르타고 정부가 사실은 해줄 수 있었을 것이라는 점을 입증하지는 못한다. 그러나 알려진 사실들은 그러한 지원이 제공될 수도 있었다는 인상을 주는 경향이 있다. 그러므로 해상에서의 로마의 우세가 전쟁의 경과에 큰 영향을 주었다는 주장은 확인된 사실을 검토하여 입증할 필요가 있다. 그렇게 되면, 그 영향의 정도와 종류가 공정하게 평가될 수 있을지도 모른다.

몸젠Mommsen은 전쟁 초기에는 로마가 해양을 통제했다고 말하고 있다. 본질적으로 해양국이 아니었던 로마는 제1차 포에니전쟁에서 해양국이었던 카르타고를 상대하여 해양력의 우위를 차지했다. 이러한 상황은 그 후에도 계속되었다. 제2차 포에니전쟁에서는 중요한 해전이 일어나지 않았다. 그 사실은 다시 말해 바로 로마 해군의 우위가 지속되었다는 것을 나타내는데, 이는 다른 확인된 사실들과의 관련을 통해 더욱 명백해진다. 그리고 이러한 우위는 다른 시대에도 동일한 특징을 가질 뿐만 아니라 비슷하게 나타나기도 한다.

한니발이 아무런 회상록도 남기지 않았기 때문에, 그가 골 지방을 지나 알프스 산맥을 통과하는, 위험하고 별로 성과도 없는 행군을 한 이유가 무엇인지는 알 수 없다. 그러나 그의 함대가 스페인에서 로마 함대와 겨룰 수 있을 만큼 강하지 않았다는 점은 확실하다. 설령 그의 함대가 강력했다고 하더라도 그런 행군을 강행한 것에는 다른 여러 이유가 있을지도 모른다. 어쨌든 그가 해로를 이용하여 병력을 이동시켰더라면, 출발할 때 그가 지휘했던 6만 명의 노련한 병사들 가운데 3만 3천 명을 잃는 사태는 일어나지 않았을 것이다.

한니발이 이처럼 위험한 행군을 감행하고 있는 동안에, 두 명의 나이 든 스키피오 형제가 지휘하던 로마군은 집정관의 군대를 포함한 함대를 스페인으로 파견했다. 이 함대는 심각한 피해를 전혀 입지 않은 채 항해했으며, 그 결과 로마 지상군은 한니발의 교통로에 위치한 에브로의 북쪽에 성공적으로 진지를 확보할 수 있었다. 이와 동시에 또 다른 집정관의 지휘를 받는 지상군을 실은 별개의 전대가 시칠리아로 파견되었다. 두 전대를 구성한 함정의 수는 220척에 이르렀다.

각 전대는 관할 해역에서 만난 카르타고함대를 쉽게 격파할 수 있었다. 이러한 사실은 그 전투들을 언급하고 있는 희귀한 기록을 통하여 알 수 있는데, 그것은 로마함대의 실질적인 우위를 보여주기도 한다.

전쟁이 일어난 지 2년째 되던 해 이후에는 전쟁이 다음과 같은 양상을 드러냈을 것으로 추론할 수 있다. 북쪽에서 이탈리아로 진입한 한니발은 몇 번의 승리 후에 로마를 우회하여 남부 이탈리아에 거점을 확보하고 그곳에서 물품을 조달했다. 이러한 상황은 현지 주민과의 갈등을 야기했는데, 특히 로마에 이어 정치적 그리고 군사적으로 강력한 지배체제를 확립하려고 했을 때 그 갈등은 위험할 정도로 커졌다. 그러므로 그에게는 현대 전쟁용어로 '교통로communications'로 불리는 보급로와 증원부대를 보낼 수 있는 해상로를 몇몇 믿을 만한 기지 사이에 확보하는 것이 가장 긴급한 일이었다. 개별적으로든 전체적으로든 간에 이러한 기지가 될 수 있는 적당한 지역은 카르타고, 마케도니아, 그리고 스페인 세 곳이었다. 앞의 두 곳은 오직 해로를 통해서만 연결될 수 있었다. 지지 의사를 확고하게 밝힌 스페인에서는 적이 방해하지 않는 한 한니발은 육상과 해로를 이용할 수 있었다. 그러나 해로가 좀더 짧고 쉬웠다.

전쟁 첫 해에 로마는 해양력을 이용하여 이탈리아와 시칠리아, 그리고 스페인 사이의 해역에 해당하는 티레니아 해와 사르디니아 해를 완전히 통제하고 있었다. 에브로 강에서 티베르 강에 이르는 해안 지방이 로마에 가장 우호적이었다. 칸나이 전투 이후, 전쟁이 발발한 지 4년째 되던 해에 시러큐스는 로마와의 동맹을 포기했으며, 폭동이 시칠리아 전역에 확대되었고, 또한 마케도니아도 역시 한니발과 공세 동맹을 맺었다. 이러한 상황 변화는 로마함대의 군사작전을 확대하도록 만들었는데, 로마는 그만큼 큰 부담을 갖게 되었다.

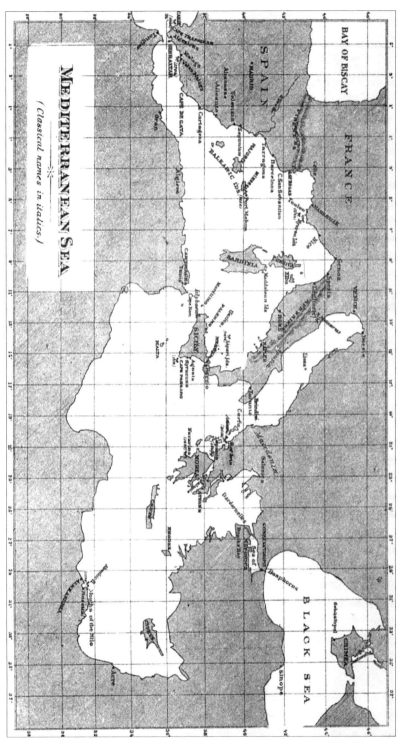

〈그림1〉 지중해

로마함대는 이에 대해 어떻게 준비했으며 그리고 그 이후의 전쟁에 어떤 영향을 주게 되었을까.

　로마는 티레니아 해에 대한 통제력을 한 번도 잃지 않았을 것이다. 왜냐하면 로마의 전대들이 아무런 방해를 받지 않고 이탈리아에서 스페인으로 통행할 수 있었기 때문이다. 스페인 연안에서도 로마는 젊은 스키피오가 함대를 부두에 매어놓아도 좋다고 생각할 정도로 해상을 완전히 지배하고 있었다. 로마는 아드리아 해에서 마케도니아를 견제하기 위해 브린디시에 1개 전대를 배치하고 해군 기지 한 곳을 건설했다. 그 기지와 전대가 대단히 훌륭하게 역할을 수행했기 때문에 한니발의 동맹군은 이탈리아의 땅을 밟을 수 없었다. 몸젠은 "전쟁을 수행할 함대의 부족이 필립을 무력하게 만들었다"고 말하고 있다. 여기에서 해양력의 효과는 추상적인 것이 아니라 실제적이었던 것이다.

　시칠리아에서의 전투는 시러큐스를 중심으로 진행되었다. 카르타고와 로마의 함대가 그곳에서 마주쳤지만, 로마함대가 훨씬 우세했다. 이것은 카르타고함대는 그 도시에 보급품을 제공하는 것은 가끔 성공하기는 했지만, 로마함대와의 전투는 피했다는 사실에서 알 수 있다. 릴리바이움Lilybaeum, 팔레르모Palermo, 그리고 메시나Messina를 확보한 로마함대는 시칠리아의 북쪽 해안을 기지로 잘 이용했다. 카르타고인은 남쪽으로부터 시칠리아 섬으로 갈 수 있었으므로, 그들은 반란을 계속할 수 있었던 것이다.

　이러한 사실들을 종합해보면, 다음과 같은 사실을 추론해낼 수 있을 것이다. 스페인의 타라고나Tarragona로부터 시칠리아 서쪽 끝에 있는 릴리바이움(오늘날 마르살라Marsala)에 이르며, 그곳으로부터 섬 북쪽을 돌아 메시나 해협을 거쳐 시러큐스로 내려가고, 그곳에서 다시 아드리아 해의 브린디시에 이르도록 선을 그었을 때, 그 선의 북쪽에 해당되는 해역은 로마의 해양력에 의해 통제되었다. 이 해역에 대한 통제는 전쟁의 와중에서 한 번도 중단되지 않은 채 지속되었다. 물론, 그것은 이미 말한 적이 있는 카르타고인에 의한 몇 번의 습격까지 막지는 못했다. 그러나 로마는 한니발이 간절히 필요로 했던 교통로의 유지와 확보를 불가능하게 만들어버렸다.

반면에 전쟁이 발발한 후 처음 10년간은 로마함대가 시칠리아와 카르타고 사이의 해역, 다시 말해서 앞에서 그은 선의 남쪽에서 지속적인 작전을 할 수 있을 정도로 강력하지도 않았던 점도 확실하다. 한니발은 스페인을 출발하면서 스페인과 아프리카 사이의 교통로를 유지하기 위해 자신이 보유하고 있던 함선들을 배치했는데, 당시 로마는 그 교통로를 방해하려고 생각하지 않았다.

그러므로 로마의 해양력이 마케도니아를 전쟁권 밖으로 밀어냈다고 볼 수 있지만 카르타고가 시칠리아에서 로마를 크게 괴롭히는 견제행동을 하지 못하도록 할 수는 없었다. 그러나 카르타고 정부가 이탈리아에 있던 자국의 위대한 장군에게 가장 적절한 시기에 증원군을 파견하는 것은 막을 수 있었다. 스페인에 대해서는 어떠했을까?

스페인은 한니발과 그의 아버지가 구상하고 있었던 이탈리아 침공을 위한 기지가 되었다. 이탈리아를 침공하기 전에 18년 동안, 그들은 스페인을 점령하여 정치적 그리고 군사적 힘을 아주 현명하게 확장했다. 그들은 국지적인 전쟁을 일으켜 군대를 훈련시킴으로써 대규모의 노련한 군대를 보유할 수 있었다. 이탈리아로 원정을 떠나면서 한니발은 자신이 다스리던 정부를 동생인 하스드루발Hasdrubal에게 맡겼는데, 하스드루발은 마지막까지 형에게 충성과 헌신을 다했다. 이 충성과 헌신은 극심한 파벌투쟁이 벌어지고 있던 아프리카의 모국으로부터는 전혀 기대할 수 없는 것이었다. 한니발이 출발할 당시 스페인에서 카르타고의 세력은 카디스Cadiz에서 에브로 강에 이르는 지역까지 확대된 상태였다. 이 강과 피레네 산맥 사이에 있던 지역에는 로마에게 호의적인 주민들이 살고 있었지만, 로마인들이 없었으므로 한니발에게 성공적으로 저항할 수 없었다. 한니발은 그들을 완전히 제압한 후, 그 지역을 확실한 군사적 속령으로 만들기 위해 한노Hanno가 지휘하는 1만 1천 명의 군사들을 주둔시켰다. 이것은 또한 로마인들이 그곳에 기지를 세우지 못하게 함으로써 자신의 기지와의 교통로를 방해받지 않으려는 의도가 내포된 행동이었다. 그러나 스키피오는 그 해에 2만 명의 군사를 이끌고 해로로 그 지점에 도착하여 한노를 격퇴시키고, 해안 지방과 에브로 강 북쪽을 점령했다. 그리하여 로마군은 하스드루발의 증원군이 한니발에게 갈 수 있는 통로를 완전히 폐쇄하고 스페인에 있는 카르타고군을 공격할 수 있는 기반을 다질 수 있었다. 그러는 동안, 로마군은 우세한 해군을 이용하여 이탈리아와의 교통로를 견고하게 만들 수 있었다. 그들은 카르타헤나Cartagena에 있는 하스드루발의 해군기지에 대적할 수 있는 해군기지를 타라고나에 건설한 후 카르타고 영토를 침략하기 시작했다. 스페인에서의 전쟁은 스키피오 형제의 지휘하에 7년 동안 전개되었는데, 단지 지엽적인 전투들만 일어난 것처럼 보였다. 그 전쟁의 마지막 해에 스키피오 형제가 전사하면서 승리를 눈앞에 둔 하스드루발이 한니발에게 보낼 증원군은 피레네 산맥을 넘는 데 거의 성공할 뻔했다. 그런데 하스드루발의 그러한 시도는 성사되지 못했다. 카르타고군이 다시 진격을 시작하기 전에 카푸아Capua가 함락되었기 때문에, 2만 명의 노련한 로마군은 다른 전쟁터로 발길을 돌릴 수 있게 되었다. 실제로 이 로마군은 탁월한 능력을 보유한 클라우디우스 네로Claudius Nero의 지휘하에 스페인으로 파견되었다. 네로는 제2차 포에니전쟁 때 가장 결정적인 군사 행동을 책임졌던 로마의 장군이었다. 이처럼 시기적절하게 증원된 로마군은 하스드루발의 진격로를 다시 탈환할 수 있었다. 당시 로마군의 증원은 해로를 통해 실행되었는데 해로는 로마인보다는 카르타고인에게 더 폐쇄적이었던 것이다.

2년이 지난 다음, 장차 아프리카누스Africanus로 찬사받게 될 스키피오 형제의 동생 푸블리우스 스키피오Publius Scipio가 지휘한 육군과 해군은 연합공격으로 아프리카의 카르타헤나를 점령했다. 그런데 그는 점령을 마친 후 자신의 함대를 해산하고 또한 해군을 육군으로 전환시키는 대단히 이상한 조치를 취했다. 스키피오는 피레네 산맥으로 가는 길을 폐쇄하여 하스드루발의 군대를 '움직이지 못하게 하는'6) 단순한 역할에 만족하지 않고, 스페인 남부로 진격하여 과달키비르Guadalquivir에서 결정적이진 않지만 격렬한 전투를 했다. 그 이후에 하스드루발은 스키피오에게서 간신히 벗어나 서둘러 북상한 다음, 피레네 산맥의 서쪽을 가로질러 이탈리아로 넘어갔다. 이탈리아에서 한니발의 군대는 낙오된 병사들을 대체할 수 없었기 때문에 날마다 조금씩 약해졌다.

전쟁을 시작한 지 10년이 되었을 때였다. 그 해에 하스드루발은 별다른 피해를 입지 않고 이탈리아 북쪽으로 진입했다. 그가 인솔한 군대가 무적의 한니발의 병사들과 합류할 수 있었다면, 전쟁을 결정적으로 전환하는 사태를 초래했을지 모른다. 왜냐하면 로마 역시 장기간의 전쟁으로 지쳐 있었기 때문이다. 로마와 식민지 및 동맹국들을 잇고 있던 튼튼한 연결고리 가운데 몇 군데는 너무 무리한 나머

---

6) '견제' 부대는 군대 연합에서 적의 일부가 전진하는 것을 중지시키거나 늦출 의무를 가지고 있으며, 한편 주력군은 다른 진영에 병력을 집중시킨다.

지 파손된 상태로 있었다. 그러나 이 형제의 군사적인 상황도 지극히 위험한 상태에 놓여 있었다. 한 명이 마타우루스Mataurus 강변에 그리고 다른 한 명은 200마일 떨어진 아풀리아Apulia에 있었는데, 두 사람 모두 강력한 적과 대치상태에 있었다. 게다가 로마군은 두 형제의 중간 지점에 위치하고 있었다. 하스드루발의 때늦은 도착과 마찬가지로 이러한 좋지 못한 정세는 로마군이 바다를 지배하고 있었기 때문이었다. 카르타고의 두 형제는 서로 지원하기 위해 로마군이 지배하고 있는 바다를 피해 골 지방을 경유하는 통로를 이용할 수밖에 없었다. 하스드루발이 육로를 이용하여 오래 걸리고 위험한 우회 작전을 펼치고 있던 바로 그때, 스키피오는 하스드루발에게 저항하고 있던 군대를 강화하기 위해 해로를 이용하여 스페인에서 1만 1천 명의 병사를 파견했다. 그 결과 하스드루발이 한니발에게 보냈던 전령들은 적이 장악하고 있던 넓은 지역을 통과하다가 도중에 남부 로마군의 지휘관이었던 클라우디우스 네로에게 사로잡혔다. 그리하여 네로는 하스드루발이 선택한 이동로를 알 수 있었다. 상황을 정확하게 판단한 네로는 한니발의 경계의 눈을 피하여 자신의 최정예병 8천 명을 이끌고 서둘러 행군을 감행하여 북부의 로마군과 합류했다. 이러한 합동작전은 큰 효과를 거두었다. 로마의 두 집정관은 하스드루발을 병력수로 압도했으며, 결국 그의 군대를 격파하는 데 성공했다. 카르타고의 지휘관도 이 전투에서 전사했다. 자신의 진영으로 던져진 동생의 목을 보고 자신에게 닥친 재앙을 알게 된 한니발은 이제 로마가 세계의 여왕이라고 절규했다고 전해지고 있다. 그렇기 때문에 마타우루스 전투가 양국 사이의 결전으로 알려져 있다.

결국 마타우루스 전투와 로마군의 승리로 끝난 군사적인 상황은 다음과 같이 요약할 수 있을 것이다. 로마를 물리치기 위해서는 그 세력의 중심지인 이탈리아에서 로마군을 공격함으로써 강력하게 연결되어 있는 로마의 동맹——로마가 동맹의 종주국 역할을 하고 있었다——을 분쇄할 필요가 있었다. 카르타고의 목표는 바로 이것이었다. 이 목표를 달성하기 위해서 카르타고는 견고한 작전기지와 안전한 교통로를 확보하는 것이 필요했다. 견고한 작전기지는 위대한 바르카Barca 가문에 의해 스페인에 설치되었지만 카르타고는 안전한 교통로 확보에 실패했다. 당시 두 가지의 교통로가 있었는데, 하나는 해로를 직접 이용하는 것이었고 다른 하나는 골 지방을 우회하는 것이었다. 해로는 로마의 해양력에 의해 봉쇄되었고, 우회하는 육로 또한 로마군이 북부 스페인을 점령함으로써 위험해졌으며 결국은 차단되었다. 로마군의 스페인 점령은 카르타고인이 한 번도 보유해본 적이 없었던 해양 통제 때문에 가능했다. 그 덕분에 로마군은 한니발과 그의 기지가 있는 로마와 북부 스페인의 중요한 중간 위치를 점령할 수 있었다. 이 두 지점은 안쪽 교통선 역할을 하는 해로에 의해 서로 연결됨으로써 계속 지원을 받거나 해줄 수 있었다.

만약 지중해가 사막이고, 그 안에 로마인들이 코르시카와 사르디니아에 걸친 험준한 산맥, 타라고나와 릴리바이움에 요새화된 거점, 제노아Genoa 근처에 있는 이탈리아 해안선, 마르세이유와 그 밖의 다른 곳에 동맹국 요새를 가지고 있었다면, 또한 로마인이 그 사막 지역을 자유롭게 지나다닐 수 있는 군대를 가지고 있는 반면에 아주 열세한 적군이 병력을 집중시키기 위해 우회로를 택할 수밖에 없었다면, 당시의 군사적인 상황을 곧바로 인식할 수 있었을 것이고, 따라서 특별히 부대의 가치와 효과를 강조하기 위해 말을 사용하지 않아도 되었을 것이다. 같은 종류의 적군이 아무리 열세한 병력을 갖고 있더라도 그렇게 유지되고 있던 영토를 습격하거나 마을을 불태우고, 몇 마일의 국경 지방을 황폐화시켰을지도 모르고, 또한 군사적 교통로를 위험에 빠뜨리지 않는다고 하더라도 적군이 수송선을 때때로 차단하는 활동을 했을지도 모른다는 점을 알아야만 할 것이다. 그러한 약탈 작전은 어느 시대이거나 간에 열세한 해군력을 갖고 있던 교전국에 의해 이루어졌다. 그러나 그러한 행동은 "로마함대가 때때로 아프리카 연안에 나타났고 카르타고의 함대가 같은 방식으로 이탈리아 해안에 모습을 나타냈기" 때문에 "로마도 카르타고도 해상 지배권을 확실하게 확보할 수 없었다"고 하는 이미 알려진 사실과 모순된 추론을 정당화하는 것은 결코 아니다. 지금 우리가 다루고 있는 사례에서 해군은 우리가 상상해본 사막의 부대와 같은 역할을 했다. 그러나 대부분의 저술자가 잘 알지 못하는 바다에서 해군이 작전을 하고, 해군은 오래 전부터 일반인과 다른 이상한 종족이며, 그 자체의 대변자도 없고, 또한 그 자체도 임무를 제대로 이해하지 못한다고 알려져 왔기 때문에 당대의 역사나 세계의 역사에 미친 해군의 결정적이고 절대적인 영향력은 간과되어 왔다. 만약 앞에서 말한 주장이 맞는다면, 결과에 중요한 영향을 미치는 요인들의 목록에서 해양력을 제외시키는 것은 해양력만이 전쟁에 영향을 준다고 주장하는 것이 이치에 맞지 않는 것과 마찬가지로 잘못된 일이다.

오늘날에 더 요구되는 해군의 전략적 연합

앞에서 인용한 사례들은 이 책에서 다루고 있는 시기보다 훨씬 앞선 것이거나 이후의 것으로 상당한 간격을 두고 떨어져 있다. 그러나 그것들은 역사에서 배워야 할 교훈의 성격이나 해양력이라는 주제에 대한 본질적인 중요성을 입증해주는 역할을 한다고 생각한다. 앞에서 보았던 것처럼, 해양력의 중요성과 역사의 교훈 등은 전술보다는 전략적인 부분에 속한다. 그것들은 전투보다는 오히려 일련의 군사적 행동의 실행에 대한 내용을 담고 있어서 훨씬 더 오래 지속적인 가치를 갖게 된다. 이러한 내용과 관련된 권위자의 말을 인용한다면, 다음과 같은 조미니Jomini의 일화를 들 수 있다. "나는 1851년 말경에 파리에 있었는데, 어떤 유명 인사가 나에게 현재의 화력 개선이 전쟁의 수행방식에 어떤 변화를 가져올지에 대해 물었다. 나는 화력의 변화가 아마도 전술적인 세부사항에는 영향을 미치겠지만, 더욱 중요한 전략적 군사행동이나 여러 전투의 연합면에서의 승리는 과거와 마찬가지로 현재에도 프리드리히Frederick이나 나폴레옹 그리고 알렉산더와 카이사르와 같은 위대한 장군들에게 성공을 가져다준 여러 원칙들을 적용함으로써 얻을 수 있을 것이라고 대답했다." 이 원칙들에 대한 연구는 오늘날 근대적인 증기선이 안정되고 큰 동력을 제공해주고 있기 때문에 해군에게 과거보다 훨씬 중요해지고 있다. 갤리나 범선시대에는 아무리 잘 짜여진 계획이라고 하더라도 날씨 때문에 실패할 수 있었다. 그러나 오늘날에는 이런 난점은 이미 사라지고 없다. 해군의 대규모 연합작전을 이끄는 원칙들은 모든 시대에 적용될 수 있으며 또한 역사에서 추론될 수도 있다. 그러나 날씨에 거의 상관없이 그러한 원칙들을 실행하는 힘은 최근에 얻어진 것이다.

광범위한 해군전략

보통 '전략'이라는 어휘에 대한 정의는 완전히 독립적이든 상호 의존적이든 현재 혹은 현재에 가까운 전쟁무대로 간주되는 하나나 하나 이상의 작전분야를 포함하는 군사적 연합으로 한정된다. 그러나 최근 프랑스 저술가는 그러한 정의가 육군에게는 적당할지 몰라도 해군에게는 너무 좁은 의미라고 주장하고 있는데, 이 주장은 상당한 타당성을 갖고 있는 것처럼 보인다. 그는 다음과 같이 말하고 있다. "해군의 전략은 전시와 마찬가지로 평화시에도 항상 필요하다는 점에서 육군의 전략과 다르다. 실제로 해군전략은 전쟁을 통해 얻기 어려운 어떤 국가의 훌륭한 지점을 평시에 획득하거나 조약체결 등의 수단으로 차지함으로써 가장 결정적인 승리를 할 수 있도록 해준다. 해군전략은 온갖 기회를 이용하여 어떤 해안의 선택된 곳에 기반을 잡을 수 있고, 또한 처음에는 일시적인 점유에 불과하지만 점차 그 거점을 결정적인 것으로 만들 수 있다는 점도 가르쳐준다." 영국이 10년이라는 시한부적 조건으로 사이프러스Cyprus와 이집트를 성공적으로 점유했지만, 아직도 그곳들을 포기하지 않고 있음을 보아온 세대는 이 말에 쉽게 동의할 수 있을 것이다. 이 말을 뒷받침하는 증거는 대단한 해양력을 가진 모든 국가가 자국민이나 자국 선박들이 통과하는 여러 지점에서 사이프러스나 이집트보다 더 주목할 가치가 없는 곳들을 차례로 아주 꾸준히 차지하고 있는 사실로부터 얻을 수 있다. "해군전략은 전시나 평시에 자국의 해양력을 건설하고 지원하며 증가시키는 것을 목적으로 한다." 그러므로 해군전략에 대한 연구는 자유 국가의 모든 시민, 특히 외무나 국방의 임무를 맡고 있는 사람들에게 관심과 흥미가 있는 분야이다.

이제 국가에 필수적이거나 국가의 강력함에 큰 영향을 주고 있는 일반적인 조건을 검토할 차례이다. 이 검토가 끝난 후, 17세기 중엽의 유럽 해양국들에 대해 특별히 자세하게 고찰할 예정인데, 이 작업은 이 책의 전반적인 주제에 대한 결론을 뒷받침해주고 또한 그 결론이 정확하다는 점을 보여줄 수 있을 것이다.

※ 당대인들 중에서도 유난히 넬슨의 명성이 두드러졌고 또한 영국인들이 넬슨이야말로 나폴레옹의 계획으로부터 영국을 구할 수 있는 유일한 사람이라고 절대적인 믿음을 보이기는 했지만, 그가 점령했거나 점령할 수 있었던 것은 전장의 일부에 불과했다. 트라팔가르 해전으로 종료된 전투에서 나폴레옹의 목표는 브레스트와 툴롱 및 로슈포르의 함대를 스페인의 강력한 함대와 서인도제도에서 연합시킴으로써 영국보다 압도적으로 우세한 병력을 만든 후, 영국해협으로 돌아와 프랑스 육군이 해협을 횡단하는 것을 엄호하도록 만드는 것이었다. 그는 영국의 이해관계가 전 세계에 걸쳐 있는 상황에서 프랑스 해군의 목적지가 어느 곳인지 몰랐기 때문에 영국군의 혼란과 병력 분산을 초래할 수 있기를, 그리고 자신이 목표로 한 지점(영국해협)으로부터 영국 해군을 끌어낼 수 있기를 자연스럽게 기대했다. 넬슨에게 허용된 전장은 지중해였다. 그는 그곳에서 툴롱의 대규모 병기창과 동부와 대서양으로 가는 해로를 감시했다. 이것은 결과적으로 중요한 임무였다. 또한 이것은 이집트에 대한 툴롱 함대의 시도가 재개되리라는 확신을 가졌던 넬슨의 눈에는 더욱 더 중요한 임무로 생각되었다. 이러한 생각 때문에 그는 처음에 잘못된 조치를 취했다. 이 조치 때문에 툴롱 함대가 빌뇌브의 지휘 아래 출항했을 때 그에 대한 추격 작전이 지체되었다. 프랑스함대는 오랫동안 순풍의 도움을 받았던 것에 비해 영국함대는 역풍을 받고 항해했다. 그러나 이런 사실에도 불구하고, 나폴레옹의 연합시도가 실패로 끝난 것은 브레스트 앞바다에서의 영국함대의 끈질긴 봉쇄작전과 툴롱 함대에 대한 넬슨의 정력적인 추격작전(서인도제도로 도피했다가 유럽으로 서둘러 되돌아올 때까지) 때문이었는데, 그 중에서 후자는 역사가 용인하고 또한 교재에서 다루어질 정도로 대단히 탁월한 활동이었다. 실제로 넬슨

이 나폴레옹의 의도를 간파한 것은 아니었다. 이것은 아마도 몇몇 사람들이 주장하고 있듯이 통찰력의 부족 때문에 나타난 현상이었는지 모른다. 아니면 공격받을 위험이 있는 지점을 잘 모르기 때문에 방어하기 어려웠던 불리한 상황 탓인지도 모른다. 그것은 상황의 열쇠를 걸어 잠그기에 충분한 통찰력이다. 그리고 넬슨이 올바르게 바라보았던 것은 기지가 아니라 함대였다. 그 결과 그의 행동은 작전을 수행하는 지칠 줄 모르는 정력과 목적에 대한 집착이 초기의 실수를 얼마나 잘 보상해줄 수 있고, 한편 세워진 계획을 얼마나 큰 실수로 이끌 수 있는지 보여주는 아주 놀라운 예를 제공했다. 그는 지중해에서 함대를 지휘할 때 많은 임무와 걱정거리를 갖고 있었다. 이러한 상황에서 그는 툴롱 함대를 그곳에서의 지배적인 요소로, 그리고 나폴레옹 황제의 해군 연합에서 중요한 요소로 확실하게 인식하고 있었다. 따라서 그의 의도는 그것에 확고하게 고정되어 있었다. 그는 툴롱 함대를 '자신의 함대'로 불렀는데, 그 말은 프랑스 비평가들의 마음을 상당히 언짢게 만들었다. 군사적 상황에 대한 이러한 단순하고 정확한 관점은 그로 하여금 두려움을 갖지 않은 채 결정하도록 해주었고, '자신의 함대'를 추격하기 위해 기지를 포기함으로써 따르는 막대한 책임을 감당할 수 있게 해주었다. 이처럼 추격작전을 결정하고 난 후, 그는 더할 나위없이 지혜롭게 빌뇌브가 페롤Ferrol에 입항하기 1주일 전부터 카디스에 도착할 때까지 열정적으로 그 뒤를 추격했다. 이 추격작전은 적 함대의 기동에 대한 잘못된 정보와 불확실성 때문에 불가피하게 지연되었음에도 불구하고 계속 이루어졌다. 또한 지칠 줄 모르는 열정이 그로 하여금 자신이 이끄는 함대를 카디스로부터 브레스트로 제때에 이끌고 올 수 있도록 만들었다. 그리하여 그는 그곳에서 빌뇌브 함대에 비해 수적 우세를 보이는 영국함대를 구성할 수 있었다. 영국함대는 연합함대에 비해 함선 수에서 매우 열세였지만, 넬슨의 노련한 함정 8척이 시기적절하게 증강됨으로써 전략적으로 가장 가능성 있는 위치에 함정을 배치할 수 있었다. 그 점은 미국 독립전쟁에서 나타난 비슷한 상황과 관련시켜 지적할 수 있으리라 믿는다. 영국의 병력은 브레스트와 페롤에 있는 적의 두 전대 사이에 위치한 비스케이Biscay 만에서 하나의 큰 함대로 합쳐지게 되었다. 이 함대는 적의 각 전대들에 비해 수적으로 우세했으며, 적의 다른 전대가 다가오기 전에 다른 한 전대를 처리할 수 있을 정도로 강력했다. 이 모든 것은 영국 당국자의 유능한 활동 때문에 가능했다. 그러나 결과적으로 볼 때, 다른 어떤 요소들보다도 넬슨의 '자신의 함대'에 대한 성실한 추격 때문이었다고 할 수 있다.

이러한 일련의 흥미로운 전략적 기동은 8월 14일에 끝났는데, 그때 빌뇌브는 브레스트에 도착하는 것이 절망적이라고 생각하여 카디스로 향했고, 20일에 그곳에 닻을 내렸다. 나폴레옹은 이 소식을 듣자마자 빌뇌브 제독에 대해 분노를 터뜨린 다음, 즉시 기동하라고 명령했는데, 이 기동은 울름Ulm과 아우스터리츠Austerlitz 전투를 초래했으며, 나폴레옹은 영국에 대한 목표를 포기하지 않을 수 없었다. 그러므로 10월 21일에 일어난 트라팔가르 해전은 광범위한 해역에 걸친 기동 때문에 두 달이라는 간격을 두고 일어났다. 울름과 아우스터리츠 전투와 시간적으로는 떨어져 있지만, 트라팔가르 해전은 넬슨이 과거의 경력에 더하여 자신의 천재성을 드러낸 증거였다. 그 당시에 나폴레옹은 원래 의도했던 영국 침략을 포기한 상태이기는 했지만, 영국이 트라팔가르 해전으로 구원받은 것은 사실이다. 그곳에서의 프랑스 함대의 괴멸은 나폴레옹의 계획을 소리도 없이 망쳐버린 영국의 전략적 승리를 강조하고 증명하는 것이었다.

제1장

해양력의 요소에 대한 논의

거대한 공유물로서의 바다

정치적 그리고 사회적 관점에서 드러나는 바다의 가장 중요하고 분명한 의미는 하나의 커다란 공도公道라는 점이다. 그러나 바다를 인간이 모든 방향으로 지나다닐 수 있는 넓은 공유지로 간주하는 것이 어쩌면 더 나을지도 모른다. 그러나 바다는 오래된 몇 가지 이유들에 의해 다른 통로보다 여행로로 선택되었다. 이러한 여행로는 무역로라고도 불린다. 그리고 그것을 결정해온 이유는 세계 역사에서 찾아보아야 할 것이다.

육상 수송과 비교한 해상 수송의 이점

우리에게 익숙하거나 익숙하지 않은 위험들이 바다에 도사리고 있는데에도 불구하고 무역을 하거나 여행할 때 육로가 아닌 해로를 선택하는 이유는 그것이 훨씬 용이하고 또한 값이 싸기 때문이다. 네덜란드가 활발한 상업활동을 하는 국가가 될 수 있었던 것은 많은 수의 잔잔한 수로 덕분이었는데, 네덜란드는 이 수로를 통해 자국뿐만 아니라 독일의 내륙 지방에까지 그리 많은 돈을 들이지 않고 쉽게 접근할 수 있었다. 육로가 아닌 해로의 이용을 통해 나타나는 이러한 이점은 200년 전에 그러했듯이 도로의 수가 적을 뿐만 아니라 그 상태도 나쁘고, 전쟁이 자주 일어나고, 또한 사회가 안정되지 못한 시기에 훨씬 두드러지게 나타났다. 그 당시 해로를 이용한 수송은 강탈의 위험에도 불구하고 육로를 이용하는 것보다 더 안전하고 시간도 덜 걸렸다. 그 당시 네덜란드의 한 저술가는 자기 나라가 영국과 전쟁을 할 경우에 대해 생각하면서 다음과 같은 두 가지 사항을 주목했다. 하나는 영국의 수로가 내륙의 깊숙한 곳까지 충분하게 연결되지 않았다는 점이었다. 다른 하나는 영국인이 열악한 도로 상태 때문에 한 곳에서 다른 곳으로 상품을 운반하기 위해서는 해로를 이용할 수밖에 없었는데, 도중에 포획당할 위험이 있다는 점이었다. 순수하게 국내 상업에 국한시켜 살펴본다면, 오늘날에는 이러한 위험이 거의 사라졌다고 볼 수 있다. 물을 이용한 수송이 여전히 저렴하기는 하지만, 대단히 문명화된 국가에서는 연안 무역이 없어진다고 해도 그것은 아마 단순히 불편함을 야기하는 정도에 그칠 것이다. 당시의 역사나 해양에 대한 가벼운 글을 접한 사람이라면 프랑스 공화정과 제1 제정기 무렵에 일어난 전쟁에서 해상에 영국 순양함들이 떠다니고, 도로망이 상당히 우수했음에도 호송선단이 프랑스 연안을 따라 비밀리에 활동했다는 것을 잘 알 것이다.

통상 보호를 위해 존재하는 해군

그러나 현대 상황에서는 바다에 접해 있는 국가의 바다를 통한 국내 통상은 전체 통상 가운데 지극히 일부에 불과하다. 외국산 필수품이나 사치품은 선박으로 항구까지 운반되어야만 한다. 그리고 이 선박은 물품을 하역한 다음 그곳에서 생산되는 농수산물이나 공산품을 다시 선적한 다음 돌아가는데, 모든 나라는 이러한 해운업이 자국 선박을 통해 이루어지기를 바란다. 이처럼 해상을 왕래하는 선박은 돌아갈 항구를 갖고 있어야 하고, 가능한 한 먼 곳까지 자국의 보호를 받으며 항해할 수 있어야만 한다.

전시에는 무장함선이 보호 임무를 수행한다. 공격적인 성향을 가진 한 나라가 해군을 단순히 군대기구의 일부로만 유지시키는 경우를 제외하면, 해군의 필요성은 상선이 존재하면서부터 시작되고 또 그것과 더불어 사라진다고 한정된 범위로 이야기할 수 있다. 현재 미국에서는 어떤 공격적 성향도 보이지 않고 또한 해군의 상선보호 임무도 사라졌기 때문에 무장함대의 쇠퇴와 해군에 대한 일반적인 관심 부족은 당연한 결과라고 할 수 있다. 그러나 어떠한 이유에서든 해상무역이 다시 상당한 관심을 끌기 시작하면 해운업에 대한 관심이 되살아날 것이고, 그것은 함대의 부활을 촉진할 것이다. 중앙아메리카 지협을 통과하는 운하 건설이 확실해지면, 적극적인 해외 진출을 위한 충동이 강해져 비슷한 결과를 가져올 수 있을지도 모른다. 그러나 현대에는 적절한 군비를 정비하는 데 선견지명이 필요한데, 평화를 사랑하면서 경제적 이익에도 관심이 많은 국민은 대체로 그렇지 못하기 때문에 이러한 결과가 나타날지는 의문이다.

안전한 항구에 달려 있는 통상의 신뢰성

한 국가가 상선과 무장군함을 자국 해안 밖으로 내보낼 때, 평화로운 무역과 피난 그리고 보급을 위해 사용할 수 있는 지점들이 그 선박에 필요하다는 것을 쉽게 알 수 있다. 오늘날에는 외국 항구를 포함하여 우호적인 항구들을 전 세계에서 찾아볼 수 있다. 평화가 유지되는 동안에는 그러한 항구들만 있어도 충분하다. 그러나 항상 그런 것은 아니다. 미국이 평화를 유지하기 위해 오랫동안 노력해왔지만, 평화가 항상 지속되는 것도 아니다. 상인인 뱃사람들은 초기에 아직 탐험되지 않은, 의심스럽거나 적대감을 가지고 있는 새로운 지역에서 생명과 위험을 무릅쓰고 장사를 하여 이익을 얻었다. 게다가 그곳에서 이익이 되는 화물을 수집하는 데 상당한 기간을 보내야 했기 때문에 그들은 직관적으로 자신의 무역로로부터 멀리 떨어진 지방에서 호의나 무력을 통해 기지를 확보했다. 그들 자신이나 대리인들은 그곳에 별 무리 없이 정착할 수 있었고 선박들은 안전하게 정박할 수 있었다. 또한 그들은 본국으로 운반해 갈 본국 함대를 기다리면서 그곳의 생산물들을 모을 수도 있었다. 이러한 초기 항해는 위험이 많은 만큼 막대한 이익을 얻을 수 있었다. 따라서 그러한 시설은 자연히 많이 증가했으며, 결국은 식민지가 되었다.

식민지와 식민거점의 발전

그러한 식민지의 궁극적인 발전과 성공은 본국의 정책과 특성에 달려 있었으며, 그 발전과 성공은 세계의 역사, 특히 해양사의 대부분을 차지하고 있다. 모든 식민지가 위에서 묘사한 단순하고 자연적인 발생과 성장을 거친 것은 아니었다. 많은 식민지는 사적이고 개인적인 행위보다는 통치자의 조직적이고 순수한 정치적인 행위에 의해 착상되고 건설되었다. 이에 비해 무역 기지와 그 발전은 이익을 추구하는 모험가들의 단순한 산물에 불과했지만, 그 본질은 공들여 조직되고 면허를 받은 식민지와 다를 바 없었다. 두 경우 모두 본국이 외국 지역에 하나의 발판을 마련할 수 있었을 뿐만 아니라 그곳에서 자국 생산물을 팔 새로운 판로와 자국 함선의 활동무대, 자국민을 위한 보다 많은 일터, 그리고 본국을 위한 많은 즐거움과 부를 얻을 수도 있었다.

그러나 무역로의 다른 한쪽 끝에서 안정성이 확보되었다고 해도 필요한 통상조건이 모두 제공되었던 것은 아니다. 항해는 대단히 오래 걸리고 위험했으며, 해상에서 적으로부터 공격을 당하는 경우도 많았다. 오늘날에는 거의 잊혀졌지만, 식민지 건설 활동이 가장 활발했던 시기에 바다는 무법상태였다. 또한 해양국들 사이에 평화가 보장된 기간은 아주 짧았을 뿐만 아니라 드물었다. 그리하여 주로 통상보다는 방어와 전쟁을 위해 통상로 주변에 희망봉, 세인트헬레나 및 모리셔스와 같은 기지를 가져야 할 필요성이 증가했다. 또한 지브롤터, 말타, 세인트 로렌스 만의 입구에 있는 루이스버그와 같은 지점을 소유하고 싶은 욕구가 증가했다. 이러한 지점들의 가치는 주로 전략적인 것이었지만, 완전히 그런 것만은 아니어서 식민지와 그 거점은 때로는 상업적인 성격을, 때로는 군사적인 성격을 띠었다. 뉴욕처럼 한 지점이 두 가지 면에서 모두 아주 중요했던 경우는 극히 예외적이었다.

해양력의 고리─생산, 해운업, 식민지

바다에 접해 있는 국가의 정책뿐만 아니라 역사의 중요한 열쇠는 교역을 요구하는 생산, 교역품들을 운반하는 수단으로서 해운, 그리고 해운 활동을 도와주고 확대해주는 동시에 안전한 거점을 증가시켜서 해운을 보호해주는 식민지, 바로 이 세 가지에서 찾을 수 있다. 정책은 그 시대의 사상 그리고 통치자의 성격과 통찰력이라는 두 가지 요소에 의해 변해왔다. 그러나 바다와 접해 있는 국가들의 역사는 정부의 앞을 내다보는 능력이나 예지력보다는 오히려 위치, 영토의 크기, 지형, 국민의 수와 국민성 등 한 마디로 말하자면 자연적인 조건이라고 부를 수 있는 것에 의해 더 많이 결정되어왔다. 그러나 현명하거나 현명하지 못하거나 개인의 행동이 어떤 시기에는 넓은 의미에서 해양력의 성장에 한정적인 영향을 아주 크게 주었다는 점은 인정되어야만 하며, 미래에도 그러한 모습을 볼 수 있을 것이다. 넓은 의미의 해양력은 무력에 의해 바다나 바다의 일부분을 지배하는 군사력뿐만 아니라 평화로운 통상과 해운도 포함하고 있다. 해군 함대는 이러한 평화로운 통상과 해운에 의해서만 자연스럽고 건전하게 생겨날 수 있고 또한 그 위에서 안정된 기반을 다질 수 있다.

해양력에 영향을 주는 일반 조건

국가의 해양력에 영향을 주는 중요한 조건들로는 다음과 같은 것들을 들 수 있을 것이다.

1. 지리적 위치

우선 어떤 나라가 육지에서 방어할 필요가 없고 또한 육상을 통한 영토 확장을 모색하려는 유혹에 빠질 수도 없는 위치에 있다면, 그 나라는 일부 국경이 육지에 접해 있는 국가에 비해 오로지 해양 지향적인 목표만 가질 수 있는 이점을 보유한다. 이것은 프랑스나 네덜란드에 비해 영국이 갖고 있는 커다란 이점이다. 네덜란드는 자국의 독립을 유지하기 위해 대규모의 육군을 유지하고 돈이 많이 드는 전쟁을 수행할 필요가 있었으므로 국력을 일찍 소모해버렸다. 반면에 프랑스의 정책은 때로는 현명하게 때로는 대단히 미련하게 해양정책을 대륙 확장계획으로 계속 바꾸어왔다. 이 두 나라의 군사적인 노력은 막대한 부를 낭비했다. 국가의 지리적인 위치를 좀더 현명하게 그리고 꾸준히 이용했다면 프랑스는 많은 부를 축적할 수 있었을 것이다.

지리적인 위치는 아마도 그 자체가 해군력의 집중을 촉진할 뿐만 아니라 분산의 필요성도 보유하는 것 같다. 영국은 이 점에서 프랑스보다 유리하다. 대양과 지중해에 접하고 있는 프랑스의 위치는 유리한 점도 있지만 일반적으로 해상 군사력을 약화시키는 원인도 제공하고 있다. 프랑스의 동·서 두 함대는 지브롤터 해협을 통과해야만 서로 결합할 수 있었는데, 해협을 통과할 때 자주 위험을 무릅써야만 했고, 때로는 피해를 입기도 했다. 두 개의 대양에 접해 있는 미국의 지리적 위치는 두 해안에서 대량으로 해상 무역을 하는 데 대단한 약점이 될 수도 있고 또한 막대한 경비가 소요되는 원인도 될 수 있을 것이다.

영국은 수많은 식민지를 유지하기 위해 자국 해역의 주변에 병력을 집중시킬 수 있는 이점을 희생시켰는데, 잃은 것보다 얻은 것이 더 많았다는 사실이 입증되었기 때문에 이 희생은 결국 현명한 조치였던 것으로 생각되었다. 식민지 체계가 발전함에 따라 영국 함대도 점차 발전했지만, 그보다는 상선을 통한 해운업의 발달과 부의 축적이 더 신속하게 이루어졌다고 할 수 있다. 그럼에도 불구하고 미국 독립전쟁, 프랑스 공화정, 그리고 왕정시대에 일어난 전쟁에 대해 프랑스 저술가는 다음과 같이 인상적으로 표현했다. "영국은 해군의 두드러진 발전과 막대한 부에도 불구하고 항상 빈곤 속에서 헤어나지 못하고 있는 것처럼 보인다." 영국의 막강한 힘은 그 심장부와 모든 구성원에게 생동감을 주기에 충분했다. 반면에 역시 광대한 식민지를 보유했던 스페인은 해양력의 열세로 말미암아 대단히 많은 지점에서 모욕과 피해를 당하면서도 속수무책이었다.

한 국가의 지리적 위치는 병력집중에 유리하게 작용할 뿐만 아니라, 가상의 적에 대해 작전을 할 수 있는 훌륭한 기지와 중심 위치라는 전략적 이점을 제공해줄 수도 있다. 이것은 영국의 경우에 해당된다. 영국은 한편으로 네덜란드와 북방의 열강들과 마주보고 있었고, 다른 한편으로 프랑스와 대서양과 접하고 있었다. 프랑스와 북해, 그리고 발트 해 주변의 강대국들이 연합하여 영국을 위협했을 때에도——그러한 일이 종종 있었다——다운스Downs와 영국해협에 있던 영국함대들과 그리고 브레스트 앞바다에 있던 함대조차도 안쪽의 위치를 차지했기 때문에 동맹국과 합류하기 위해 영국해협을 통과하려는 어떤 적 함대에 대해서도 쉽게 대처할 수 있었다. 또한 영국은 북쪽이든 남쪽이든 어느 쪽에서나 자연조건 면에서 안전하게 접근할 수 있는 항구와 해안을 보유하고 있었다. 전에는 이것이 영국해협을 통과하는 데 대단히 중요한 요소였는데 최근에는 증기선과 항만의 발전 덕분에 프랑스가 이전에 가지고 있었던 단점들이 많이 개선되었다. 범선시대에 영국함대는 토베이Torbay와 플리머스Plymouth를 기지로 삼아 브레스트에 대한 작전을 전개했다. 대단히 단순했던 그 작전 계획은 다음과 같았다. 동풍이나 잔잔한 바람이 불 때는 브레스트를 봉쇄하고 있던 함대가 아무런 어려움 없이 위치를 유지할 수 있었다. 그러나 강한 서풍이 불거나 그 바람이 너무나 셀 때에는 풍향이 바뀔 때까지 프랑스함대가 항구 밖으로 나올 수 없고 또한 방향이 바뀐다 하더라도 영국함대도 역시 기지로 돌아갈 수 없다는 점을 알고 있었기 때문에, 영국함대는 본국 항구 쪽으로 진로를 바꾸었다.

적이나 공격 목표에 지리적으로 가깝다는 장점은 최근에 통상파괴——프랑스인들은 적국 상선 나포gurre de course라 부른다——라 불리는 전투형태에서 가장 두드러지게 나타난다. 이러한 작전은 보통 무방비상태의 평화로운 상선에 대해 실시되기 때문에 소규모 병력이 타고 있는 함정을 필요로 한다. 자신을 방어할 수 있는 힘을 갖고 있지 않은 상선은 가까운 곳에 자신을 지원해줄 수 있는 기지나 피난소를 필요로 한다. 그러한 기지나 피난소는 자국 군함의 통제하에 놓여 있는 곳이나 아니면 자국에 우호적인 국가의 항구이다. 우호국의 항구는 항상 같은 장소에 있을 뿐만 아니라 적보다는 통상파괴를 당하는 쪽이 접근로를 잘 알고 있기 때문에 가장 강력한 지원을 제공할 수 있다. 따라서 프랑스는 영국에 가까웠기 때문에 영국에 대한 통상파괴작전을 효율적으로 수행할 수 있었다. 북해와 영국해협, 그리고 대서양에 항구를 갖고 있던 프랑스의 순양함은 오가는 영국 무역선들의 집결지와 가까운 항구에서 출항할 수 있었다. 항구와 항구 사이가 떨어져 있는 것은 정규적인 군대의 연합작전에는 불리했지만, 비정규적이고 보조적인 작전에는 유리하게 작용했다. 왜냐하면 군대의 정규작전의 가장 중요한 점이 병력을 집중하는 데 있는 반면에, 통상파괴작전을 전개할 때에는 병력을 분산시키는 것이 중요했기 때문이다. 통상파괴함들은 보다 많은 먹이를 찾아 나포하기 위해 대개 흩어져서 활동했다. 이 사실은 프랑스의 활발했던 사략선私掠船의 역사를 더듬어보면 알 수 있다. 사략선의 기지와 활동무대는 북해나 영국해협, 아니면 멀리 떨어진 식민지——과달루페Guadaloupe나 마르티니크Martinique 같은 섬들이 가까운 피난소 역할을 했다——였다. 오늘날 순양함은 도중에 석탄을 다시 공급받아야 하기 때문에 옛 함선보다 항구에 의존하는 경향이 훨씬 더 크다. 미국의 여론은 적의 통상을 방해하는 전쟁을 많이 신뢰하고 있다. 그러나 미국은 해외무역의 중심지 부근에 어떤 항구도 소유하고 있지 않다는 사실을 명심해야 한다. 그러므로 미국의 지리적인 위치는 동맹국들의 항구를 기지로 이용하지 않는 한, 성공적인 통상파괴작전을 수행하기에는 대단히 불리하다.

만약 어떤 한 국가가 공격하기가 편리하고 공해로 쉽게 나아갈 수 있으며, 동시에 세계 교통로의 요지 가운데 한 곳을 통제할 수 있는 자연 조건을 갖고 있다면, 그 국가의 위치가 전략적인 면에서 대단한 가치를 지니고 있다는 것은 분명한 사실이다. 영국의 위치는 현재와 마찬가지로 과거에도 그러한 가치를 매우 많이 내포하고 있었다. 네덜란드나 스웨덴, 러시아, 덴마크의 무역선, 그리고 큰 강을 따라 이루어진 독일 내륙의 무역에 종사하던 범선은 영국 해안에 붙어 항해를 했으므로 영국해협 근처를 지나지 않을 수 없었다. 게다가 이러한 북방 무역은 해양력과 특별한 관계를 맺고 있었다. 왜냐하면 해군 군수품이 주로 발트 해 국가들로부터 제공될 수 있었기 때문이다.

그러나 지브롤터를 잃지 않았다면 스페인의 위치 또한 영국과 비슷하게 분석할 수 있었을 것이다. 대서양과 지중해에 카디스와 카르타고노바라는 항구가 있기 때문에 레반트로 가는 무역선은 스페인 관할지역을 통과해야만 했으며, 또한 희망봉을 돌아가는 무역선도 스페인이 지배했던 곳에서 그리 멀지 않은 지점을 통과해야만 했다. 그러나 스페인은 지브롤터를 잃음으로써 지브롤터 해협에 대한 통제력을 빼앗겨버렸고 또한 스페인의 지중해 함대와 대서양 함대도 합동작전을 쉽게 수행할 수 없게 되었다.

오늘날 해양력에 영향을 주는 다른 요소를 고려하지 않고 지리적 위치만 고려한다면, 아주 긴 해안선과 좋은 항구를 가지고 있는 이탈리아는 레반트로 가는 무역로나 수에즈 해협을 지나는 무역로에 결정적인 영향력을 발휘하는 위치라고 할 수 있을 것이다. 이탈리아가 원래 자신의 땅이었던 섬들을 현재도 모두 소유하고 있다면 훨씬 더 그러한 영향력을 발휘할 수 있을 것이다. 그러나 말타가 영국의 수중에, 그리고 코르시카가 프랑스의 수중에 들어가버리면서 이탈리아의 지리적 위치가 내포한 이점은 크게 줄어들었다. 지브롤터가 스페인에 속하는 것이 바람직한 것처럼 보이듯이, 인종적 동질성이나 상황으로 볼 때 이 두 섬도 이탈리아에 속하는 것이 더 바람직하게 보인다. 만약 아드리아 해가 중요한 무역로라면, 이탈리아의 위치는 훨씬 더 큰 영향력을 가질 것이다. 지리적으로 완전성을 갖고 있음에도 불구하고 이러한 단점들이 해양력의 완전하고 확실한 발달에 저해 요소로 작용하기 때문에 당분간 이탈리아가 주요 해양국의 자리를 차지할 수 있을 것인지 여부는 상당히 의심스럽다.

여기에서는 철저한 토론이 아니라 단지 사례를 통해 한 국가의 상황이 그 국가의 해양력에 얼마나 많은 영향을 미치는가를 보여주려고 시도하는 것이 목표이다. 그리고 역사적인 고찰을 하다 보면, 그 중요성을 보여주는 더 많은 사례가 계속해서 나올 것이다. 그러나 다음 두 가지를 여기에서 언급해두는 것이 좋으리라 생각한다.

여러 상황 때문에 지중해는 통상과 군사 분야에서 같은 조건의 다른 어떤 해역보다 세계사에서 가장 중요한 역할을 연출해왔다. 많은 나라들이 지중해를 지배하기 위해 다투어왔고, 그 싸움은 지금도 계속되고 있다. 그러므로 과거의 것과 마찬가지로 지중해에서의 우위를 가져오는 현재의 여러 상황들에 대해 연구하는 것, 또한 지중해 연안에 있는 여러 지점의 상대적이고 군사적인 위치에 대해 연구하는 것은 같은 수준으로 다른 방면에 대해 연구하는 것보다 한층 더 많은 교훈을 얻게 될 것이다. 게다가 지중해는 현재 여러 가지 면에서 카리브 해와 비슷한 점이 대단히 많은데, 파나마 운하가 완성되면 그 점은 훨씬 더 많아질 것이다. 이미 풍부하게 조명을 받아온 지중해의 전략적 상황들에 대한 연구는 비교적 역사가 짧은 카리브 해에 대한 연구의 대단히 훌륭한 전주가 될 것이다.

둘째는 중앙 아메리카 운하와 관련 있는 미국의 지리적 위치에 대한 것이다. 만약 그 운하가 건설되어 건설자의 바람을 충족시킨다면, 카리브 해는 오늘날과 같은 교통로나 종착지, 또는 기껏해야 불완전하고 도중에 중단되는 여행로에서 세계에서 가장 중요한 공로公路 가운데 하나로 변할 것이다. 이 길을 따라 대규모의 무역이 이루어지고, 따라서 유럽의 다른 강대국들은 미국의 해안을 따라 전례가 없을 정도의 이해 관계를 갖게 될 것이다. 이와 더불어 카리브 해가 이전처럼 국제적인 분규 지역의 성격을 벗어나는 것은 쉽지 않을 것이다. 이 해로에 대한 미국의 위치는 영국해협에 대한 영국의 위치와 수에즈 운하에 대한 지중해 연안국들의 위치와 비슷해질 것이다. 이 해로에 대한 영향력과 지배력은 지리적 위치에 의해 좌우된다. 물론 영구적인 작전 기지[7]로서 국력의 중심지가 다른 여러 강대국들의 국력 중심지보다 훨씬 가깝다는 것은 분명하다. 강대국들에 의해 현재 점유되고 있거나 앞으로 점유할 섬이나 본토의 지점들은 아무리 강력하다고 하더라도 그 국가들의 전진기지에 불과하다고 할 수 있다. 반면에 군사력의 모든 분야에서 볼 때, 어떤 나라도 미국보다 우수하지 않다. 그러나 미국은 전쟁을 대비하고 있지 않기 때문에 힘이 약하다. 미국은 분쟁 지점과 지리적으로 가까운 곳에 있지만, 적으로부터의 안정성과 일급 군함용 수리 시설을 동시에 갖춘 항구가 부족한 멕시코 만의 특성 때문에 그 가치의

---

7) 영구적인 작전기지란 '모든 자원이 생산되는 곳이며, 육상이나 해상의 교통로가 합류하고 해군 공창이나 군대의 주둔지가 있는 지역'으로 이해되고 있다.

상당부분을 잃고 있다. 일급 군함들이 없으면, 어떤 나라도 해상을 통제할 수 없다. 카리브 해에서 패권을 다툴 경우에는 미시시피 강의 남쪽 수로의 깊이와 뉴올리언스와 지리적으로 가깝다는 점, 수로로서의 미시시피 계곡의 장점 등을 통해 볼 때, 미국은 미시시피 계곡에 많은 노력을 집중시켜야 하고 또한 미국의 영구적인 작전기지를 그곳에 설치해야 할 것처럼 보인다. 그러나 미시시피 강 입구를 방어하는 데에는 특별한 난관이 따른다. 반면에 이 미시시피 강 유역의 경쟁적인 두 항구 즉, 키웨스트Key West와 펜서콜라Pensacola는 수심이 너무 얕을 뿐만 아니라 미국의 자원을 고려할 때 매우 불리한 위치에 있다. 훌륭한 지리적 위치의 이점을 완전하게 향유하기 위해서는 이러한 결함들이 극복되어야 한다. 게다가 미국과 파나마 지협간의 거리는 비교적 먼 편이므로 미국은 비정규적이거나 보조적인 작전을 펼치기에 적당한 기지를 카리브 해에 확보하고 있어야만 한다. 그러한 기지들은 천연적인 이점을 가지고 있고, 방어하기 쉬우며, 중요한 전략적인 지점에서 가깝기 때문에 미국함대를 다른 어떤 함대에 뒤지지 않을 정도로, 문제가 발생한 지점 근처에 머무르도록 할 수 있을 것이다. 미시시피 강의 출입이 충분히 보장되고, 그러한 전진기지들을 수중에 넣어서 본국과의 교통로를 확보한다면, 간단히 말해 모든 필요한 수단을 보유한 미국이 적절한 군사적 준비를 완료한다면, 미국은 지리적 위치와 국력을 통해 이 방면에서 아주 뚜렷하게 우세를 보이게 될 것이다.

2. 자연조건

앞에서 언급한 멕시코 만의 독특한 특징은 한 국가의 자연적인 조건이라는 항목에 꼭 들어맞는 것인데, 이것은 해양력의 발전에 영향을 준 여러 조건 가운데 두 번째로 다루어질 주제이다.

해안선은 국가의 국경 가운데 하나이다. 국경 지역에서 멀리 떨어져 있는 지역(이 경우에는 바다이다)으로 좀더 쉽게 접근하면 할수록, 국민들이 바다를 통해 나머지 국가들과 통상하는 경향은 그만큼 커진다. 만약 한 국가가 긴 해안선에도 불구하고 항구를 전혀 소유하지 못하고 있다면, 그 국가는 해상무역이나 해운업을 할 수 없고, 해군도 가질 수 없다. 예전에 벨기에가 스페인과 오스트리아의 한 지방으로 존재하던 때가 바로 이러한 경우에 해당된다. 전쟁을 성공적으로 수행한 1648년 이후, 네덜란드는 해상무역을 위해 셸트 강의 봉쇄를 평화의 조건으로 강요했다. 이러한 조처는 안트베르펜Antwerpen 항의 폐쇄를 야기했고 또한 벨기에의 해상무역이 네덜란드로 옮아가도록 만들었다. 스페인령 네덜란드는 해양력을 더 이상 보유할 수 없게 되었다.

수심이 깊은 항구들은 부와 힘의 근원인데, 그 항구들이 항해가 가능한 하천의 어귀에 있다면 더욱 그러하다. 왜냐하면 하천이 국내 상업을 그 항구로 집중시킬 수 있기 때문이다. 그러나 그러한 항구들은 접근하기가 아주 쉽기 때문에 적절하게 방어조치를 하지 않는다면 전쟁이 발발할 경우 약점이 될 수 있다. 1667년에 네덜란드인들은 템스Thames 강을 거슬러 올라가 런던이 바라보이는 곳에서 영국 해군의 많은 함정을 불태우는 데 아무런 어려움도 겪지 않았다. 반면에 몇 년 후 영국과 프랑스의 연합함대가 시도했던 네덜란드 상륙 작전은 네덜란드함대의 용맹성과 해안 접근의 어려움 때문에 실패로 끝나고 말았다. 1778년에 프랑스 제독이 주저하지 않았더라면, 당시 불리한 상황에 있던 영국군은 허드슨Hudson 강에 대한 통제력과 함께 뉴욕 항을 잃고 말았을 것이다. 허드슨 강에 대한 통제력을 갖고 있었다면, 뉴잉글랜드는 뉴욕과 뉴저지, 그리고 펜실베이니아와의 가깝고 안전한 교통로를 되찾을 수 있었을 것이다. 그보다 1년 전에 버고인Burgoyne에게 일어났던 재앙과 더불어 프랑스의 이러한 통제력이 영국으로 하여금 아마도 더욱 빨리 평화를 추구하도록 만들었을지도 모른다. 미시시피 강은 미국에서 막대한 부와 힘의 원천이다. 그러나 강 입구에 대한 소홀한 방어와 미국을 통과하고 있는 수많은 지류는 오히려 미국의 남부 연합군에게 약점이 되었을 뿐만 아니라 패배의 원인도 되었다. 마지막으로 1814년에 체서피크의 점령과 워싱턴의 파괴는 가장 귀중한 수로라고 해도 그 입구에 대한 방어가 철저하게 이루어지지 않으면 오히려 위험해질 수 있다는 교훈을 주었다. 하지만 현재의 연안 방어모습을 살펴볼 때, 이 교훈은 너무나 쉽게 잊혀진 것처럼 보인다. 상황이 변했다고 생각해서는 안 된다. 공격과 수비의 모습과 그 세부사항은 변했다고는 하지만, 중요한 사항은 과거와 마찬가지로 오늘날에도 여전히 똑같다.

나폴레옹 전쟁 이전과 전쟁의 와중에 프랑스는 브레스트의 동쪽에 전열함을 위한 항구를 가지고 있지 않았다. 반면에 영국은 대단한 이점을 갖고 있었다. 영국은 같은 지역에 위치한 플리머스와 포츠머스의 훌륭한 병기창, 대피기지, 그리고 보급기지가 될 만한 다른 항구들을 보유하고 있었다. 프랑스의 이러한 지리적 결점은 세르부르 항을 건설함으로써 보완되었다.

바다로 쉽게 접근하는 것을 허용하는 해안의 등고선 이외에도 사람들을 바다로 이끌거나 아니면 바다로부터 등을 돌리게 만드는 다른 자연적인 조건들이 있다. 프랑스는 영국해협에 군항을 갖고 있지 않았지만, 지중해에서와 마찬가지로 영국해협과 대서양 연안에서 외국과 무역을 하기에 좋은 위치에 있고, 큰 강의 입구에 국내의 교

통을 촉진시켜주는 좋은 항구들을 가지고 있었다. 그러나 리슐리외
Richelieu가 내전을 끝냈을 때, 프랑스인들은 영국인과 네덜란드인들
처럼 정열적으로 바다에 나서지 않았으며, 나간다 하더라도 그리 성
공적이지 못했다. 프랑스인이 그렇게 된 중요한 이유 가운데 하나는
자연 조건에서 찾아볼 수 있는데, 프랑스의 기후가 매우 쾌적했으며
또한 필요 이상으로 많은 것을 생산할 수 있는 비옥한 토지가 많았다
는 점이었다. 반면에 영국은 자연으로부터 얻을 것이 거의 없었고, 제
조업이 발달하기까지는 수출할 만한 것도 변변치 않았다. 그처럼 많
은 분야에서 부족한 것이 많았기 때문에 부지런한 국민성과 해양활
동에 적합한 다른 조건들이 어울려 영국인은 해외로 눈을 돌리게 되
었다. 그들은 본국보다 해외에서 훨씬 더 안락하고 더 풍부한 땅을 찾
을 수 있었다. 그들의 욕구와 천재성이 그들을 상인과 식민지 경영자
로, 그리고 나중에는 제조업자와 생산자로 만들었다. 이렇게 해서 생
산물과 식민지의 해운업 사이에 필요불가결한 고리가 만들어졌으며
또한 영국의 해양력도 성장할 수 있었다. 만약 영국인이 바다로 이끌
렸다면, 네덜란드인은 바다에 던져졌다고 할 수 있다. 바다가 없었다
면 영국은 쇠퇴했겠지만, 네덜란드는 사라져버렸을 것이다. 네덜란
드가 유럽 정치에서 중요한 역할을 했던 전성기에, 한 유력한 인사는
네덜란드의 국토가 그 국민의 8분의 1 이상을 부양할 수 없다고 평가
했다. 그 당시 네덜란드의 제조업은 수도 많고 중요했지만, 그 성장은
해운업에 비해 크게 뒤떨어진 상태였다. 토양의 척박함과 바다에 접
해 있다는 점 때문에 네덜란드인들은 바다로 몰릴 수밖에 없었다. 처
음에는 생선을 보존하는 방법을 발견하고, 내수용뿐만 아니라 수출
용 생선도 잡게 되면서, 그들은 부를 위한 주춧돌을 쌓을 수 있었다.
이탈리아의 공화국들이 터키의 압력과 희망봉 주변의 항로 발견으로

말미암아 쇠퇴하기 시작했을 때, 상인이 된 네덜란드인들은 이탈리아의 뒤를 이어 레반트와 무역을 하게 되었다. 게다가 그들은 발트 해와 프랑스 그리고 지중해 사이에 있을 뿐만 아니라 독일 강들의 입구에도 있다는 지리적인 이점 때문에 유럽 운송업의 거의 전부를 곧 흡수하게 되었다. 200년 전에는 발트 해의 밀가루와 해군의 군수품, 스페인과 신세계 식민지 사이의 무역, 프랑스의 포도주, 그리고 프랑스의 연안무역 물품이 네덜란드 선박에 의해 운반되었다. 그 당시에는 영국 연안무역의 상당 부분도 네덜란드의 선박을 이용하고 있었다. 이러한 번영이 오로지 네덜란드의 천연자원 부족 때문에 가능했던 것은 아니었다. 아무것도 없는 것에서 나올 수 있는 것은 없다. 가난이 그들을 바다로 나가도록 만들었고, 또한 그들이 해운업을 장악하고 있었고 그들의 함대가 대단히 컸기 때문에 희망봉을 도는 항로와 아메리카 대륙 발견에 뒤이은 탐험과 갑작스러운 무역 팽창으로부터 이익을 얻을 수 있는 위치에 있었다는 것이다. 다른 요인들도 있었지만, 네덜란드인의 모든 부는 가난에서 비롯되어 건설한 해양력을 바탕으로 했다. 그들의 식량, 의복, 제조업용 원자재, 그리고 선박용 목재와 삼으로 만든 밧줄(그들은 유럽의 다른 모든 국가들이 건조한 선박을 합한 것과 거의 같은 수의 선박을 건조했다)은 모두 수출되었다. 그래서 1653년과 1654년에 걸쳐 18개월 동안이나 계속된 영국과의 전쟁으로 해운업이 중단되었을 때, "그 나라의 부를 항상 유지해준 해운업과 상업과 같은 수입원이 거의 고갈되어버렸다. 공장은 문을 닫았으며, 작업도 중단되었다. 추이데르 해Zuyder Zee(이 말은 13세기에 사용되었으며, 오늘날에는 에이셀 호Ijsselmeer로 불린다)는 정박한 선박의 돛대로 숲을 이루었고, 온 나라가 거지들로 가득 찼다. 거리에는 풀이 무성했고, 암스테르담의 천5백 가구는 텅 비어 있었다." 굴욕적인 평화만이 그들을 파멸로부터 구해낼 수 있었다.

　이러한 안타까운 결과는 모든 자원을 외국에 전적으로 의존하고 있는 국가가 세계에서 맡고 있는 역할에서 갖고 있는 약점을 보여준다. 조건이 다르기 때문에 상당한 부분을 생략한다고 해도, 그 당시 네덜란드의 경우는 오늘날 영국의 경우와 비슷한 점이 대단히 많다. 본국의 번영을 유지하는 것은 해외에서의 자국의 세력을 유지하는 데 있다고 경고하는 사람들이야말로 비록 자기 나라에서 대단한 평가를 받지 못하더라도 진정한 예언자라고 할 수 있다. 사람들은 정치적 특권이 결여되어 있다는 것에 대해 불만을 가질지도 모른다. 빵이 부족해지면 훨씬 더 불안해질지도 모른다. 미국에 대해서는 다음과 같은 점을 지적하는 것이 상당히 흥미로울 것이다. 해양국으로 간주되는 프랑스의 그 국토의 넓이, 쾌적함, 그리고 비옥함에서 비롯된 결과가 미국에서 재현되고 있다. 미국의 선조들은 초기에 부분적으로 비옥하기는 하지만 거의 개발되어 있지 않고, 항구가 많고 풍부한 수산자원을 가진 바다 근처의 좁은 땅을 손에 넣었다. 이러한 자연 조건들은 바다에 대한 선천적인 사랑, 그리고 영국인 핏줄 속에서 뛰고 있는 맥박과 서로 어우러져 건전한 해양력의 기초가 될 모든 경향과 취향을 오늘날에도 생생하게 간직하고 있다. 원래 식민지의 거의 대부분은 바다에 접해 있거나 강의 지류에 닿아 있었다. 모든 수출과 수입은 하나의 해안에서 이루어지는 경향을 갖고 있었다. 바다에 대한 관심과 그것이 공공복지를 위해 작용한 역할에 대한 현명한 평가는 쉽게 그리고 널리 퍼졌다. 공공이익에 대한 관심보다도 훨씬 영향력이 큰 동기가 활발한 논의의 대상이었다. 왜냐하면 선박을 건조하는 재료가 풍부하고 다른 사업에 대한 투자는 비교적 적었기 때문에 해운업은 사적인 이익을 가져다주는 사업으로 되었기 때문이다. 현재의 상황이 얼마나 변했는가는 알려진 그대로이다. 세력의 중심은 더 이상 해안 지방에 있지 않다. 책과 신문은 서로 내륙 지방의 훌륭한 성장과 그곳의 아직 발전되지 않은 부에 대해 경쟁적으로 묘사하고 있다. 내륙 지방에서 자본은 가장 좋은 투자 지역을 찾아내고 또한 노동자는 커다란 기회를 찾아낸다. 변경 지역은 무시되며, 정치적으로도 취약하다. 멕시코 만 주변과 태평양 연안은 실제로 그러했고, 대서양 연안은 중앙에 있는 미시시피 강의 유역에 비해 그러하다. 해운업이 다시 번성할 때, 그리고 위에서 말한 세 곳의 해안 지방이 군사적으로 취약한 곳일 뿐만 아니라 해양활동의 부족 때문에 더 가난하게 되었다는 것을 깨달을 때, 그들의 합동 노력이 해양력의 기초를 다시 다지는 데 유용할지도 모른다. 그때가 되면 해양력의 결여가 프랑스를 제약했다는 것을 알고 있는 사람들은, 미국은 반대로 국내 부의 과잉 때문에 그 위대한 도구인 해양력을 역시 프랑스처럼 무시하고 있다는 사실을 안타깝게 생각할지도 모른다.

　자연 조건을 바꾼 실례로 이탈리아가 취했던 형태를 들 수 있을지도 모른다. 긴 반도로 이루어진 이탈리아는 중앙에 있는 산맥이 나라를 두 개의 길고 가느다란 지대로 분리하고 있는데, 이 지대를 따라 나 있는 도로가 여러 항구를 서로 연결해주고 있다. 그런데 수평선 건너편에서 접근해오는 적이 어느 지점을 공격할지 알 수 없기 때문에, 해상에 대한 완벽한 통제만이 그 교통로를 완전하게 확보할 수 있다. 그렇다고 하더라도 적절한 해군 병력이 중앙에 집결해 있다면, 자국 함대가 심한 공격을 받기 이전에 적 함대를 공격할 수 있을 것이라는 희망을 가질 수 있다. 한쪽 끝에 키웨스트를 갖고 있는 좁고 긴 플로리다 반도는 인구가 적기는 하지만 이탈리아와 거의 비슷한 조건을 드러내고 있음을 한눈에 알 수 있다. 그러나 만약 멕시코 만에서 주요 해전이 일어난다면, 그 반도의 끝으로 나 있는 지상의 교통로는 중요한 것으로 간주되어 공격의 대상이 될지도 모른다.

바다가 국경이거나 국가를 둘러싸고 있을 때, 그리고 그 국가가 바다에 의해 두 부분 이상으로 분리되어 있을 때, 그 바다를 통제하는 것은 바람직할 뿐만 아니라 아주 필요한 것이기도 하다. 그러한 자연 조건은 해양력을 창출하고 그 발전을 촉진시키거나, 반대로 국가를 무력하게 만든다. 이에 대한 사례로는 사르디니아와 시칠리아라는 섬을 소유하고 있는 오늘날 이탈리아의 상황을 들 수 있다. 바로 그렇기 때문에 이탈리아가 재정적으로 아직 취약한 상태임에도 불구하고, 해군의 건설에 활발하고 현명한 노력을 기울이고 있는 것처럼 보인다. 이탈리아 해군이 적 해군보다 결정적으로 우위를 차지하면, 이탈리아가 세력 기반을 본토보다는 오히려 섬들에 두는 쪽이 더 낫다고 주장하는 사람들도 있다. 왜냐하면 이미 지적했듯이 반도의 교통로가 불완전하다는 것이 적대적인 이탈리아 국민들과 바다의 위협에 둘러싸인 적군을 가장 곤란한 상황에 놓이도록 만들 수 있기 때문이다.

대영제국의 섬들을 분리시키고 있는 아일랜드 해는 실질적인 경계선이라기보다는 오히려 하나의 만처럼 보이는데 역사는 영국의 위험이 그 아일랜드 해로부터 발생한 적이 있었음을 보여주고 있다. 프랑스 해군이 영국과 네덜란드의 연합해군과 거의 대등한 세력을 가지고 있던 루이 14세 치세 때 아일랜드에서 일어난 심각한 분쟁은 그곳을 원주민과 프랑스의 지배를 받는 곳으로 만들어버렸다. 그럼에도 불구하고 아일랜드 해는 프랑스에 이익을 가져다주었다기보다는 그 교통의 취약점 때문에 영국을 위험하게 만들었다고 보는 편이 맞을 것이다. 프랑스는 자국의 전열함들을 그 좁은 해역에 배치하는 모험을 감행하지 않았으며, 또한 상륙 시도는 남쪽과 서쪽에 있는 대양에 접한 항구에서 이루어졌다. 가장 적절한 순간에 프랑스함대는 영국의 남쪽 해안으로 파견되었는데, 그곳에서 프랑스함대는 영국과 네덜란드의 연합함대에게 결정적인 패배를 안겨주었다. 동시에 영국의 교통로를 공격하기 위해 25척의 프리깃 함을 세인트 조지 해협St. George's Channel으로 보냈다. 아일랜드에 있는 영국군은 적대적인 주민들 한복판에서 심각한 위험에 빠졌지만, 보인Boyne 전투와 제임스 2세의 도주 덕분에 살아남을 수 있었다. 적의 교통로에 대한 이러한 행동은 엄격하게 말해서 전략적인 것인데, 1690년에 일어난 일이 지금 발생한다고 하더라도 영국은 역시 위험한 상황에 놓이게 될 것이다.

같은 세기에 스페인은 여러 지역들이 강력한 해양력을 매개로 하여 하나로 연결되지 못한 채 분리되어 있어서 여러 가지 약점을 노출시켰다는 점에서 인상적인 교훈을 제공한다. 그 당시 스페인은 열강의 위치를 차지했던 과거의 유물로서 신세계의 막대한 식민지는 말할 것도 없고 네덜란드(현재의 벨기에), 시칠리아, 그리고 그 밖의 다른 점유지들을 여전히 소유하고 있었다. 그러나 당시 스페인의 해양력이 대단히 낮은 수준으로 전락했기 때문에, 뛰어난 지식과 분별력을 가진 당대의 네덜란드인은 다음과 같이 주장했다. "스페인의 모든 해안에서는 얼마 되지 않는 네덜란드 선박들이 항해하고 있다. 그리고 평화가 찾아온 1648년부터 스페인 선박과 선원의 수는 대단히 적었는데, 서인도제도로 파견하기 위해 우리 선박을 공공연하게 고용하기 시작했다. 전에는 모든 외국인을 그곳으로부터 배제하려고 노력했었는데…… 서인도제도가 스페인의 복부에 해당하기 때문에 (그곳으로부터 국가의 거의 모든 수입을 획득했다), 해군은 그 제도를 스페인의 수뇌부와 연결시켜야 했다. 또한 나폴리와 네덜란드는 마치 두 개의 팔처럼 해운업을 이용하지 않고서는 스페인에 힘을 뻗칠 수 없고 또한 그곳으로부터 아무것도 얻을 수 없는 상태에 놓여 있었다. 이 모든 것은 평화시 우리 선박 덕분에 쉽게 이루어질 수 있었다. 그러나 전시에는 우리 선박이 그것을 방해하게 된다." 반세기 전에 앙리Henry 4세의 훌륭한 대신이었던 쉴리Sully는 스페인을 "팔과 다리가 강하고 힘이 넘치지만, 심장은 대단히 약하고 연약한 국가들 중 하나"로 규정했다. 그 시대 이래로 스페인 해군은 재앙을 겪는 정도가 아니라 전멸당하는 고통을 겪기도 했다. 또한 굴욕과 타락이라는 고통도 겪었다. 그 결과 해운업이 파괴되었고, 더불어 제조업도 소멸했다. 스페인 정부는 많은 타격을 받고도 살아남을 수 있는 건전한 상업과 산업에 의지하고 있었던 것이 아니라 미국에서 오는 몇 척되지 않는 보물선—— 보물선은 적의 순양함들에 의해 도중에 자주 쉽게 나포되었다——이 실어오는 소량의 은에 의존하고 있었다. 6척 정도의 갈레온 선을 한번 잃으면 1년 동안 은 수송이 마비되기도 했다. 네덜란드에서 전쟁이 계속되는 동안 네덜란드가 해상을 통제하게 되자, 스페인은 바다 대신에 비용이 많이 들고 시간도 오래 걸리는 육지를 통해 병사를 파견할 수밖에 없었다. 또한 스페인은 같은 이유로 운송이 어려워 필수품이 부족하게 되자 부족 물품을 네덜란드 선박을 이용하여 실어 날랐는데, 이것은 오늘날의 입장에서 보면 대단히 이상한 일이 아닐 수 없다. 네덜란드는 이러한 방식으로 자기 나라의 적이 지탱할 수 있도록 도와주었고, 그 대가로 암스테르담 거래소에서 선호하는 정금正金을 받았다. 스페인은 본국의 도움을 기대하지 않고 아메리카의 석조건물 안에서 최대한으로 방어 활동을 했다. 지중해에서는 영국과 프랑스가 지중해를 장악하기 위한 전쟁을 시작하기 전이었으므로, 스페인은 주로 네덜란드가 무관심한 틈을 타 치욕을 당하지 않고 또한 별다른 피해도 입지 않은 채 무사히 빠져나올 수 있었다. 역사를 더듬어 보면, 네덜란드, 나폴리, 시칠리아, 미노르카Minorca, 아바나Havana, 마닐라Manila, 그리고 자메이카는 해운업을 하지 않는 이 제국으로부터 고통을 받아왔다. 간단히 말해서 해상에서 스페인의 무력함이 그 나라를 쇠퇴로 이끈 중요한 요소인 동시에, 오늘날까지 완전히 벗어나지 못하고 있는 심연 속으로 스페인을 밀어넣은 두드러진 요인이었던 것은 확실하다.

알래스카를 제외하면, 미국은 육로로 접근할 수 있는 해외 소유지를 하나도 갖고 있지 않다. 미국의 해안선에는 특별히 취약해 보일 만큼 돌출된 지점이 별로 없다. 국경 지방에 있는 모든 중요한 지점은 값싼 수로나 빠른 기차로 쉽게 갈 수 있다. 가장 취약한 국경 지역으로 볼 수 있는 태평양 방면은 존재 가능한 가장 위험한 적으로부터 대단히 멀리 떨어져 있다. 국내 자원은 현재의 수요에 비할 때 거의 무진장하다. 어떤 프랑스 장교가 나에게 표현한 말을 빌리면, 우리는 '우리나라의 아주 작은 부분'에서도 언제까지나 자급자족할 수 있다. 그러나 만약 그 아주 작은 부분이 파나마 지협을 통과하는 새로운 상업로를 통하여 다른 국가의 상인들에게 침범당한다면, 해양이 모든 인류에게 공통적으로 준 권리 가운데 자기 몫을 포기해온 미국은 크게 각성할지도 모른다.

3. 영토의 크기

해양국의 발전에 영향을 주고 그곳에 사는 사람들에게 국가 자체에 영향을 주는 조건 가운데 마지막 것은 영토의 크기이다. 이것은 비교적 간략하게 설명될 수 있으리라 믿는다.

해양력의 발전을 생각할 때 고려해야 하는 것은 국가의 총 면적이 아니라 해안선의 길이와 항구의 성격이다. 이러한 점들에 대해서는 지리적 조건과 자연적 조건이 동일할 때 해안선의 길이가 인구의 많고 적음에 따라 장점으로도 또한 단점으로도 될 수 있다고 말할 수 있다. 이러한 점에서 보면 국가는 요새와 같다. 수비대의 수는 요새의 방벽 길이에 비례해야 한다. 사람들에게 잘 알려져 있는 최근의 사례는 미국의 남북전쟁에서 찾아볼 수 있다. 만약 남부에 호전적인 사람이 대단히 많고 또한 다른 자원과 비교될 수 있는 해양력, 즉 해군이 존재했다면, 대단히 긴 남부 해안선과 그곳에 펼쳐져 있는 수없이 많은 내해는 강력한 힘을 내포한 중요한 요소가 되었을 것이다. 그 당시 북부의 국민과 정부는 남부의 모든 해안을 봉쇄하여 얻은 효과를 대단히 자랑스럽게 생각했다. 그것은 너무나도 멋진 업적이었다. 그러나 만약 남부에 인구가 좀더 많았고 그들이 바닷사람이었다면, 그것은 이룰 수 없는 업적이었을 것이다. 그리고 이미 말해왔듯이, 그곳에서 알 수 있는 것은 그러한 봉쇄가 어떻게 유지되었는가 하는 것이 아니라 그러한 봉쇄가 수적으로 불충분하고 바다에 대해 잘 알지 못하는 사람들을 상대로 가능했다는 점이다. 어떻게 봉쇄가 유지되었고 대부분의 전쟁 기간 동안 어떤 종류의 선박이 사용되었는지 기억할 수 있는 사람들은 그 계획이 진정한 해군을 상대로 수립된 것이 아니라는 사실을 알고 있다. 해안선을 따라 아무런 지원도 받지 못한 채 흩어져 있던 북군 함선들은 자신의 위치를 지키며 대단히 넓은 내륙 수로를 지키고 있었는데, 이 수로는 남군 함선이 단독이든 소규모로든 북군에게 비밀리에 접근하는 데 적당했다. 이 수로의 최전선 뒤에는 긴 만이 있으며 또한 강력한 요새들이 도처에 있었다. 남군 함선들은 북부군의 추적을 피하거나 아군의 보호를 받기 위해 언제든지 이러한 만이나 요새들로 피하기 위해 돌아갈 수 있었다. 만약 그런 자연적인 이점과 북군 함선들의 분산에서 비롯된 이점을 이용할 수 있는 해군이 남군에 있었다면, 북군은 실제로 그랬던 것처럼 함정들을 분산시켜 놓을 수 없었을 것이다. 그리고 북군은 상호 지원을 위해 집중해야 했으므로 작고 유용한 많은 접근로들은 상업을 하도록 방치할 수밖에 없었을 것이다. 남부의 해안은 그 해안선이 길고 강 입구들이 많이 있었기 때문에 강력한 힘의 원천이 될 수도 있었겠지만, 바로 그러한 특징 때문에 오히려 피해를 입었다. 북군이 미시시피 강을 개방했다는 대단한 이야기는 남부 전역에 걸쳐 끊임없이 계속되었던 행위 가운데 가장 두드러진 실례이다. 해안선 가운데 틈이 생기는 곳이면 어디든 군함들이 들어갔다. 남부에 부를 가져다주고 무역을 지탱할 수 있도록 해주었던 강들이 이제는 남부에 등을 돌려 적군을 심장부로 들어올 수 있게 만들어버렸다. 남부가 좀더 좋은 조건에서 보호받을 수 있었다면, 남군은 사람들을 아주 지치게 만드는 전쟁의 와중에서도 혼란과 불안 그리고 마비상태를 극복하고 일상적인 생활을 할 수 있었을 것이다. 해양력이 이 때보다 더 크고 결정적인 역할을 한 전쟁은 없었다. 또한 이 전쟁은 역사의 흐름을 바꾸어 북미대륙에 여러 경쟁국들이 아닌 하나의 큰 나라가 존재하도록 만들었다. 따라서 당시 열심히 노력한 대가에 대해 긍지를 느끼는 것은 당연하며, 또한 해군의 우세에 힘입어 위대한 결과가 나타났다는 점도 인정할 수 있다. 그러한 사실들을 잘 알고 있는 미국인들은 남군에 해군이 없었고 또한 그곳 주민도 뱃일을 업으로 삼는 사람들이 아니었을 뿐만 아니라 그들이 보유한 긴 해안선을 방어하기에 충분한 수의 군인을 갖지 못했다는 점을 잘 알아야 한다.

4. 인구

한 국가의 자연 조건을 살펴본 다음에는 해양력의 발전에 영향을 미치는 요소로서 그곳에 사는 주민의 특성에 대해 조사해보아야 한다. 그러한 특성 중에서도 특히 그곳에 사는 주민의 수를 다루어야 할 것이다. 왜냐하면 인구의 수는 지금까지 논의되어온 영토의 범위와 관계가 있기 때문이다. 해양력을 언급할 때 고려해야 하는 것은 단순히 영토의 넓이만이 아니라 해안선의 넓이와 특징이라고 말한 적이 있다. 그렇기 때문에 주민이라고 해도 여기서 고려될 것은 단순한 총 인구가 아니라 바다에서 생활하는 사람, 또는 해군 군수품을 만들거나 배에서 근무한 경험을 가진 사람의 수이다.

예를 들어서 프랑스 혁명에 이은 대규모 전쟁 이전이나 이후까지는 프랑스의 인구가 영국의 인구보다 훨씬 많았다. 그러나 프랑스는 일상적인 행상 무역업무에 종사하는 사람 수에서 영국보다 훨씬 뒤져 있었다. 이 점은 군사적인 효율성 면에서 훨씬 더 두드러지게 나타나는데, 왜냐하면 프랑스가 전쟁이 발생했을 때 군사적 준비 면에서 이점을 가지고 있었지만, 그러한 이점을 계속 유지할 수 없었기 때문이다. 전쟁이 발생한 1778년에 프랑스는 해양인의 명단을 보고 인원을 선발하여 50척의 전열함에 즉시 배치할 수 있었다. 반면에 영국은 해군력의 확실한 기반이었던 많은 선박을 세계 곳곳에 분산 배치한 상태였기 때문에 본국에서 40척의 함선에 인원을 배치하는 데 애를 먹었다. 그러나 1782년에 영국은 취역 중이거나 취역 준비를 마친 함선 120척을 가지고 있었다. 반면에 프랑스는 71척 이상을 보유한 적이 한 번도 없었다. 1840년 말에 두 나라가 레반트에서 전쟁을 하려고 했을 때, 당시 우수한 프랑스 장교는 프랑스 함대의 효율성이 최상의 상태에 있다는 것과 그 함대를 지휘하는 제독의 뛰어난 자질에 대해 언급하고 또한 같은 병력이 적과 맞부딪쳤을 경우의 결과에 대해 확신하면서 다음과 같이 말하고 있다. "그 당시에 우리가 소집할 수 있었던 전열함 21척으로 이루어진 소함대의 배후에는 예비부대가 없었다. 그 밖의 어떤 다른 함정도 6개월 안에 취역할 수 없었을 것이다." 이것은 단순히 함정과 적절한 장비부족 때문은 아니었다. 그 두 가지가 다 부족한 상태였다. 그는 계속하여 다음과 같이 말한다. "21척의 함선에 인원을 배치함으로써 우리가 가지고 있던 해양인 명단에 오른 사람들을 다 이용해버렸으므로 곳곳에 설치된 영구 징병소에서는 이미 3년 이상 배를 탄 사람들과 교대할 사람을 찾을 수 없었다."

이러한 양국의 대조적인 상황은 이른바 인내력이나 예비부대에서 차이점을 찾을 수 있는데, 그러한 차이는 표면으로 나타난 것보다 훨씬 컸다. 왜냐하면 바다에 떠 있는 수많은 함선들은 필연적으로 그 배에 태울 승무원들 외에도 해군의 장비를 만들거나 수리하는 사람, 또는 바다나 모든 종류의 선박에 어느 정도 관계하고 있는 다른 직업 종사자들을 많이 필요로 했기 때문이다. 그러한 종류의 직업은 처음부터 바다에 대한 확실한 자질을 필요로 했다. 영국의 뛰어난 뱃사람 중의 한 사람인 에드워드 펠류 경Sir Edward Pellew이 이 문제에 대해 호기심을 가지고 조사한 일화가 있다. 1793년에 전쟁이 발발했을 때, 여느 때처럼 선원이 부족했다. 정말 바다로 나가고는 싶었지만 육지에 있는 사람들을 제외하고는 부족한 승무원의 수를 메울 수 없었던 그는 휘하의 장교들에게 콘월 지방의 광부들을 데려오도록 명령했다. 왜냐하면 광부라는 직업의 조건과 위험성 때문에 그들이 바다 생활에 쉽게 적응할 것이라고 생각했기 때문이다. 그 결과는 그가 대단히 현명했음을 입증했다. 그 광부들을 이용하지 않았더라면 출항이 불가피하게 지연될 수밖에 없었을 텐데, 그는 운 좋게도 바다로 나간 후 단 한 번의 전투에서 적의 프리깃 함을 나포할 수 있었다. 그리고 그의 적들은 1년 이상 바다에 있었던 반면에 그는 바다에 나간 지 몇 주일밖에 되지 않았음에도 불구하고, 양쪽 다 심각한 피해를 입었지만 그 피해의 정도가 거의 같았다는 사실은 대단히 교훈적이다.

하지만 요즈음에는 예비 병력이 과거와 같은 그러한 중요성을 잃었다고 주장할 수도 있다. 왜냐하면 현대의 함선과 무기를 만드는 데긴 시간이 걸릴 뿐만 아니라 현대 국가들은 전쟁이 일어났을 때 적이비슷한 노력을 경주하기 전에 그들을 무력화시킬 정도의 타격을 주도록 대단히 신속하게 무장세력 전부를 기동시키는 것을 목표로 삼고 있기 때문이다. 오늘날의 개념으로 볼 때, 이것은 한 국가의 전 병력이 움직일 수 있는 시간을 주지 않으려는 의도를 내포하고 있다. 그타격은 조직화된 함대를 대상으로 삼았다. 일단 그 함대가 굴복하면, 그 조직의 나머지가 아무리 견실하다고 해도 아무런 소용이 없게 된다. 이것은 어느 정도 진실이다. 오늘날만큼은 아니지만 그 당시에도항상 진실이었다. 실제로 두 나라의 현존하는 전 세력을 대표하는 두함대가 조우하여 그 중 하나가 격파된 반면에 나머지 하나가 전투력을 유지하고 있다면, 정복을 당한 측이 그 전쟁을 위해 해군을 다시회복시킬 수 있는 가능성은 이전보다 오늘날 더 적다고 할 수 있다. 그리고 그 결과는 그 나라가 해양력에 얼마만큼 의존하고 있었는가에 따라 아주 결정적이 될 수도 있을 것이다. 만약 연합함대(프랑스와스페인)가 그러했듯이 당시의 영국함대가 국력의 대부분을 대표하고있었다면, 트라팔가르 해전은 프랑스보다 영국에 더 결정적인 타격을 주었을 것이다. 영국에 대한 트라팔가르 해전은 오스트리아에 대한 아우스터리츠 전투와 프러시아에 대한 예나Jena 전투와 같았을 것이다. 그랬을 경우, 대영제국은 군대의 와해와 파괴에 의해 재기불능의 타격을 입었을 것인데, 그것은 나폴레옹이 의도했던 바였다.

그러나 과거의 몇몇 이례적인 재앙을 고려하여 군 생활에 적합한 주민 수를 기초로 한 예비부대의 가치를 낮게 평가하는 것이 과연 정당화될 수 있을까. 여기서 언급되고 있는 타격은 천재로 여겨질 수 있는 훌륭한 장군이 훈련이 잘 되고 군인정신과 위엄을 가진 아주 드문 군대를 지휘하여, 패배의 경험으로 열등감을 갖고 있을 뿐만 아니라 사기도 떨어져 있는 적군에게 가하는 타격을 의미한다. 아우스터리츠 전투에 앞서 울름 전투가 일어났는데, 그 전투에서 3만 명의 오스트리아군은 전투도 해보지 않고서 무기를 버리고 항복해버렸다. 게다가 이 전투 이전에는 계속해서 오스트리아가 패배하고 프랑스가 승리했다. 트라팔가르 해전은 거의 전투라고 할 만한 실패 연속의 항해 뒤에 일어난 사건이었다. 그리고 프랑스와 스페인이 동맹을 맺었을 때, 세인트 빈센트 앞바다에서 일어난 전투의 패배 기억은 스페인에게, 그리고 나일 강 해전에서 패배한 기억은 오래 전의 일이었지만 프랑스인들에게 아직도 생생하게 남아 있었다. 예나 전투를 제외하고 이러한 타격은 단순한 재앙이 아니라 연패 뒤에 가해지는 결정타였다. 예나 전투의 경우는 전반적인 전쟁 준비, 인원수, 그리고 장비 부분에서 상당한 격차가 있었으므로 단일한 승리가 가져다줄 수 있는 영향을 생각할 때 참고할 만한 적절한 예라고 볼 수는 없다.

영국은 오늘날 세계에서 가장 강력한 해양국이다. 영국은 증기선과 철선 시대에도 과거의 범선과 목선 시대에 보유했던 우월성을 계속 유지하고 있다. 프랑스와 영국은 최대의 해군을 갖고 있는 강대국이다. 그리고 두 나라 중 어느 쪽이 더 강력한가 하는 질문에 대해서는 두 나라 모두 해전을 할 수 있는 실질적인 능력을 거의 동등하게 갖고 있다고 답할 수 있을 것이다. 양국이 충돌할 경우, 한 번의 전투나 회전의 결과에 따라 결정적인 차이를 보여줄 수 있는 인원수나 전쟁 준비의 차이는 없는 것 같다. 그렇다면 예비병력, 즉 양국이 먼저 조직화된 기존의 예비 세력, 다음으로 해상활동을 하는 사람들로 이루어진 예비 세력, 기계 운용기술을 가진 예비 세력, 그리고 축적된 부의 예비 세력 면에서 어떤 차이를 갖고 있는지 살펴보아야 한다. 그런데 다음과 같은 사실이 무시되고 있는 것처럼 보인다. 영국은 기계를 다루는 기술이 가장 앞서 있었으므로 기계기술자로 구성된 예비 세력을 보유하고 있었고, 그들은 현대적인 철선 장비에도 쉽게 적응할 수 있었다. 또한 영국의 산업과 상업이 전쟁을 부담스럽게 느꼈기 때문에 남아도는 뱃사람과 기계공들을 군함에 태웠다.

발전했든 아니든 예비 세력의 가치에 대한 문제는 바로 이런 것이다. 근대적인 조건의 전쟁에서는 거의 동등한 능력을 가진 두 적대국 중에서 어느 한 쪽이 한 번의 전투로 재기불능의 타격을 입게 되면 그 타격이 과연 결정적인 결과를 초래할까? 그러한 질문에 대한 답은 해전에서 아직 찾아볼 수 없다. 오스트리아에 대한 프러시아의 결정적인 승리, 그리고 프랑스에 대한 독일의 결정적인 승리는 강대국이 약소국——자연 조건이나 부적절한 공식 행위 때문에 약소국으로 불렸다——에 대해 거둔 것들이었다. 만약 터키가 믿을 만한 어떤 예비 세력을 가지고 있었다면, 플레브나Plevna에서와 같은 지연행위가 전쟁의 운명에 어떠한 영향을 미쳤을까?

어느 곳에서나 그러하듯이 만약 시간이 가장 중요한 전쟁 요소라면, 비군사적인 성향을 가지고 있고 국민들이 막대한 군대 시설을 위한 돈을 내기를 거부하는 국가는 전쟁이 발생할 경우 그 국민들의 정신과 재정능력을 새로운 전쟁 수행능력으로 전환시킬 수 있는 충분한 시간을 지닐 수 있을 만큼 강해야 한다. 만약 현존하는 육군이나 해군이 불리한 상황에서도 적의 공격을 막아내기에 충분할 정도로 강하다면, 그 국가는 자국의 천연자원이나 세력——수적인 면이나 경제력 혹은 어떠한 능력에서든지 간에——이 제 역할을 하는 것에 의존할 수도 있다. 반면에 육군이든 해군이든 모든 군대가 적에 의해 쉽게 제압되거나 격파될 수 있는 경우에는 자연 조건이 아무리 훌륭하다고 하더라도 그 나라를 굴욕적인 상황으로부터 구할 수 없다. 만약 적이 현명하다면, 그에 대한 복수는 아주 먼 미래로 미룰 수밖에 없을 것이다. 이러한 이야기는 소규모 전쟁에서 끊임없이 반복되고 있다. 병이 난 경우에 "환자가 오래 견딜 수만 있다면 자신의 체력으로 충분히 병을 극복할 수 있을 것이다"라고 흔히 말하듯이, "만약 어떤 사람들이 조금 더 견딜 수만 있다면 구원받을 수 있거나 다른 사람이 구원받을 수 있을 것이다".

현재 영국은 어느 정도 그러한 상황에 놓여 있는 나라이다. 그런데 네덜란드도 마찬가지였다. 네덜란드는 전쟁 준비를 하는 데 돈을 쓰려고 하지 않았다. 만약 네덜란드가 위기를 벗어날 수 있었다면, 그것은 가까스로 가능했었을 것이었다. 네덜란드의 훌륭한 정치가인 데 위트De Witt는 이 점에 대해 다음과 같이 기록했다. "네덜란드인은 평화로운 시기에 전쟁을 두려워하여 미리 금전적으로 희생을 하면서 전쟁 준비를 하려고 결심하지는 않을 것이다. 네덜란드인의 성격이 그렇기 때문에 위험이 바로 눈앞에 닥쳐오지 않는 한, 그들은 자기 나라의 방위를 위해 돈을 내려고 생각하지 않는다. 나는 절약해야 할 곳에서는 사치스러우면서도 돈을 꼭 써야 할 곳에서는 탐욕스럽게 움켜쥐고 있는 국민을 상대하고 있다."

미국도 역시 똑같은 비난을 받을 만하다는 사실은 전 세계에 널리 알려져 있다. 미국은 무슨 일이 생겼을 때 예비 세력을 발동시킬 시간적 여유를 가질 그러한 방어력을 가지고 있지 못하다. 미국에서 국가가 필요로 할 때 이용할 수 있는 해양업무 담당자들은 어디에 있는가? 미국의 해안선의 길이와 인구에 비례한 인적 자원은 미국의 상선과 그리고 그 선박과 관련된 산업에서만 찾아볼 수 있는데, 그 인적 자원이 오늘날에는 거의 존재하지 않고 있다. 전쟁이 발생했을 때 선원들이 미국의 깃발 아래 모여들고 또한 미국 해군력이 그들 대부분을 소집할 수 있을 정도로 강하다면, 그들이 미국인이든지 외국에서 태어난 사람이든지는 상관없을 것이다. 수천 명에 이르는 외국인들에게 선거권이 주어진 이 때, 그들에게 군함의 전투를 맡긴다고 해도 별 문제가 안 되기 때문이다.

이 주제에 대한 서술이 다소 두서가 없기는 했지만, 해양 관련 직업 종사자들이 이전과 마찬가지로 오늘날에도 해양력의 중요한 요소라는 것은 인정할 수 있을 것이다. 또한 미국에는 그 요소가 불충분하며 그리고 그 인적 요소의 기반을 미국 국기를 달고 이루어지는 대규모의 무역에서만 찾아볼 수 있다는 점도 인정할 수밖에 없을 것이다.

5. 국민성

다음으로는 국민의 성격과 태도가 해양력의 발달에 미친 영향을 생각해보자.

만약 해양력이 정말 평화롭고 광범위한 무역을 기반으로 한다면, 무역을 추구하는 경향은 한때 위대한 해양국이었던 나라들의 두드러진 특성임에 틀림없다. 역사는 거의 예외 없이 그 사실을 입증하고 있다. 로마인을 제외하고는 두드러진 반대 사례를 찾아볼 수 없다.

모든 사람들은 다소의 차이는 있지만 이익을 얻으려 하고 또한 돈을 좋아한다. 그러나 그 이익을 얻는 방법이 그 나라에 사는 사람들의 역사와 상업적인 번영에 대단히 큰 영향을 준다.

역사적인 관점으로 본다면, 스페인 사람과 그 동족인 포르투갈 사람이 부를 추구한 방법은 국민성에 오점을 찍었을 뿐만 아니라 건전한 상업의 발달에도 치명적인 장애가 되었다. 게다가 상업의 기초가 되는 산업은 물론, 궁극적으로 잘못된 방법으로 얻어진 국가의 부에도 치명적인 영향을 주었다. 그들에게는 돈벌이를 하고 싶은 욕구가 아주 강했다. 그리하여 그들이 유럽 각국의 상업 발달과 해양 활동의 발달에 큰 충격을 준 신대륙에서 추구한 것은 산업의 새로운 분야나 모험과 탐험의 건전한 흥분이 아니라 오로지 금과 은뿐이었다. 그들은 다양하고도 훌륭한 자질을 갖고 있었다. 그들은 용감하고 진취적이며, 절제를 잘하며, 고통에도 잘 견디고, 열정적인 국민 감정을 가지고 있었다. 이러한 자질에다가 스페인의 위치, 그리고 좋은 자리를 차지하고 있는 항구들이 제공하는 이점, 스페인이 신대륙의 넓고 풍요로운 부분을 차지했고 오랫동안 경쟁자가 없었다는 사실, 그리고 미국을 발견한 후 100년 동안 유럽에서 지도적인 국가로서의 위치를 유지했다는 사실을 더한다면, 스페인이 해양국들 사이에서 최상의 위치를 차지할 것이라는 기대는 당연한 것이었다. 그러나 우리 모두가 아는 바와 같이, 결과는 그와 정반대였다. 스페인은 1571년의 레판토 해전 이래 수많은 전쟁에 참여했지만, 역사에서 빛나는 장을 차지할 만한 결정적인 승리를 한 적은 한 번도 없다. 그리고 스페인 상업의 쇠퇴는 군함의 갑판이 어지럽고 꼴사나운 것으로도 충분히 설명될 수 있다. 물론 그러한 결과가 단 한 가지 원인 때문에 나타났던 것은 아니다. 스페인 정부도 개인적인 모험심의 자유롭고 건전한 발달을 여러 방법으로 방해하고 구속했다. 그러나 위대한 국민성은 정부의 성격 속에서 돌파구를 찾거나 그 성격을 새롭게 형성해 나간다. 그러므로 국민들의 성향이 무역 지향적이었다면 정부의 활동도 역시 그러한 방향을 지향해 나갔으리라는 것은 의심할 여지가 없다. 당시 스페인의 대단히 넓은 식민지 역시 오랜 역사를 가진 스페인이 성장하는 것을 방해했던 전제정으로부터 멀리 떨어진 곳에 있어서 상류계급뿐만 아니라 수천 명의 노동자계급도 스페인을 떠났다. 그러나 그들은 아주 적은 양의 정금과 소량의 상품을 제외하고는 해외에서 종사했던 직업으로부터 번 돈을 본국으로 거의 보내지 않았으므로, 그리 많은 선박이 필요하지는 않았다. 스페인은 양모와 과일, 철을 제외하고는 거의 생산하지 못했고, 또한 제조업은 실패했으며, 산업도 시들해지고, 인구도 계속 줄어들었다. 스페인과 그 식민지들은 수많은 생활 필수품을 네덜란드에 의존하고 있었는데, 그들의 보잘것없는 산업으로는 비용을 지불할 수 없었다. 그 당시 어떤 사람은 다음과 같이 기록했다. "물건을 사기 위해 세계 각지로 돈을 가져간 네덜란드 상인들은 유럽의 한 나라에만 물건을 팔고, 그 대금을 가지고 귀국했다." 스페인 사람들은 그렇게 힘들게 획득한 정금을 네덜란드인에게 간단히 넘겨주어야만 했다. 군사적인 면에서 해운업이 쇠퇴함에 따라 스페인이 얼마나 약해졌는가는 이미 지적했다. 정규 항로를 운항하는 소수의 선박에 적재된 소량의 스페인 재산은 적에게 쉽게 빼앗겼으며, 따라서 전쟁 자금은 바닥이 났다. 반면에 영국과 네덜란드는 그 재산이 세계 각지에 산재된 수천 척의 배에 실려 있었으므로 많은 소모전에서 상당한 타격을 받아 고통스럽기는 했지만, 어느 정도 계속 성장할 수 있었다. 역사상 가장 중요한 순간에 스페인과 하나로 묶여 있던 포르투갈의 운명도 스페인처럼 내리막길을 걸었다. 해양을 통한 성장경쟁의 초기에 맨 윗자리를 차지했던 포르투갈은 곧 뒤처져버렸다. "멕시코와 페루의 광산이 스페인을 몰락시켰듯이, 브라질의 광산은 포르투갈을 몰락시켰다. 모든 제조업들은 비정상적일 정도로 천대를 받았다. 따라서 오래지 않아 영국은 포르투갈에 의류뿐만 아니라 모든 일용품과 공장에서 나오는 상품, 그리고 소금에 절인 고기와 곡물까지도 공급하게 되었다. 포르투갈은 처음에는 금을, 다음에는 땅까지도 포기해버렸다. 오포르토Oporto의 포도밭은 결국 브라질산 금을 받고 영국인에게 팔렸는데, 그 금은 포르투갈에 잠시 머무른 후 영국으로 다시 들어갔다." 우리는 50년 동안에 5억 달러가 "브라질의 광산에서 채굴되었다는 것, 그리고 그 시대의 말에는 포르투갈에 2천5백만 달러의 금밖에 남지 않았다는 것"을 확인할 수 있다. 이것은 바로 진정한 부와 허구적인 부의 차이를 보여주는 놀라운 실례이다.

영국인과 네덜란드인도 남부의 국가들과 마찬가지로 돈벌이를 바라고 있었다. 두 나라는 번갈아 '장사꾼의 나라'로 불렸다. 그러나 그러한 조소도 정당하게 보자면 그들의 현명함과 정직함의 신용장이라고 할 수 있다. 그들도 위에서 언급한 두 나라 국민 못지않게 용감하고 진취적이며 인내심이 강했다. 실제로 그들은 무력이 아닌 노력을 통하여 부를 추구했다——이 때문에 '장사꾼의 나라'라고 비난을 받게 되었다——는 점에서는 인내심이 더욱 강했다고 할 수 있다. 왜냐하면 그들은 부를 얻기 위해 가까운 길 대신에 가장 먼 길을 선택했기 때문이다. 이들 두 국민은 같은 인종이기는 하지만 위에서 언급한 것에 버금가는 중요한 다른 특징도 갖고 있었는데, 그 특징이 주위환경과 어우러져 해양 활동의 발전을 야기했다. 그들은 태어나면서부터 사업가였으며 상인이었고, 생산자였으며 또한 협상꾼이었다. 그러므로 그들은 본국에서든 외국에서든, 문명국의 항구 안에 정착을 하고 있든 야만적인 동방의 지배자가 다스리는 항구에 정착하고 있든, 혹은 자신들이 만든 식민지에 정착하고 있든 간에 어디에서든지 모든 토지 자원을 끌어내고, 그 자원들을 개발하며 또한 증식시키는 데 힘을 기울였다. 그들은 선천적인 상인과 장사꾼 나름대로의 빠른 직관에 의해 꾸준히 사고 팔 수 있는 새로운 상품을 찾았다. 그리고 이러한 추구는 여러 세대에 걸친 노동과 부지런한 성격과 결합하여 그들을 필연적으로 생산자로 만들었다. 국내에서 그들은 훌륭한 제조업자였으며, 그들이 통치했던 해외에서는 토지가 계속 비옥해져 생산품을 증가시켰고, 또한 본국과 식민지 정착인 사이의 거래가 늘어남에 따라 더욱 많은 선박이 필요하게 되었다. 그러므로 이러한 요구 때문에 영국과 네덜란드의 해운활동이 증가했으며, 바다로 진출하려는 진취력이 보다 약했던 국가들——프랑스도 여기에 포함된다——은 영국과 네덜란드의 생산품과 선박을 필요로 하게 되었다. 따라서 영국과 네덜란드는 다방면에서 해양국으로 발전해갔다. 이러한 자연적인 경향과 성장은 때때로 그 번영을 시기하는 다른 국가나 정부로부터 심하게 간섭받았거나 그 간섭에 의해 수정되었다. 그렇게 시기하는 국가의 국민은 인위적 지원을 받을 경우에만 번영을 누릴 수 있었다. 그 지원에 대해서는 해양력에 영향을 미치는 정부의 성격이라는 항목에서 다룰 것이다.

무역을 하려는 경향은 해양력의 발전에서 가장 중요한 국민성이다. 무역을 선호하는 경향과 좋은 해안만 있다면, 바다의 위험성이나 바다에 대한 혐오감이 있다고 해도 그것이 대양의 무역로를 통해 부를 추구하려는 사람들의 마음을 바꿀 수 있을 것 같지는 않다. 다른 수단을 통해 부를 추구하려는 곳에서도 또한 방법은 있을 것이다. 그러나 그 방법이 필연적으로 해양력과 연관되는 것은 아니다. 프랑스의 예를 살펴보도록 하자. 프랑스는 멋진 나라이고, 국민도 부지런하며, 또한 지리상으로도 좋은 위치를 차지하고 있다. 프랑스 해군도 또한 대단히 영광스러운 시기를 가진 때가 있었다. 심지어 가장 열악한 상태에 있을 때조차 국민들에게 대단히 높게 인식되어 있던 군사적인 명성에 흠이 간 적은 없었다. 해양을 통한 무역의 광범위한 기반 위에 확고한 위치를 차지해야 하는 해양국으로서의 프랑스는 역사적으로 다른 해양민족과 비교할 수 있는 상태였던 적은 있지만, 그 이상의 존경받을 만한 위치를 차지한 적은 없었다. 국민의 성격과 관련지어 볼 때, 이렇게 된 중요한 이유는 부를 추구하는 방식에 있었다. 스페인과 포르투갈은 땅에서 금을 채굴함으로써 부를 추구했지만, 프랑스는 국민들의 검소함과 절약, 그리고 저축에 의해 부를 추구하도록 만들었다. 흔히 부를 얻는 것보다 얻은 부를 유지하기가 훨씬 더 어렵다고들 한다. 아마도 그럴 것이다. 좀더 많은 것을 얻기 위해 자신의 모든 것을 거는 모험 정신은 무역을 위해 세계를 정복하려는 모험 정신과 비슷한 점이 많다. 아껴서 저축을 하고 또한 모험을 하더라도 소규모로 하는 것은 적은 규모의 부를 증대시킬지는 모른다. 그러나 그러한 행동은 위험을 무릅쓰는 일이 아니며 또한 대외 무역이나 해운업의 발달을 가져오지도 않는다. 이러한 경우에 적합하다고 생각되는 사례를 들어보자. 어떤 한 프랑스 장교가 파나마 운하에 대해 필자에게 다음과 같이 말한 적이 있다. "저는 파나마 운하에 대한 두 개의 주식을 가지고 있습니다. 프랑스인들은 소수가 많은 주식을 소유하는 당신들과는 다릅니다. 우리나라에서는 많은 사람이 하나의 주식이나 아주 적은 수의 주식을 가지고 있습니다. 이 파나마 운하의 주식들이 시장에 나왔을 때, 저의 아내는 저에게 이렇게 말했습니다. '하나는 당신 몫으로 다른 하나는 제 몫으로 하여 두 주를 사세요.'" 개인 재산의 안정성을 생각할 때, 이러한 신중한 행동은 대단히 현명한 조치이다. 그러나 국민 전체가 지나치게 신중하거나 재정적으로 소심한 경향을 보인다면, 그 경향은 상업의 확대나 국가 해운의 성장을 방해할 것임에 틀림없다. 돈 문제에 대한 신중함이 다른 인생살이에서도 나타나는데, 그

예로 출생률의 제한 때문에 프랑스 인구는 거의 일정하다.

　유럽의 귀족계급들은 중세 이래로 평화적인 무역을 멸시하는 경향을 드러냈는데, 이 경향은 각국의 국민성에 따라 무역의 발전에 다양한 영향을 주었다. 스페인 사람들의 자존심은 무역을 경시하는 경향 때문에 상처받기가 쉬웠고, 이 경향은 일을 해서 재산을 증식하려 하지 않는 잘못된 정신과 결합되어 국민들로 하여금 상업으로부터 등을 돌리게 만들었다. 프랑스인들은 스스로 국민성으로 인정하곤 했던 허영심에 의해 스페인 사람들과 같은 방향으로 나아갔다. 비교적 수가 많고 화려한 생활을 하는 귀족과 그들의 사고방식은 자신이 경멸하는 직업에 대해 열등한 것이라는 낙인을 찍어버렸다. 그리하여 귀족의 영광을 간절히 원했던 부유한 상인들과 제조업자들은 그 영광을 얻게 되면 곧바로 자신의 돈벌이가 되는 직업을 포기해버렸다. 다행히 부지런한 민중과 비옥한 토지가 상업의 완전한 쇠퇴를 막기는 했지만, 상업 활동은, 가능하면 빨리 벗어나고 싶다는 마음이 들게 하는 굴욕감 속에서 이루어지고 있었다. 콜베르Colbert의 영향을 받은 루이 14세는 다음과 같은 포고령을 내렸다. "모든 귀족은 귀족으로서의 품위를 손상한다고 여겨지지 않는 한, 상선과 상품 그리고 상업으로부터 이익을 얻을 수 있는 권리를 갖는다." 그리고 이러한 조치를 취하는 이유에 대해서는 다음과 같이 말했다. "그러한 상업 활동은 해상무역이 귀족에게 어울리지 않는다고 널리 퍼져 있는 여론의 잔재를 사라지게 할 것이며 또한 우리 자신의 만족과 우리 백성의 행복을 가져다줄 것이다." 그러나 인간의 의식에 존재하는 편견과 우월감은 그러한 포고령에 의해 쉽게 없어지지 않는다. 특히 허영심이 국민성의 두드러진 경향일 때에는 더 그러하다. 그리고 몽테스키외 Montesquieu는 상당한 세월이 흐른 후 귀족의 상업 활동이 군주정의 정신에 어긋난다고 가르쳤다.

네덜란드에도 귀족은 있었다. 그러나 국가는 명목상으로 공화국이었고, 따라서 개인의 자유와 기업을 많이 허용했다. 그리고 이 나라의 중심세력은 대도시에 있었다. 국가가 강력하게 된 근본은 돈, 다시 말해서 부였다. 시민의 영예를 갖게 해주는 근원으로서의 부는 국가에 권력을 제공했다. 그리고 그들은 권력을 가지고 사회적인 존경과 지위를 얻었다. 영국에서도 같은 결과가 나타났다. 귀족의 자부심은 아주 강했다. 그러나 대의정치하에서 부의 힘은 억압당하지도 그늘에 가려 있지도 않았다. 그것은 모든 사람의 눈에 특권으로 비쳤을 뿐만 아니라 모든 사람에 의해 존중되었다. 네덜란드와 마찬가지로 영국에서도 부의 근원으로서 직업은 부 자체에 주어지는 영예와 동일한 영예를 가질 수 있게 했다. 따라서 위에서 언급한 모든 국가에서는 국민성의 표출로 볼 수 있는 사회적 정서가 통상에 대한 국민의 태도에 상당한 영향력을 미쳤다고 할 수 있다.

그러나 국민의 자질은 넓은 의미의 해양력 발달에 또 다른 방식으로 영향을 미치고 있는데, 특히 그 자질이 건전한 식민지를 만들 능력을 가지고 있다면 그러하다. 다른 발전과 마찬가지로 사실 식민지화도 자연스럽게 이루어질 때 가장 건전하다. 그러므로 모든 국민의 자연적인 충동과 요구로 만들어진 식민지가 가장 튼튼한 기반을 가질 수 있을 것이다. 만일 그 식민지 거주자들이 독립적인 활동을 할 수 있는 자질을 갖고 있다면, 그 식민지는 본국으로부터 최소한의 속박을 받을 때 가장 확실하게 발전할 것이다. 지난 3세기 동안 사람들은 식민지가 본국 생산품의 판로이자 통상과 해운의 발전장소로서의 가치를 지니고 있다고 생각했다. 그러나 식민지화에 기울인 노력이 모두 동일한 일반적인 동기를 가졌던 것은 아니며 또한 다른 여러 제도가 모두 성공한 것도 아니다. 아무리 멀리 내다보고 주의 깊게 생각한다고 해도 정치가들의 노력이 강력한 자연적 충동의 부족을 보충할 수는 없었다. 또한 자기 발전의 싹이 국민성에서 발견될 때에는 본국으로부터 아무리 사소하다고 해도 규제가 가해진다면 전혀 규제하지 않을 때보다 좋은 결과를 얻을 수 없었다. 식민지의 경영에서 성공한 때보다 실패했을 때 더 훌륭한 지혜가 발휘되었다. 물론 그렇지 않은 경우도 있었을 것이다. 만약 정성들인 제도와 감독, 목표에 대한 수단의 적절한 적용, 정성을 다한 교육 등이 식민지의 발전에 도움이 된다면, 영국인의 자질은 이러한 체계적인 기능 분야에서 프랑스인의 자질보다 뒤졌다고 할 수 있다. 그러나 세계의 위대한 식민지 개척자는 프랑스가 아닌 영국이었다. 성공적인 식민지화는 그 결과로 야기되는 통상과 해양력에 대한 영향과 더불어 국민성에 크게 의존하고 있다. 왜냐하면 식민지는 스스로 자연스럽게 성장할 때 최대한 성장할 수 있기 때문이다. 본국 정부의 관심이 아니라 식민지 주민의 성격이 식민지 발전의 가장 중요한 요소였던 것이다.

이러한 사실은 본국 정부가 일반적으로 식민지에 대해 이기적인 태도를 드러냈기 때문에 훨씬 분명하게 드러난다. 어떻게 설립되었든 식민지는 그 중요성이 인정되는 순간부터 본국에 우유를 제공하는 암소 역할을 했다. 물론 보살핌을 받기는 하지만, 그것은 그 식민지가 제공하는 이익만큼의 가치를 지닌 재산에 대한 보살핌이었다. 식민지의 대외무역을 독점하려는 입법활동이 전개되었고 본국에서 파견된 사람들이 식민지 정부의 중요한 위치를 차지했다. 그리고 요즈음에 바다가 흔히 그러하듯이, 식민지는 본국에 쓸모없는 사람이나 본국에서 통제할 수 없는 사람들에게 적합한 장소로 생각되었다.

영국이 식민대국으로서 독특하고 멋진 성공을 거둔 사실은 너무나 분명해서 언급할 필요도 없다. 그리고 그렇게 된 중요한 이유는 두 가지 국민성에서 찾아볼 수 있다. 먼저, 영국의 식민지 이주자들은 새로운 땅에 자연스럽게 그리고 쉽게 정착했을 뿐만 아니라 자신의 이익과 그곳의 이익을 동일시했다. 그들은 고국에 대한 애정어린 관심을 갖고 있었지만, 돌아가려고 애쓰지는 않았다. 다음으로, 영국인은 즉각적으로 그리고 본능적으로 가장 넓은 의미에서 자신이 정착한 국가의 자원을 개발하려고 노력했다. 특히 영국인은 첫번째 원인에서 프랑스인과 달랐다. 프랑스인들은 자신들의 쾌적한 고국에서 누렸던 즐거운 생활을 항상 그리워했다. 영국인은 두 번째 원인에서는 스페인인과 달랐는데, 스페인인은 야망과 관심을 드러낸 범위가 너무 좁아서 새로운 국가의 가능성을 완전히 개발할 수 없었다.

네덜란드인의 성격과 빈곤함은 그들을 자연스럽게 식민지 건설로 향하게 만들었다. 1650년대까지 네덜란드는 서인도제도와 아프리카 그리고 미국에 이름을 거론할 수 없을 정도로 많은 수의 식민지를 보유하게 되었다. 당시 그들은 이 점에서 영국을 능가했다. 그러나 그 식민지는 자연스럽게 순수한 상업적 성격의 동기를 갖고 있었는데, 그들이 보기에는 식민지는 발전할 수 있는 본질적인 요소들이 부족했다. "네덜란드인들은 식민지를 건설하면서 제국의 확장을 생각하지 않고 단순히 무역과 통상을 얻는 데에만 신경을 썼다. 그들은 환경의 압력을 받을 때에만 정복을 시도했다. 일반적으로 그들은 본국 주권의 보호하에서 교역하는 것에만 만족했다." 정치적인 야망을 갖고 있지 않고 단순히 이익에만 만족하는 이러한 단순함은 프랑스나 스페인의 전제정처럼 식민지들로 하여금 단순히 본국에 대한 상업적인 면에 의존하게 하는 경향을 드러냈다. 따라서 식민지에서 자연적인 발전 원칙은 소멸되어버렸다.

국민성 문제에 대한 고찰을 마치기 전에, 다른 상황들이 유리하다면 미국인의 국민성이 강력한 해양력을 발전시키는 데 어느 정도 적합한지를 짧게나마 다루는 것이 좋을 것 같다.

법적인 장해물이 제거되고 좀더 수익성이 좋은 기업활동 분야가 나타난다면, 미국에서 해양력이 머지않아 등장하리라는 것은 가까운 과거를 살펴보는 것만으로도 입증할 수 있을 것이다. 미국인은 통상에 대한 본능은 물론, 대담한 이익추구 계획과 이익 획득법에 대한 예리한 촉각을 갖고 있다. 만약 장차 식민지화를 필요로 하는 어떤 분야가 나타난다면, 미국인은 분명히 자치와 독립적인 발전을 위해 자신들이 물려받은 모든 재능을 그곳에 쏟아부을 것이다.

6. 정부의 성격

국가의 정부와 제도가 해양력의 발전에 미친 영향력을 토론할 때에는 지나치게 형이상학적으로 되는 것을 피하고, 최후의 궁극적인 영향을 찾기 위해 너무 깊이 파고들지 않으며, 분명하고 즉각적인 원인과 그 결과에 관심을 국한시킬 필요가 있다.

그럼에도 불구하고 정부의 특수한 형태와 그에 수반하는 여러 제도, 그리고 통치자의 성격이 때때로 해양력의 발전에 두드러지게 영향력을 끼쳤다는 점을 주목해야 한다. 지금까지 보아온 국가와 그 국민의 다양한 성격은 그 국가의 자연적인 성격을 형성한다. 그리고 국가는 사람과 마찬가지로 그 성격을 가지고 활동을 한다. 정부의 행위는 사람의 지혜로운 의지력의 행사에 해당하며, 한 개인의 생애나 국가 역사의 성공이나 실패는 그 의지력이 현명하고 활동적이며 참을성이 강한가의 여부에 따라 결정된다.

국민의 자연적인 성향과 완전한 조화를 이루고 있는 정부는 모든 면에서 대단히 성공적으로 성장할 수 있을 것처럼 보일 것이다. 그리고 해양력의 문제에서도 가장 큰 성공을 거두는 경우는 정부의 현명한 지도가 국민의 정신에 완전히 스며들고 또한 정부가 국민의 진정한 성향을 바르게 인식할 때이다. 그러한 정부는 국민이나 가장 훌륭한 대표자의 의지가 정부 구성에서 커다란 몫을 차지할 때 가장 확실하게 발전할 수 있다. 그러나 그처럼 자유로운 정부가 때로는 짧은 시간 안에 무너져버리는 경우가 있었다. 반면에 전제적이라고 간주되더라도 정부는 때때로 일관성과 올바른 판단력에 의해 혹은 자유로운 국민들이 오랜 진행과정을 거쳐 도달할 수 있는 것보다 훨씬 직접적으로 강력한 해양 통상이나 훌륭한 해군을 건설할 수 있었다. 후자의 경우에는 특정 군주가 사망한 후 그 유업을 확실하게 계승하기가 어렵다는 점이 난관으로 대두되었다.

(1) 영국

영국은 현대의 어떤 국가보다도 가장 강력한 해양국가의 자리를 차지하고 있다. 따라서 그 정부의 활동에 맨 먼저 관심이 끌리는 것은 당연한 일일 것이다. 영국 정부의 활동은 때로는 전혀 칭찬받을 가치가 없기도 했지만, 해양의 지배라는 일관된 목표를 꾸준히 유지했다. 그들의 오만함이 가장 잘 드러난 때는 제임스 1세 시대로 거슬러 올라간다. 당시 영국은 본토 이외에는 외부에 소유지를 거의 갖고 있지 않은 상태였고 버지니아와 매사추세츠에 영국인들이 정착하기 이전이었다. 다음은 이에 대한 리슐리외의 보고서이다.

(지금까지 가장 용감한 군주 가운데 한 명인) 앙리 4세의 대신 쉴리 공작은 칼레Calais에서 돛대에 프랑스 깃발을 단 함정을 타고 영국

해협을 건너자마자 그를 마중하러 나온 영국 파견함을 만나게 되었다. 그런데 영국 파견함의 함장은 프랑스 선박에 프랑스 국기를 내리도록 명령했다. 공작은 자신의 지위를 생각하여 그러한 모욕은 받을 수 없다고 생각하고 단호히 거절했다. 그러자 곧 세 발의 캐논포의 포탄이 모든 선량한 프랑스인의 심장을 관통하듯 프랑스 함선을 관통했다. 정의롭지 못한 사항이었지만, 그는 힘 앞에서 굴복할 수밖에 없었다. 그의 항의에 영국인 함장은 다음과 같이 대답할 뿐이었다. "대사의 직위에 경의를 표하는 것이 내 임무지만, 해양의 지배자인 우리 군주의 깃발에 경의를 표하게 하는 것도 내 의무입니다." 만약 제임스 왕의 말이 더 정중했다고 하더라도, 공작은 자신이 받은 마음의 상처를 치료받지 못한 채 만족한 것 같은 신중한 태도를 취하지 않을 수 없었을 것이다. 앙리 대왕은 이 때 자신을 절제해야만 했다. 그러나 그는 언젠가 때가 되면 바다를 지배할 수 있는 힘을 가져서 한 나라의 국왕으로서의 권위를 유지하겠다고 결심했다.

현재의 사고방식으로는 용서할 수 없는 이 무례한 행동이 그 당시에는 여러 국가에 의해 당연한 것으로 행해지고 있었다. 그 행동은 해상의 주권을 주장하기 위해서라면 어떤 위험도 무릅쓰려고 했던 영국의 의도를 보여주는 가장 최초이자 두드러진 형태였는데, 주목할 만한 가치가 있다. 이 모욕은 기이하게도 영국이 가장 허약한 국왕의 통치를 받고 있을 때 프랑스의 군주 가운데 가장 용감하고 능력 있는 국왕을 대표하는 대사에게 행해졌다. 정부의 목적을 과시하는 것을 제외하고는 별로 의미가 없던 이러한 국가에 대한 무의미한 존경은 왕정 치하에서와 마찬가지로 크롬웰Cromwell이 통치할 때도 엄격하게 지켜졌다. 그것은 1654년의 참혹했던 전쟁 이후 네덜란드가 굴복한 평화조건들 중 하나였다. 모든 면에서 대단한 독재자였던 크롬웰은 영국의 명예와 힘과 관련된 것이라면 어떤 것에 대해서도 매우 민감했으며, 그 모든 것을 추진하기 위해 아무짝에도 쓸모가 없는 국기에 대한 경의의 요구를 중단하지 않았다. 아직 강력한 세력을 갖고 있지 못했던 영국 해군은 크롬웰의 엄격한 통치 아래서 빠른 속도로 새로운 활력과 생명을 갖게 되었다. 영국의 권리나 손해에 대한 보상은 전 세계——발트 해, 지중해, 아프리카 북부 지역, 서인도제도——에서 자국의 함대들에 의해 요구되었다. 그의 통치 아래서 이루어진 자메이카 정복은 현재까지 계속되고 있는 무력에 의한 제국 확장의 시작이었다. 그리고 그는 영국 무역과 해운을 성장시키기 위해 평화적인 조처를 강력하게 실행하는 것을 잊지 않았다. 크롬웰의 업적이라 할 만한 항해조례는 영국이나 영국 식민지로 들어오는 모든 수입품들이 영국 선박 또는 그 생산품을 제조하거나 생산한 국가의 선박에 의해서만 운반되어야 한다는 내용을 포함했다. 특히 유럽 상품의 거의 대부분을 수송하고 있던 네덜란드를 목표로 한 이 포고는 모든 상사들의 분노를 불러일으켰다. 그러나 국가 간의 투쟁과 증오가 한창이었던 당시에는 그 항해조례가 영국에게 이익을 가져다줄 게 뻔했기 때문에 군주제에서도 오래 계속되었다. 그로부터 한 세기하고도 25년이 지난 후에 유명해지기 이전의 넬슨이 서인도제도에서 미국 상선들에 대해 이 항해조례를 강화함으로써 영국 해운업의 이익을 위해 온 힘을 기울였음을 우리는 볼 수 있다. 크롬웰이 죽고 아버지의 뒤를 이어 왕위를 이어받은 찰스Charles 2세는 영국 국민의 신뢰를 받지 못했지만, 정부의 전통적인 해양정책과 국가의 위대함을 충실하게 지키려고 노력했다. 의회와 대중의 구속으로부터 벗어나기 위해 루이 14세와 함께 거의 반역에 가까운 음모를 꾀하면서, 그는 루이 14세에게 다음과 같이 편지를 썼다. "완벽하게 연합하는 데에는 두 가지 걸림돌이 있습니다. 하나는 프랑스가 지금 상업을 장려하고 당당한 해양국이 되기 위해 대단한 노력을 기울이고 있는 점입니다. 이것은 상업과 해군력을 통해서만 중요한 지위를 유지하고 있는 우리 영국이 프랑스에 대해 커다란 의심을 품게 되는 원인입니다. 그래서 프랑스가 현재의 방식으로 취하고 있는 모든 조처는 두 나라 사이의 갈등을 영구화시킬 것입니다." 네덜란드 공화국에 대한 영국과 프랑스의 공격을 개시하기에 앞서 열린 협상에서 누가 영국과 프랑스의 연합함대를 지휘할 것인가 하는 문제를 놓고 격렬한 논쟁이 일어났다. 찰스는 이 점에 대해 완강했다. 그는 "해상에서 지휘를 하는 것은 영국의 관습입니다"라고 말하면서, 자신이 양보하면 백성들이 자기에게 복종하지 않을 것이라고 프랑스의 대사에게 설명했다. 네덜란드 연방의 분할 문제가 제기되었을 때도 그는 셀트 강과 뫼즈 강의 입구를 통제할 수 있는 위치에 있는 해안 지역을 영국을 위해 남겨두었다. 찰스 지배하의 영국 해군은 크롬웰의 철권통치에 의해 확고해진 정신과 규율을 한동안 유지했지만 후에 국왕의 사악한 통치 시대에 도덕적 부패로 물들어버렸다. 자기 함대의 4분의 1을 다른 곳으로 파견하는 전략적인 실수를 한 몽크Monk는 1666년에 자신의 함대보다 훨씬 우세한 네덜란드함대와 만나게 되었다. 그는 수적인 차이를 무시하고 주저없이 공격하여 3일 동안 명예로운 전투를 했지만, 결국 패배하고 말았다. 몽크의 행위는 전쟁이라고 할 수 없다. 영국 해군의 위신만을 생각한 그 근시안적인 행위는 영국 정부는 물론 국민에게서도 공통적으로 나타났는데, 그것은 영국이 여러 세기 동안 많은 실수를 거듭하면서도 결정적인 승리를 얻을 수 있는 비결이었다. 찰스의 뒤를 이어 등극한 제임스 2세는 함선에서 생활한 경험을 갖고 있었고, 실제로 두 차례의 대해전을 지휘한 적도 있었다. 윌리엄William 3세가 왕위에 올랐을 때 영국과 네덜란드 정부는 한 사람의 통치하에 있었으며, 그러한 상태는 1713년 위트레흐트Utrecht 평화조약이 맺어질 때까지 유지되었다. 양국은 프랑스의 루이 14세에 대항한다는 한 가지 목적을 위해 연합했던 것이다. 그러한 관계는 거의 사반세기 동안 유지되었다. 영국 정부는 해상지배를 확대시키려는 정책을 꾸준히 그리고 의식적으로 유지했으며 또한 해양력의 성장도 촉진시켰다. 영국은 프랑스를 해상에서 공개적으로 공격하는 동시에 많은 사람들이 믿었던 것처럼 인위적 우방국이었던 네덜란드 해상세력의 약화를 도모했다. 양국은 해상병력 가운데 네덜란드가 8분의 3을 차지하고 영국이 8분의 5 혹은 네덜란드의 두 배에 가까운 병력을 유지할 수 있다는 조항이 포함된 조약을 체결했다. 이 조항은 나중에 만들어진 조항——영국이 4만 명의 육군을 그리고 네덜란드가 10만 2천 명의 육군을 각각 유지할 수 있다는 조항——과 더불어 실질적으로 지상전은 네덜란드가 그리고 해전은 영국이 담당하도록 만들었다. 그러한 경향은 계획적이든 아니든 분명히 나타났다. 네덜란드는 이 평화조약으로부터 지상에서 보상을 받았다. 반면에 영국은 프랑스와 스페인 그리고 스페인령 서인도제도에서의 상업 특권을 획득했다. 뿐만 아니라 영국은 지중해의 지브롤터와 포트 마혼Port Mahon, 북아메리카의 노바 스코샤Nova Scotia와 허드슨 만 Hudson Bay 그리고 뉴펀들랜드Newfoundland라는 중요한 해상기지도 획득했다. 그 대신 프랑스와 스페인의 해군력은 쇠퇴하기 시작했으며, 네덜란드도 마찬가지였다. 이리하여 아메리카와 서인도제도, 그리고 지중해에 거점을 갖게 된 영국 정부는 영국을 대영제국으로 만들어줄 길을 확고하게 다지면서 앞으로 나아가고 있었다. 위트레흐트 평화조약이 맺어진 후 25년 동안, 해안에 접해 있는 프랑스와 영국의 정책을 결정하고 지시하는 대신들의 주요 목표는 평화였다. 소규모 전쟁이 많이 일어나고 또한 조약이 체결되는 과정에서 속임수가 난무하던 대단히 불안한 시기에 대륙 국가들의 정책은 심하게 동요했는데, 영국은 자국 해양력의 유지에 눈을 고정하고 있었다. 발트 해에서 영국함대는 스웨덴에 대한 표트르Peter 대제의 시도를 저지함으로써 그곳에서 세력 균형을 유지할 수 있었다. 영국이 대규모 무역뿐만 아니라 대부분의 해군 군수품 조달을 담당하고 있었던 발트 해를, 러시아의 차르는 러시아의 호수로 만들려 하고 있었다. 덴마크는 외국 자본의 도움을 받아 동인도회사를 세우려고 노력했다. 영국과 네덜란드는 자국 국민들이 그 회사에 참여하는 것을 금지했을 뿐만 아니라 덴마크를 위협하기도 했다. 그 두 국가는 자국 해양의 이익에 도움이 되지 않는다고 생각하는 시도를 이러한 방식으로 금지시켰다. 위트레흐트 조약에 의해 오스트리아로 양도된 오스트리아령 네덜란드에서는 오스텐트Ostend 항을 중심으로 동인도회사가 황제의 허가를 얻어 설립되었다. 북해 연안의 저지대 국가들이 그 동안 잃어버리고 있었던 무역을 셸트 강 어귀에서 회복하려는 것을 의미했던 이 조치는 영국과 네덜란드 같은 해양국의 반대를 불러일으켰다. 무역을 독점하려는 그들의 탐욕은 이 경우에 프랑스의 도움을 받았다. 그들은 몇 년 동안 싸운 끝에 이 회사를 무너뜨렸다. 지중해에서는 위트레흐트 조약으로 결정된 사항들이 그 당시 영국의 동맹국이던 오스트리아의 황제에 의해 당연히 방해받았다. 영국의 후원하에 이미 나폴리를 차지하고 있던 그 황제는 사르디니아를 시칠리아와 교환해달라고 요구했다. 이에 대해 스페인은 반대했다. 활발하게 활동하던 장관 알베로니Alberoni 덕분에 다시 지원을 받기 시작한 스페인 해군은 1718년에 파사로 만 앞바다에서 영국함대에 의해 전멸되었다. 그 다음해에 프랑스 육군은 영국의 권유로 피레네 산맥을 넘어 스페인의 조선소를 파괴시킨 후 작전을 완료했다. 따라서 영국이 지브롤터와 마혼을 수중에 넣었을 뿐만 아니라 나폴리와 시칠리아조차 우방국 수중으로 넘어감으로써 적군은 큰 타격을 받았다. 스페인령 아메리카에서는 스페인의 필요에서 생긴 제한된 무역특권이 광범위하고 공공연하게 밀무역에 의해 남용되었다. 이에 화가 난 스페인 정부가 그것을 지나치게 억압하려 하면 평화 대신과 전쟁을 촉구하는 대신들이 서로 영국의 해양력과 권위에 대한 영향을 주장하면서 서로 자신의 주장을 변호했다. 영국의 정책이 이처럼 꾸준히 대양에 대한 영향을 미칠 수 있는 기지를 늘리고 강화하는 것을 목표로 삼고 있는 동안, 유럽의 다른 정부들은 영국 해양력의 성장이 가져올 두려움을 깨닫지 못하고 스페인이 오래전에 자국 세력을 과장하다가 맞이해야만 했던 비참한 결과를 잊어버린 것처럼 보였다. 그리고 최근에 있었던 루이 14세의 야심과 과장된 권력에 의해 야기되었던, 피비린내 나고 큰 대가를 치뤘던 전쟁의 교훈도 잊어버린 것처럼 보였다. 한편 유럽 정부들의 눈 아래에서 제3의 압도적인 세력이 꾸준히 그리고 눈에 보일 정도로 성장했다. 이 제3 세력은 이전 세력들에 비해 잔인하지는 않지만 훨씬 더 이기적이고 공격적이며, 성공할 확률도 높았다. 제3의 세력은 바로 해양력이었는데, 그것은 무기를 가지고 싸우는 것보다 훨씬 조용하게 작용하기 때문에 분명히 표면으로 모습을 드러내고 있었는데도 불구하고 별로 주목을 받지 못했다. 바다에 대한 영국의 자유로운 지배──여기에서 고찰하고 있는 전 기간에 해당한다──가 마지막의 승패를 결정하는 군사적 요소 가운데 가장 중요하다는 점은 거의 부정할 수 없는 사실이다.[8] 그러나 위트레흐트 조약이 체결된 이후에는 이 영향을 예견할 수 없었기 때문에, 지배자의 개인적이고 절박한 상황에 따라 움직였

던 프랑스는 12년 동안 스페인에 맞서 영국편을 들었다. 플뢰리Fleuri
가 1726년에 정권을 잡았을 때 이 정책이 바뀌었지만, 프랑스의 해군
은 여전히 아무런 관심을 끌지 못했다. 그리하여 영국은 당연히 영국
의 적인 부르봉 왕조의 왕자가 1736년에 시칠리아 섬에서 왕위에 오
른 사실에만 타격을 받았다. 스페인과의 전쟁이 발발했던 1739년에
영국 해군은 수적인 면에서 스페인과 프랑스의 연합해군보다 더 많
았다. 그 이후 전쟁이 거의 끊이지 않은 사반세기 동안에 이 격차는 더
증가했다. 영국 정부는 전쟁을 치르면서 처음에는 본능적으로, 나중
에는 대규모 해양력을 키울 좋은 기회이자 가능성이라고 인식하고 강
력한 해양력을 서둘러 건설해나갔다. 이 해양력의 기반은 이미 식민
지를 건설한 사람들의 성격과 영국함대의 강력함으로 확실하게 다져
져 있었다. 엄격하게 말해서 해양력이 가져다준 결과였던 영국의 부
는 같은 기간에 영국으로 하여금 유럽 사회에서 두드러진 역할을 하
도록 만들었다. 군사적 원조subsidies 제도——반세기 전이었던 말버러
Marlborough 전쟁에서 시작되었고 그리고 반세기 후에 나폴레옹 전쟁
에서 가장 현저하게 발달한 제도——는 영국의 동맹국들이 전쟁 노력
을 계속할 수 있게 해주었다. 그 동맹국들은 이러한 원조 제도가 없었
더라면 무력해졌거나 아니면 올바른 구실을 할 수 없었을 것이다. 영
국 정부가 한편으로는 원래 대륙에서 허약했으나 이제는 활력의 근원
인 돈을 이용해 세력이 강화된 동맹국들을 몰아내고, 다른 한편으로
는 바다와 주요 소유지——캐나다, 마르티니크, 과달루페, 아바나, 마

---

8) 한 훌륭한 군사전문가가 대영제국의 해군력의 중요성을 강조한 흥미로운 증거는
조미니의 《프랑스 혁명의 전쟁사History of the Wars of the French Revolution》의 첫 장에서
찾아볼 수 있다. 그는 유럽 정책의 근본적인 원칙으로서 육로로 접근할 수 없는 국가에
대해서 해군력의 무제한적인 확장을 허용해서는 안 된다고 주장했는데, 이것은 대영제국
에만 해당되는 논리이다.

닐라──에서 적을 몰아내어 자국으로 하여금 유럽 정치에서 가장 중요한 역할을 하도록 만들었다는 사실을 부인할 수 있는 사람이 있을까? 또한 영토가 좁고 자원이 빈약한 정부에 남아 있던 힘이 직접적으로 해양에서 비롯되었다는 점은 누구나 알 수 있을 것이다. 영국 정부가 전시에 사용한 정책은 당대의 수상이었던 피트Pitt──그는 전쟁이 끝나기 전에 사직했다──의 연설을 통해 알 수 있다. 자신의 정적이 체결한 1763년의 평화조약을 비난하면서 그는 다음과 같이 말했다. "프랑스는 해양력과 상업 분야에서 우리의 유일하지는 않지만 중요한 상대국이라고 말할 수 있습니다. 이러한 관점에서 우리의 소득은 바로 프랑스의 피해로 이어진다는 면에서 우리에게 중요합니다. 그러나 귀하는 프랑스가 자체의 해군을 부흥시킬 수 있는 여지를 남겨주었습니다." 그러나 영국의 소득은 막대했다. 영국은 인도에서 일정한 역할을 하게 되었으며 또한 미시시피 강 동쪽의 모든 북아메리카를 차지할 수 있었다. 그 무렵에 영국 정부의 진로는 전통적인 세력이 되어 꾸준히 그렇게 발전하는 것으로 분명해졌다. 해양력의 관점에서 볼 때, 미국의 독립전쟁은 확실히 커다란 실수였다. 그때, 정부는 일련의 터무니없는 실수들에 의해 모르는 사이에 전쟁으로 끌려갔다. 정치적 고려와 헌법상의 고려를 제쳐두고 그 문제를 단지 순수하게 군사적인 면과 해군의 입장에서 볼 때, 그 경우는 다음과 같았다. 아메리카 식민지는 영국에서 멀리 떨어져 있으며, 규모가 크고, 또한 성장 중인 사회였다. 그 당시에 열성적으로 그렇게 했듯이 식민지들이 그대로 모국에 소속되어 있는 한, 그것들은 세계에서 영국의 해양력을 위한 견고한 기반이 되었다. 그러나 만약 어떤 강대국이 기꺼이 식민지를 돕기라도 한다면, 거리가 먼 영국으로서는 넓고 인구가 너무나 많은 식민지를 무력으로 제압할 수 있을 것 같지 않았다. 그런데 이 '만약'이란 말은 실현될 가능성이 상당히 컸다. 프랑스와 스페인이 받은 굴욕감이 너무나 쓰라리고 또 최근에 일어난 것이었기 때문에 그들이 복수를 꾀하리라는 것은 거의 확실했다. 특히 프랑스가 조심스럽게 그리고 빠른 속도로 해군을 건설하고 있다는 사실은 잘 알려져 있었다. 만약 식민지가 13개의 섬뿐이었다면, 영국의 해양력은 쉽게 그러한 문제를 해결할 수 있었을 것이다. 그러나 식민지들은 천연적인 경계에 의해 분리된 것이 아니라 공통된 위험을 쉽게 극복할 수 있는 지역적 경계심에 의해서 분리되어 있었다. 고국으로부터 멀리 떨어져 있고 또한 수많은 적대적인 대중이 있는 광대한 영토를 무력으로 유지하기 위해 그러한 분쟁에 서서히 휘말림으로써 영국은 프랑스 그리고 스페인과 7년전쟁을 시작하게 되었다. 한편 이 전쟁에 미국도 참가했는데, 이 때 미국은 영국의 적대국이었다. 7년전쟁이 영국에 너무나 큰 부담이 되었기 때문에, 현명한 정부라면 더 이상의 추가부담을 견딜 수 없고 식민지 사람들을 회유시킬 필요가 있다는 사실을 알아차렸을 것이다. 하지만 당시 정부는 현명하지 못했고, 그 결과 영국의 해양력의 상당 부분이 희생되었다. 그러나 그것은 계획적인 것이 아니라 실수에 의한 것이었으며 또한 영국이 약해서가 아니라 오만했기 때문에 나타난 결과였다.

영국 정부는 명확하게 드러난 자체의 상황 때문에 이러한 정책노선을 꾸준히 유지하는 전통을 아주 쉽게 계승했다. 목적의 단일화가 어느 정도 강요되었다. 해양력을 확고하게 유지하는 것, 다른 국가들이 그 해양력을 느낄 수 있도록 만들려는 교만한 결심, 군사적인 요소를 유지하기 위한 현명한 준비상태, 바로 영국의 정치제도가 그러한 특징을 갖도록 만들었다. 그러한 정치제도들은 여기에서 고찰하고 있는 기간 동안에 토지를 소유한 귀족계급이 영국 정부를 장악하도록 만들었다. 이 계급은 다른 어떤 결점이 있든 건전한 정치적 전통을 쉽게 채택하고 수행하며, 자국의 영광을 자랑스럽게 여기고, 그 영광이 유지됨에 따라 발생하는 사회의 고통에 비교적 둔감했다. 그 계급은 전쟁의 준비와 유지에 필요한 금전적인 부담을 쉽게 감당했다. 그들은 부유했기 때문에 그 부담을 무겁게 느끼지 않았다. 또한 그들은 장사를 하지 않았기 때문에 부의 기반이 위험에 즉각적으로 노출되지 않았으며, 그리하여 그들은 정치적 소심함을 나타내지 않았다. 정치적 소심함은 자본이 위험에 노출되고 사업이 위협을 받았던 자본가들을 특징지었던 요소였다. 그러나 영국의 이 계급은 좋든 나쁘든 영국 무역과 관련된 것이면 어떤 것에 대해서도 관심을 기울였다. 의회의 상원과 하원은 모두 무역의 확대와 보호에 상당한 주의를 기울였다. 그리하여 한 해군 역사학자는 해군의 관리 면에서 집행력의 효율성이 증가한 것을 불필요하게 잦은 양원兩院의 질문 탓으로 돌리고 있다. 이 귀족계급은 또한 당연히 군사적인 명예심을 장악하여 유지했다. 군사적인 명예심은 군대의 제도가 아직은 소위 단체정신esprit-de-corps을 대신할 어떤 만족스러운 것을 제공하지 못하던 시대에 가장 중요했다. 다른 분야에서와 마찬가지로 해군도 계급에 따른 감정과 편견으로 가득 차 있었지만, 보잘것없는 집에서 태어난 사람도 최고 직책으로 진급할 수 있는 길은 열어놓았다. 실제로 어떤 시대나 최하층 출신으로서 제독의 자리에 올라 명예를 차지한 사람을 찾아볼 수 있었다. 이러한 면에서 영국 상류계급의 성격은 프랑스와 현저하게 달랐다. 혁명이 발생한 1789년 말에 프랑스 해군의 명단에는 해군사관학교에 입학하기를 희망하는 사람들이 귀족출신임을 입증하는 증명서를 확인하는 장교의 이름이 기재되어 있었다.

1815년부터, 그리고 특히 오늘날 우리의 시대에는 훨씬 많은 일반 국민이 영국 정부의 자리를 차지하고 있다. 그 때문에 영국의 해양력이 고통을 받을 것인지 어떨지는 지켜보아야만 할 문제이다. 영국의 광대한 기반은 아직도 대규모 무역과 대규모 기계공업, 그리고 광범위한 식민제도에 있다. 민주정부가 선견지명을 가지고 있는지, 국가의 지위와 신용에 대한 날카로운 감수성을 가지고 있는지, 평화가 유지되는 동안에도 적절하게 투자함으로써 국가의 번영을 기꺼이 확보하려고 할 것인지, 이 모든 것은 군사적인 대비를 위해 필요한 문제들인데 아직도 해결되지 않은 채 남아 있다. 민중의 정부는 일반적으로 아무리 중요하다고는 해도 국방비의 지출에 호의적이지 않다. 영국도 국방비의 지출을 줄이려는 의도를 드러내고 있다.

(2) 네덜란드

네덜란드 공화국이 영국에 비해 해양에 재산과 삶을 더 많이 의존하고 있었음은 이미 살펴보았다. 그러나 네덜란드 정부의 성격과 정책은 해양력을 꾸준히 뒷받침해주지는 못했다. 7개 지방으로 구성되어 정치적으로 연방국United Provinces으로 불렸던 네덜란드의 실질적인 권력 분배는 아메리카인들에게 주 권리States Rights에 대한 과장된 예로 보였는지도 모른다. 바다와 접해 있는 지역(주)들은 자체의 함대와 해군본부를 보유했는데, 이것은 계속하여 서로 시기하는 경쟁관계를 유발했다. 이렇게 조직을 파괴할 수 있는 경향은 홀란드 지방Province of Holand이 절대적으로 우위에 있었기 때문에 다소 중화되어 있었다. 7개의 지방 가운데 홀란드 지방은 네덜란드 함대의 6분의 5와 세금의 58%를 담당하고 있었기 때문에 국가의 정책 결정에서 그에 상응하는 몫을 차지할 수 있었다. 아주 애국적이고 자유를 위해서는 마지막 희생까지도 할 수 있었던 국민은 상업 정신을 갖고 있었으며, 이 정신이 정부에 스며들었기 때문에 상업적 귀족정치로 불릴 만한 정부는 전쟁의 준비와 수행에 필요한 지출을 반대했다. 앞에서 말했듯이 시장burgomasters市長은 위험이 목전에 닥쳐올 때까지 방어에 필요한 경비를 지출하려고 하지 않았다. 그러나 공화정이 지속되고 있는 동안에 최소한 함대에 대해서만큼은 이러한 방어비의 절감이 실시되지 않았다. 1672년에 데 위트가 사망할 때까지, 그리고 1674년에 영국과 평화조약을 맺을 때까지 네덜란드 해군은 수와 장비분야에서 영국과 프랑스의 연합군보다 더 훌륭한 상태에 있었다. 당시 해군의 효율성이 프랑스와 영국의 두 국왕의 연합공작으로부터 국가를 구했음에 틀림없다. 데 위트가 사망하자 공화제가 무너져버렸으며, 이어서 오랑주 공 윌리엄이 통치하는 사실상의 군주제가 들어섰다. 그 당시 겨우 18세였던 이 국왕이 평생 추구했던 정책은 루이 14세와 프랑스 세력의 확대에 저항하는 것이었다. 바다보다는 육지에서 주로 이루어진 이 저항은, 영국이 전쟁에서 손을 뗌으로써 촉진되었다. 1676년 초에 데 뢰이터De Ruyter는 자신에게 주어진 병력이 프랑스 한 나라의 병력과도 대항할 수 없을 정도로 약하다는 것을 알게 되었다. 정부의 시각이 지상 국경에만 고정되어 있었으므로 네덜란드 해군은 급속도로 쇠약해졌다. 오랑주 공 윌리엄이 자신을 호위해줄 함대를 필요로 했던 1688년에 암스테르담의 시장들은 능력 있는 해군 제독이 없을 뿐만 아니라 해군의 세력이 대단히 약화되어 있다는 이유로 영국에 가는 것을 반대했다. 그는 영국 국왕이었을 때에도 네덜란드 총독의 지위를 유지하고 있었고 그와 더불어 유럽에 대한 전반적인 정책도 가지고 있었다. 그는 영국에 자신이 필요로 하는 해양력이 있다는 것을 깨닫자, 네덜란드의 자원을 지상전을 위해 사용했다. 이 네덜란드 국왕은 연합함대나 전쟁을 위한 회의에서 네덜란드 제독들이 영국의 대령 아래 좌석에 앉아야 한다는 데 동의했다. 그리하여 해양에서의 네덜란드의 이익은 네덜란드의 자존심만큼이나 쉽게 영국의 요구 앞에 희생되어버렸다. 윌리엄이 사망한 후에도 그의 정책은 다음 정부에 의해 계속 이어졌다. 네덜란드의 목표는 전적으로 육지에 집중되었고, 40년 이상 끌어온 전쟁들을 종결시킨 위트레흐트 평화조약에서 네덜란드는 해상에서의 어떤 요구도 주장하지 못했으며, 또한 해양자원과 식민지의 확장 및 통상 분야에서도 아무것도 얻을 수 없었다.

이러한 일련의 전쟁 가운데 마지막의 것에 대해 영국의 역사가들은 다음과 같이 지적했다. "네덜란드의 경제가 그 나라의 명성과 통상을 크게 손상시켰다. 그들의 군함은 지중해에서 항상 식량이 부족한 상태에 놓여 있었으며, 수송선들은 대단히 약하고 장비도 형편없었으므로 우리가 한 척을 잃을 때 그들은 다섯 척의 배를 잃었다. 일반적으로 우리 영국이 더 안전하게 수송한다고 인식하게끔 해준 이러한 일들은 영국에 좋은 결과를 가져다주었다. 따라서 우리의 통상은 이 전쟁으로 감소하기보다는 오히려 증가했다."

그때부터 네덜란드는 위력적인 해양력을 갖지 못하게 되었고, 따라서 해양력이 뒷받침해주었던 국제적인 지도적 위치를 빠른 속도로 잃어갔다. 네덜란드는 루이 14세의 집요한 적대감 앞에서는 단호한 태도를 보이기는 했지만, 그러나 이 조그마한 나라가 쇠퇴하는 것을 막을 수 있는 정책은 전혀 수립되지 않았다. 국경 지방의 평화를 확보해주는 프랑스와의 우호관계가 유지되었더라면, 네덜란드는 적어도 해상의 지배권을 두고 적어도 더 오랜 기간 동안 영국과 경쟁할 수 있었을 것이다. 그리고 동맹국으로서 이 두 대륙국──네덜란드와 프랑스──의 해군들은 지금 다루고 있는 영국의 막대한 해양력의 성장을 저지할 수 있었을지도 모른다. 영국과 프랑스 사이의 해상평화는 두 나라가 모두 같은 목표를 가지고 있기 때문에 한 나라가 다른 나라에 복종할 때에만 성립할 수 있다. 프랑스와 네덜란드 사이의 관계는 이와는 달랐다. 네덜란드의 쇠퇴가 진행된 것은 그 나라의 규모가 작거나 인구가 적어서가 아니라 두 정부의 잘못된 정책 탓이었다. 두 나라 가운데 어느 나라가 더 책임이 있는가는 굳이 논의할 바가 아니다.

(3) 프랑스

해양력을 소유하기에 아주 좋은 위치를 차지하고 있는 프랑스는 정부를 이끌어갈 결정적인 정책을 앙리 4세와 리슐리외라는 두 명의 위대한 통치자로부터 이어받았다. 동쪽을 향한 지상에서의 확고한 확장정책은 그 당시에 오스트리아와 스페인 양국을 다스리고 있던 오스트리아 왕가의 저항을 받았고, 해상의 확장정책은 영국의 저항을 받았다. 다른 이유도 있었지만, 해상의 확장정책을 좀더 활발하게 진척시키기 위해 프랑스는 네덜란드에게 동맹국이 되어달라고 요청했다. 해양력의 기반이었던 해상통상과 어업이 장려되었고, 해군이 건설되었다. 리슐리외는 프랑스가 지리적 위치와 자원을 기반으로 해양력을 만들 수 있는 기회를 지적한, 정치적 의지라고 불릴 만한 것을 후세에 남겼다. 프랑스의 저술가들은 그를 프랑스 해군의 실질적인 설립자로 생각하고 있는데, 그것은 그가 단순히 함정들의 장비를 갖추었을 뿐만 아니라 건전한 제도와 꾸준한 성장을 확보하기 위해서 일련의 조치를 취하고 또한 폭넓은 사고방식을 가지고 있었기 때문이다. 그가 사망하자 마자랭Mazarin이 그의 견해와 정책을 이어받았다. 그러나 마자랭은 리슐리외의 고결하고 용감한 정신을 물려받지 못했기 때문에 새로 건설되었던 해군은 그의 통치 시대에 사라져버렸다. 루이 14세가 정권을 장악한 1661년에 프랑스에는 군함이 30척밖에 없었는데, 그 중에서 60문의 함포를 보유한 함정은 단지 세 척에 불과했다. 바로 그때 대단히 놀랄 만한 작업이 시작되었는데, 그것은 능력이 있고 체계적으로 권력을 행사할 수 있는 절대군주하에서만 실현가능한 일이었다. 통상이나 해운업, 제조업, 그리고 식민지를 담당하는 정부의 부서는 위대한 천재로 일컬어지는 콜베르에게 맡겨졌다. 그는 전에 리슐리외와 함께 일한 적이 있으며, 그때 그의 사상과 정책에 완전히 심취하게 되었다. 그는 전적으로 프랑스적인 정신으로 목표를 달성하려고 노력했다. 모든 것이 조직화되어야 했고, 모든 것의 원천은 이 대신의 내각이었다. "질서 있고 통일된 노력에 의해 프랑스 산업의 승리를 확보하기 위해 생산자와 상인을 강력한 군대로 조직하여 활동적이고 지적인 지도자에게 종속시킬 것, 그리고 모든 노동자들에게 최선의 과정을 교육시켜서 가장 좋은 생산품을 확보하는 것, …… 먼 곳에서 이루어지는 대규모의 통상과 뱃사람들을 제조업과 국내 통상처럼 조직화하는 것, 프랑스 통상의 지원세력으로서 해군을 지금까지 알려져 있지 않은 정도의 규모로 확고한 기반 위에서 건설하는 것", 이러한 것들이 콜베르의 목표였으며 또한 해양력의 세 가지 연결고리 가운데 두 가지에 해당되기도 했다. 나머지 한 가지는 멀리 있는 식민지가 프랑스 정부의 지시와 조직을 잘 따르도록 만드는 것이었다. 왜냐하면 당시 정부가 캐나다와 뉴펀들랜드, 노바 스코샤와 프랑스령 서인도제도를 그 소유자들로부터 되찾기 시작하고 있었기 때문이다. 여기에서 국가의 진로를 이끌어갈 모든 수단을 장악하고 또한 국가를 다른 어떤 것보다도 대해양국으로 만들려는 목표를 가진 순수하고 절대적이며 무엇에도 속박을 받지 않는 권력을 볼 수 있다.

콜베르가 취한 행동을 자세히 알아보는 것은 이 책의 목적이 아니며 단지 국가의 해양력을 건설할 때 정부의 주요 역할을 살펴보는 것만으로도 충분하다. 또한 콜베르라는 위인이 해양력을 지탱하는 여러 요인 중 어느 한 가지에만 주의를 기울인 것이 아니라 모든 요소들에 주의를 기울였을 뿐만 아니라 현명한 선견지명을 가지고 정치를 했음을 아는 것만으로도 충분하다. 토양의 생산물을 증가시키는 농업, 인간이 생산하는 물품을 배가시키는 제조업, 국내로부터 국외로 생산물 교환을 용이하게 해주는 국내 무역로와 규제, 수송업을 프랑스가 독점하려는 의도를 내포한 해운과 관세에 대한 법령, 그리고 국내와 식민지의 생산물을 운반함으로써 프랑스의 해운업을 장려하는 것, 멀리 떨어진 시장을 국내무역이 독점할 수 있도록 해줄 식민지의 발달과 그곳의 통치, 프랑스의 통상에 유리한 외국과의 조약과 경쟁 관계에 있는 국가의 무역을 증가시켜줄 외국의 선박과 생산물에 부과되는 과세. 대단히 상세하게 기록되어 있는 이러한 모든 수단들은 프랑스의 생산, 해운업, 식민지와 시장——한마디로 말하여 해양력——을 위해 사용되었다. 그러한 작업에 대한 연구는 훨씬 복잡한 정부에서 복잡한 이해관계를 가진 사람들에 의해 천천히 실시되는 것보다 한 사람에 의해 논리적으로 행해질 때 훨씬 단순하고 쉽다. 콜베르가 정치를 시작한 지 몇 년이 지나자 전반적인 해양력 이론은 체계적이고 중앙집권적인 프랑스식 방식으로 실행에 옮겨졌다. 반면에 영국과 네덜란드에서는 동일한 이론의 예가 여러 세기에 걸쳐 행해지고 있었다. 그러나 그러한 성장은 강요로 이루어진 것이었으며, 따라서 성공 여부는 그것을 지켜보는 절대권력이 얼마나 지속되느냐에 달려 있다. 그런데 콜베르가 국왕이 아니었으므로 그의 통치는 국왕의 호의를 받는 동안으로 한정되었다. 그럼에도 불구하고 정부 활동의 적절한 분야, 즉 그가 해군에 대해 노력한 결과를 주목하는 것은 상당히 흥미로운 일이다. 그가 정권을 잡은 1661년에는 30척의 군함 가운데 3척만이 60문의 함포를 보유하고 있었다는 점은 이미 말한 바 있다. 1666년에는 70척의 군함이 있었는데, 그 중 50척이 전열함戰列艦이었고 나머지 20척은 화선火船이었다. 1671년에는 군함의 수가 70척에서 196척으로 증가했다. 1683년에는 107척의 군함이 24~120 문의 함포를 보유하고 있었는데, 그 가운데 12척은 76문의 함포를 갖추고 있었다. 그 밖에도 소규모 함선들이 많이 있었다. 조선소에 도입된 명령과 체계는 효율성 면에서 영국보다 훨씬 우수했다. 콜베르가 실시한 행적의 효과가 그의 아들에 의해서도 지속되고 있을 때, 프랑스에 포로로 잡혀 있던 영국의 한 대령은 다음과 같이 기록했다.

포로가 된 내가 처음으로 이곳에 왔을 때, 나는 상처를 치료받기 위해 브레스트에 있는 한 병원에서 넉 달 동안 누워 있었다. 그곳에서 나는 함정에 인원을 배치하고 장비를 정비할 때의 신속함을 보고 깜짝 놀랐다. 그때까지 나는 그러한 작업을 영국보다 더 빨리 할 수 있는 곳이 없다고 생각하고 있었기 때문이다. 영국은 프랑스보다 열 배나 많은 함정과 인원을 갖고 있었다. 그러나 그곳에서 나는 각각 60문의 함포를 보유한 20척의 함정이 모든 준비를 갖추는 데 20일이 걸리는 것을 보았다. 그 함정들이 그곳으로 들어오자 함정에 타고 있던 사람들이 모두 해산했다. 파리에서 명령이 내리자마자 배를 한쪽으로 기울여 뒤집은 다음 수리하고, 식량을 싣고, 인원을 배치했으며, 그 결과 앞에서 말했듯이 얼마 지나지 않아서 아주 쉽게 다시 출항했다. 역시 마찬가지로 나는 함포 100문을 보유한 함정에서 4,5시간 만에 배에 실려 있던 모든 함포를 철거하는 것을 보았다. 나는 그러한 일이 영국에서 24시간 안에 이루어지는 것을 본 적이 없었다. 그리고 이러한 작업은 마치 집에서 하는 것처럼 아주 쉽게, 그리고 아주 질서정연하게 이루어지고 있었다. 이것은 내가 병원의 창을 통해 본 풍경이었다.

어떤 프랑스 역사가는 갤리 한 척이 4시에 용골을 드러내더니만 9시에 완전히 무장한 채로 항구를 떠났다는 믿기 어려운 사실을 인용했다. 이러한 진술은 영국인 장교의 진지한 언급 외에도 놀랄 정도로 훌륭한 조직 체계와 질서, 그리고 풍부한 시설을 지적하는 것으로 받아들일 수 있을 것이다.

그러나 정부에 의해 강요된 이 모든 성장은 정부의 지지가 사라지자 요나Jonah의 박넝쿨처럼 시들해져버렸다. 국가의 생활 속에 깊게 뿌리 박을 충분한 시간이 없었던 것이다. 콜베르의 작업은 리슐리외의 정책 노선을 그대로 따른 것이었다. 그리하여 당분간은 프랑스에서는 지상의 지배국일 뿐만 아니라 해상의 열강으로도 만드는 방침이 계속 이어질 것처럼 보였다. 루이는 다른 이유로 네덜란드에 대해 씁쓸한 적대감을 느끼게 되었는데, 그 이유를 여기에서 설명할 필요는 없을 것 같다. 한편 찰스 2세도 네덜란드에 적대감을 갖고 있었는데 이 두 국왕은 네덜란드 연방을 파괴하기로 결정했다. 1672년에 발생한 전쟁은 영국의 입장에서 볼 때 부자연스러운 것이었다. 그러나 정책적인 실수는 영국이 프랑스보다 적었다고 할 수 있는데, 특히 해양력 측면에서 그랬다. 프랑스는 아마도 동맹국이 될 수 있고 또한 틀림없이 동맹국이 되어야 할 네덜란드를 파괴시키는 것을 돕고 있었다. 반면에 영국은 당시 해상에서의 최대 경쟁국이자 통상의 우위를 차지하고 있던 나라를 파괴시키는 것을 돕고 있는 셈이었다. 프랑스는 루이가 왕위에 올랐을 때 재정적인 면에서 극도의 혼란과 빚에 쪼들렸는데, 콜베르의 개혁이 가져온 좋은 결과 때문에 1672년에는 국가의 장래가 밝아 보였다. 6년이나 계속된 전쟁은 콜베르의 업적의 대부분을 무용지물로 만들었다. 농업, 제조업, 무역, 식민지 같은 이 모든 것이 그 때문에 고통을 겪었다. 콜베르의 업적은 사라졌으며 또한 그가 재정적인 면에서 확립해놓은 질서도 파괴되었다. 따라서 루이의 행동──그는 독단적으로 프랑스의 정부를 통치하고 있었다──은 프랑스 해양력의 뿌리를 흔들어버렸고, 가장 훌륭한 동맹국을 소외시켜버렸다. 프랑스의 영토와 군사력은 증가했지만, 그 과정에서 무역과 평화적인 해운의 원천은 고갈되어버렸다. 그리고 몇 년 동안 효율성과 화려함을 유지하고 있었던 해군은 얼마 안 가서 점차 쇠퇴하기 시작하다가 루이의 통치 말기에는 사실상 없어져버렸다. 그는 통치 기간인 54년 가운데 후반기에는 잘못된 해양 정책을 취했다. 루이는 군함을 제외한 프랑스의 해상 이익에 계속해서 등을 돌렸다. 그는 평화적인 해운과 산업이 뒷받침하지 않으면 군함도 거의 쓸모가 없거나 불확실한 존재가 될 것이라는 점을 알지 못했으며, 알려고 하지도 않았다. 강력한 육군 건설과 영토확장을 통해 동맹을 체결하려고 했는데, 그것은 앞에서 우리가 이미 보았듯이 직접적으로는 프랑스를 해상에서 물러나게 만들고 간접적으로는 네덜란드의 세력을 해상에서 궁지에 빠지도록 하는 결과를 가져왔다. 콜베르의 해군은 몰락했으며, 그 결과 루이의 통치기간 가운데 마지막 10년 동안 해상전투가 끊임없이 일어났음에도 불구하고 프랑스의 함대는 해상으로 나갈 수 없었다. 절대군주제에서의 형식의 단순성은 정부가 해양력의 성장과 쇠퇴에 얼마나 큰 영향을 미칠 수 있는가를 보여주었다.

루이의 말년은 해양력의 기반과 무역 그리고 무역이 가져다주는 부의 약화가 해양력을 쇠퇴시킨다는 점을 보여주었다. 그 뒤를 이은 정부도 역시 절대정부였지만, 영국의 요구에 의해 효율적인 해군을 유지하겠다는 모든 주장을 포기해버렸다. 그 이유는 새로 국왕이 된 사람이 미성년자였기 때문이었다. 적대관계에 있던 프랑스의 섭정은 스페인 국왕에게 피해를 주고 또한 자신의 세력을 유지하기 위해 영국과 동맹을 맺었다. 그는 스페인에게 피해를 입히기위해 그때까지 프랑스의 적이었던 오스트리아가 시칠리아와 나폴리에 거점을 확보하는 것을 도와주었고, 영국과 함께 스페인의 해군과 조선소를 파괴했다. 여기에서 프랑스의 해상 권익을 무시한한 명의 통치자 개인이 자연히 동맹국이 되었어야 할 네덜란드를 황폐화시키고, 간접적이고 무의식적이기는 하지만 해상의 여왕인영국을 도와주었던 사실이 다시 드러난다. 이처럼 과도적인 정책은 1726년 섭정의 종말과 더불어 사라졌다. 그러나 그때부터 1760년이 될 때까지 프랑스 정부는 계속 자국의 해상 권익을 무시했다. 프랑스가 주로 자유무역 방향으로 재정적인 규제를 약간 수정함으로써(그리고 스코틀랜드 출생의 로Law 덕분에) 동인도와 서인도제도와의 무역을 크게 증가시켰고 또한 과달루페와 마르티니크 같은 섬들이 점점 부유해지고 번영하게 되었다고 전해진다. 그러나 프랑스해군이 쇠퇴했기 때문에 전쟁이 발생하면 이러한 무역과 식민지들은 영국의 손으로 넘어갈 운명이었다. 프랑스가 최악의 상태에서조금씩 벗어나고 있던 1756년에 겨우 45척의 전열함만을 소유하고있었던 데 비해, 영국은 130척을 소유하고 있었다. 그리고 그 45척의 전열함들을 무장시키고 장비를 갖추려고 했을 때, 재료도 보급품도 없다는 것을 알게 되었다. 함포도 충분하지 않았다. 이것만이아니었다. 프랑스의 한 저술가는 다음의 기록을 남겼다.

정부조직의 결함은 무관심을 불러일으켰고 또한 무질서와 훈련의 부족을 야기했다. 부정한 진급이 그때만큼 빈번하게 이루어진 적은 없었다. 그리고 그때만큼 전체적으로 불만에 싸여 있던 때도 없었다. 돈과 권모술수를 이용한 사람들이 모든 자리를 차지했고, 권력과 통치도 역시 그것들에 놀아났다. 수도에서 영향력을 가지고 있고 항구에서 자급자족하던 귀족들과 벼락부자들은 공훈이 없이도 잘 지낼 수 있다고 생각했다. 국가와 조선소의 낭비는 끝이 없었다. 명예와 겸손은 우스운 것이 되어버렸다. 그래도 충분하지 않다는 듯이 내각은 전반적인 파국을 면할 수 있게 해주었던 과거의 영웅적인 전통을 없애버리기 위해 애썼다. 궁정은 위대한 통치시대에 정력적으로 전투를 하곤 했던 경향을 '신중한 행동'으로 바꾸라고 명령했다. 그리하여 프랑스는 몇 척밖에 되지 않는 군함의 소비품을 보존하는 데 주력했으며, 결국 이러한 행동은 적에게 더 많은 기회를 제공했다. 이러한 바람직하지 못한 원칙 때문에 우리 국민은 우리의 정서에는 낯설고 적에게는 이익을 주는 방어적인 자세를 취하게 되었다. 요컨대, 명령에 의해 우리가 취할 수밖에 없었던 이러한 적 앞에서의 신중한 행위는 국민의 정서를 배신하는 것이었다. 이러한 제도의 남용은 이보다 앞선 세기에는 사례가 전혀 없었던 훈련 부족과 적의 화력 앞에서의 무기력한 행동을 초래했다.

대륙에서의 확장이라는 잘못된 정책은 국가의 자원을 고갈시켜버렸고 또한 이중으로 피해를 주었다. 왜냐하면 프랑스의 식민지와 무역을 무방비 상태로 남겨두면서 부의 가장 중요한 원천을 봉쇄하는 결과를 야기했기 때문이다. 해상으로 출항한 소규모 함대는 대단히 우세한 적의 함대에 의해 파괴되어버렸다. 상선이 일소되었고, 식민지——캐나다·마르티니크·과달루페·인도——는 영국의 수중으로 넘어갔다. 너무 많은 지면을 차지하지만 않는다면, 바다를 포기한 국가로서 프랑스의 비참함과, 많은 희생을 치르면서도 노력하여 부가 계속 증가하는 영국의 예를 보여줄 매우 흥미로운 인용문을 제시할 수도 있을 것이다. 당시의 한 저술가는 그 기간의 프랑스의 정책에 대한 자신의 견해를 다음과 같이 표현했다.

> 프랑스는 독일과의 전쟁에 기꺼이 참여함으로써 해군에 관심을 기울이지 않고 또한 재정적인 지원도 하지 않았다. 그리하여 영국은 프랑스 해군에게 다시는 회복할 수 없을 정도의 타격을 줄 수 있었다. 또한 독일과의 전쟁에 참전함으로써 프랑스는 식민지의 방어에도 큰 관심을 기울일 수 없게 되었고, 그 결과 우리 영국은 프랑스가 소유하고 있던 가장 중요한 지점 가운데 몇 군데를 정복할 수 있었다. 프랑스가 또한 무역을 보호하는 일에서도 손을 떼어버림으로써 무역은 완전히 파괴되어버렸고, 그 동안에 영국은 대단히 평화스러운 상태에서 번영을 구가할 수 있었다. 따라서 독일과의 전쟁을 시작함으로써 프랑스는 영국과의 분쟁에 관한 한 아무것도 할 수 없는 상태에서 고통을 당할 수밖에 없었다.

7년전쟁에서 프랑스는 36척의 전열함과 56척의 프리깃 함을 잃었는데, 이것은 범선시대에 미국 해군이 보유한 함선 전체의 세 배에 이르는 수였다. 프랑스의 한 역사가는 이 전쟁에 대해 다음과 같이 말하고 있다. "중세 이래 처음으로 영국은 동맹국이 없이 강력한 보조자만을 갖고 있던 프랑스를 단독으로 정복했다. 영국은 오로지 정부의 우월성에 의해 프랑스를 정복했던 것이다." 실제로 그러했다.

그러나 그것은 해양력이라는 강력한 무기를 사용한 정부의 우월성에 의한 것이었으며 끈기 있게 하나의 목적을 향해 계속 나아간 일관된 정책의 대가였다.

1760년과 1763년(이 해에 평화조약을 맺었다) 사이에 절정에 도달했던 프랑스의 굴욕과 비참함은 무역과 해군이 쇠퇴하고 있는 오늘날 미국에 아주 유용한 교훈을 제시해주고 있다. 물론 우리는 프랑스와 같은 굴욕을 당하지는 않았다. 그러나 그 이후의 프랑스의 예를 통해 어떠한 교훈을 얻기를 바랄 뿐이다. 같은 기간(1760~63) 동안에 프랑스 국민은 분발하여 프랑스도 해군을 보유해야 한다고 선언했다(1793년에도 그러한 선언을 했다). "정부에 의해 교묘하게 이끌린 대중의 감정은 프랑스 전국 방방곡곡에서 '해군을 재건해야 한다'고 소리높이 외치도록 만들었다. 도시와 조합 그리고 개인적인 기부에 의해 함정이 국가에 헌납되었다. 최근까지 조용했던 항구들에서 놀랄 만한 활력이 솟아났다. 곳곳에서 선박이 건조되고 수리되었다." 이러한 활력은 계속 이어졌다. 해군 공창들이 붐비기 시작했으며 또한 모든 종류의 자재가 만족스럽게 사용되었다. 포병대가 다시 조직되고 만 명의 숙련된 포병들이 훈련받고 유지되었다.

그 당시 해군 장교들의 말과 행동은 곧바로 대중의 충동을 느낀 결과였다. 그들 중 몇몇 고결한 사람들은 그 충동을 기다리고 있었을 뿐만 아니라 조장하기조차 했다. 정부의 나태함 때문에 선박들이 썩어가고 있던 그 당시보다 프랑스 해군 장교들 사이에 더 강력한 지적이고 전문적인 활동이 퍼졌던 적은 없다. 따라서 오늘날 저명한 한 장교는 다음과 같이 쓰고 있다.

장교들이 대담한 진취력과 성공적인 전투라는 멋진 경력을 쌓을 수 있는 기회를 차단해버린 루이14세 치하에서의 해군의 슬픈 상황은 해군 장교들로 하여금 자기 자신만을 의지하지 않을 수 없게 만들었다. 그들은 몇 년 후에 증명될 지식을 스스로 연구하고 익혔다. 이리하여 몽테스키외의 "역경은 우리의 어머니이고, 번영은 우리의 계모이다"라는 멋진 말을 실천에 옮겼다. …… 1769년까지는 우리는 훌륭한 장교들이 빛을 발하는 것을 볼 수 있었다. 그들의 활동은 지구의 끝까지 미쳤고, 그들의 작업과 연구조사에는 모든 종류의 인간의 지식이 포함되었다. 1752년에 설립되었던 해군사관학교Académie de Marine가 재조직되었다.[9]

해군사관학교의 초대 교장은 비고 드 모로그Bigot de Morogues라는 해군대령이었는데, 그는 해군전술에 대한 훌륭한 논문을 썼다. 그것은 폴 오스트Paul Hoste 이후에 같은 주제에 대해서 쓴 최초의 독창적인 논문으로서, 오스트의 논문을 대신할 목적으로 씌어졌다. 모로그는 프랑스에 함대가 존재하지 않고, 해상에서 적의 타격을 받아 고개를 들 수 없었던 시대에 전술 문제를 연구하고 체계적으로 정리했다. 그때 영국에는 이와 비슷한 책이 없었다. 1762년에 영국의 한 대위가 오스트의 저서 중에서 일부만 번역했고 그로부터 거의 20년이 지나서 비로소 스코틀랜드의 존 클러크John Clerk가 해군전술에 대한 상당히 쓸 만한 연구결과를 발간했다. 그 책에서 그는 영국의 제독들에게 프랑스가 영국의 지각 없고 잘못된 공격을 분쇄한 방법을 지적해주었다.[10] "해군사관학교의 연구와 사관학교가 장교들에게

---

9) Gougeard, *La Marine de Guerre.* ; *Richelieu et Colbert.*

10) 해군의 전술체계를 조직하는 분야에서 독창성을 주장한 클러크의 주장(이 주장은 심한 반박을 받고 있다)이 어떻게 생각되든 간에, 과거에 대한 그의 비판이 건전하다는

주었던 자극——그것에 대해서는 나중에 살펴볼 예정이다——은 미국의 독립전쟁 초기에 프랑스 해군이 처해 있었던 비교적 좋았던 상황에 영향을 주었다고는 할 수 있을 것이다."

 강력한 적이 해상에서 기회를 노리고 있는 동안 멀리 떨어져 있는 나라의 전쟁에 개입한 영국에게는 미국 독립전쟁이 영국의 전통과 올바른 정책으로부터의 결별이라는 의미를 갖는다고 이미 지적한 바 있다. 그 당시 독일과의 전쟁에서 프랑스가 한 것과 마찬가지로 그리고 뒤에 스페인 전쟁에서 나폴레옹이 한 것과 마찬가지로, 영국은 지나친 자신감으로 우방을 적으로 만들려고 했으며 또한 영국 국력의 진정한 기반을 무모한 시험에 들게 하려는 참이었다. 반면에 프랑스 정부는 그때까지 자주 빠지곤 했던 함정을 잘 피하고 있었다. 유럽 대륙에서 중립을 지킬 수 있었고 또한 스페인과의 동맹을 확고하게 만들었던 프랑스는 대륙에서 등을 돌렸으며, 그 대신 훌륭한 해군과 비교적 경험은 적지만 아주 훌륭한 장교들을 데리고 전쟁을 했다. 프랑스는 대서양의 건너편에서 우호적인 사람들과 그리고 서인도제도나 아메리카 대륙에 있는 자국이나 동맹국의 항구로부터 지원을 받았다. 이 정책이 현명했고 정부의 해양력에 대한 이 조치가 좋은 영향을 주었다는 점은 분명한 사실이지만 그 전쟁에 대한 상세한 부분을 여기서 말할 필요는 없을 것 같다. 미국인들은 이 전쟁에서 육지에 대해 주요 관심을 보였지만, 그것이 본질적으로 해전이었기 때문에 해군장교들은 주로 해상에 대해 관심을 보였다. 20년에 걸친 현명하고 체계적인 노력이 그들에게 좋은 결과를 가져다주었다. 물론 해전에서 큰 피해를 입기는 했지만, 프랑스와 스페인 함대의 연합 작전

것은 의심할 여지가 없다. 필자가 알고 있는 한, 그는 선원이나 해군의 훈련을 전혀 받지 않은 사람치고는 상당한 독창성을 가지고 있다.

은 궁극적으로 영국의 세력을 압박하여 영국으로부터 식민지를 빼앗을 수 있었다. 다양한 해군의 작전과 전투에서 프랑스의 명예는 전체적으로 유지되었다. 일반적인 상황을 고려하면, 다음과 같은 결론을 피하기는 어려울 것 같다. 영국 수병들에 비해 상대적으로 경험이 부족한 프랑스 수병들, 다양한 경험을 가진 사람들을 시기하는 귀족 출신 장교들의 편협, 무엇보다도 이미 언급한 75년간에 걸친 비참한 전통, 장교들에게 자신의 함정을 구하도록 한 명령, 그리고 자재를 절약하는 것이 최우선 임무라고 가르친 정부의 잘못된 정책, 이러한 것들은 프랑스의 제독들이 단순한 영광이 아니라 여러 번의 유리한 기회를 포착할 수 있는 것을 방해한 요소들이었다. 몽크가 해양을 지배하려는 국가는 항상 공격해야 한다고 말했는데, 그것은 영국의 해군 정책을 염두에 둔 말이었다. 프랑스 정부의 지시가 계속 그러한 공격성을 내포했다면, 1778년의 전쟁은 실제보다 훨씬 더 빨리 좋은 결과로 끝났을지 모른다. 미국의 건국은 하느님의 보호 아래 프랑스 해군의 덕을 보았다고 생각되기 때문에 그 나라의 해군의 행위를 비판하는 것은 좋지 않은 것처럼 생각되지만, 프랑스의 저술가들 중에서도 이와 같은 생각을 가진 사람이 많다. 이 전쟁 기간에 해상근무를 한 프랑스의 한 장교는 조용하고 비판적인 목소리로 다음과 같이 말했다.

샌디 후크Sandy Hook에서 데스탱D'Estaing과 함께, 그리고 세인트 크리스토퍼St. Christopher에서 드 그라스De Grasse와 함께 있었던 젊은 장교들, 그리고 로드 아일랜드Rhode Island에서 드 테르네De Ternay와 함께 도착한 사람들조차도 이러한 장교들이 귀국 후 재판을 받지 않는 것을 보았을 때 어떤 생각을 했을까?[11]

훨씬 시간이 지난 후, 또 다른 프랑스 장교는 미국의 독립전쟁에 대해 다음과 같이 언급하면서 위의 의견을 정당화시키고 있다.

섭정 시대와 루이 14세 시대의 불행한 편견을 버릴 필요가 있다.그러나 그 불행이 너무나 최근에 일어난 일이기 때문에 우리 대신들은 그것을 잊을 수 없었다. 그 당시 영국에게 경종을 울리고 있던 프랑스의 함대는 불행하게도 주저하는 바람에 평상시의 비율로 축소되었다. 잘못된 절약정신에 사로잡혀 해군대신은 함대를 유지하는 데 지나치게 많은 비용이 든다는 이유로 제독들에게 '최대한 신중하게' 함대를 유지할 것을 명령해야 한다고 주장했다. 마치 전시에 충분한 조처가 취해지지 않는다고 하여 항상 재난으로 끝나는 것은 아니라는 듯이, 우리 전대에 내려진 명령은 대체하기 어렵다는 이유로 함정의 상실을 야기할 전투에 참가하지 않은 채 가능한 한 오래 해상에 머무르라는 것이었다. 그리하여 우리 제독들의 기량과 우리 함장들의 능력만으로 완전한 승리를 거둘 수 있는 여러 번의 기회가 있었음에도 불구하고 이러한 명령 때문에 사소한 승리만을 거두었다. 제독들로 하여금 적을 향해 공격하기보다는 오히려 적의 공격을 받는 운명에 처해지도록 만들어버린 원칙, 그리고 자재를 절약하기 위해 정신력을 약화시킨 제도가 불행한 결과를 가져왔음에 틀림없다.…… 이러한 통탄할 만한 제도가 루이 14세 시대와 제1 공화정 시대, 그리고 제1 제정 시대를 특징짓는 기강의 해이와 놀라울 정도의 태만함을 야기한 원인 중의 하나였던 것은 확실하다.[12]

---

11) La Serre, *Essais Hist. et Crit. sur la Marine Française*.

12) Lapeyrouse Bonfils, *Hist. de la Marine Française*.

1783년의 평화조약이 체결된 지 10년도 지나지 않아 프랑스혁명이 발발했다. 그러나 국가의 기반을 흔들어놓은 이 대격동은 사회질서의 유대를 느슨하게 만들었고, 앙시앵 레짐에 애착을 갖고 있던 군주제하의 거의 모든 노련한 장교들을 해군에서 몰아냈다. 그러나 혁명은 프랑스 해군을 그 잘못된 제도로부터 자유롭게 만들지는 못했다. 깊이 뿌리내린 전통을 근절하는 것보다는 정부의 형태를 바꾸는 것이 더 쉬웠다. 다음으로, 최고 계급에 있으면서 문학적인 교양도 있었던 다른 한 해군 장교가 빌뇌브의 나태에 대해 말한 것을 살펴보기로 하자. 빌뇌브 제독은 나일 강 해전 때 프랑스함대를 후미에서 지휘하면서 종렬진의 선두가 격파되고 있는 상황에서도 닻을 올리지 않았었다.

전에 드 그라스와 두샬라Duchayla가 그랬듯이, 빌뇌브가 자신의 함대로부터 버림받았다고 불평할 날이 다가왔다. 이러한 결정적인 일치에는 어떠한 비밀스러운 이유가 있을 것이라고 생각할 수 있다. 존경받을 만한 많은 사람 중에서 그런 치욕을 당한 제독과 함장이 자주 발견되는 것이 당연한 일은 아니다. 그들 중 어떤 사람의 이름이 오늘날 우리에게 재난과 연관되어 떠오른다고 해도, 그들이 그 잘못을 전적으로 책임져야 하는 것이 아닌 것은 확실하다. 오히려 우리는 그들이 참가했던 작전의 본질과 프랑스 정부가 정했던 방어전투의 체계를 비판하는 편이 나을 것이다. 피트는 영국 의회에서 그러한 전투 체계가 확실한 파멸의 길로 이끄는 조짐이라고 주장했다. 우리가 버려야 한다고 생각할 때에는 그 체계가 이미 우리의 습관 속에 젖어들어 있었다. 다시 말해서 그것은 우리의 무기를 약화시키고 자립정신을 마비시켜버렸던 것이다. 우리 전대는 너무나 자주 특별한 임무를 수행하기 위해 그리고 적을 회피하기 위해 출항했다. 적과 마주치는 것은 즉각적인 불운을 의미했다. 우리 함대는 이런 식으로 전투를 하기도 했다. 그들은 전투를 능동적이라기보다는 어쩔 수 없는 상황에서 수행했다. …… 만약 브뤼에스Brueys가 도중에 넬슨을 만나 전투를 할 수 있었다면, 행운의 여신은 프랑스와 영국함대의 어느 쪽에라도 더 오래 머물러 있었을 것이고, 결국 우리 프랑스함대에 그렇게 심한 타격을 주지는 않았을지도 모른다. 빌라레Villaret와 마탱Martin이 치른 속박에 사로잡혀 있었던 소심한 이 전투는 오래된 전술적 전통과 영국 제독들의 신중함 때문에 오랫동안 계속되었다. 나일 강 해전이 발생했을 때에도 이러한 전통이 존재하고 있었다. 결전을 할 시간이 다가왔다.[13]

몇 년 후에 트라팔가르 해전이 발발했고, 프랑스 정부는 해군에 대해 새로운 정책을 다시 취했다. 위에서 언급한 프랑스 장교는 다시 다음과 같이 말했다.

육군과 마찬가지로 함대의 작전계획을 독수리눈으로 훑어보던 황제는 이 예기치 못한 결과에 대해 짜증을 내고 있었다. 그는 운이 따르지 않는 전쟁터에서 눈을 돌려 해상 이외의 다른 곳에서 영국을 추격하기로 결정했다. 그는 해군을 재건시키는 일을 추진했지만, 전보다 훨씬 더 격렬해진 전투에서 해군에게 어떠한 역할도 맡기지 않았다. 그럼에도 불구하고 우리 조선소의 움직임은 느슨해지지 않고 오히려 전보다 더 활발해졌다. 매년 전열함들의 건조가 시작되든가 아

---

13) Jurien de la Gravière, *Guerres Maritimes*.

니면 건조된 함선이 함대에 배치되었다. 황제의 지배하에 있던 베니스와 제노아에서는 다시 이전의 영광이 되살아나는 것 같았고, 엘베 강변으로부터 아드리아 해 위쪽에 이르는 대륙의 모든 항구들이 황제의 독창적인 생각을 열렬하게 지지했다. 수많은 전대들이 셀트와 브레스트의 정박지, 그리고 툴롱Toulon에 모여들었다. ……그러나 황제는 끝까지 열정과 자립정신에 불타고 있는 이러한 해군에 적과 싸울 수 있는 기회를 주려고 하지 않았다. …… 계속되는 패배에 화가 난 황제는 우리 군함들에게 적을 봉쇄하는 역할만을 하도록 했는데, 이것은 막대한 비용을 필요로 하여 결국 재정을 소모하게 되었다.

제국이 무너졌을 때, 프랑스는 103척의 전열함과 55척의 프리깃함을 소유하고 있었다.

해양력에 대한 식민지의 영향

지금까지 과거의 역사에서 끌어낸 특별한 교훈을 살펴보았는데, 이제 정부가 국민의 해상 경험에 미친 영향력에 대한 전반적인 문제로 눈을 돌려보자. 이 영향은 두 가지로 분리되어 있는데, 서로 밀접하게 연관되는 방식으로 작용한다.

첫째, 평화시의 영향. 정부는 산업성장과 해상모험을 추구하고 이익을 얻으려 하는 국민의 경향을 정책을 통해 촉진시킬 수 있다. 혹은 그러한 산업과 해양진출의 기질이 자연적으로 존재하지 않을 때에는, 정부가 그러한 것들을 발전시킬 수도 있다. 반면에 정부는 국민에게 맡겨두면 달성할 수도 있는 발전을 잘못된 정책으로 저해하고 방해하는 역할을 할 수도 있다. 이러한 방법 가운데 어느 것을 택하느냐에 따라 정부는 평화로운 무역에 도움을 주는 해양력을 건설하거나 아니면 망쳐놓게 된다.

둘째, 전시의 영향. 정부는 해운의 성장과 그와 관련된 이익의 중요성에 상응하는 규모의 무장한 해군을 유지하는 데 필요한 가장 합법적인 방식에도 영향을 준다. 해군의 규모보다 훨씬 더 중요한 문제는 제도이다. 다시 말해서, 건전한 정신과 활동을 조장할 뿐만 아니라, 적당한 예비병력과 예비함정에 의해 혹은 국민의 성격과 직업을 고찰하면서 이미 지적했던 일반적인 예비병력의 소집을 통해 전쟁이 발생할 때 해군력을 급히 증강하도록 해줄 수 있는 제도가 중요하다. 이 전쟁 준비를 위한 두 번째 문제에는 무장함정들이 평화로운 무역선을 보호하기 위해 함께 가야만 하는 먼 곳에 적절한 해군 기지를 유지해야 한다는 점이 포함되어 있다. 그 기지들을 보호하기 위해서는 직접적으로 군사력이나 그 주변에 있는 우호적인 주민들에게 의지해야 한다. 전자는 지브롤터와 말타의 경우가, 그리고 후자는 영국의 옛 아메리카 식민지와 오늘날 오스트레일리아 식민지가 각각 해당된다. 그러한 우호적인 환경과 지원은 합리적인 군사적 지원과 어울렸을 때 최상의 방어력이 된다. 그리고 그것들이 해상에서의 결정적인 우위와 결합될 경우에는 대영제국처럼 도처에 산재한 광대한 제국이 유지될 수도 있다. 그러한 제국의 어떤 곳이 예기치 않은 공격을 받는 재난이 일어날 수도 있지만, 해군력의 실질적인 우위는 사실상 그 재난의 규모가 커지거나 회복할 수 없을 정도로 악화되는 것을 막아준다. 역사는 이러한 사실을 충분히 증명해주고 있다. 영국의 해군기지는 전 세계에 퍼져 있다. 그리하여 영국함대는 자국의 기지를 즉각적으로 보호할 수 있고, 기지들 사이의 교통로를 확보할 수 있으며, 또한 그 기지들을 은신처로 삼을 수 있다.

그러므로 식민지는 해외에서 한 국가의 해양력을 지원해줄 수 있는 가장 확실한 수단이 될 수 있다. 평화시에 정부는 모든 수단을 다하여 식민지와 본국 사이에 호의적인 관계를 유지함으로써 국가의 번영이 모두의 번영이며 또한 국가의 분쟁이 모두의 분쟁이라고 느낄 수 있는 영향을 줄 수 있다. 전시나 전쟁을 위해서는 조직을 만들고 방어조치를 꾀해서, 모두가 부담을 공정하게 분담하고 또한 그 부담으로부터 모두가 이익을 얻을 수 있다고 느끼게 하는 데 영향을 줄 수 있다.

미국의 사례

1. 취약한 해양력

미국은 식민지를 가져본 적도 없으며, 앞으로도 가질 수 없을 것 같다. 순수한 해군기지에 대한 미국민의 생각은 이미 100년 전에 영국 해군의 한 역사가에 의해서 정확하게 표현된 것 같다. 이 역사가는 지브롤터와 포트 마혼에 대해 언급하면서 다음과 같이 말했다. "군사 정부는 무역하는 사람들과 별로 어울리지 않으며 또한 영국민의 천성에도 대단한 반감을 갖고 있기 때문에, 나는 양식을 가진 사람들과 모든 정당원들이 이전에 탕헤르를 포기한 것처럼 그 정부가 지브롤터와 포트 마혼을 포기하려는 것을 이상하게 생각하지 않는다." 미국이 해외에 식민지도 군사적인 지점도 갖고 있지 않기 때문에, 미국의 군함들은 전쟁이 발발해도 새처럼 자국의 해안에서 날아갈 수 없을 것이다. 만약 미국이 해상에서 국력을 키우려면, 정부는 군함들이 연료를 보급받고 수리할 수 있는 휴식처를 공급하는 것을 최우선 과제로 삼아야 할 것이다.

이 책의 실질적인 목적은 국가와 해군에 적용할 수 있는 참고가 될 만한 역사적 교훈을 끌어내는 데 있다. 따라서 미국의 상황이 얼마나 심각한 문제를 포함하고 있는가를 고찰하고 이를 바탕으로 정부에 해양력 재건을 위한 행동을 요구하는 것은 적절하다고 할 수 있다. 남북전쟁부터 오늘에 이르기까지 정부의 행동이 해양력 건설의 연결고리 중에서 최초의 것을 향해 효과적이고도 완벽하게 나아가고 있다는 주장은 지나친 것이 아닐 것이다. 자급자족을 목표로 삼고 또한 그것을 자랑스럽게 생각하며 국내의 발전과 대량 생산을 추진해왔는데, 그러한 것들은 목적인 동시에 어느 정도는 결과이기도 했다. 이러한 점에서 정부는 국가의 통치요소들이 갖고 있는 경향을 충실하게 반영해왔다. 비록 그러한 통치요소들이 자유국가에서조차 진정한 대표성을 의미한다고 쉽게 인정할 수는 없다. 아무리 그렇다 하더라도, 미국이 어떤 식민지도 보유하지 않고 있을 뿐만 아니라 평화적인 해운을 연결해줄 수 있는 고리가 없고 또한 그 고리에 내포된 이익이 현재 부족하다는 것은 의심할 수 없는 사실이다. 결국 미국은 세 고리 가운데 하나밖에 가지고 있지 않다고 할 수 있다.

2. 국내 발전에 대한 미국의 주요 관심

해전의 환경은 지난 100년 동안에 대단히 많이 변했다. 영국과 프랑스 간의 전쟁에서 볼 수 있는 것처럼, 한편으로 대단한 재앙을 불러오고 다른 한편으로 빛나는 번영을 가져다주는 전쟁이 오늘날 다시 일어날 수 있을지 여부에 대해서는 의심의 눈초리를 보낼 수 있다. 영국은 해양을 확고하고 오만할 정도로 지배함으로써 중립국들에게 두 번 다시 견딜 수 없는 멍에를 씌웠다. 또한 영국은 국기가 상품을 엄호한다는 원칙을 확고하게 만들었다. 그러므로 오늘날에는 전쟁을 위한 수출입 금지품이나 봉쇄된 항구로 가는 것을 제외하고는 교전 중인 나라의 무역도 중립국의 선박에 의해 안전하게 운송될 수 있다. 봉쇄된 항구의 경우에도, 서류상의 봉쇄가 더 이상 없다는 것은 확실하다. 그러므로 미국 항구를 점령이나 강제 징세로부터 보호하는 문제는 이론상으로 의견일치를 나타내고 있고 또한 실제로 아주 평범한 사항이기 때문에 제쳐두려고 한다. 그렇다면 미국이 해양력 분야에서 필요로 하는 것은 무엇일까? 미국의 해운업은 지금도 다른 나라의 선박에 의해 이루어지고 있다. 만일 미국이 선박을 가지고 있다면 많은 비용을 들여 그 선박을 지켜야 하는데, 바로 이 점 때문에 미국 국민은 선박 보유를 원하지 않는 것일까? 이것이 경제적인 문제라면, 그것은 이 책이 다룰 수 있는 주제의 범위에서 벗어난다. 그러나 국가에 고통이나 상실을 가져다줄 수도 있는 전쟁 상황은 이 책과 직접적인 관련이 있다.

3. 봉쇄의 위험

적이 간섭할 수 없는 선박들에 의해 미국의 대외무역이 이루어진다면, 그것이 봉쇄될 수 있는 경우는 언제일까? 이것은 오늘날 그 항구에 들어오거나 나가려는 선박에 명백한 위험을 줄 경우로 정의된다. 그런데 이 정의는 분명히 아주 많은 융통성을 내포하고 있다. 많은 사람들은 다음과 같은 사실을 기억하고 있을 것이다. 남북전쟁 중에 남군은 찰스턴Charleston 앞바다의 북군함대를 야간에 공격한 후, 그 다음날 아침에 몇 명의 외국 영사를 태운 기선 한 척을 출항시켰다. 그 영사들은 봉쇄선들이 눈에 보이지 않자 아주 만족하여 성공을 선언했다. 소수의 남부 당국자들은 이 선언을 믿고서 봉쇄를 기술적으로 파괴했으며 또한 새로운 통고 없이는 봉쇄를 기술적으로 다시 설정할 수 없다고 주장했다. 봉쇄를 뚫고 출입하는 선박들이 정말 위험한 상황에 놓이려면, 봉쇄함정을 눈으로 꼭 보아야 할 필요가 있을까? 뉴저지와 롱 아일랜드를 잇는 해안선에서 20마일 바깥쪽에서 항해하는 6척의 고속증기군함은 중요한 출입구를 통해 뉴욕으로 들어가거나 나오려는 선박들에게 참으로 위험한 존재가 될 수 있을 것이다. 그리고 그와 비슷한 위치를 점령한다면, 보스턴과 델라웨어, 그리고 체서피크를 효과적으로 봉쇄할 수 있을 것이다. 봉쇄를 파괴하려는 군사적 시도에 대응하기 위해, 또한 상선을 보호하기 위해 준비된 봉쇄함대의 주력부대는 눈에 보이는 곳에 있을 필요도 없을 뿐만 아니라 잘 알려져 있는 해안에 있을 필요도 없다. 넬슨 함대의 함선 가운데 대부분은 트라팔가르 해전이 발생하기 이틀 전에 카디스 항구로부터 50마일 떨어진 지점에 있었다. 그리고 항구 근처에 감시를 위한 소규모의 전대를 파견한 상태에 있었다. 연합함대는 오전 7시에 출항하기 시작했고, 넬슨은 그 사실을 9시 30분이 되어서야 알았다. 그 정도 거리에 있었던 영국함대는 적에게 정말 위협적인 존재였다. 해저전선이 있는 오늘날에는 봉쇄함대들이 근해 또는 원양에 있거나 한 항구에서 다른 항구로 옮기는 도중에도 서로 지원할 수 있도록 미국의 전 해안에서 무전으로 교신할 수 있다. 그리고 한 함대가 공격을 받는다고 하더라도 그 함대는 다른 함대에 그것을 경고할 수 있고 그곳으로 퇴각할 수도 있을 것이다. 그곳을 지키고 있는 함정들을 쫓아내 한 항구에 대한 봉쇄를 파괴한다고 하더라도, 그 봉쇄를 재건하라는 통지가 그 다음날 전신을 통해 세계 각지에 알려질 수 있을 것이다. 결국 봉쇄를 피하기 위해서는 봉쇄함대를 결정적인 위험에 빠뜨려서 도저히 계속할 수 없게 만들 수 있는 해군력이 있어야만 한다.

그렇게 되면 중립국 선박들은 전시 무역금지품을 선적하지 않는 한 자유롭게 왕래하면서 봉쇄된 국가와 외부 세계의 통상 관계를 유지해줄 수 있다.

미국의 해안이 대단히 길기 때문에 해안선 전체를 효율적으로 봉쇄할 수 없다고 주장하는 사람이 있을지도 모른다. 남부 해안의 봉쇄가 어떻게 유지되었는지 기억하는 장교들은 이 점을 쉽게 인정할 것이다. 그러나 오늘날 미국 해군이 처한 상황에서는 정부가 제안한 것을 넘지 않는 수준으로[14] 해군을 증강한다고 하더라도, 대해양국 가운데 하나가 보스턴·뉴욕·델라웨어 만·체서피크 만·미시시피 강으로 구성된 주요 수출입 중심지를 봉쇄하려고 시도한다면, 이전에 해온 것 이상으로 노력할 필요는 없을 것이다. 영국은 브레스트, 비스케이 해안, 툴롱, 그리고 카디스를 봉쇄했는데, 당시 그 항구들에는 적의 강력한 전대들이 있었다. 이 경우에 중립국 선박에 실린 통상물이 위에서 언급한 봉쇄된 항구 외의 다른 미국 항구로 드나들 수 있었던 것은 사실이다. 그러나 그렇게 무리하게 입항지를 바꾸는 경우에 국내 운송의 혼란, 적절한 시기의 공급 부족, 철도나 수로 같은 수송수단과 도크 시설이나 창고 등의 부족 등의 문제들이 나타날 것이다. 그 결과, 금전상의 피해나 다른 고통이 발생하지 않을까? 큰 고통을 받은 후 많은 비용을 들여 이러한 재난을 부분적으로나마 치료한다고 해도, 적은 이전에 그랬던 것처럼 또다시 새로운 항구의 입구를 봉쇄할지도 모른다. 그렇게 되면, 미국은 굶주리지는 않겠지만 심한 고통을 받을 것이다. 전시의 수출입 금지품인 보급품에 대해 고찰할 때, 긴급사태가 발생할 경우 미국은 현재 단독으로 살 수 없다는 것을 두

---

14) 위의 책이 씌어진 이후, 해군장관은 여기에서 매우 위험한 것으로 제기된 봉쇄함대가 있어야 한다고 1889년의 보고서에서 주장했다.

려워하지 않아도 좋을까?

4. 해운업의 해군 의존도

문제는 분명하다. 멀리 있는 국가까지는 미칠 수 없다고 하더라도 최소한 자국의 주요 출입로를 지켜줄 수 있는 해군을 건설하기 위해 정부가 영향력을 발휘해야만 한다. 미국은 지난 25년 동안 바다로부터 등을 돌려왔다. 그러한 정책과 그와 반대되는 정책이 야기하는 결과는 프랑스와 영국의 실례에서 찾아볼 수 있을 것이다. 이 두 국가와 미국 사이의 유사점을 강조하지 않더라도, 무역과 통상이 될 수 있는 한 전쟁의 영향을 받지 않는 것이 국가 전체의 안녕에 필수적이라고 확실하게 말할 수 있을 것이다. 그렇게 하기 위해서는 적이 우리의 항구에 발을 붙이지 못하도록 만들 뿐만 아니라 그들을 우리의 연안으로부터 멀리 몰아내기도 해야 한다.[15]

---

15) 전쟁이 일어났을 때, '방어'라는 말은 두 가지의 뜻을 내포하고 있는데, 그 의미를 정확하게 알기 위해서는 분리하여 생각해야 한다. 순수하고 단순한 방어의 개념은 스스로를 강력하게 만들면서 공격을 기다리는 것이다. 이것을 수동적 방어로 부를 수 있다. 반면에 자기 자신의 안전을 위한 방어적 준비의 진정한 목적은 적을 공격함으로써 달성된다. 해안을 방어할 경우 고정적인 요새, 수중기뢰, 그리고 적의 접근 방지를 목적으로 설치된 고정 시설물들은 전자의 방법에 해당된다. 두 번째 의미는 적이 수마일되는 지점에 있는 아니면 자신들의 해안에 머물러 있든 적의 공격을 기다리지 않고 적의 함대를 맞아 싸우는 데 필요한 모든 수단이나 무기를 포함한다. 그러한 방어는 실제로 공세적 전쟁이라고 할 수도 있겠지만, 반드시 그렇지만은 않다. 방어는 공격목표가 적 함대로부터 적국으로 바뀔 때에만 공세적으로 변한다. 영국은 프랑스함대가 밖으로 나오면 공격하기 위해 자국 함대를 프랑스 항구 앞에 주둔시키면서 자국 해안과 식민지를 방어했다. 남북전쟁 때 북군은 함대를 남군의 항구 앞바다에 주둔시켰다. 그 이유는 자신의 항구가 공격받을까 두려워서가 아니라 남부군을 그 밖의 다른 지역으로부터 고립시키고, 궁극적으로는 남부의 항구들에 대한 공격을 통해 남부군을 격파하기 위해서였다. 이 두 가지 경우의 방법은 같았다. 그러나 그 목적 중 하나는 방어적이고 다른 하나는 공세적이었다.

이 두 가지 생각의 혼동이 해안방어에서 육군과 해군의 적절한 영역에 대한 불필요한 해군이 상선대를 부활시키지 않고도 이러한 일을 수행할 수 있을까? 그것은 의심스럽다. 역사는 그처럼 순수하고 군사적인 해양력이 루이 14세와 같은 전제군주에 의해서만 건설될 수 있다는 사실을 입증해준다. 그러나 루이 14세의 해군이 보기에는 좋아 보여도 뿌리가 없어 곧 시들어버리는 풀과 같다는 것을 우리는 경험을 통해 알고 있다. 한편, 대의제 정부하에서는 어떠한 군사적 경비의 지출도 그 필요성을 확신하여 강력한 이익을 대변해주는 사람들이 뒤에 있어야만 가능하다. 해양력에는 그러한 이익 대변자들이 존재하지 않으며, 단지 정부의 조치가 있을 때에만 해양력이 존재할 수 있다. 상선단은 어떻게 건설될까? 자유무역에 의해서일까, 보조금에 의해서일까? 집행부의 꾸준한 영양제 투여에 의해서일까, 아니면 자유무대에서의 자유로운 활동에 의해서일까? 이 모든 것은 군사적인 문제가 아니라 경제적인 문제이다. 미국이 대규모 상선단을 가졌다고 해도 강력한 해군이 뒷받침되었는가는 의심스럽다. 미국을 다른 강대국들로부터 분리시켜주는 지리상의 거리는 미국의 보호막이지만 다른 한편으로 함정이기도 하다. 만약 미국이 해군을 보유할 동기를 갖고 있다면, 그 동기는 아마도 오늘날 중앙아메리카의 지협에서 서서히 태동하고 있을 것이다. 단지 그 태동이 너무 늦지 않기만을 바랄 뿐이다.

논쟁으로 이어지는 경우가 대단히 많다. 수동적인 방어는 육군의 것이다. 해양에서 움직이는 모든 것은 해군의 것인데, 해군은 공세적 방어의 특권을 가지고 있다. 마치 육군이 함정 승무원의 일부로 승함하는 경우 해상부대의 일부가 되는 것처럼, 만약 수병들이 요새의 수비를 위해 이용된다면, 그들은 육상부대의 일부가 되어버린다.

해양력 요소에 대한 토론의 결론

이제 국가 해양력의 성장에 좋든 나쁘든 간에 영향을 준 중요한 요소들에 대한 전반적인 토론의 결론을 내려보도록 하자. 토론의 첫째 목적은 해양력에 도움이 되거나 저해작용을 하는 자연적 경향 안에서 그 요소들을 고찰하는 것이며, 둘째 목적은 특수한 사례와 과거의 특별한 경험에 의해 그 요소들을 예증하는 것이다. 그러한 논의는 더욱 넓은 영역을 포함하고 있는데, 전술과는 뚜렷하게 구별되는 주로 전략적인 영역에 속한다. 이 논의과정에서 사용된 원칙이나 고려사항은 각 시대를 통해 인과관계에서 변하지 않거나 변할 수 없는, 그리고 항상 같은 상태로 남아 있는 사물의 질서에 속한다. 이를테면, 그것들은 '자연의 법칙'에 속하는데, 그 법칙은 오늘날 대단히 안정적인 상태에 있다. 반면에 인간이 만든 무기를 도구로 사용하는 전술은 한 세대에서 다음 세대로 인류가 발전하고 변하는 것과 같은 운명을 갖는다. 때때로 전술적 상부구조는 변화되든가 아니면 완전히 분해되어야 한다. 그러나 오래된 전략 기반은 마치 바위가 계속 한자리에 놓여 있듯이 오늘날까지 그대로 남아 있다.

역사적 서술의 목적

다음으로 넓은 의미의 해양력이 역사나 국민 복지 면에서 드러낸 효과를 특별히 다루면서 미국과 유럽의 일반적인 역사를 연구해보자. 이 연구의 목적은 기회가 된다면 이미 인용한 일반적인 교훈을 특별한 사례를 통해 상기하고 확인하는 것이다. 그러므로 연구의 전반적인 흐름은 이미 인용하고 인정한 광의의 해군전략에 속한다는 면에서 전략적인 것이 될 것이다. "해군전략은 전시뿐만 아니라 평시에도 한 국가의 해양력을 건설하고 지원하며, 증가시키는 것을 목적으로 한다"고 할 수 있다. 나는, 어떤 전투들을 연구할 때 세부적인 항목들의 변화가 과거의 많은 교훈을 시대에 뒤진 것으로 만들 수 있다는 점을 인정하면서, 진정한 일반원칙들을 적용하거나 무시함에 따라 결정적인 결과가 나타나는 경우를 지적하고 싶다. 이어서 다른 상황들이 같다면, 가장 훌륭한 장교들의 명성과 관련이 있는 전투에서 나타나는 전술과 특정시대와 군대에 나타나는 전술이 어떤 차이점을 갖고 있는지 입증하는 시도를 할까 한다. 고대 무기와 현대 무기의 유사성이 표면으로 드러나는 곳에서는 그 유사점에 지나치게 집착하지 않으면 교훈을 도출하는 것이 바람직할 것 같다. 마지막으로 모든 변화를 살펴보면 인간의 천성은 거의 변하지 않는데, 특정한 경우에 질적·양적인 차이가 있기는 하지만 개인적인 차이도 틀림없이 존재한다는 사실은 꼭 기억해야 할 사항이다.

제2장

1660년대의 유럽 정세
제2차 영국-네덜란드 전쟁(1665~67),
로스토프트 해전,
4일 해전

찰스 2세와 루이 14세의 즉위

우리가 역사적 고찰을 시작하려는 시기를 막연하게 17세기 중반으로 언급한 적이 있다. 확실하게 말하자면, 그 시기는 1660년이다. 그해 5월에 찰스 2세는 국민들의 환호 속에서 다시 왕위에 올랐다. 다음해 3월에 마자랭 추기경이 사망하자, 프랑스의 루이 14세는 대신들을 소집하여 다음과 같이 말했다. "내가 여러분을 이곳에 소집한 것은 이제부터 내 자신이 마자랭의 후임자가 되어 통치하겠다는 것을 알리기 위해서요. 이제부터는 내가 재상 노릇을 할 것이오. 어떠한 포고도 내 명령이 없이 발표될 수 없고 또한 모든 대신과 재정을 감독하는 사람들도 내 명령이 없이 어떤 것에도 서명할 수 없을 것이오." 이렇게 하여 시작된 루이 14세의 친정은 거의 50년 이상 계속되었다.

다소간의 혼란을 겪고 국가 운명의 새로운 단계가 시작된 지 12개월 이내에 영국과 프랑스라는 두 국가는 상당한 차이가 있기는 하지만 근대 유럽과 아메리카의 해양사에서 그리고 넓게 보아 세계사에서 선두의 자리를 차지했다. 그러나 해양사는 역사로 일컬어지는 한 국가의 발전과 쇠퇴에서 하나의 요소에 불과하다. 그렇기 때문에 만약 아주 밀접한 관계에 있는 다른 요소들을 보지 못한다면, 그 해양력의 중요성을 과장하거나 과소평가하는 왜곡된 견해를 갖게 될 것이다. 이 연구는 해양의 중요성이 지나치게 과소평가되고 있지만, 바다와 관련이 없는 사람들과 그리고 특히 우리 시대의 미국 국민들이 해양력의 중요성을 망각하지 않았다는 믿음으로부터 시작될 것이다.

유럽에서의 전면전 발발

연구를 1660년부터 시작하기는 했지만, 그러나 흔히 30년전쟁으로 알려진 전면전의 결과로 조약이 체결됨으로써 유럽에서 상당히 안정된 시대가 시작될 수 있는 계기 역할을 한 때는 그 이전이었다. 그것은 바로 베스트팔렌Westphalia 조약이나 먼스터Munster 조약이 체결된 1648년이었다. 이전부터 실질적으로 독립된 존재였던 네덜란드 연방은 이 조약을 계기로 스페인에 의해 독립을 공식적으로 인정받았다. 이어서 프랑스와 스페인 사이에 피레네Pyrenees 조약이 1659년에 체결되었다. 이 조약들에 의해 외형상으로 전반적인 평화가 유럽에 깃들었는데, 그 평화는 루이 14세가 살아 있는 동안 계속된 일련의 세계전쟁의 가능성을 사실상 내포하고 있었다. 그러한 일련의 전쟁을 통해 새로운 국가들이 형성되기도 하고 또 다른 나라들이 쇠퇴하기도 하면서 유럽의 지도는 상당히 많이 변했다. 그리고 거의 모든 나라들은 정치력이나 영토 면에서 상당한 변화를 겪게 되었다. 이러한 결과를 야기하는 데에는 직간접적으로 해양력이 큰 몫을 했다.

우리는 이 이야기를 시작하기 전에 유럽의 전반적인 상황을 살펴보아야 한다. 베스트팔렌 조약으로 끝을 맺은 거의 1세기에 걸쳐 계속된 분쟁에서 오스트리아 가문으로 알려진 왕가는 모든 다른 나라들이 두려워하는 가장 큰 세력이었다. 1세기 전에 퇴위한 황제 찰스 5세는 자신의 오랜 통치기간 오스트리아 왕가의 우두머리로서 오스트리아와 스페인의 왕위를 혼자서 차지했고, 그 결과 그는 오늘날 네덜란드와 벨기에로 알려진 국가들 외에 다른 소유지도 갖고 있었을 뿐만 아니라 이탈리아에도 절대적인 영향력을 행사했다. 그가 퇴위한 후, 오스트리아와 스페인이라는 두 개의 군주국가는 분리되었다. 서로 다른 사람들이 양국을 통치하고 있었지만, 그 통치자들은 같은 가문 출신이었다. 따라서 그들은 그 세기와 그 다음 세기에도 왕가를 결합시킬 목적과 공감대를 가지고 서로간의 유대관계를 유지할 수 있었다. 또한 그들 사이에는 종교적인 유대감도 있었다. 베스트팔렌 조약이 체결되기 이전의 1세기 동안은 그 가문의 세력과 종교확장이 정치적 행위의 가장 강력한 두 가지 동기이자 가장 대규모의 종교전쟁이 일어난 기간이기도 했다. 그 종교전쟁은 국가와 국가, 군주와 군주, 그리고 때로는 한 국가 내에서 파벌간의 다툼을 불러일으켰다. 종교의 박해 때문에 프로테스탄트 국가였던 네덜란드 연방은 스페인에 대해 폭동을 일으켰는데, 이 폭동은 거의 80년간 계속되었으며, 그 결과 그들은 독립을 쟁취했다.

앙리 4세와 리슐리외가 확립한 프랑스의 정책

때때로 내전으로까지 발전했던 종교적 불화는 프랑스의 국내외 정책에도 상당히 많은영향을 주었다. 이 기간에 성 바르톨로뮤Bartholomew의 순교와 앙리 4세의 종교학살이 일어났으며, 그 밖에도 로셸Rochelle의 함락, 스페인과 프랑스의 로마가톨릭과의 계속된 불화 등이 있었다. 본질적으로 종교와 관계가 없는 분야에까지 영향력을 미치고 제자리를 차지하지 못하던 종교적 동기가 사라지자, 각국의 이익과 정치적 필요성이 더욱 큰 비중을 차지하기 시작했다. 이것은 그 동안 정치가들이 완전히 시각을 잃어서가 아니라 종교적 적개심이 정치가들의 눈을 멀게 하거나 그들을 구속하고 있었기 때문에 나타난 현상이었다. 종교적 열정으로 가장 큰 고통을 당한 나라 중하나인 프랑스에서 소수 프로테스탄트들의 숫자와 성격 때문에 이러한 반동현상이 맨 처음으로 그리고 가장 두드러지게 나타난 것이 당연했다. 스페인과 독일 제국──이 제국에서는 오스트리아가 경쟁자 없이 선두 자리에 있었다──사이에 끼어 있는 프랑스는 정치적인 존립을 위해 국내 통일과 오스트리아 왕가에 대한 견제를 가장 필요로 했다. 다행히도 하느님은 두 명의 위대한 통치자인 앙리 4세와 리슐리외를 프랑스에 연달아 보내주셨다. 이 두 사람은 종교적인 편견이 적었고 또한 종교의 노예로서가 아니라 주인으로서 종교를 정치적으로 인식해야 한다고 말했다. 이 두 명의 통치기에 프랑스의 정치적 수완은 지침을 갖게 되었다. 리슐리외는 그 지침을 전통으로 확립했는데, 그것은 다음과 같은 일반적인 노선으로 발전되었다.

(1) 국왕에게 권위를 집중시키고, 종교분쟁을 진정시키거나 억제하여 국내 통일을 유지한다.

(2) 오스트리아 가문의 세력에 대해 저항한다──이것은 실질적으로 그리고 필연적으로 프로테스탄트 국가인 독일제국과 네덜란드와의 동맹을 수반했다.

(3) 주로 스페인을 희생시키는 방식으로 프랑스의 동부 국경을 확장한다.──그 당시 스페인은 현재의 벨기에뿐만 아니라 오랫동안 프랑스에 병합되어 있던 다른 지방들도 소유하고 있었다.

(4) 왕국의 부를 증대시키고 특히 대대로 내려오는 숙적관계에 있는 영국에 대항할 의도로 대규모 해양력을 건설하고 발전시킨다.── 그러한 목적을 위해 네덜란드와 동맹을 맺는 것을 다시 고려했다.

천재적인 정치가들이 나라를 지키기 위해 정한 광의의 정책개요는 바로 이 네 가지였다. 이유가 없는 것은 아니지만, 프랑스 국민은 개인의 발전과 정치적 발전을 결부시켜 유럽 문명의 가장 완전한 대변자가 되어야 한다고 주장했다. 이 전통은 마자랭을 거쳐 루이 14세에게로 이어졌다. 그가 이 전통에 얼마나 충실했으며 그의 행동이 프랑스에 어떤 결과를 가져왔는지는 곧 알게 될 것이다. 그런데 프랑스를 위대하게 만드는 데 필요한 4가지 요소 가운데 하나가 해양력이었다는 점을 주목할 필요가 있다. 게다가 두 번째와 세 번째 요소가 실질적으로 사용수단이었기 때문에 해양력은 프랑스가 대외적으로 위대함을 유지하는 데 필요한 중요한 수단이 되었다. 프랑스는 해상에서 영국을, 그리고 육상에서 오스트리아를 앞서기 위해 노력했다.

프랑스의 1660년도 상황

프랑스의 1660년도 상황과 리슐리외가 설정한 정책으로 나아가기 위한 준비를 생각할 때, 국내의 평화가 어느 정도 이루어졌다고 말할 수 있을 것이다. 귀족들의 세력은 완전히 붕괴되었고 종교적 분쟁도 진정되었다. 관대한 낭트 칙령이 여전히 효력을 발휘하고 있었고, 남아 있던 프로테스탄트 교도들의 불만도 무장세력에 의해 진압되었다. 모든 권력은 국왕에게 집중되었다. 이처럼 왕국이 평화를 유지하고 있기는 했지만, 다른 면의 상황은 만족스럽지 못했다. 실질적으로 해군은 존재하지 않았다. 국내외 무역은 번창하지 못했다. 재정도 불안했고 또한 군대도 소규모였다.

스페인의 상황

한 세기 이전만 해도 그 이름만으로 다른 모든 국가를 떨게 했던 스페인은 이제 오랫동안 쇠퇴의 길을 걸어왔기 때문에 허약해졌다. 중앙정부의 허약성은 모든 행정분야로 확대되었다. 그러나 영토에 있어서 스페인은 아직도 대국이었다. 스페인령 네덜란드가 여전히 있었다. 또한 스페인은 나폴리, 시칠리아, 사르디니아를 소유하고 있었고, 지브롤터도 아직 영국의 수중으로 들어가지 않았다. 스페인은 몇 년 전에 영국에 의해 정복된 자메이카를 제외한 아메리카의 광대한 땅을 여전히 소유하고 있었다. 평시와 전시에 스페인이 보유했던 해양력에 대해서는 이미 언급한 적이 있다. 몇 년 전에 리슐리외는 스페인과 일시적으로 동맹을 맺었는데, 프랑스는 이 동맹 덕분에 스페인 함선 40척을 마음대로 사용할 수 있었다. 그러나 대부분 무장이 형편없고 지휘체계도 확립되지 않은 상태였기 때문에 프랑스는 그 함선들의 철수를 요청했다. 당시 스페인 해군은 완전히 쇠퇴해버린 상태였으며, 그러한 상태는 리슐리외의 날카로운 눈을 피할 수 없었다. 스페인과 네덜란드의 함대 사이에 1639년에 발생했던 해전은 한때 자랑스러운 존재였던 스페인 해군이 처해 있는 쇠퇴의 상황을 아주 명백하게 보여주었다.

이 당시 스페인 해군은 여러 가지 충격적인 상황 중 하나와 마주쳤다. 그러한 일련의 충격은 스페인을 바다의 여왕이라는 높은 지위로부터 해양국들에 의해 무시될 정도의 지위로까지 전락시켰다. 국왕은 전쟁을 하기 위해 강력한 함대를 스웨덴 해안으로까지 파견했고, 인원과 식량을 덩케르크Dunkirk로부터 보내 함대를 강화하라고 이미 명령해두고 있었다. 그런 후에 스페인함대가 출항했는데, 네덜란드의 트롬프Tromp로부터 공격을 받아 몇 척의 함정을 나포당했으며 나머지 함선만 겨우 항구 안으로 퇴각했다. 그 후 얼마 되지 않았을 때, 트롬프는 카디스로부터 덩케르크로 스페인군 천70명을 수송하고 있던 영국함정 3척을 나포했는데, 당시 영국은 중립국이었다. 트롬프는 스페인군만 남기고 영국 선박을 풀어주었다. 트롬프는 덩케르크를 봉쇄하도록 17척의 함정을 남겨두고서 나머지 12척의 함정을 지휘하여 도착하는 적을 맞이하기 위해 출항했다. 그는 2천 명의 병사를 실은 67척의 범선이 영국해협으로 진입하는 것을 보았다. 데 위트 휘하의 함정 4척과 합류한 트롬프는 자신의 소규모 함대로 적을 단호하게 공격했다. 전투는 스페인 제독이 다운스로 대피한 4시까지 계속되었다. 트롬프는 그들이 항구 밖으로 다시 나오면 공격하기로 결정했다. 그러나 60문에서 100문 정도의 함포를 장비한 다수의 함선을 보유한 오켄도Oquendo의 강력한 영국함대가 트롬프를 외해에서 포위했다. 영국 제독은 적대행위가 시작되자 자신은 스페인함대와 합류하라는 명령을 받았다는 사실을 트롬프에게 알렸다. 그러자 트롬프는 본국의 지시를 받기 위해 사람을 파견했다. 결국 영국의 행위는 네덜란드의 강력한 해양력을 불러들이는 결과만을 가져왔다. 트롬프는 96척의 범선과 12척의 화공선으로 세력을 재빨리 강화한 후 공격명령을 내렸고 영국군을 감시하고 있다가 영국이 스페인을 도울 경우 그들을 공격하기 위해 소규모 전대를 남겨두었다. 그가 짙은 안개 속에서 고생하고 있을 때, 스페인함대는 안개의 도움을 받아 도망하기 위해 닻줄을 끊었다. 그러나 해안에 너무 가까웠기 때문에 많은 스페인 함선들이 좌초했고, 나머지 대부분은 퇴각을 시도하다가 침몰하거나 사로잡혔고, 아니면 프랑스 해안으로 밀려갔다. 이보다 더 완벽한 승리는 없었다.[16]

해군이 그러한 행동노선을 감수했을 때는 이미 모든 품위도 자존심도 사라졌음에 틀림없다. 그러나 그 후 스페인이 유럽 정치에서 비중을 잃어가고 있던 전반적인 쇠퇴 속에서 해군만은 유일하게 맡은 책임을 다했다. 기조Guizot는 이에 대해 다음과 같이 말했다.

스페인의 궁정과 언어가 한창 화려하게 빛을 발하고 있을 때, 스스로 허약하다는 점을 느낀 스페인 정부는 아무것도 하지 않고 가만히 있는 것으로 그 단점을 감추려고 했다. 아무리 노력해도 정복을 당하기만 하는 데 지친 펠리페 4세와 그 대신들은 평화가 이루어지기만을 원했고, 실행할 수 없다고 생각되는 모든 문제를 회피하려고 했다. 분열되고 무기력해진 오스트리아 왕가의 세력은 야망에 미치지 못했고, 찰스 5세의 후계자들은 무력한 허세뿐이었던 정책을 취했다.[17]

당시 스페인은 그러한 상황에 있었다.

네덜란드 연방의 상황

저지대 국가 또는 로마가톨릭 네덜란드(현재의 벨기에)로 불렸던 스페인령의 일부는 프랑스와 그의 당연한 동맹국이었던 네덜란드 공화국 사이에서 점차 불화의 근원이 되어가고 있었다. 네덜란드 연방이라는 정치적 명칭을 갖고 있던 이 나라의 영향력과 세력이 절정에 이르고 있었다. 그 세력은 이미 설명한 대로 전적으로 바다에, 그리고 해양과 상업 분야에서 네덜란드 국민의 천재성에 의해

---

16) Davies, *History of Holland*.
17) *République d'Angleterre*.

형성된 해양의 사용에 기반을 두고 있었다. 최근 프랑스의 한 저술가는 루이 14세가 즉위했을 때 네덜란드 국민의 상업 및 식민지 상황을 다음과 같이 묘사하고 있다. 그의 주장에 따르면, 네덜란드의 상황은 영국을 제외하고는 현대의 다른 어느 나라보다도 훌륭했는데, 이것은 본래 약하고 빈약한 자원을 가진 나라가 해양의 수확물을 통해 부와 세력을 어느 정도로 키울 수 있는지를 보여주고 있다.

네덜란드는 현대의 페니키아가 되었다. 셀트 강의 여왕인 네덜란드 연방은 안트웨르펜이라는, 바다로 나가는 출입구를 가까이 갖고 있다. 연방은 15세기에 베니스의 대사를 통해 베니스와 맞먹는 이 풍요로운 도시의 상업 능력을 물려받았다. 연방은 원래 소유하고 있던 도시 노동자 외에 스페인의 폭정으로부터 도망쳐온 저지대 국가들의 노동자들도 받아들였다. 60만 명을 고용한 의류와 직물 등의 제조업은 이전에 치즈와 해산물 거래에 만족하며 살던 사람들에게 새로운 소득원을 제공했다. 어획만으로도 그들은 이미 부유한 상태에 있었다. 30만 톤의 소금에 절인 고기를 생산하여 연간 800만 프랑 이상을 벌어들이는 청어잡이만으로도 네덜란드 인구의 5분의 1을 부양할 수 있었다.

네덜란드 공화국의 해군력과 상업능력은 급속히 발달했다. 네덜란드는 만 척의 범선과 16만 8천 명의 선원으로 구성된 상선단을 가지고 있었으며, 그 상선단이 26만 명의 주민을 부양하고 있었다. 네덜란드는 또한 유럽 운송업의 대부분을 담당하고 있었는데, 평화조약이 체결된 이후에는 미국과 스페인 간의 모든 상품 수송을 독차지하기도 했다. 또한 프랑스의 모든 항구에서도 동일한 임무를 수행하여 3억 6천만 프랑의 수입품 수송을 담당하고 있었다. 발트 해를 통해 네덜란드 연방으로의 접근로가 열려 있는 북부 국가들, 즉 브란덴부르크, 덴마크, 스웨덴, 모스크바 공국Muscovy, 그리고 폴란드는 네덜란드 연방에게 무진장한 시장 역할을 했다. 그들은 그곳에서 물건을 팔거나 북부에서 생산되는 물품들, 즉 밀가루, 목재, 구리, 대마와 모피 등을 구입했다. 모든 해상에서 네덜란드 선박에 의해 수송되는 상품의 총 가치는 10억 프랑 이상이었다. 네덜란드 사람은 그 당시의 표현대로 모든 해상의 마부였던 것이다.[18]

네덜란드 공화국이 이렇게 해상무역을 발달시킬 수 있었던 것은 식민지 때문이었다. 네덜란드는 동양의 모든 생산품을 독점하고 있었다. 네덜란드에 의해 아시아에서 유럽으로 수송된 생산품과 향료의 가치는 연간 1억 6천만 프랑에 이르렀다. 1602년에 설립된 강력한 동인도회사는 포르투갈로부터 뺏은 소유지로 하나의 제국을 형성했다. 1650년에 희망봉의 여왕이 되어 자국 선박들을 위한 정박지를 확보했으며, 실론 및 말라바Malabar와 코로만델Coromandel 해안에서 통치자 역할을 했다. 또한 동인도회사는 바타비아Batavia(현재 자카르타)를 통치거점으로 하여 일본과 중국으로 활동을 확대했다. 한편, 이 기간에 더 빠른 속도로 성장했으나 지속성이 없었던 서인도회사는 800척의 군함과 상선에 인원을 배치했다. 서인도회사는 브라질은 물론이고 기니Guinea 해안에 잔존하고 있던 포르투갈의 점령지들을 빼앗는 데 그 함정들을 사용했다.

---

18) Lefèvre-Pontalis, *Jean de Witt*.

네덜란드의 통상과 식민지

이렇게 하여 네덜란드 연방은 모든 국가의 생산품을 수집하고 보관하는 창고가 되었다.

당시 네덜란드의 식민지는 동방의 여러 해안, 즉 인도, 말라카, 자바, 몰루카Moluccas, 그리고 오스트레일리아 북쪽에 광대하게 흩어져 있는 군도들이었다. 네덜란드는 또한 아프리카 서쪽 해안에도 소유지를 갖고 있었으며, 뉴암스테르담New Amsterdam(현재의 뉴욕)이라는 식민지도 아직 수중에 남아 있었다. 남아메리카에서 네덜란드의 서인도제도는 브라질의 바히아Bahia로부터 북쪽으로 300리그(1리그 league는 약 3마일에 해당한다)에 가까운 해안선을 소유하고 있었다. 그러나 그 식민지 가운데 많은 곳은 최근에 네덜란드의 지배에서 벗어나 있다.

네덜란드 연방은 함대와 부유함 때문에 다른 국가들로부터 존경을 받고 세력을 유지할 수 있었다. 고질적인 적으로서 해안을 강타하던 바다는 정복당하여 믿음직한 하인이 되어버렸다. 육지가 오히려 그 나라를 파괴하는 존재로 입증되었다. 바다보다 훨씬 무서운 적이었던 스페인 왕국과의 오랫동안 계속된 끔찍한 전쟁은 믿을 수 없는 평화와 휴식을 약속한 채 성공적으로 끝났지만, 그것은 곧 네덜란드 공화국의 조종소리처럼 들렸다. 스페인의 세력이 손상되지 않고 그대로 남아 있었다면 또는 적어도 그들이 오랫동안 유발시켜왔던 공포심을 유지하기에 충분할 만큼만 강력했다면, 네덜란드 연방이 강력해지고 독립을 유지하는 것은 스페인의 협박과 음모로 고통을 받아온 프랑스와 영국에게 이로운 일이었다. 스페인이 무너지면서 뿐만 아니라 실제로도 그 나라에 힘이 없다는 사실을 보여주는 일이 반복되자, 다른 동기들이 공포를 불러일으켰다. 영국은 네덜란드의 무역과 해상의 지배를 은근히 위협했고 프랑스는 스페인령 네덜란드를 원했다. 네덜란드 연방은 영국뿐만 아니라 프랑스에도 대항해야만 했다.

　네덜란드 연방은 두 경쟁국의 연합공격을 받고 난 후 본질적으로 스스로가 허약하다는 것을 곧 느낄 수 있게 되었다. 지상 공격에 노출되어 있고, 인구수도 적으며, 국민의 힘을 한 곳으로 결집시키기에 정부가 무능했으며 게다가 무엇보다도 전쟁준비를 하는 데 부적절했기 때문에 네덜란드 공화국과 그 국민은 성장할 때에 비해서 훨씬 더 두드러지게 빠른 속도로 쇠퇴했다. 그러나 1660년 당시에는 아직 다가올 쇠퇴의 징조는 보이지 않았다. 공화국은 아직도 유럽의 강대국들 중에서도 선두 그룹에 속했다. 대단히 오랫동안 해상에서 자존심을 지켜온 스페인의 기를 꺾은 네덜란드 해군은 1654년 영국과의 전쟁에서 준비되지 않은 상태를 드러내기는 했지만, 1657년에 자국 무역에 가해지는 프랑스의 직접적인 모욕을 효과적으로 진정시켰다. 그리고 1년 후에 "덴마크와 스웨덴 사이에 있는 발트 해에 대한 간섭을 통해 네덜란드는 북부에서 우위를 확보하여 그들에게 치명적인 것이 될 수 있었던 여지를 없앴다. 그들은 스웨덴으로 하여금 발트 해를 개방상태로 유지하게 하여 자신들이 그곳을 지배했으며, 다른 어떤 국가의 해군도 그들과 함께 발트 해에 대한 지배권을 다툴 수 없었다. 함대의 우수성과 병사들의 용감함 그리고 외교의 확고함과 기술은 정부의 권위를 인정받게 해주었다. 영국과의 마지막 전쟁에 의해 약화되고 굴욕을 당하기는 했지만, 네덜란드는 다시 대해양국의 자리를 되찾게 되었다. 바로 이때 찰스 2세가 복위했다."

네덜란드 정부의 특징

정부의 전반적인 성격에 대해서는 이미 앞에서 언급했기 때문에 여기에서는 필요한 부분만 강조할 것이다. 이 정부는 느슨하게 맺어진 연방이었으며, 행정은 상업귀족이라고 불러도 좋을 사람들에 의해 행해졌다. 그런데 이 귀족들은 정치적으로 대단히 소심하기 때문에 전쟁이 발생했을 때 상당한 위험을 안고 있었다. 상업정신과 파벌간의 질투심이라는 두 요소가 미친 영향은 해군의 재앙이었다. 해군은 평화시에 적절하게 유지되지 못했으며, 하나로 통일된 해군이 아닌 해상연합체로 볼 수 있는 함대로 구성되었기 때문에 필연적으로 경쟁관계가 존재했다. 그리고 장교들 사이에서는 진정한 군인정신을 거의 찾아볼 수 없었다. 그러나 네덜란드 사람보다 더 영웅적인 국민은 없었다. 네덜란드의 해전 기록은 어디에서도 그 이상의 것이나 비슷한 경우조차 찾기 어려울 정도의 필사적인 모험심과 인내심에 대한 좋은 사례들을 보여주고 있다. 그러나 군인정신의 결여는 직업에 대한 긍지나 훈련의 부족 때문에 생긴 것으로 생각되는데, 이것의 결과이라 할 수 있는 의무 불이행이나 부정행위의 사례들도 또한 찾아볼 수 있다. 그 당시에는 어느 나라의 해군에도 전문적인 훈련이 거의 존재하지 않았지만, 군인이라는 신분을 인식한 군주국에서는 그런 훈련을 위한 장소를 많이 제공하는 추세에 있었다.

네덜란드의 당파

위에서 언급한 이유들로 상당히 약해진 정부는 국민이 두 파벌로 분리되어 심각한 대립을 보이면서 더욱 더 허약하게 되었다. 그 파벌

가운데 하나는 당시 정권을 잡고 있으며 이미 묘사한 연방공화제를 선호하는 상인들의 파벌이었다. 다른 또 하나의 파벌은 오랑주 가문의 지배를 받는 군주제를 선호했다. 공화정을 선호한 파벌은 가능하다면 프랑스와 동맹을 맺고 또한 강력한 해군의 유지를 원한다. 반면에 오랑주 파벌은 오랑주 공이 밀접한 관계를 유지하고 있었던 영국을 선호했고 또한 강력한 육군을 원했다. 이러한 정부의 상황과 수적인 열세하에서 1660년에 네덜란드 연방은 막대한 부를 축적하고 대외활동을 활발하게 하고 있었지만, 흥분제를 복용하면서 살아가는 사람처럼 보였다. 인위적인 힘은 무한정 지속될 수가 없었다. 그러나 영국이나 프랑스 어느 한쪽보다도 인구가 적은 이 작은 나라가 이 두 나라의 단독 공격과 2년간 계속된 두 나라의 연합공격을 받고도 파멸되지 않았을 뿐만 아니라 유럽에서의 그 지위도 잃지 않았다는 사실은 정말로 놀랍다. 네덜란드가 이러한 놀랄 만한 결과를 얻을 수 있었던 것은 한두 사람의 수완 덕택이기도 했지만, 그보다는 해양력에 힘입은 바 컸다고 할 수 있다.

영국의 1660년도 상황

영국의 상황은 절박한 전쟁에 임하는 자세 면에서 네덜란드와 프랑스의 상황과 달랐다. 영국은 실제 권력이 대부분 국왕의 수중에 있는 군주정이었지만, 그렇다고 하여 국왕이 마음대로 왕국의 정책을 완전히 지시할 수는 없었다. 프랑스의 루이 왕은 그렇지 않았지만, 영국의 왕은 자기 국민들의 요구와 기질을 고려해야 했다. 루이 왕이 프랑스를 위해 노력하는 것은 곧 자기 자신을 위해 노력하는 것과 같았다. 프랑스의 영광은 국왕 자신의 영광이었다. 그러나 영국의 찰스는 우선 자신의 이익을, 그러고 나서 영국의 이익을 목표로 삼았다. 항상 과거에 대한 기억을 갖고 있었던 그는 무엇보다도 자신의 부친과 같은 운명을 되풀이하지 않을 뿐만 아니라 자신의 망명 경험도 반복하지 않겠다고 결심했기 때문에 위험이 닥쳐왔을 때 영국 국민의 감정을 중시했다. 찰스는 네덜란드가 공화국이었고 또한 네덜란드 정부가 자신과 친척관계에 있는 오랑주 가에 반대했기 때문에 싫어했다. 또한 그는 자신의 망명 시절에 평화를 유지하는 조건의 하나로 크롬웰과 자신을 국경 밖으로 몰아냈기 때문에 네덜란드를 한층 더 싫어했다. 그는 프랑스에 끌리고 있었다. 절대적인 통치자로서의 야심을 가진 루이 왕에 대한 동정심과 아마도 자신의 로마가톨릭적 경향 때문이기도 했지만 크게는 의회의 통제로부터 자유롭도록 루이 왕이 자신에게 돈을 대준 것이 이유이기도 했다. 자신의 이러한 경향에 충실할 때마다 찰스는 자기 국민의 어떤 결정적인 소망을 고려해야만 했다. 네덜란드인들과 같은 종족이고 정세도 비슷했던 영국은 바다와 통상의 지배에 대한 경쟁을 선언했다. 그리고 당시 이 경쟁에서 네덜란드가 우위를 차지하고 있었으므로, 영국 국민들은 훨씬 더 열심히 노력해야 했다. 특별한 불평의 원인은 네덜란드 동인도회사의 활동에서 발견되었다. "그 회사는 동방무역의 독점을 요구했고, 멀리 떨어진 곳에 있는 동방의 군주들에게 그들 영토 근처에 외국인이 접근하는 것을 막도록 강요했다. 그리하여 외국인들은 네덜란드의 식민지뿐만 아니라 인도 영토 전체로부터 축출당했다." 자국의 힘이 더 세다는 것을 의식한 영국 국민들은 네덜란드의 정치행위를 통제할 수 있기를 바랐으며, 영국이 공화제였던 시대에는 두 정부의 통합을 시도하기까지 했다. 그러므로 처음에는 국민들 사이에 퍼져 있는 경쟁심과 적대심은 찰스의 뜻을 지지했다. 그것은 또한 프랑스가 대륙에서 큰 영향력을 발휘하고 있지 못했기 때문이기도 했다. 그러나 루이 14세의 공격적인 정책을 알게되자마자, 귀족이든 평민이든 간에 모든 영국민은 1세기 전에 스페인에서 느낄 수 있었던 것과 같은 커다란 위험을 프랑스에서도 느끼게 되었다. 스페인령 네딜란드가 프랑스로 넘어간다면 프랑스는 유럽을 정복하려고 할 것이고, 그것은 특히 네딜란드와 영국의 해양력에 심각한 타격이 될 수밖에 없었다. 왜냐하면 당시 스페인의 세력이 약해짐에 따라 네딜란드가 체결한 조약에 의해 폐쇄되어 있던 셀트 강과 안트웨르펜을 프랑스의 루이 왕이 그대로 두지 않을 것으로 생각했기 때문이다. 대도시(안트웨르펜)의 통상을 재개하면, 암스테르담과 런던이 똑같은 타격을 받을 것처럼 보였다. 프랑스에 대한 오래된 적대감이 되살아나면서 혈연관계에 따른 유대가 입에 오르내리기 시작했다. 스페인의 압정에 반대하기 위해 맺었던 동맹관계에 대한 기억이 되살아나면서 아직도 강력한 동기가 되곤 하던 신앙의 유사성이 두 나라를 하나로 묶어주었다. 동시에 프랑스의 해군과 상선대를 건설하려는 콜베르의 강력하고 체계적인 노력은 해양국이었던 영국과 네딜란드 양국의 시기심을 자극했다. 두 나라는 서로가 경쟁국이기는 했지만, 자신의 지배영역을 침해하려고 하는 제3국에 대해서는 본능적으로 대응했다. 찰스는 이러한 여러 가지 동기 때문에 국민들의 압력을 뿌리칠 수가 없었다. 그리하여 영국과 네딜란드 사이의 전쟁은 중단되었고, 찰스가 죽은 다음에도 양국은 가까운 동맹관계가 되었다.

비록 영국의 통상범위가 네딜란드보다 좁기는 했지만, 1660년도 영국 해군은 조직과 효율성 면에서 네딜란드 해군을 능가했다. 군사력을 기반으로 한 엄격하고 열정적이며, 종교적인 크롬웰 정부는 함대와 육군을 두드러지게 발전시켰다. 호민관이었던 크롬웰 부자 밑에서 육성된 몇몇 훌륭한 장교들의 이름은 찰스 치하의 제1차 영국-네덜란드 전쟁의 이야기 속에 등장하는데, 그 중에서 가장 유명한 사람은 몽크였다. 하지만 이처럼 뛰어났던 기풍과 규율은 방종한 정부의 부패하에서 점점 사라져갔다. 장기적으로 볼 때, 1665년에 해상에서 영국 한 나라만을 상대하기에도 힘에 겨웠던 네덜란드는 1672년에 이르자 영국과 프랑스의 연합함대에 대해 성공적으로 저항할 수 있었다.

프랑스, 영국, 네덜란드함정의 특징

삼국의 함대를 질적인 면에서 비교하면, 프랑스함정들의 배수량이 영국함정보다 더 컸다. 따라서 프랑스함정은 만재시에도 포대의 높이를 더 높게 유지할 수 있었다. 선체의 선도 더 훌륭했다. 이러한 장점들은 당시 프랑스 해군이 쇠락한 상태에서 형성된 체계적이고 사려 깊은 방식으로부터 자연스럽게 나온 것이었다. 또한 이 장점들은 오늘날 미국 해군과 비슷한 상황에 있었기 때문에 우리에게 희망적인 교훈을 제공해준다. 네덜란드함정들은 해안의 특성 때문에 바닥이 평평하고 홀수가 낮아서 급박한 상황이 초래되었을 때 여울 사이로 쉽게 피할 수 있었던 반면에, 영국이나 프랑스함정보다 풍상 쪽으로 항해하기 어려웠다. 또한 일반적으로 가벼우면서 작았다.

다른 유럽 국가들의 상황

이상으로 당시 바다로 진출했던 주요 4개국──스페인, 프랑스, 영국, 네덜란드──의 정책을 수립하고 지배했던 상황과 세력의 정도, 그리고 목적을 간단하게 살펴보았다. 해양사의 관점에서 보면, 이 국가들이 가장 두드러지고 자주 눈에 뜨일 것이다. 그러나 다른 국가들도 일련의 사건에 상당한 영향력을 행사했으며 또한 우리의 목적도 단순히 해군의 역사가 아니라 역사의 전반적인 과정에 대한 해군력과 통상능력의 영향을 평가하는 것이기 때문에, 다른 유럽 국가들의 상황도 간단히 언급할 필요가 있다. 그러나 당시만 해도 아직 내각의 정책도 미미했고 역사에서 중요한 역할을 하지 못했기 때문에 미국은 제외할 것이다.

독일은 여러 소국과 오스트리아라는 하나의 강력한 제국으로 분리되어 있었다. 소국들의 정책은 변하고 있었다. 따라서 프랑스는 그 소국 가운데 가능한 한 많은 나라에 영향력을 행사하여 오스트리아에 대해 프랑스의 전통적인 반대정책을 따르게 하려는 것을 목표로 삼았다. 따라서 오스트리아는 한편으로 프랑스의 적대활동에 직면하면서 다른 한편으로는 쇠퇴하는 중이었고 아직도 활발하게 활동하고 있던 터키제국의 끊임없는 공격 위험에 빠져 있었다. 프랑스의 정책은 오랫동안 터키와 우호적인 관계를 유지하는 것이었는데 그것은 단순히 오스트리아에 대한 견제뿐만 아니라 레반트와의 무역증대에 대한 희망의 소산이었다. 프랑스가 해양력을 보유하기를 진정으로 원했던 콜베르는 이 동맹에 찬성했다. 그런데 당시에는 그리스와 이집트가 터키제국의 일부였다는 점을 기억해야 한다.

현재 알려져 있는 것과 같은 프러시아는 그 당시 존재하지 않았다. 장차 프러시아 왕국의 기반은 당시 브란덴부르크의 선거후-Elector選擧侯에 의해 준비되고 있었다. 브란덴부르크는 강력한 소국으로서 아직 완전히 독자적으로 설 수는 없었지만, 공식적으로 종속적인 위치에서 벗어나 있었다. 폴란드 왕국은 아직 존재하고 있었는데, 유럽의 정책에서 가장 중요하고 불안스러운 요인이기도 했다. 왜냐하면 네덜란드 정부가 약하고 불안했기 때문이었는데, 그 때문에 모든 다른 나라들은 무엇인가 예기치 못한 일이 발생하여 경쟁국에게 이로운 일이 생기지나 않을까 항상 불안했다. 프랑스의 전통적인 정책은 폴란드를 확고하고 강력하게 유지하는 것이었다. 러시아는 여전히 수준 이하의 국가였다. 유럽 국가들의 대열에 끼려고 노력했지만, 아직 들어가지는 못했다. 러시아와 발트 해 연안의 다른 국가들은 발트 해에서의 우위를 둘러싸고 자연히 경쟁 관계에 있었다. 그리고 다른 국가들, 특히 해양국들은 해군의 군수품을 주로 얻을 수 있는 자원지대로서 발트 해에 특별한 관심을 갖고 있었다. 스웨덴과 덴마크는 계속 적대 관계에 있었고, 번지고 있던 분쟁에서도 항상 서로 반대쪽에 서 있었다. 과거 오랜 기간과 루이 14세의 초기 전쟁 기간에 스웨덴은 대부분 프랑스와 동맹을 맺고 있었다. 그것이 바로 스웨덴의 노선이었다.

유럽의 지도자로서 루이 14세

유럽의 전반적인 상황에 대해서는 이미 언급한 바와 같았다. 그런데, 여러 바퀴를 움직이는 원동력은 루이 14세의 수중에 있었다. 프랑스와 근접해 있는 나라들이 허약했다는 점, 개발되기만을 기다리고 있는 프랑스 왕국의 막대한 자원, 루이 14세의 절대권력의 영향으로 지도노선이 통일되어 있다는 점, 치세 전반기에 탁월한 능력을 가진 대신들의 도움을 받아 그의 재능과 지칠 줄 모르는 근면함이 빛을 보았다는 점, 이 모든 점들이 결합되면서 유럽의 모든 국가는 그의 행동에 의지할 수밖에 없었으며 또한 그의 행동을 지지하지 않는 정부라 하더라도 그의 지도를 따를 수밖에 없었다. 그의 목적은 프랑스를 위대하게 만드는 것이었고 이 목적을 추진하는 데에는 바다 이용과 육지 이용이라는 두 가지의 길이 있었다. 물론 이 두 가지 길 중에서 하나를 선택하는 것이 다른 하나를 완전히 배제하는 것을 의미하지는 않았다. 하지만 프랑스는 압도적으로 강력한 국가이기는 했지만, 두 가지 길을 같은 보조로 취할 수 있을 만큼의 힘을 가지고 있지는 않았다.

루이는 지상으로 확장하는 길을 선택했다. 그는 스페인 국왕 펠리페 4세의 큰딸과 결혼했다. 결혼 조약에 의해 그녀는 아버지의 유산에 대한 모든 상속권을 포기했는데, 이 약속을 무시할 수 있는 이유를 찾는 일은 어렵지 않았다. 네덜란드와 프랑슈콩테Franche Comté의 어떤 지역을 이유로 조약파기의 명분이 마련되자, 그 조약을 무효화하기 위한 스페인과의 협상이 시작되었다. 이 문제는 왕위를 계승할 예정인 남성 후계자가 너무 허약한 탓에 스페인 국왕의 오스트리아 혈통이 그에게서 끊길 것이 분명했기 때문에 더욱 더 중요했다. 프랑스 왕자로 하여금 스페인 왕위를 계승하고자 하는 바람──그 자신이 왕위에 오르면 두 개의 왕위를 통합하게 되고 또한 자기 가문의 한 사람이 왕위에 앉게 되면 피레네 산맥의 양쪽에서 부르봉 왕가가 권력을 장악하는 셈이 되었다──에서 루이가 나머지 통치기간 동안 저지른 잘못은 결과적으로 프랑스의 해양력을 파괴하고 국민에게 비참함을 안겨다 주었다. 루이는 유럽 전체를 염두에 두고 생각해야 한다는 것을 이해하지 못했다. 스페인 왕위를 얻기 위한 직접적인 계획은 여유를 갖고 기다렸어야 했다. 그러나 그는 프랑스 동쪽에 있는 스페인의 소유지로 즉시 움직이려고 준비했다.

루이 14세의 정책

루이는 이 일을 좀더 효율적으로 추진하기 위해 능란한 외교적 노력을 통해 스페인과 동맹을 맺을 만한 국가들을 모두 차단했다. 이에 대한 연구는 정치영역에서 가치 있는 전략적 본보기를 이해하는 데 상당히 도움을 줄 것이다. 그러나 그는 프랑스 해양력에 상처를 줄 두 가지 큰 실수를 했다. 포르투갈은 20년 전까지 스페인에 통합되어 있었으며, 따라서 스페인은 포르투갈에 대한 주장을 아직 포기하지 않은 상태였다. 루이는 스페인이 포르투갈을 다시 얻는다면 너무 강력해지기 때문에 자신의 목적을 쉽게 달성할 수 없을 것으로 생각했다. 루이는 스페인과 포르투갈의 재결합을 막을 수 있는 여러 수단 가운데 하나로 찰스 2세와 포르투갈 왕녀의 결혼을 추진했다. 포르투갈은 이 결혼을 계기로 훌륭한 항구의 명성을 갖고 있던 인도의 봄베이와 지브롤터 해협의 탕헤르를 영국에게 넘겨주었다. 우리는 여기에서 프랑스 국왕이 육지를 통한 확장을 열망한 나머지 영국을 지중해로 불러들이면서, 영국과 포르투갈과의 동맹을 도왔음을 알 수 있다. 후자의 일은 매우 이상하다고 할 수 있다. 왜냐하면 루이는 이미 스페인 왕가의 대가 끊기리라는 것을 예상하고 있었고 또한 이베리아 반도에 있는 왕국들의 통합을 바라고 있었기 때문이다. 실제로 영국에 종속된 포르투갈은 영국의 전진기지가 되었고, 그것을 통해 영국은 나폴레옹 시대까지 이베리아 반도에 쉽게 상륙할 수 있었다. 사실 스페인으로부터 독립한다고 해도 포르투갈은 너무나 허약했기 때문에 해상을 지배하는 세력하에 있을 수밖에 없었다. 루이는 계속 스페인에 맞서 포르투갈을 지원하고, 나아가 포르투갈의 독립을 확고하게 해주었다. 그는 또한 네덜란드에도 간섭하여 포르투갈로부터 빼앗았던 브라질을 돌려주도록 강요했다.

한편, 루이는 찰스 2세로부터 영국해협에 위치한 덩케르크──크롬웰이 빼앗아 사용했었다──를 양도받았다. 이 양도는 돈 때문에 가능했지만, 해양의 관점에서 볼 때에는 있을 수 없는 일이었다. 덩케르크는 영국에서 프랑스로 가는 교두보였다. 프랑스에게 그것은 영국해협과 북해에서 영국 무역의 독소가 되었던 사략선들의 피난처였다. 영국은 프랑스의 해양력이 쇠퇴하자 많은 조약을 통해 덩케르크의 항만시설을 철거하도록 프랑스에게 요구했다. 지나가는 말이지만, 덩케르크는 유명한 장 바르Jean Bart와 그 밖의 다른 프랑스 사략꾼들의 모항이었다.

콜베르의 행정

한편, 루이의 대신 가운데 가장 강력하고 현명했던 콜베르는 국가의 부를 증가시키고 그 근본을 확고하게 다지면서 행정체계를 부지런하게 구축해나갔다. 그 행정체계는 국왕의 눈에 훨씬 잘 띄는 사업보다 더 확고한 번영과 강력함을 프랑스에 가져다주었다. 그는 국내 발전과 관련된 세부사항과 더불어 농업과 제조업의 생산에 대해 특별한 관심을 갖지는 못했다. 그 대신 그는 해양 분야에서 네덜란드와 영국의 해운과 통상에 대해 교묘한 공격 정책을 펴기 시작했는데, 이것은 곧 양국의 원한을 사게 되었다. 그는 대규모 무역회사들의 설립을 장려했으며, 프랑스 기업들로 하여금 발트 해, 레반트, 동인도 그리고 서인도로 진출하도록 권장했다. 그는 프랑스 제조업자들을 고무시키기에 충분한 관세법규를 제정했고, 항구의 큰 창고에 상품을 저장할 수 있도록 만들었다. 그는 이 조치들에 의해 유럽의 대형 창고로서 네덜란드가 차지하고 있던 자리를 프랑스가 차지할 수 있기

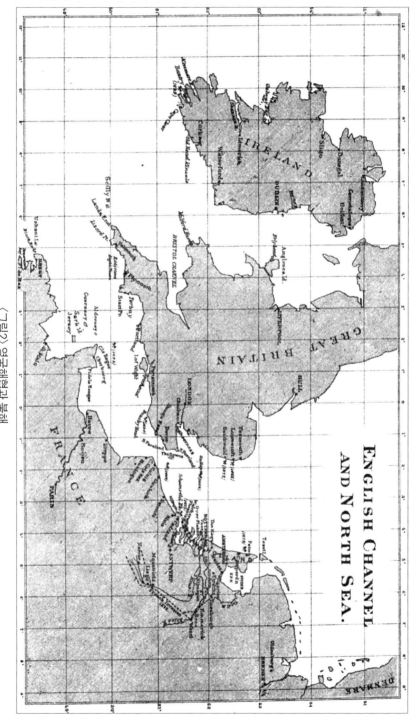

〈그림2〉 영국해협과 북해

를 원했다. 그가 생각하기에, 프랑스의 지리적 위치는 그러한 기능을 수행하기에 아주 적절했던 것이다. 외국 선박들에 대한 선박세, 국내 선박에 대한 직접적인 장려금, 프랑스 선박들에게 식민지로 오고가는 무역을 독점할 수 있게 하는 세심하고 엄격하게 만들어진 식민지 관계 법령들, 이 모든 것은 프랑스 상선단의 성장을 촉진시켰다. 그러자 영국은 프랑스에 대해 즉각적인 보복에 나섰다. 수송업이 영국보다 대규모였고 또한 국내 자원이 더 적었던 네덜란드는 훨씬 더 심각한 위협을 느꼈는데, 한동안 항의만 하다가 3년 후에 역시 보복을 시작했다. 프랑스가 실제로 그리고 앞으로도 유망한 생산국으로서 대단한 우월성을 보유하고 있다고 믿은 콜베르는 전혀 두려워하지 않고 정해놓은 길을 꾸준히 걸었다. 그것은 대규모 상선단을 건설한다는 점에서 해군 함정을 위한 광범위한 기반을 닦아놓은 셈이었다. 프랑스는 여러 수단을 동원하여 해군을 아주 신속하게 육성하고 있는 중이었다. 번영은 빠른 속도로 이루어졌다. 그가 재정과 해군의 업무를 처음 맡았을 때에는 프랑스가 극도의 혼란상태에 있었지만, 그로부터 12년 후에는 프랑스의 모든 것이 발전했고 또한 모든 것이 풍부한 상태가 되었다. 어떤 프랑스 역사가는 다음과 같이 말하고 있다.

프랑스는 이전에 전쟁을 통해 성장했듯이 콜베르의 지배를 받으면서 평화를 통해 성장했다. …… 그에 의해서 교묘하게 수행된 관세와 장려금 전쟁은 이전에 네덜란드가 다른 나라들을 희생시켜 가로챘던 통상과 해양력의 엄청난 성장을 어느 정도 제한시키는 경향을 보여주었다. 이것은 또한 네덜란드로부터 우세한 해상지배권을 빼앗아 유럽에 훨씬 위험한 방식으로 이용하려고 안달하던 영국을 제지하는 데에도 도움이 되었다. 프랑스의 관심은 아메리카와 유럽에서 평화를 유지하려는 데 있었던 것처럼 보인다. 그런데 과거의 소리이면서 동시에 미래의 소리이기도 했던 신비스러운 소리는 프랑스로 하여금 다른 나라의 해안에서 호전적인 활동을 하도록 만들었다.[19]

이러한 발언은 세계적인 위인 가운데 한 명인 라이프니츠Leibnitz에게서도 나왔다. 그는 프랑스의 무력을 이집트로 돌리는 것이 프랑스로 하여금 지중해를 지배하고 동방 무역을 통제할 수 있게 해주기 때문에 네덜란드에 대한 가장 성공적인 지상전투보다 훨씬 큰 승리를 가져다줄 것이라고 루이에게 건의했다. 나아가 그는 프랑스 왕국 내에 필요한 평화를 확보하는 동시에 유럽에서의 우위를 확고하게 해줄 수도 있는 해상세력을 건설하게 될 것이라는 점도 지적했다. 이 문서는 지상에서의 영광 추구로부터 대해양력——콜베르의 천재성 덕분에 프랑스는 해양력의 요소들을 보유하고 있었다——을 소유하여 프랑스가 지속적으로 위대함을 추구하도록 루이에게 촉구하고 있다. 1세기 후에 루이보다 더 위대했던 나폴레옹은 라이프니츠가 주장한 방법으로 자기 자신은 물론 프랑스의 지위까지도 높이려고 노력했다. 그러나 나폴레옹은 루이가 보유했던 것과 같은 임무를 수행하는 데 적절한 해군을 갖고 있지 못했다. 라이프니츠의 이러한 계획은 그가 언급한 가장 중요한 시기가 닥쳐왔을 때 비로소 가장 성공할 수 있을 것이다. 루이 시대에 프랑스 왕국과 해군이 가장 효율적인 상태에 있었지만, 루이는 정책상의 분기점에 이르렀을 때 프랑스가 해양세력을 가질 수 없는 노선을 택했다. 콜베르를 죽음에 이르게 하고 프랑스의 번영을 황폐화시킨 이러한 결정은 그 후 여러 세대에 걸쳐

---

19) Martin, *History of France*.

그 결과를 실감할 수 있게 해주었다. 계속된 전쟁 이후 영국의 강력한 해군은 바다를 석권했고, 소모전을 통해 섬나라 왕국의 부를 확실하게 증가시키는 한편, 프랑스 무역의 해외자산을 고갈시켜 비참한 상태로 빠지게 만들었다. 루이 14세와 함께 시작된 잘못된 정책노선은 그의 후계자에 이르러 인도에서의 약속되었던 성공을 거둘 수 없게 만들었다.

제2차 영국 – 네덜란드 전쟁(1665)

주요 해양국이었던 네덜드와 영국은 프랑스를 믿을 수 없다는 눈으로 바라보면서도 서로에 대해 대단히 큰 적대감을 갖고 있었으며, 심지어 그 적대감은 점점 더 커져가기도 했다. 결국 이 적대감은 찰스 2세 시대에 이르러 전쟁으로 발전했다. 전쟁의 진정한 원인은 통상에 대한 질투심 때문이었으며 또한 무역회사들 사이의 충돌로부터 직접 분쟁이 발생하기도 했다. 적대행위는 아프리카의 서쪽 해안에서부터 시작되었다. 영국의 한 전대는 1664년에 네덜란드의 기지 몇 곳을 정복한 다음 뉴암스테르담도 차지했다. 이 모든 사건은 1665년 2월에 전쟁이 공식적으로 선포되기 이전에 발생했다. 영국에서는 이 전쟁이 말할 것도 없이 통속적인 관심의 대상이었다. 영국인들의 본성은 몽크의 다음과 같은 표현에서 찾아볼 수 있다. "이러저러한 이유가 무슨 문제인가? 우리가 원하는 것은 네덜란드보다 더 많은 무역을 하는 것이다." 무역회사들의 요구에도 불구하고 네덜란드 연방정부가 되도록이면 전쟁을 피하려 했던 것은 확실하다. 연방정부를 이끌었던 유능한 인물은 프랑스와 영국 사이에 낀 자국의 미묘한 위치를 분명하게 깨닫고 있었다. 그러나 네덜란드 정부는

1662년에 체결된 방어조약에 따라 프랑스에 지원을 요청했다. 루이는 마지못해 그 요구를 들어주었다. 그러나 아직 창설된 지 얼마 안 되는 프랑스 해군은 거의 실질적인 도움을 주지 못했다.

로스토프트 해전(1665)

두 해양국의 전쟁은 전적으로 해전 위주로 진행되었으며, 따라서 전쟁은 전반적으로 해전의 성격을 띠었다. 전쟁 기간에 세 차례의 해전이 일어났다. 첫번째 해전은 1665년 6월 13일에 노퍽Norfolk 해안에 위치한 로스토프트Lowestoft에서 발생했다. 두 번째 해전은 영국해협에서 일어난 4일 해전Four Days' Battle으로 알려져 있는데, 프랑스의 저술가들은 칼레 해협의 해전으로 부른다. 이것은 1666년 6월 11일부터 14일까지 진행된 해전이었다. 세 번째 해전은 같은 해 8월 4일에 노스포어랜드North Foreland 앞바다에서 일어난 해전이었다. 이 해전들 가운데 첫번째와 세 번째 해전에서 영국은 결정적인 승리를 거두었다. 두 번째 해전에서는 네덜란드 쪽이 유리했다. 여기에서는 이 두 번째 해전에 대해서만 살펴보려고 하는데, 이 해전이 지금부터 설명하고자 하는 전술적인 문제를 분명하고 정확하게 설명해줄 수 있는 완벽하고 합리적인 소재를 포함하고 있기 때문이다. 이 해전에서는 막연한 전술적 행동에 대한 세부사항보다는 현대에도 일반적으로 적용될 수 있는 점들을 발견할 수 있다.

로스토프트 앞바다에서 일어난 최초의 해전에서 네덜란드 지휘관이었던 오프담Opdam은 본래 해군장교가 아니라 기병장교였는데, 전투를 지휘하라는 매우 강력한 명령을 받고 있었다. 그러나 현지 사령관이 보유하고 있어야 할 재량권이 그에게는 주어져 있지 않았다. 이처럼 육상과 해상을 막론하고 현지 지휘관을 간섭하고자 하는 것은 정부의 내각이 가장 빠지기 쉬운 유혹 중의 하나인데, 그 결과는 대체로 좋지 않았다. 루이 14세의 가장 훌륭한 제독 가운데 한 명인 투르빌Tourville은 이러한 정부의 간섭으로 자신의 판단과는 정반대로 프랑스 해군을 위험에 빠뜨릴 뻔한 적이 있었다. 그리고 1세기 후에 프랑스의 대함대는 항구에서 와병 중인 직속상관의 긴급명령에 복종한다는 이유로 영국의 키스Keith 제독과 접전하는 것을 피하기도 했다.

로스토프트 해전에서 네덜란드의 선봉전대가 먼저 무너졌다. 그리고 조금 후에 오프담이 이끄는 중앙전대의 제독 가운데 한 명이 전사하자 수병들은 어쩔 줄 모르다가 장교들로부터 함정을 빼앗아 전투현장에서 빠져나가버렸다. 이러한 움직임은 다른 12~13척의 함정에서도 잇달아 발생했으며, 그 결과 네덜란드의 전열에 커다란 공백이 생겼다. 이러한 사태는 이미 앞에서 본 바와 같이 비록 네덜란드 국민에게 전투 자질이 있었고 영국 장교들보다 훌륭한 뱃사람들이 더 많았지만 네덜란드함대의 규율과 장교들의 정신 상태가 강하지 못했음을 보여주고 있다. 군대는 군인으로서 전문적인 자부심과 명예심을 고취시키는 것을 목적으로 삼아야 하는데, 네덜란드의 군대는 국민의 천부적 영웅심과 성실성을 군인의 자부심과 명예심으로 연결시키지 못했다. 해양과 관련해서 볼 때 이 문제에 대한 미국 대중의 감정은 상당히 훌륭하다. 이와 아울러 손에 총을 쥔 사람의 용기와 완전한 군사적 효율성 사이에는 중간단계가 존재하지 않는다.

전투가 자신의 뜻대로 되어가지 않는 것을 알게 된 오프담은 절망감에 싸였던 것처럼 보인다. 그는 영국 사령관이자 영국 국왕의 동생이었던 요크 공을 나포하려고 했지만 실패했으며, 그 뒤를 이은 절망적인 전투에서 그의 함정들도 파괴되어버렸다. 그 직후에 3

척(다른 기록에서는 4척으로 나타난다)의 네덜란드함정이 서로 충돌
했으며, 이 함정들은 한 척의 화공선에 의해 불타버렸다. 조금 후에
서너 척의 다른 함정도 같은 운명을 맞이하게 되었다. 네덜란드 함
대는 이제 무질서한 상태가 되었으며, 트롬프(연방 시대에 자신의 돛
대에 빗자루를 달고 영국해협을 항해했던 유명한 제독의 아들이다)가 이
끄는 전대의 엄호를 받으며 겨우 퇴각할 수 있었다.

화공선과 어뢰정의 비교

화공선은 1653년과 1665년의 전쟁에서 함대에 소속되어 있기는
했지만, 1653년의 전쟁보다 1665년의 전쟁에서 훨씬 눈에 띄는 역할
을 했다. 당시 화공선의 역할과 현대전에서 어뢰정torpedo cruiser에
게 부여되어 있는 임무 사이에는 표면상으로 상당히 비슷한 점이 있
다. 무서울 정도의 공격적인 성격, 함정이 비교적 소형이라는 점, 공
격자의 용기에 크게 의존한다는 점들이 그렇다. 차이점은 구식 전열
함에 대해 철갑함이 갖고 있는 이점과 같은 상대적인 확실성이었다.
어뢰에 의한 공격은 공격하는 즉시 그것이 실패인지 성공인지 알 수
있는 데 비해, 화공선의 공격은 목표물에 효과를 나타냈는지 여부를
아는 데 상당한 시간을 필요로 한다. 그러나 어뢰 공격이나 화공선에
의한 공격 모두 적함에 피해를 입히거나 퇴각하게 하는 대신에 완전
한 파괴를 초래한다는 점에서 비슷하다고 할 수 있다. 화공선의 성격,
화공선이 가장 효과를 발휘할 수 있는 환경, 그리고 화공선을 사라지
게 만든 원인들에 대한 완벽한 이해는 어뢰정이 함대에 꼭 필요한 무
기 유형인지 여부를 판단하는 데 도움을 줄 수 있을 것이다.

프랑스의 해군기록을 조사하던 프랑스의 한 장교는 화공선이 1636

년에 함대의 무기로서 처음으로 나타났다고 말하고 있다.

그러한 목적을 위해 특별히 만들어졌거나, 아니면 다른 목적에서 특별한 목적에 맞도록 변형되었거나 화공선은 특수한 장비를 갖게 되었다. 지휘는 선장이었던 장교들이 맡았다. 그 휘하에는 5명의 부하장교와 25명의 수병들이 있었다. 갈고리쇠를 항상 활대에 걸고 다녔기 때문에 쉽게 식별될 수 있었던 화공선은 18세기 초에 이르러 그 역할이 상당히 줄어들었다. 화공선은 함대의 속도를 지연시켰을 뿐만 아니라 그 효과도 의문시되었기 때문에 함대에서 사라졌다. 화공선은 점점 대형화되던 군함과 보조를 맞추기가 점점 어려워졌다. 한편, 모든 공격과 방어수단을 갖춘 몇 개의 전투집단을 형성하기 위해 전투함과 화공선을 동시에 사용한다는 생각은 이미 포기되고 있었다. 화공선을 적으로부터 가장 먼 쪽으로 반 리그 가량 떨어진 제2선에 배치해서 돛을 활짝 편 전선을 형성하는 것은 화공선으로 하여금 임무수행을 더욱 더 어렵게 만들었다. 전투 후에 곧바로 작성된 말라가Malaga 해전(1704)에 대한 공식적인 문서는 폴 오스트의 계획에 따라 화공선이 이 위치에 있었음을 보여준다. 마지막으로 함정이 함포를 보다 정확하고 빨리 발사할 수 있게 만들어준 포탄이 사용되었으며, 그러한 포탄이 우리가 지금 연구하고 있는 시기의 함정에 도입되면서(이 포탄의 전반적인 이용은 상당히 많은 세월이 지난 다음에 이루어졌다) 화공선은 최후의 타격을 받았다.[20]

함대의 전술과 무기라는 주제의 이론과 이에 대한 토론에 익숙해

---

20) Gougeard, *Marine de Guerre*.

져 있는 현대인은 이 짧은 기록을 통해 오래 전에 없어진 것으로 생각되는 어떤 생각들이 실제로는 없어지지 않고 있다는 것을 알게 될 것이다. 화공선은 '함대의 속도를 지연시킨다'는 이유로 함대에서 사라지게 되었다. 악천후의 경우에는 이 작은 선박은 항상 비교적 느린 속도를 유지할 수밖에 없었다. 그런데 온화한 날씨에 어뢰정의 속력은 20노트에서 15노트 혹은 그 이하로 떨어지게 된다고 알려졌다. 그래서 17~19노트 정도의 속력을 낼 수 있는 순양함은 자신을 추격하는 어뢰정으로부터 쉽게 벗어나거나 아니면 일정한 거리를 유지하면서 함포나 기관포로 공격할 수 있다. 이러한 어뢰정들은 일반적으로 원양 항해용이다. "그리고 사람들은 그것이 어떤 날씨에도 항해할 수 있도록 설계되었다고 믿고 있다. 그러나 바다가 요동을 칠 때, 110피트밖에 되지 않는 어뢰정을 타고 있다는 것은 그리 기분 좋은 일이 아니다. 열과 소음, 그리고 기관의 심한 움직임을 금방 느낄 수 있다. 취사는 문제도 되지 않았던 것처럼 보인다. 맛있는 요리를 만든다고 해도 그것을 즐기는 사람은 거의 없었다고 한다. 이러한 환경에서 어뢰정이 빠르게 기동하고 있는 도중에 필요한 휴식을 취한다는 것은 대단히 어려운 일이다." 그러므로 보다 큰 어뢰정이 건조되어야 한다. 어뢰정에 어뢰 외에 다른 장비를 실을 수 있을 정도로 크기가 커지지 않는 한, 거친 바다에서 속도를 낼 수 없는 요인은 여전히 남아 있을 것이다. 화공선과 마찬가지로 소형 어뢰정들은 함께 작전하는 함대 전체의 속력을 늦추고 함대의 전개를 복잡하게 만들 것이다.[21]

화공선의 소멸은 포탄과 소이탄 발사대의 도입에 의해 더욱 앞당

---

21) 이 글이 쓰여진 이후, 1888년 가을에 실시된 영국 함대의 기동 결과 이 주장이 옳다고 입증되었다. 이 명확한 사실을 입증하기 위해 다시 연구하거나 실험할 필요는 없을 것이다.

겨졌다. 깊은 바다에서 전투하기 위해 어뢰를 더 큰 함정으로 옮겨 싣는 것은 어뢰정의 종말을 가져올지도 모른다는 생각이 든다. 화공선은 미국의 남북전쟁시대까지 계속 투묘하고 있는 함대를 공격하는 데 사용되었다. 그리고 어뢰정은 항구에서 쉽게 도달할 수 있는 거리에서 항상 사용될 것처럼 보인다.

함정 집단의 진형

이미 인용한 적이 있는 200년 전의 해군 연습의 세 번째 단계는 집단진형group formation이라는 현대의 토의 주제와도 매우 비슷한 개념을 포함하고 있다. '몇 개의 집단으로 편성하기 위해 화공선을 전투함──각각 공격과 방어의 모든 수단을 가지고 있다──과 결합시킨다는 생각'은 한동안 갈채를 받았다. 그러나 그 생각은 후에 포기되고 말았다. 행동을 같이한다는 특별한 의미에서 한 함대의 함정들을 2~4개의 집단으로 묶는 것은 오늘날 영국에서 크게 장려되고 있는 전술이다. 그러나 프랑스에서는 그 전술이 커다란 반대에 부딪히고 있다. 이 문제는 어느 한편의 주장에 치우쳐서는 안 될 뿐만 아니라, 시간을 두고 확실한 시험을 거쳐 검증될 때까지는 어느 한 사람의 판단에 의해 결정되어서도 안 된다. 그러나 또한 잘 조직화된 함대에서는 그 자체가 자연스럽고 필연적이기조차 한 두 종류의 지휘권이 있다고 말할 수 있을 것이다. 이 지휘권 가운데 하나는 함대 전체를 한 단위로 지휘하는 것이며, 다른 하나는 각 함정을 함대의 한 단위로 지휘하는 것이다. 함대의 규모가 너무 커서 한 사람이 지휘할 수 없을 경우에는 함대를 분리해야만 한다. 그리고 전투가 발생했을 경우에는 실질적으로 두 개의 함대가 하나의 공동목표를 위해 행동하게 된다. 그것은 마치 트라팔가르 해전에서 넬슨 제독이 다음과 같이 말한 것과 같다. "부사령관은 나의 의도를 잘 알게 된 '다음에'(여기서 다음 에라는 말에 강조를 한 이유는 사령관과 부사령관의 기능을 잘 나타내주기 때문이다) 휘하의 함정들을 지휘하여 적을 공격하고, 적함들이 나포 되거나 파괴될 때까지 공격을 계속해야 한다."

오늘날 철갑함의 크기와 건조 비용을 생각할 때, 함정의 수가 너무 많다는 이유로 함대를 분리시켜야 한다는 주장은 나올 수 없다. 그러 나 함대의 분리 여부는 함대의 집단화를 결정하는 데 영향을 주지 않 는다. 이 이론의 기초가 되는 원칙들을 단순하게 바라보고 또한 함정 의 집단화를 위해 특별히 제안된 것 가운데 전술적으로 어색하게 보이 는 것을 무시해버린다면, 문제점은 다음과 같다. 제독의 자연스러 운 지휘권과 각 함장의 지휘권 사이에 제3의 인위적인 장치를 두어 야만 할까? 그렇게 된다면, 그 인위적 장치가 한편으로 절대권의 일 부를 침해하고 다른 한편으로 각 함정 지휘관의 재량권 가운데 일부 를 구속하지 않을까? 집단화와 관련된 어떤 특정한 함정들 때문에 지 원책이 한정됨으로써 발생하는 어려움은 다음과 같다. 신호를 더 이 상 볼 수 없게 되었을 때, 자기 함정에 대한, 그리고 크게 보아 자기 함대에 대한 함장의 임무는 어떤 특정 함정과의 관계를 주시해야 하 기 때문에 복잡해질 것이다. 때로는 그 특정 함정들이 그에게 지나친 부담을 줄 것임에 틀림없다. 옛날에도 집단진형이 시도된 때가 있었 지만, 충분한 시험을 거치기 전에 사라져버렸다. 이제 그것이 복고된 형태로 다시 사용될 것인지는 시간이 말해줄 것이다. 이 주제를 마치 기 전에 말해두고 싶은 것이 있다. 육군의 장거리 행군보조에 해당되 는 해군의 항해질서로서 느슨한 집단진형은 약간의 이점을 가지고 있다고 할 수 있다. 이 진형은 함정들이 아주 정확하게 유지하지 않아도 되기 때문에 밤낮으로 함대의 진형 유지에 신경을 써야만 하는 함장과 갑판장교에게 심한 긴장감을 주지 않을 것이다. 그러나 그러한 항해 질서는 함대가 고도의 전술적인 정확성에 도달할 때까지 허용되어서는 안 된다.

화공선과 어뢰정 문제로 되돌아가자. 어뢰정의 역할은 적과 아군 함대 사이를 두세 번 왕래할 수 있는 혼전에서 발견된다. 그 순간에 나타나는 연기와 혼란이 어뢰정에게는 기회가 되는 것이다. 이 주장은 정말 그럴듯하게 들린다. 그리고 어뢰정들은 화공선이 갖지 못한 기동력을 확실하게 갖고 있다. 그러나 적 함대와의 혼전은 화공선에게 유리한 조건이 되지 못한다. 여기서 또 다른 프랑스 장교의 말을 인용하겠다. 필자가 그와 최근에 가졌던 영국-네덜란드 전쟁 당시 해전에 대한 토론은 매우 분명하고 시사적이었다. 그는 다음과 같이 말했다.

전대들의 기동으로 새로 얻을 수 있었던 균형과 전체적인 조화는 1652년에 일어난 전쟁의 혼전 중에 존재하지 않았거나 거의 없었다고 할 수 있는 화공선의 직접적인 행동을 방해하기는커녕 오히려 그 역할에 도움을 준 것처럼 보인다. 화공선은 로스토프트 해전, 칼레 해전, 노스포어랜드 해전에서 매우 중요한 역할을 했다. 이 화공선들은 전열함들이 질서를 잘 유지해준 덕분에 함포에 의해 보호를 받을 수 있었다. 이 전열함들의 함포사격은 분명하고 결정적인 목표에 대해 사격했던 이전보다 훨씬 더 효율적이었다.[22]

---

22) Chabaud-Arnault, *Revue Mar. et Col. 1885*.

1652년에 혼전이 한창이었을 때, 화공선은 "말하자면 적의 함포에 대한 대비도 없이——만약 적의 함포에 명중되면 침몰하거나 불타버릴 것이 확실했다——적과 싸울 기회를 노리며 단독으로 행동하고 있었다. 그런데 1665년에 이르자 모든 상황이 바뀌었다. 화공선의 사냥감은 명확했다. 화공선은 그 사냥감을 잘 알고 있었으며, 적의 전열 중에서 비교적 고정된 위치에 있던 목표물을 찾아 쉽게 추격할 수 있었다. 다른 한편으로 화공선이 속해 있는 전대의 함정들은 화공선을 시야에서 놓치지 않았다. 그들은 가능한 한 화공선을 뒤따라가 그것이 목표에 이를 때까지 지원사격을 해주었다. 그리고 그 시도가 효과가 없으리라고 생각되면, 화공선이 불타기 전에 화공선으로부터 물러났다. 그러한 상황에서 화공선의 행동은 항상 불확실하게 될 수밖에 없었지만, 그럼에도 불구하고 성공할 가능성은 훨씬 더 컸다." 이러한 교훈에는 아마도 다음과 같은 말을 덧붙일 수 있을 것이다. 적의 질서가 혼란에 빠져 있는 반면 아군이 질서를 잘 유지하고 있다면, 결정적인 공격을 할 가장 좋은 기회를 가질 수 있다는 것이다. 이 프랑스 장교는 화공선이 사라진 것을 언급하면서 다음과 같이 계속했다.

여기에서 우리는 화공선의 가장 중요한 점만을 보고 있다. 그런데 이 중요성은 아마 감소할 것이다. 화공선 자체는 해군 함포의 사정거리가 훨씬 길어지고, 좀더 정확해지며, 더욱 빨라지는 등 완벽해지면 대양에서의 전투에서 사라지게 될 것이다. 함정이 더 나은 형태와 기관, 그리고 더욱 강력하고 균형이 잡힌 추진력을 갖게 될 때,[23] 보다 빠른 속력과 조절감각을 얻을 수 있게 되어 화공선의 공격을 확실하

---

23) 구경, 사정거리, 그리고 관통력의 증가를 가져다주는 속사포와 기관총의 최근의 발전은 이와 똑같은 발전 주기의 단계를 다시 재연하고 있다.

게 피할 수 있을 것이다. 그리고 마지막으로 함대가 소심하지만 능란하게 전술원칙을 지켰더라면, 그 전술은 미국 독립전쟁 이후 1세기 동안을 지배하게 되었을 것이다. 그렇게 된다면, 함대는 전투명령의 완벽한 수행을 위해 함정끼리 접근하는 것을 꺼릴 것이며 또한 포가 전투의 운명을 결정하도록 만들 것이다.

범선의 전투 진형

프랑스 장교는 이 논의에서 화공선의 전투를 분석하여 해군의 전술사에서 특별한 관심을 끌고 있는 1665년의 전쟁이 지닌 특징을 제시하고 있다. 이 해전에서는 함대의 전투진형으로 채택된 것이 틀림없는 '바람을 거슬러 올라가는 전투진형close-hauled line-of-battle'이 처음으로 나타났다. 과거에도 종종 그러했지만, 함대의 함정 수가 80척에서 100척에 이르렀을 때의 전열은 본질적으로 불완전한 전선이나 함정 간격을 특징으로 하기 쉽다. 그러나 수행과정이 불완전한 중에도 전반적인 목표는 대단히 뚜렷했다. 이러한 진형을 발전시켰다는 명예는 나중에 제임스 2세가 된 요크 공작에게 주어지고 있다. 그러나 현측포를 가진 대형 범선의 등장 시기와 함대 전체의 전력을 상호지원할 수 있도록 전개시키기 위해 최선책으로 응용되었던 전투진형을 체계적으로 채택한 시기 사이에 대단한 시간적 차이가 있다는 점을 고려할 때, 누구에 의해 개선되었는가 하는 문제는 오늘날의 해군장교들에게는 그리 중요하지 않다. 문제에 내포된 여러 요소와 그 요소에서 비롯된 결과를 이미 잘 알고 있는 우리에게는 그 결과가 아주 단순하고 명백한 것처럼 보인다. 그런데 그 당시 유능한 사람들이 그러한 결과를 얻는 데 왜 그렇게 오래 걸렸을까? 그 이유——이 안에 오늘날의 장교들에게 필요한 교훈이 들어 있다——는 말할 것도 없이 오늘날 전투대형을 불확실한 채로 남겨두고 있는 것과 같은 것이었다. 다시 말해서 그 이유는 영국이 자기들과 거의 동등한 해양력을 갖고 있다는 사실을 네덜란드가 알게 되었을 때에야 비로소 전쟁을 하겠다고 결심한 것과 같은 것이었다. 결국 그러한 전열을 야기시켰던 연속적인 생각들은 당연하고도 논리적이다. 선원들에게 잘 알려져 있기는 하지만, 완벽한 프랑스어로 명료하고 정확하게 씌어져 있는 앞의 프랑스 장교의 글을 여기에서 다시 인용해보기로 하자.

군함의 동력이 강력해지고 또한 군함의 내해성과 전투력이 완벽해짐에 따라, 그것들을 활용하는 기술 역시 같은 수준으로 발전해왔다. …… 해군의 기동연습(함대가 항해, 접전, 대적하기 위해 전개하는 행동으로서 포괄적인 기동연습을 의미한다——옮긴이주)이 점점 더 숙련되어짐에 따라 그 연습의 중요성도 나날이 증가하고 있다. 이러한 함대 기동을 위해서는 그 함대가 떠났다가 다시 돌아올 수 있는 기지가 필요하다. 군함으로 이루어진 함대는 항상 적을 만날 채비를 갖추고 있어야 한다. 그러므로 논리적으로 함대는 기동을 위해 출발할 때부터 전투대형을 갖추고 있어야 한다. 갤리가 사라진 이래로 오늘날의 거의 모든 포대는 군함의 옆쪽에 장착되고 있으므로 필연적으로 항상 적을 향하고 있어야 하는 것은 현측이다. 다른 한편으로 우군 함정이 적이 있는 쪽을 가로막고 있어서는 안 된다. 한 함대에 소속된 함정들이 이러한 조건을 충족시키는 상태로 배열될 수 있는 대형은 단 하나뿐이다. 그 대형은 바로 종렬진the line ahead이다. 바로 이러한 이유로 종렬진은 유일한 전투진형이 되었으며, 그 결과 모든 함대 전술의 기본이 되었다. 가늘고 긴 포열을 형성하는 이 전투진형 가운데 상대적으로 더 약한 부분의 함정들이 피해를 입거나 돌파되지 않도록 하기 위해, 강한 함정은 강한 함정끼리 그리고 약한 함정은 약한 함정끼리 대응시킬 필요가 있다. 따라서 논리적으로 다음과 같은 추론을 할 수 있다. 종렬진이 전투진형이 되는 순간 전투장소에 있어야 할 전열함과 다른 목적으로 사용되어야 할 경량급 함정 사이에 구분이 생긴다.

사람들이 이러한 점들을 감안하여 바람을 거슬러 올라가는 전열을 형성하고자 생각했다면, 문제는 완전히 해결되었을 것이다. 그러나 지금이나 마찬가지로 250년 전에도 그렇게 하지 못한 여러 이유가 분명히 있었다. 그런데 그 당시 그 문제를 해결하는 데 왜 그렇게 오랜 시간이 걸렸을까? 그것은 의심할 것 없이 아마도 부분적으로는 낡은 전통──갤리를 가지고 전투하는 전통──이 사람들의 마음을 사로잡았거나 혼란시켰기 때문이었을 것이다. 그러나 주요한 이유는 사람들이 너무나 게을러서 그 당시 상황의 기초가 되는 진실을 찾을 수가 없었고 또한 그것을 기반으로 진정한 행동이론을 발전시키지 못했다는 점이었다. 뛰어난 예견 능력으로 그러한 기본적인 상황변화를 인식하고 결과를 예측한 프랑스 해군의 라브루스Labrousse 제독이 1840년에 썼던 다음의 글은 대단히 교훈적이다. "함정은 증기 덕분에 대단히 빠른 속력으로 어떤 방향으로든지 기동할 수 있게 되었다. 그처럼 빠른 속력으로 함정의 충돌 효과가 발포 무기를 대신하고 능숙한 기동을 무력화시킬 것이므로, 군함은 이전에도 그랬으며 앞으로도 틀림없이 그렇게 될 것이다. 군함의 충각衝角은 그 속력이 빠를수록 항해에 전혀 피해를 주지 않은 채 유리한 수단이 될 것이다. 한 강대국이 이러한 무시무시한 무기를 채택하자마자 분명히 열세에 있는 다른 모든 국가들도 그것을 채택할 것이고, 그렇게 함으로써 전투는 충각 대 충각이라는 양상을 띠게 될 것이다." 프랑스 해군은 충각에 대해 무조건적으로 집착하는 현상을 관망하고 있다가 결국 충각을 받아들였다. 위의 간단한 인용문은 미래의 전투진형에 대한 조사 방식 가운데 하나로 당연히 받아들여져야 한다. 한 프랑스 저술가는 라브루스의 글에 대해 다음과 같이 논평했다.

> 전술진형이 갤리의 진형이었던 횡렬진line abreast에서 종렬진으로 바뀌는 데에는 1638년부터 1665년까지 27년이 걸렸는데, 그것은 우리 선조들에게 불충분한 기간이었다. 우리는 최초의 증기기관이 함정에 도입된 1830년부터 충각전투의 원칙이 확정된 1859년까지 29년이란 세월을 필요로 했다. …… 그러한 변화는 갑자기 일어난 것이 아니었다. 새로운 군함이 건조되어 무장하는 데 시간이 걸렸을 뿐 아니라 새로운 동력이 가져온 결과가 대부분의 사람들의 마음에서 희미해졌기 때문이다.[24]

4일 해전(1666)

이제 1666년 6월에 일어난 4일 해전을 살펴보도록 하자. 이 해전은 전투에 참가한 양측의 함정 수가 대단히 많았다는 점뿐만 아니라 며칠동안 격전이 계속되었음에도 불구하고 비범할 정도의 육체적 인내심이 이를 견디어냈다는 점, 그리고 양측의 총사령관이었던 몽크와 데 뢰이터가 양국이 배출한 17세기의 가장 훌륭한 함대 사령관이었

---

[24] Gougeard, *Marine de Guerre*.

다는 점 때문에 유명해졌다. 사실 몽크는 영국 해군사에서 블레이크 Blake보다 뒤떨어진 인물이었을 수도 있지만 데 뢰이터는 일반적으로 네덜란드뿐만 아니라 그 시대의 모든 해군 장교 가운데 가장 뛰어난 사람이었다고 간주되고 있다. 지금부터 하고자 하는 설명은 주로 〈해양과 식민지*Revue Maritime et Colonie*〉[25] 의 최근호에서 발췌한 것이다. 그곳에는 최근에 발견된 편지 한 통이 실려 있는데, 그것은 자원하여 데 뢰이터의 함정에서 근무했던 네덜란드의 한 신사가 프랑스에 있는 친구에게 보낸 것이었다. 이야기는 대단히 명료하고 그럴듯했는데, 그처럼 오래 끈 전투를 묘사할 때 일반적으로 나타나는 특징을 보이고 있지 않다. 그런데 드 기쉬de Guiche 백작의 회고록이 발견되면서 이 편지의 의미는 더욱 커졌다. 백작도 역시 자원하여 함상생활을 하다가 자신의 함정이 화공선에 의해 파괴되자 데 뢰이터에게 가서 일한 적이 있었다. 그 회고록의 주요 부분에는 전자의 편지 내용을 확인해줄 수 있는 설명이 있었다.[26] 그런데 이 두 이야기에 공통되는 구절들이 있다는 것이 확인되고 서로 비교한 결과 독립적인 이야기로 받아들일 수 없다는 결론에 도달하게 되었다. 한편 이 두 가지에는 상당한 차이점이 있기 때문에 두 가지가 서로 다른 목격자들에 의해 씌어진 다음 친구에게 보내거나 기사로 쓰기 전에 서로 비교하고 수정되었을 가능성도 배제할 수 없다.

양쪽 함대의 수는 다음과 같았다. 영국함정이 약 80척이었으며, 네덜란드의 함정 수는 100척 정도였다. 이러한 수적인 불균형은 영국함정이 네덜란드함정보다 크다는 사실에 의해 보완되었다. 런던의 영국 정부는 전투 직전에 대단히 큰 전략적 잘못을 범했다. 영국 국왕은

---

25) Vol. lxxxii. p. 137.

26) *Mémoires du Cte. de Guiche*, ÀLondres, chez P. Changuion, 1743. pp. 234~264.

프랑스의 한 전대가 네덜란드함대와 합류하기 위해 대서양에서 출발했다는 소식을 들었다. 그는 즉시 영국함대를 두 개로 분리하여 루퍼트Rupert 왕자가 지휘하는 20척의 함정으로 하여금 프랑스함대와 맞서기 위해서 서쪽으로 향하라고 명령했다. 그리고 몽크 휘하의 나머지 함정들은 동쪽으로 나아가 네덜란드함대에 맞서도록 명령받았다.

두 방향으로부터 공격받을 위험에 처하게 된 영국함대의 위치는 지휘관에게 미묘한 유혹을 불러일으켰을 것이다. 그럴 경우에 대개 지휘관들은 찰스가 그랬던 것처럼 함정들을 두 곳으로 분리시켜 양쪽에서 적을 맞이하고 싶은 아주 강한 충동을 일으킨다. 그러나 압도적인 병력을 가지고 있지 않다면 그것은 큰 잘못을 범하는 것이다. 두 곳으로 분리된 함대는 개별적으로 격파될 가능성을 갖게 되고 그러한 일이 실제로 발생했다. 처음 이틀 동안의 전투 결과는 영국의 두 함대 가운데 함정 수가 더 많았던 몽크 함대의 비참한 패배로 나타났다. 그는 루퍼트가 있는 쪽으로 퇴각할 수밖에 없었다. 그리고 아마 루퍼트 함대의 시기적절한 귀환이 매우 심각한 피해로부터 영국함대를 구했거나 적어도 항구 안에 갇히는 것을 막을 수 있었던 것 같다. 그로부터 140년 후, 즉 트라팔가르 해전이 발생하기 이전에 비스케이 만에서 연출된 흥미로운 전략적 경쟁에서 영국의 콘월리스Cornwallis 제독도 역시 똑같은 잘못을 범하여 자신의 함대를 둘로 나누어 서로 지원할 수 없는 곳에 배치했다. 그 당시 나폴레옹은 그것을 주목할 만한 어리석은 행위로 규정했다. 교훈은 시대가 지나도 변하지 않는다.

네덜란드함대는 동풍을 받으면서 순조롭게 영국 해안을 향해 항해했지만, 나중에 날씨가 거칠어지고 풍향이 남서풍으로 바뀌자 상황도 변했다. 그리하여 데 뢰이터는 함정이 너무 많이 밀리는 것을 피하기 위해 덩케르크와 다운스 사이에 있는 투묘지로 돌아왔다.[27] 그때 모든 함정은 함수를 남남서쪽을 향한 채 투묘했으며, 선두함정들은 오른쪽에 위치했다. 한편 후위전대를 지휘하던 트롬프는 왼쪽에 위치했다. 그런데 몇 가지 이유로 이 왼쪽에 있던 전대는 바람을 가장 많이 받는 위치에 있었으며, 반면에 데 뢰이터가 지휘하던 중앙전대는 바람이 불어가는 쪽을 향하고 있었다. 그리고 오른쪽에 있던 선두전대는 중앙전대와 마찬가지로 바람이 불어가는 쪽을 향하게 되었다.[28] 이것이 1666년 6월 11일 주간의 네덜란드함대의 위치였다. 이야기의 전체적인 줄거리를 살펴볼 때, 그것은 좋은 대형이 아니었던 것 같다.

역시 그날 아침에 정박하고 있던 몽크는 네덜란드함대를 풍하 쪽에 위치하도록 만든 다음, 자신의 함대가 수적으로 열세인 데에도 불구하고 즉시 공격하기로 결심했다. 그는 바람의 이점을 살리기 위해서는 공격이 최선의 방법이라고 생각했기 때문에 그러한 결정을 내릴 수 있었다. 그리하여 몽크의 함대는 우현으로 침로를 잡으면서 왼쪽의 트롬프 함대와 나란히 서게 될 때까지 적의 우측과 주력인 중앙진을 사정권 밖에 위치하도록 거리를 유지했으며, 이후에는 네덜란드의 전선을 따라 기동했다. 그때 몽크 휘하의 함정은 35척이었다. 그러나 긴 종렬진의 경우에 곧잘 나타나는 현상으로서 후미의 함정들이 넓게 흩어지는 사태가 일어났다. 그럼에도 불구하고 그는 휘하

---

27) 〈그림2〉 북해와 영국해협의 지도를 보라.
28) 1666년 6월 11일의 해전도 1에서 V는 선두함대를, C는 중앙함대를, 그리고 R은 후미함대를 표시한다. 이 전투에서 네덜란드의 부대 순서가 반대로 되어 실제로 선두를 후미부대가 차지했다. 이 네덜란드 함대와 영국 함대와의 전투에 수많은 함정이 참여했으므로, 각 함정을 표시하고 동시에 그들의 명확한 계획을 밝히는 것은 불가능했다. 그러므로 이 해전도에서의 함정 한 척은 많든 적든 한 집단의 함정을 의미한다.

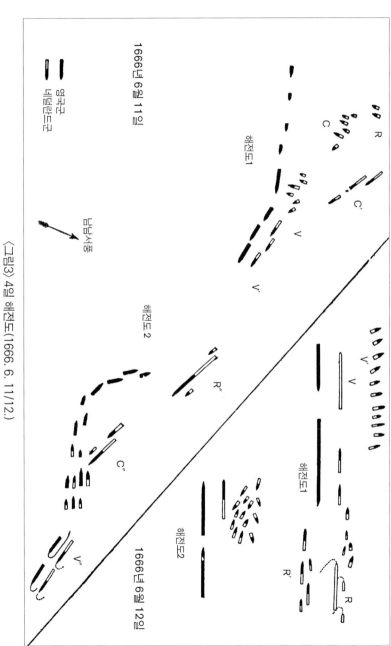

〈그림3〉 4일 해전도(1666. 6. 11/12.)

의 함정들을 트롬프 쪽으로 돌진하도록 명령했는데, 이에 대해 트롬프 함대는 닻을 끊고 같은 방향(V′)을 취하도록 기동했다. 그래서 두 함대는 모두 프랑스 해안을 향해 기동하면서 전투를 했다. 그런데 미풍이 배의 뒤쪽에서 불어왔으므로 영국군은 하갑판에 비치된 함포(〈그림3〉 해전도2, V″)를 사용할 수 없었다. 네덜란드 함대의 중앙과 후미의 함정들도 또한 닻을 끊고(〈그림3〉 해전도1, C′) 선두함정들을 뒤따르려고 기동했지만, 지나치게 풍하 쪽으로 뒤처졌기 때문에 한동안 전투를 할 수 없었다. 바로 이때 함대로부터 너무 멀리 떨어져 있던 네덜란드의 대형함 한 척이 불길에 휩싸여 타버렸는데, 그 함정에는 드 기쉬 백작이 승함했었던 것 같다.

　네덜란드함정들이 덩케르크 근처로 달아나자 영국의 거의 모든 함정이 그 뒤를 추적한 것 같다. 이 추적작전 때문에 영국의 전위전대는 북쪽과 서쪽으로 돌아오는 길에 데 뢰이터가 지휘하는 네덜란드의 중앙전대(〈그림3〉 해전도2, C″)와 우연히 마주쳐 큰 곤욕을 치렀다. 그러나 보다 더 고통을 받은 쪽은 영국의 후미전대였는데, 이것은 동시기동이 전투진형의 순서를 바꾸어버렸음을 보여주고 있다. 전투를 하고 있던 영국함정들이 풍하 쪽으로 처지기 시작하자 데 뢰이터는 이들 함정에게 일격을 가할 수 있었다. 이 사격으로 말미암아 영국의 기함 중 두 척이 무력하게 되어 전열에서 이탈했다. 그 두 척 가운데 한 척인 스위프트슈어 호는 27살 밖에 되지 않은 젊은 제독이 전사하자 기함기를 내릴 수밖에 없었다. 당대의 한 저술가는 다음과 같이 말하고 있다. "대단히 감탄할 만한 것은 버클리Berkeley 중장의 결심이었다. 그는 자신의 함정이 전열에서 이탈했고 적에게 둘러싸여 있으며, 많은 부하들이 전사했고, 적함들이 전투력을 잃은 자기 함정을 향해 사방에서 밀려오고 있었음에도 불구하고 항복하려 하지 않고 거의 혼자 싸워 여러 명의 적병을 죽였다. 그런데 마침내 적의 총탄이 그의 목에 명중되었으며, 그는 함장실로 물러갔다. 결국 사망한 그는 자신의 책상 위에 큰 대자로 눕혀졌다. 그의 시체는 온통 피로 물들어 있었다." 역시 전열에서 이탈했으며 영웅적이고 또한 운이 좋았던 다른 영국 제독의 활동에 대해 살펴보기로 하자. 이 제독의 전투기록은 특별히 교훈적인 것은 아니다. 그러나 당시 절정에 달해 있던 전투의 모습을 생생하게 묘사하고 있으며 무미건조한 세부묘사에 색을 입혀주고 있기 때문에 인용할 가치를 갖는다.

짧은 시간이었지만 함정이 완전히 기동불능 상태로 되자, 적의 화공선 한 척이 함미 우현 부근에 갈고리를 걸었다. 그러나 부관이 거의 믿기 힘들 정도로 애쓴 결과, 함정은 화공선의 공격을 뿌리치고 자유롭게 되었다. 그 부관은 불길이 타오르는 중에도 쇠로 된 갈고리를 벗겨내어 던져서 자신의 함정이 피해입는 것을 막았던 것이다. 이 불행한 함정을 파괴시키기 위해 열중하던 네덜란드함정은 전보다 더 확실하게 다시 두 번째의 갈고리를 좌현에 거는 데 성공했다. 즉시 돛에 불길이 번지자 너무나 놀란 승무원 50명 정도가 물 속으로 뛰어내렸다. 이러한 혼란을 보고 있던 존 하먼John Harmon 제독은 칼을 빼들고 미처 물에 뛰어내리지 않고 남아 있는 승무원들에게로 달려가 함정을 버리거나 불길을 잡기 위해 노력하지 않는 사람은 모두 죽이겠다고 위협했다. 그러자 승무원들은 각자의 임무로 복귀했고 불길도 잡혔다. 그러나 삭구장치의 대부분이 불에 타버렸으며, 중간 돛이 쓰러지면서 제독의 다리를 부러뜨렸다. 이렇게 재난이 겹치고 있는 와중에 세 번째의 화공선이 다시 갈고리를 던질 준비를 하다가 목적을 달성하기도 전에 포격을 받아 침몰하고 말았다. 네덜란드의 중장인에베르첸Evertzen 제독은 그에게 다가가 항복을 권유했다. 그러나 하먼 제독은 "아니오, 아직 그럴 정도는 아니오"라고 대답하고는 현측 포를 사격하여 네덜란드의 제독을 전사시켰다. 그러자 나머지 적들도 흩어져 달아났다.[29]

그러므로 한 척의 화공선에 의해 영국 기함 두 척을 잃었다는 이야기는 놀랄 만한 것이 아니다. 그 저술가는 계속하여 말하고 있다. "영국의 몽크 제독은 아직도 좌현 쪽으로 항해하고 있었고, 밤이 되자 우리는 그가 노르트홀란트North Holland와 질란드Zealand(실제로 후위였지만, 원래는 전위였다)의 전대를 통과하여 함대를 당당하게 지휘하는 것을 볼 수 있었다. 이 노르트홀란트와 질란드의 전대는 정오부터 그 때까지 풍하의 위치에 있었기 때문에 적에게 접근할 수 없었다"(〈그림3〉 해전도2의 R을 보라). 위대한 전술의 한 부분으로서 몽크의 공격전술이 갖고 있던 장점은 확실하게 드러났는데, 그것은 나일 강 해전에서 넬슨이 사용한 전술과 상당히 비슷하다. 네덜란드 진영의 약점을 재빨리 알아차린 그는 적 함대의 일부만이 전투에 참가할 시점에 자신보다 훨씬 더 막강한 적을 공격했다. 영국은 그 전투에서 사실 더 많은 피해를 입었지만, 네덜란드함대의 화려한 명성에 흠집을 냈고 또한 네덜란드인들에게 상당한 절망감과 울분을 안겨주었다. 목격자는 다음과 같이 말했다. "전투는 오후 10시까지 계속되었다. 적군과 아군이 서로 섞여서 서로 피해를 주고받는 상태가 되었다. 결국 그날 아군의 성공과 영국군의 불행은 그들의 전열이 너무나 흩어져 있고 또한 확대되어 있었던 결과라고 말할 수 있을 것이다. 만약 전열이 그

---

29) Campbell, *Lives of the Admirals*.

렇게 확대되어 있지 않았더라면, 우리는 그들의 한쪽 끝 부분을 차단할 수 없었을 것이다. 몽크의 실수는 자신의 함정들을 한군데에 집결시키지 못했다는 점이었다." 그의 진술은 그렇게 끝을 맺고 있다. 그의 주장은 옳았지만, 그렇게 비판하는 사람은 거의 없었다. 전열이 길어지는 것은 범선의 종렬진에서 불가피한 현상이며, 몽크가 치른 여러 전투 가운데 유일하게 그러한 현상이 나타났다.

영국함대는 좌현으로 항해하여 서쪽과 서북서쪽의 침로를 잡고 멀리 떨어진 곳에 있다가 다음날 전투를 하기 위해 돌아왔다. 네덜란드함대도 자연히 좌현으로 항해했으며, 그 결과 풍상 쪽을 차지할 수 있었다. 그러나 얼마 가지 않아서 훈련이 더 잘 되고 바람을 거슬러 항해할 수 있는 능력을 가진 적 함대가 항해하기에 좋은 풍향을 차지했다. 이날 영국군에서는 44척의 함정이 전투에 참가했고 네덜란드군에서는 80척이 참가했는데, 앞에서 말한 것처럼 대개 영국함정의 크기가 더 컸다. 양국 함대는 서로 반대편의 침로를 잡았으며, 그 중에서도 영국이 풍상의 위치를 차지했다.[30]

후미에 있던 트롬프는 전투진형이 잘못 형성되어 두 줄이나 세 줄로 겹쳐져 있는 함정들이 서로의 함포사격을 방해하고 있음을 알고 앞으로 나아가 적 함대의 선두(R′)에 대해 풍상의 위치를 차지했다. 그가 그렇게 할 수 있었던 것은 전열의 길이 때문이었으며, 또한 네덜란드함대와 평행 침로로 달리고 있던 영국함대가 순풍을 받고 있었기 때문이었다. "그 순간에 네덜란드함대의 선두에 서 있던 두 사령관은 함미를 영국함대(V′) 쪽으로 향한 채 대열에서 벗어나고 있었다. 크게 놀란 데 뢰이터는 그들을 멈추게 하려고 노력했지만, 헛수고

---

30) 〈그림3〉, 6월 12일의 해전도1, V, C, R.

였다. 그는 자신의 함대를 한곳에 모으기 위해 기동하는 것처럼 가장할 수밖에 없다고 생각했다. 그러나 몇 차례 명령을 내렸음에도 불구하고, 주위에 있던 몇 척의 함정만이 그의 주변으로 모였고 선두에 있던 함정 중에서는 한 척만이 직속상관의 행위에 진저리를 내며 데 뢰이터와 합류했다. 이제 영국함대에 의해 소속 함대로부터 분리된(처음에는 자신의 행동에 의해, 그리고 나중에는 선두에 있던 함대의 기동에 의해 분리되었다) 트롬프는 큰 위험에 처하게 되었다. 그가 위기에 처해 있는 것을 보고 뢰이터가 그를 향해 침로를 바꾸지 않았더라면, 트롬프는 격파되었을 것이다." 이렇게 하여 네덜란드의 선두와 중앙부는 후위와 반대편에 위치하게 되었는데, 이때 후위는 선두부대와 중앙부대가 공격하려고 하는 방향의 건너편에 있었다. 이러한 위치는 영국함대로 하여금 트롬프를 공격할 수 없도록 만들었다. 수적으로 매우 열세한 처지에 있었던 영국함대는 데 뢰이터가 풍상의 위치에 있기를 바라지 않았던 것이다. 트롬프의 행동과 선두함대에 소속된 하위 제독들의 행위는 서로 다른 전투에 대한 정열을 보여주었지만, 또한 한 부대의 구성원으로서 네덜란드 장교들의 복종심과 군인정신이 부족했음을 분명하게 드러냈다. 영국함대에서는 그러한 흔적이 전혀 보이지 않았다.

뢰이터가 부관들의 행위에 대해 얼마나 안타깝게 생각했는가 하는 것은 다음을 보면 알 수 있다. "이러한 편파적인 행위를 한 다음, 트롬프는 즉시 기함에 승함했다. 수병들은 그를 반갑게 맞이했다. 그러나 데 뢰이터는 다음과 같이 말했다. '지금은 기뻐할 때가 아니라 눈물을 흘려야 할 때이다.' 사실 우리의 상황은 나빴다. 각 전대는 독자적으로 행동하여 전열을 형성하지 못했다. 모든 함정은 양떼처럼 아무렇게나 무리지어 있었을 뿐만 아니라 너무 뭉쳐 있어서 영국이 40척의 함정만 갖고 있다면 우리 모두를 에워쌀 수 있을 정도였다(〈그림3〉 6월 12일 해전의 해전도2). 영국함대는 훌륭하게 질서를 유지하고 있었지만, 어떤 이유인지는 모르겠으나 당연히 했어야 할 자신들의 이점을 살리는 일은 하지 못했다." 그 이유는 범선이 그 이점을 살리지 못한 이유와 같았을 것임에 틀림없다. 다시 말해서, 범선이 돛대와 삭구의 조정이 잘 되지 않을 경우 무능력한 상태에 놓여버리기 쉽다는 점과 또한 결정적인 전투에서 수적으로 열세였다는 점이다.

데 뢰이터는 영국함대에 의해 핍박을 많이 당하기는 했지만, 함대의 전열을 다시 유지할 수 있었다. 양국의 함대는 서로 반대되는 침로를 취하며 지나쳤다. 네덜란드함대는 풍하 쪽에 있었으며, 데 뢰이터의 함정은 종렬진의 맨 뒤에 있었다. 영국의 후미함정을 지나칠 때, 데 뢰이터의 함정은 주돛대와 활대를 상실했다. 또 한 차례 부분적인 접전을 치른 후, 영국함대는 자국 해안을 향하여 북서쪽으로 철수했고, 네덜란드함대는 그들을 추격했다. 바람은 여전히 남서쪽에서 불어오고 있었지만, 그리 강하지는 않았다. 영국함대가 완전히 철수한 이후에도 네덜란드함대의 추격은 밤새껏 계속되었다. 데 뢰이터의 함정은 피해를 입었기 때문에 함대 후미에서조차 볼 수 없을 정도로 완전히 뒤로 처지게 되었다.

3일째 되는 날에도 몽크는 계속하여 서쪽으로 퇴각했다. 그는 움직일 수 없는 세 척의 함정을 불태우고 피해를 입은 함정들을 앞세운 다음, 자신은 전투력을 유지하고 있던 함정들(그런 함정이 28척, 또는 16척이었다는 설이 있다)과 후미에 남았다(〈그림4〉 6월 13일 해전도). 영국함대 중에서 가장 크고 훌륭하며, 90문의 함포를 장비한 로열 프린스*Royal Prince* 호는 갤로퍼Galloper 여울목에 얹혀 트롬프(〈그림4〉 a)에게 나포되었다. 그러나 몽크의 함대는 일관되고 질서정연하게 후퇴했기 때문에 더 이상의 고통을 겪지는 않았다. 이것은 네덜란드가 대단히 심각한 피해를 입었다는 점을 보여준다. 저녁 무렵이 되자 루퍼트의 전대가 보이기 시작했고 전투에서 피해를 입은 함정을 제외한 영국의 함정은 마침내 모두 합류하게 되었다.

그 다음날에는 매우 신선한 바람이 남서쪽에서 불어왔기 때문에 네덜란드함대는 풍상의 위치를 차지하게 되었다. 영국함대는 역침로를 취하지 않고, 그 대신 함정의 속력과 다루기 쉽다는 이점을 믿고 뒤편에서 다가왔다. 그래서 전투는 좌현으로 돛을 편 전열 전체에 걸쳐 벌어지게 되었는데, 영국함대는 풍하의 위치에 있었다.[31] 네덜란드의 화공선들은 조절을 잘못하여 적에게 거의 피해를 입히지 못했다. 반면에 영국은 적함 2척을 불태웠다. 양국의 함대는 이렇게 나란히 항해하면서 두 시간 동안 현측사격을 교환했는데, 그 결과 마침내 영국의 많은 함정들이 네덜란드함대의 전열을 통과해버렸다.[32]

이때부터 진형의 질서가 완전히 엉망이 되었다. 이러한 상황에 대해 목격자는 다음과 같이 진술하고 있다. "이 순간에 영국함대도 우리와 마찬가지로 모두 분리되어버렸기 때문에 과히 장관이었다. 그러나 다행스럽게도 우리 함정들 중 가장 커다란 무리가 사령관을 둘러싸고 풍상의 위치를 차지한 반면, 가장 큰 무리가 사령관을 둘러싸고 남아 있던 영국함정들의 무리는 풍하의 위치에 있었다(〈그림4〉 해전도1과 해전도2, C와 C′). 이것이 바로 우리가 승리하고 영국이 패배한 원인이었다. 우리의 사령관은 자신과 다른 전대의 함정을 모두 합

---

31) 〈그림4〉 6월 14일, 해전도1, E. D.

32) 〈그림4〉 해전도1, V, C, R. 이러한 결과는 아마 영국함정들이 네덜란드함정에 비해 바람을 거슬러 항해하는 기술이 뛰어났다는 단순한 이유 때문이었을 텐데 네덜란드함정이 바람에 밀려 영국의 전열 속으로 밀려왔다고 하는 것이 더 정확한 표현일 것이다.

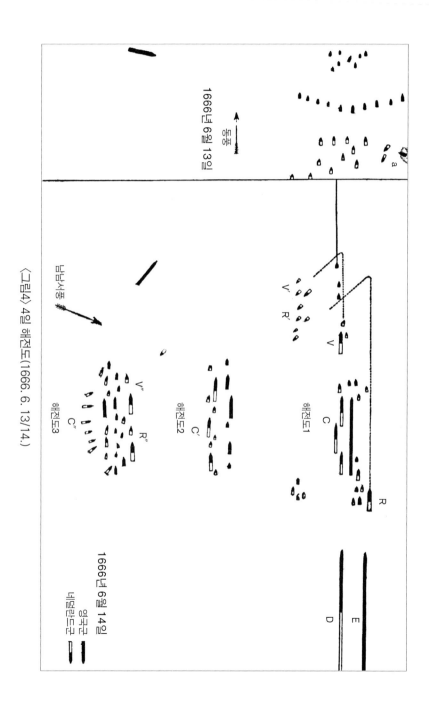

〈그림4〉 4일 해전도(1666. 6. 13/14.)

처 35~40척만을 지휘하고 있었는데, 그 이유는 전대들이 모두 흩어지고 질서도 깨져버렸기 때문이었다. 나머지 네덜란드 함정들은 그를 이탈했다. 전위부대의 지휘관이었던 반 네스Van Ness는 서너 척의 영국함정을 추격하기 위해 14척의 함정을 이끌고 멀리 나아갔다. 이 영국함정들은 돛을 활짝 편 채 네덜란드함정들에 대해 풍상의 위치를 차지했다(〈그림4〉 해전도1. V). 후미전대를 지휘하다가 풍하의 위치에 빠져버린 트롬프는 영국의 중앙전대를 돌아 사령관과 다시 합류하기 위해 네스 뒤를 따를 수밖에 없었다." 데 뢰이터와 영국의 주력함대는 서로 풍상 쪽을 차지하기 위해 민첩하게 기동했다. 돛을 활짝 폈던 트롬프 전대는 네스를 추월한 다음 선두전대와 함께 다시 돌아왔다(V′, R′). 그러나 영국의 주력함대가 계속 풍상의 위치를 차지하려고 노력했기 때문에, 그는 영국함대에 대해 풍하의 위치에 있었고, 따라서 풍상의 위치에 있던 데 뢰이터(해전도3, V″, R″)와 다시 합류할 수 없었다. 이것을 본 뢰이터는 자기 주변에 있는 함정들에게 신호를 보내어 네덜란드의 주력부대가 바람 앞쪽으로 나아가지 않도록 했다(해전도3, C″). 그런데 바로 그때 갑자기 강한 바람이 불었다. "그리하여 우리는 순식간에 영국함대의 한가운데에 위치하게 되었다. 양쪽에서 공격을 받은 영국함대는 전투에 의해 그리고 때마침 불어온 강풍에 의해 혼란에 빠졌으며, 전투진형도 완전히 파괴되어버렸다. 이것이 이 해전 가운데 가장 격렬한 순간이었다(해전도3). 우리는 영국의 고위 사령관이 화공선 한 척만을 뒤따르게 하고 자신의 함대에서 멀어져가는 것을 보았다. 그는 풍상의 위치로 나아간 다음, 노르트홀란트 전대를 통과하고, 이어서 그에게 다시 모여든 15척 내지는 20척으로 이루어진 함정군의 선두에 자리잡았다."

몇 가지 면에서 해상에서 벌어진 전투 가운데 가장 주목할 만한 대해전은 이렇게 하여 끝났다. 이 해전에 대한 수많은 보고서들을 조사하여 그 결과를 평가하는 것은 불가능하다고 할 수 있지만 상당히 공정한 것으로 인정받는 한 보고서에는 다음과 같이 씌어져 있다. "네덜란드 연방은 이 해전에서 중장 3명, 2천 명의 병사와 4척의 함정을 잃었다. 영국은 사망 5천 명, 포로 3천 명, 그 밖에 17척의 함정을 잃는 피해를 입었는데, 그 중 9척이 승리자의 수중으로 넘어갔다."[33]

양국 함대의 군사적 이점

영국함대의 상황이 더 나빴는데, 이것은 함대세력 가운데 상당 부분을 다른 방면에 파견함으로써 함대를 약화시킨 근본적인 실수 때문이라는 점은 의심할 여지가 없다. 함대를 파견하는 것이 때때로 필요악이기는 하지만, 이 경우에는 그럴 필요성이 전혀 없었다. 프랑스함대가 영국에 접근해왔다고 하더라도 그 침로로 미루어볼 때 영국의 모든 함대는 증원군이 오기 전에 네덜란드함대와 만나게 되어 있었다. 이 교훈은 과거와 마찬가지로 오늘날에도 적용할 수 있다. 역시 오늘날에 적용될 수 있는 두 번째 교훈은 올바른 군인정신과 자부심, 그리고 군기를 함양시킬 수 있는 건전한 군사제도의 필요성이다. 영국의 첫 실수가 재앙으로 간주할 수 있을 정도로 심각하기는 했지만, 몽크의 계획을 실행한 부하 장교들에게 고귀한 정신과 숙련된 기술이 없었더라면 틀림없이 결과는 더 나빴을 것이다. 네덜란드도 데 뢰이터에 대한 지원을 제대로 하지 못했다는 잘못을 범했다. 영국함대가 기동하는 중요한 순간에 두 명의 부하 장교가 도주했다는 이야기

---

33) Lefèvre-Pontalis, *Jean de Witt*.

를 들은 적도 없고, 또한 부하 장교가 잘못된 전열을 유지하여 적 함
대의 반대 방향으로 갔다는 이야기를 들어본 적이 없다. 그들의 훈련
은 전술적으로 정확했고, 또 대단히 훌륭했다. 이 4일간의 해전을 목
격한 다음에 드 기쉬는 다음과 같이 기록했다.

> 해상에서 영국함대의 질서정연한 진형보다 더 아름다운 것은 없
> 다. 영국함정들에 의해 형성된 전열보다 더 반듯하게 그어진 선은 없
> 다. 따라서 그들은 자신에게 다가오는 적에 대해 모든 화력을 집중시
> 킬 수 있다. …… 그들은 규칙에 의해 조종되는 기병대처럼 싸우고,
> 전적으로 적에게만 집중하여 전력을 다한다. 반면에 네덜란드함대는
> 각각 분리하여 출발하는 기병대처럼 개별적으로 임무를 수행한다.[34]

네덜란드 정부는 군비의 지출을 꺼렸고 또한 비군사적인 성향을
가지고 있었다. 게다가 전력이 약화된 스페인 해군에 대해 쉽게 승
리하면서 부주의해진 네덜란드 정부는 자국 함대를 단순히 무장상
선들의 집합체로 전락시켰다. 사태는 크롬웰 시대에 최악이었다.
그 전쟁에서 가혹한 교훈을 얻은 네덜란드 연방은 능력을 보유한
지도자 아래서 많은 문제점을 고쳤지만, 완전한 효율성을 달성한
상태는 아니었다.
프랑스의 한 저술가는 다음과 같이 말하고 있다.

> 1653년과 마찬가지로 1666년에도 전쟁의 행운은 영국 쪽으로 기
> 우는 것처럼 보였다. 세 번에 걸친 대해전 중 두 번은 영국의 승리로

---

34) *Mémoires*, pp. 249, 251, 266, 267.

끝났다. 그리고 세 번째 해전은 패배에도 불구하고 영국 해군의 영광을 높여주었다. 이것은 몽크와 루퍼트의 지혜로운 대담성, 제독과 함장들의 재능, 그리고 그들의 지휘를 받는 수병과 병사들의 기술 덕분이었다. 네덜란드 연방의 현명하고 적극적인 노력과 어떠한 적들보다도 뛰어난 데 뢰이터의 경험과 천재성도 네덜란드 장교들의 무능력과 우둔함, 그리고 그들의 명령에 따라 행동했던 대원들의 명백한 열세를 보충해줄 수는 없었다.[35]

앞에서 말했듯이 영국에는 군사제도에 대한 크롬웰의 강압정책의 흔적이 아직 남아 있었다. 그러나 흔적은 점점 희미해졌다. 네덜란드와의 다음 전쟁이 발발하기 전에 몽크가 사망했는데, 영국은 그 자리를 기병대 장교인 루퍼트에게 물려주는 잘못된 후속 인사의 잘못을 저질렀다. 네덜란드 시장의 지나친 인색함과 마찬가지로 영국 왕실의 사치가 해군장비에 쓰여질 비용을 삭감해버렸고, 왕실의 타락은 무역에 대한 무관심만큼이나 확실하게 군대규율의 기초를 흔들어버렸다. 그 결과는 6년 후에 양국 함대가 다시 해상에서 만나게 되었을 때 분명하게 드러났다.

함대 지휘관에 대한 논의

당시 모든 국가의 해군에 널리 알려진 특징 하나를 여기에서 잠깐 언급하고 넘어가고자 한다. 왜냐하면 그 특징의 정확한 모습이나 가치를 항상 볼 수 있는 것이 아니기 때문이다. 그 시대에는 해상에 익

---

35) Chabaud-Arnault, *Revue Mar. et Col.* 1885.

숙하지 않고 배를 다룰 줄 모르는 육군장교가 함대나 함정을 지휘하는 일이 종종 있었다. 따라서 배를 다루는 임무는 다른 장교에게 맡겨졌다. 이 사실을 좀더 자세히 살펴보면, 전투에 대한 지시와 함정의 동력에 대한 지시가 확실하게 구분되었음을 의미하는데, 이것은 문제의 본질이기도 했다. 동력의 근본이 무엇이든 원칙은 같았다. 오늘날과 마찬가지로 그러한 제도는 그 당시에도 명백히 비효율적이고 불편했다. 그러므로 이 두 기능은 점차 한 장교의 수중에 놓여지게 되었으며, 그 결과 오늘날의 해군장교와 같은 개념이 일반적으로 이해되었다.[36] 그런데 불행하게도 이 과정에서 상대적으로 덜 중요한 기능이 상급장교에게 맡겨졌다. 그리하여 해군장교들은 군사적 효율성을 발전시킬 수 있는 기량보다는 함정의 동력을 조작할 수 있는 재능을 더 자랑스럽게 여기게 되었다. 이러한 군사학에 대한 관심부족이 초래한 나쁜 결과는 함대운용과 관련된 문제에서 가장 분명하게 드러났다. 왜냐하면 그러한 군사기술을 거론하기 위해서는 이에 대한 사전연구가 절실하게 필요하기 때문이었다. 이것은 단일 함정에 대해서도 마찬가지였다. 그리하여 특히 영국 해군에서는 뱃사람으로서의 자부심이 군인으로서의 긍지를 대신하게 되었고, 영국의 해군장교는 자신을 군인보다는 상선의 선장에 비유하는 것이 더 타당하다고 생각했다. 프랑스 해군에서는 이러한 경향이 훨씬 약했다. 이것은 아마도 영국 정부보다 프랑스 정부가 군인정신을 중시했고, 귀족만이 장교가 될 수 있었으며 장교의 신분이 보장되었기 때문이었다. 프랑스에서는 군인이 신사가 될 수 있는 경력으로서 무공을 중시하기

---

36) 이 변화의 참된 중요성은 종종 잘못 이해되기도 하는데, 미래를 잘못 추리할 수도 있다. 그것은 새로운 것이 낡은 것을 대체하는 것이 아니라 다른 모든 기능에 대한 필연적이고 피할 수 없는 지배를 주장하는 군사조직에서 군사적 요소의 기능이다.

때문에 함대나 함포보다 돛이나 삭구에 더 큰 관심을 가져서는 안 된다는 인식이 널리 퍼져 있었던 것이다. 그러나 영국 장교들은 근본적으로 달랐다. 이에 대해서 토머스 머콜리Thomas Macaulay가 다음과 같이 말한 것은 잘 알려져 있다. "찰스 2세 시대의 해군에는 선원과 신사가 있었다. 그러나 선원이 신사가 될 수 없었던 것처럼, 신사도 선원이 될 수 없었다." 문제는 신사의 존재 여부가 아니라 당시의 상황에서 신사가 군 사회의 두드러진 요소였다는 사실이다. 그리고 그 선원들이 네덜란드와의 전쟁 이후에 점점 신사들을 밀어냈고, 이와 함께 단순한 용기와 구분되는 군사적인 성향과 정신이 밀려나게 되었다. 호크 경Lord Hawke의 전기작가는 다음과 같이 말하고 있다. "윌리엄 3세 시대의 제독들이었던 허버트Herbert와 러셀Russel 같은 사람조차도 실제로는 선원이었고, 거친 선원의 대담한 태도를 받아들였기 때문에 그러한 직위에 오를 수 있었다." 프랑스인을 열등한 뱃사람으로 만들었던 국민성은 함정 조종술보다 군인의 용기를 더 중시함으로써 프랑스인을 다시 우수한 군인으로 만들었다. 오늘날에도 이와 똑같은 경향이 있음을 알 수 있다. 라틴계 국가의 해군에서는 군함의 동력에 대한 지휘를 군사적 기능으로 고려하지 않는다. 프랑스 국민성의 학구적이고 체계적 성격은 프랑스 장교들로 하여금 게으르지만 않다면 논리적인 방식으로 전술 문제를 생각하고 발전시키게 만들었으며, 또한 단순히 뱃사람으로서가 아니라 군인으로서 함대를 운용할 준비를 하도록 만들었다. 그 결과는 미국 독립전쟁에서 나타났다. 정부로부터 무시받는 역사적인 슬픔을 겪었음에도 불구하고, 프랑스 해군은 적 함대보다 경험이 부족한 상황에서 전술적으로 대등하거나 그 이상으로 대응할 수 있었을 뿐만 아니라 탁월한 함대운용술도 보여주었다. 그런데 이미 지적한 것처럼, 잘못된 이론은 프랑스 함대로 하여금 적을 격파가 아닌 다른 이면의 목표를 위해 활동하도록 지시했다. 그러나 이것은 비록 그 전술적인 기량이 잘못된 전략적 목표에 적용되기는 했지만, 군인이 단순한 선원보다 더 우수한 전술적인 기량을 갖고 있다는 점에 영향을 주지는 못했다. 네덜란드가 장교를 어떻게 선발했는지는 확실하지 않다. 1666년에 영국의 한 해군역사가는 네덜란드함대의 함장들 대부분이 부유한 시장들의 자제로서 정치적인 이유로 행정장관에 의해 군대에 보내졌다고 말했다. 또 당대에 프랑스의 가장 유능한 제독이었던 뒤켄Duquesne은 1676년에 경험이 부족한 네덜란드 함장들이 자신의 함장들에 비해 정확성과 기량 면에서 형편없다고 말했다. 이러한 주장들을 미루어볼 때, 네덜란드 함장들은 주로 본질적으로 군인정신이 없는 상선의 선원들이었던 것 같다. 또한 개인적인 용기가 강했던 네덜란드 장교들은 군인의 업무를 태만히 했을 때 국가와 흥분한 국민들에 의해 혹독한 비난을 받을 것이라는 염려 때문에 군인으로서 충성심과 복종심을 갖게 된 것 같다. 그들은 1666년과는 아주 다른 기록을 1672년에 세웠다.

4일 해전에 대한 논의를 마치기 전에 또 다른 저술가의 결론을 인용하는 것이 좋을 것 같다.

4일 해전이나 칼레 해전으로 불리는 피 어린 전투는 근대사에서 가장 기억할 만한 해전이다. 그 이유는 해전의 결과 때문이 아니라 서로 다른 전투상황의 양상, 전투원들의 맹위, 지휘관들의 기량과 대담함, 그리고 해전에 미친 새로운 특성 때문이다. 다른 어떤 해전보다도 이 해전은 이전부터 17세기 말까지 전술의 변천을 분명하게 보여주고 있다. 우리는 처음에는 마치 하나의 계획을 추적하듯이 함대들의 주요 움직임을 쫓아갈 수 있다. 영국과 마찬가지로 네덜란드도 전술

교리서와 신호서를 분명히 갖고 있었던 것 같다. 그렇지 않다면 최소한 신호서 대신 사용할 수 있는 광범위하고 정확하게 문자화된 교본을 틀림없이 갖고 있었을 것이다. 오늘날 제독들은 자신의 전대를 보유하고 있고, 최고사령관조차도 전투 중에 휘하 함대의 수많은 전대를 마음대로 배치할 수 있다. 이러한 행위를 1652년의 행위와 비교해보면, 한 가지 명백한 사실을 발견할 수 있을 것이다. 이 두 기간 사이에 해군전술이 혁명적인 변화를 겪었던 것이다.

1665년의 전쟁과 1652년의 전쟁 사이에 차이가 있다면, 그것은 바로 전술상의 변화이다. 제독들은 1652년과 마찬가지로 여전히 풍상의 위치가 함대에 유리하다고 생각했다. 그러나 이제는 더 이상 그렇지 않다. 전술적인 관점에서 보면 거의 절대라고 할 수 있는 현장지휘관이 가장 중요한 존재이다. 오늘날의 지휘관은 전투시에 몇 개의 전대들이 연합활동을 할 수 있도록 함대가 진형을 잘 유지하되, 가능한 한 밀집된 형태로 유지해주기를 바라고 있다. 4일 해전이 끝나갈 무렵 데 뢰이터의 행동을 보라. 그는 대단히 어렵게 영국함대에 대해 풍상의 위치를 유지했다. 그러나 그는 적에 의해 분리되어버린 자신의 두 함대를 하나로 결합시키기 위해 그런 이점을 희생시키는 데 주저하지 않았다. 노스포어랜드 앞바다에서 벌어진 그 후의 전투에서 만약 네덜란드 전대들의 간격이 많이 벌어져 있었다면, 그리고 후미의 부대가 그 후에 계속하여 중앙부대로부터 멀어져갔다면, 데 뢰이터는 그러한 잘못이 패배의 중요한 원인이 되었을 것이라고 개탄했다. 그는 공식 보고서에서 이 점에 대해 애통해했다. 그리고 그는 자신의 정적이라고 할 수 있는 트롬프를 비겁자라고까지 비난했다. 물론 이것은 정당하지 못한 비난이었다. 그럼에도 불구하고 그 사실은 전투 중 분산되어 있는 함대를 전체적으로 엄격하고 조화롭게 하나

로 재결합하는 것이 대단히 중요하다는 것을 보여주고 있다.[37]

이 논평은 일반적인 목표와 경향을 지적하고 있는 한 정당하다고 할 수 있다. 그러나 그 결과가 완벽하다고는 할 수 없다.

영국은 4일 해전에서 막대한 피해를 입었음에도 불구하고 두 달도 채 되지 않아 다시 해상에 모습을 보임으로써 네덜란드를 크게 놀라게 했다. 그리고 8월 4일에 또 다른 치열한 해전이 노스포어랜드 앞바다에서 벌어져 네덜란드에게 완벽한 패배를 안겨주었다. 결국 네덜란드함대는 자국 연안으로 퇴각하지 않을 수 없었다. 영국함대는 그들을 추격하여 네덜란드의 한 항구 입구를 지키고 있다가 네덜란드의 대규모 상선대를 격파하는 동시에 상당히 중요한 도시도 파괴했다. 1666년 말이 되자 양국은 전쟁에 지쳐버렸다. 이 전쟁은 무역에 커다란 피해를 주었으며, 양국 해군의 약화는 프랑스의 해군력이 성장할 수 있는 기회를 제공해주었다. 평화를 바라는 협상이 시작되었다. 그러나 네덜란드 연방을 좋지 않게 생각하고 있던 영국의 찰스 2세는 스페인령 네덜란드에 대한 루이 14세의 간섭이 프랑스와 네덜란드의 동맹관계를 깨뜨릴 것이라고 확신하는 한편, 네덜란드에 의해 해상에서 받고 있는 영국의 고통을 역전시킬 수 있을 것이라고 생각하여 지나친 요구를 하고 있었다. 그는 이러한 자신의 행위를 정당화하기 위해서 승리 덕분에 크게 높아져 있는 함대의 위신을 계속 유지해야 했다. 하지만 영국함대는 국내 정치의 잘못과 사치로 인한 빈곤 때문에 사양길로 접어들었다. 많은 수의 함정들이 부두에 계류된 상태로 있었다. 따라서 그는 빈곤한

---

37) Chabaud-Arnault, *Revue Mar. et Col.*, 1885.

국가재정에 적합한 의견을 채택할 수밖에 없었는데, 이것은 해양사의 모든 시대에 옹호받았지만 여기에서는 비난받아 마땅하다. 온건하게 찰스 2세에게 반대했던 몽크의 의견은 다음과 같았다.

네덜란드함대는 주로 무역에 의해 지탱되어 왔으며 또한 그 해군 장병은 주로 무역에 종사하는 사람들이었기 때문에, 우리의 경험에서 알 수 있듯이 그들의 무역에 피해를 입히는 것보다 더 그들을 화나게 하는 것은 없었습니다. 그러므로 전하께서는 이러한 일에 전념하셔야 합니다. 그것이 효과적으로 그들의 콧대를 꺾어줄 것이고 동시에 지금까지 했던 것처럼 매해 여름마다 그들의 막강한 해군과 싸움을 벌이는 것보다 영국 해군을 훨씬 덜 지치게 할 것입니다. …… 이러한 동기 때문에 전하께서는 중요한 결정을 내려 강력한 함정들을 계류시키고 단지 몇 척의 프리깃 함으로 하여금 순찰임무를 맡게 하셨습니다.

템스 강을 침입한 데 뢰이터 제독(1667)

영국이 그렇게 경제적인 이론을 가지고 전쟁을 수행한 결과, 네덜란드의 재상이었던 데 위트는 그 전해에 템스 강의 수심을 잰 후 데 뢰이터가 지휘하고 60~70척으로 구성된 함대를 그곳으로 파견했다. 이 함대는 1667년 6월 14일에 그레이브샌드Gravesend까지 거슬러 올라가 채텀Chatham과 메드웨이Medway에서 함정들을 파괴하고 쉬어니스Sheerness를 점령했다. 당시 일어난 불길은 런던에서도 볼 수 있을 정도였다. 네덜란드함대는 그 달 말까지 템스 강 입구의 점령지에서 머물렀다.

브레다 평화조약(1667)

이러한 타격을 받은 영국은 설상가상으로 전염병과 런던의 대화재까지 겪으면서 많은 피해를 입었다. 결국 찰스 2세는 평화협정을 맺는 데 동의했으며, 그 결과 1667년 7월 31일에 조약이 체결되었는데, 이것은 브레다 평화조약Peace of Breda으로 알려져 있다. 이 전쟁의 결과로 뉴욕과 뉴저지를 넘겨받은 영국은 북아메리카에 있는 북부와 남부 식민지를 합칠 수 있게 되었다.

통상파괴의 군사적 가치

일반적인 역사 이야기를 계속하기 전에 1667년에 영국을 그렇게 비참하게 만들었던 이론에 대해 잠시 생각해보는 것이 좋을 것 같다. 그 이론은 영국이 적의 통상을 약탈하는 방법으로 해군을 유지해왔다는 것이었다. 단지 몇 척의 고속순양함만을 유지하고, 국가의 직접적인 지출 없이 사략선만을 가지면 되었고 또한 국민의 탐욕정신에 의해 지지를 받을 수 있는 이러한 계획은 항상 경제를 당면 문제로 삼았던 영국에게 대단히 매력적이었다. 이 계획이 적국의 부와 번영에 큰 피해를 준다는 점도 또한 무시할 수 없는 일이었다. 비록 전쟁이 계속되는 동안 상선들은 외국기를 달고 다니면서 어느 정도 자신들을 보호할 수는 있었지만, 이러한 상선단의 파괴는 성공하기만 하면 외국 정부를 당황하게 만들고 또 그 나라 국민들을 절망에 빠지게 할 수 있었다. 그러나 그러한 전쟁을 단독으로 수행할 수는 없었다. 그것은 군사적인 용어를 사용하자면 반드시 지원을 필요로 했다. 그러나 그 내용이 빈약하고 하잘것없어서 기지에서 멀리 떨어진 곳까지는 지원하지 못했다. 그러한 기지는 틀림없이 국내의 항구, 아니면 국가의 힘이 미칠 수 있는 해안가나 해상의 확실한 전초지였다. 지원이 실패하면 최단거리에 있는 국내 지점에서 순양함이 급히 나와 타격을 주었지만, 그것은 치명적인 것이 될 수는 없었다. 네덜란드의 상인들로 하여금 항구를 폐쇄하고 암스테르담에 풀이 자라도록 만든 것은 1667년의 정책이 아니라 크롬웰의 강력한 전열함 함대였다. 그 당시의 고통에서 교훈을 얻은 네덜란드인들은 두 차례의 전쟁을 겪으면서 통상이 크게 고통을 겪었음에도 불구하고 대함대를 유지함으로써 영국과 프랑스의 연합함대와 맞서 싸울 수 있었다. 40년 후에 재정이 바닥난 루이 14세는 내키지는 않았지만 찰스 2세가 채택했던 정책을 받아들일 수밖에 없게 되었다. 그때부터 유명한 프랑스의 해적들이 날뛰게 되었는데, 장 바르, 포르벵 Forbin, 뒤기에-트루앙Duguay‐Trouin, 뒤 카스Du Casse 등을 들 수 있다. 프랑스 해군의 정규함대는 스페인 계승전쟁(1702~12) 동안에 실제로 해상으로부터 철수한 상태에 있었다. 이에 대해 프랑스 해군의 한 역사가는 다음과 같이 말하고 있다.

해군의 무장을 개선할 수 없었던 루이 14세는 순양함의 수를 늘려 특히 영국해협과 독일해(프랑스에서 멀리 떨어져 있지 않다)에 자주 파견했다. 이러한 곳들에서 순양함들은 항상 병사를 수송하거나 모든 종류의 군수품을 운반하는 수많은 수송선단의 움직임을 차단하거나 방해했다. 상업과 정치의 세계적인 중심지였던 이 곳들에서 순양함들이 해야 할 일은 항상 많았다. 대규모의 자국 함대가 없었기 때문에 어려움이 없지는 않았지만, 순양함들은 두 나라(프랑스와 스페인)의 국민들에게 항상 이익이 되는 일을 했다. 이 순양함들이 영국과 네덜란드의 해군과 부딪힐 때에는 행운과 대담함, 그리고 숙련된 기량을 필요로 했다. 이 세 가지가 우리의 선원에게는 조금도 부족하지 않았다. 그러나 그 때 우리의 사령관과 함장들은 도대체 무엇을 가지고 있었는지 모르겠다![38]

한편, 영국 역사가는 영국의 통상과 국민들이 이 순양함들의 활동에 의해 얼마나 심각한 고통을 겪었는지 인정했고 또한 정부에 대해서도 비난했다. 그는 동시에 국가의 전체적인 부, 특히 통상 면에서 부가 증가한 사실을 반복하여 언급하고 있다. 반면에 1689년부터 1697년까지 벌어진 전쟁에서 프랑스가 대함대를 해상으로 내보내 해상의 우위를 다투었을 때 그 결과는 얼마나 달랐던가! 앞에서 언급한 영국인 저자는 그 당시에 대해 다음과 같이 말하고 있다.

우리가 무역 면에서 프랑스보다 더 큰 피해를 입었음에 틀림없다. 왜냐하면 우리의 상선 수가 대단히 많아서 그런 현상이 나타난 것이 아니라 이전의 어떤 전쟁에서보다 더 많은 피해를 입었기 때문이다. …… 이렇게 피해가 큰 것은 프랑스가 경계를 늦추지 않았기 때문인데, 프랑스는 해적과 같은 방식으로 전쟁을 수행했다. 모든 것을 종합해보면 우리의 해상교통이 막대한 피해를 입었으며, 많은 상선이 유린당한 것은 틀림없는 사실이다.[39]

머콜리는 다음과 같이 말하고 있다. "영국은 1693년에 몇 달 동안 지중해 지역과의 무역을 거의 완전히 차단당했다. 런던이나 암스테르담으로부터 오는 상선들은 보호받지 않은 상태에서 프랑스 해적에게 약탈을 당하지 않은 채 헤라클레스의 기둥Pillars of Hercules(지브롤

---

38) Lapeyrouse-Bonfils, *Hist. de la Marine Française*.

39) Campbell, *Lives of the Admirals*.

터 해협 동쪽 끝 양쪽에 서 있는 2개의 바위—옮긴이주)이 있는 곳까지 갈 수 없었다. 그리고 무장한 해군의 보호를 받는 일도 쉽지는 않았다." 그 이유는 무엇이었을까? 그것은 영국 해군의 함정들이 프랑스 해군을 감시하는 일에 매달려 있었기 때문이다. 한 프랑스의 역사가는 이 시기(1696)의 영국 상황에 대해 다음과 같이 말하고 있다. "재정상태는 비참할 정도였다. 돈은 귀했고 해상보험은 30%에 이르렀으며, 영국이 선포한 항해조례는 실제로 중단된 상태였다. 또한 영국의 해운업은 영국 화물이 스웨덴이나 덴마크의 국기를 달고 항해하는 선박을 이용할 정도로 감축되어 있었다."[40] 프랑스 해군은 오랫동안 관심을 기울이지 않은 결과 반세기 후에 다시 순양함전Cruising Warfare(순양함이 돌아다니면서 상선을 찾아 약탈하는 전법—옮긴이주)을 수행해야 할 정도로 감축되어버렸다. 그로 인하여 어떠한 결과가 생겼을까? 프랑스 역사가의 말을 인용해보자. "1756년 6월부터 1760년 6월까지 프랑스 해적들은 영국으로부터 2천5백 척 이상의 상선을 나포했다. 1761년에는 프랑스가 해상에 단 한 척의 전열함도 보유하지 못했고 또한 영국이 240척의 우리 사략선을 나포했음에도 불구하고, 다른 사략선들은 812척이나 되는 영국 상선을 나포했다. 그러나 이 나포한 상선 수는 영국 해운업이 놀랄 정도로 증가하고 있다는 것을 말해주고 있다."[41] 다시 말하자면 영국은 그처럼 막대한 상선을 프랑스에 빼앗기면서 대단한 고통을 받았고 또한 그것이 개인들에게도 대단한 피해를 주어 불만을 야기했지만, 그것이 영국의 번영과 국민의 발전을 방해하지는 못했다. 영국의 해군사가도 이 기간에 대해 다음과 같이 언급하고 있다. "프랑스의 통상이 거의 파괴되자 영국 무역선들이

---

40) Martin, *History of France*.
41) Martin, *History of France*.

해상을 뒤덮었다. 매년 영국의 통상은 증가하고 있었다. 전쟁으로 소비된 돈이 영국의 산업생산품을 판매함으로써 되돌아왔다. 8천 척의 상선들이 영국 상인을 위해 활동했다." 그는 외국정복에 의해 막대한 양의 정금이 영국으로 유입되었다고 언급한 다음, 전쟁의 결과를 요약하여 다음과 같이 말하고 있다. "영국의 무역은 매년 점진적으로 증가했고, 그렇게 오래 걸리고 피비린내 나며 비용이 많이 드는 전쟁을 치르면서도 국가의 부를 형성한 것은 세계 어디에서도 그 유례를 찾아볼 수 없다." 반면에 프랑스 해군의 한 역사가는 이 전쟁의 초기 국면에 대해 다음과 같이 말하고 있다. "영국함대는 그들에게 저항하는 것이 아무것도 없었으므로 바다를 휩쓸고 다녔다. 우리의 사략선들과 단독으로 행동하는 순양함들은 대단히 많은 수의 적을 제압할 함대가 없었으므로 명이 짧았다. 2만 명의 프랑스 선원이 영국의 감옥에 갇혀 있었다."[42] 다른 한편 미국 독립전쟁이 진행되는 동안 프랑스가 콜베르와 루이 14세의 초기 통치시대의 정책을 다시 취하여 대규모의 전투함대를 해상에 배치했을 때, 투르빌 시대와 동일한 결과가 다시 나타났다. 《연보Annual Register》에는 마치 1693년의 경험을 잊어버렸거나 무시하고 그 이후의 전쟁에서의 영광스러운 점만을 기억하고 있는 듯이 이렇게 기록되어 있다. "처음으로 영국 상선들이 외국 깃발을 달고 피난할 곳을 찾고 있다."[43] 이 주제에 대한 고찰을 마치면서 마지막으로 프랑스가 마르티니크 섬에 순양함전 기지로 사용할 수 있는 강력한 원거리 보호령을 가지고 있었다는 점을 말해야 할 것 같다. 7년전쟁 동안과 그 이후의 제1 제정시대 동안에도 이 섬은 과달루페와 더불어 수많은 사략선들의 피항지 역할을 했다. "영국

---

42) Lapeyrouse-Bonfils.
43) *Annual Reg.*, vol. ⅹⅹⅶ., p. 10.

해군성의 기록에는 7년전쟁의 첫해에 서인도제도에서 영국이 천4백 척의 상선을 나포, 또는 파괴당했다고 적혀 있다." 영국함대는 이 섬을 직접 공격하여 모두 함락시켰다. 이 두 섬이 함락됨으로써 프랑스는 자국의 사략선들이 영국 통상에서 빼앗아온 것보다 더 많은 손실을 무역에서 경험하게 되었고, 결국 사략선 제도가 붕괴되기조차 했다. 그러나 1778년의 전쟁에서는 강력한 함대가 이 섬을 보호하여 적의 위협을 전혀 받지 않도록 했다.

지금까지 살펴본 것처럼 순수한 순양함전의 목표는 강력한 전대가 아니라 이론적으로 적의 특별한 부분 즉, 통상과 일반적인 부 그리고 군자금이었다. 여러 증거들이 보여주는 바에 의하면, 그러한 형태의 전쟁은 특별한 목표를 가지고 있었다고는 해도 결정적인 역할을 하지 못했고 또한 상대방을 괴롭히기는 했지만 치명적인 영향을 주지 못했다고 할 수 있다. 따라서 그러한 유형의 전쟁은 불필요한 고통만을 초래한다고 말할 수 있을 것이다. 그러나 이 정책이 여러 가지 수단 중 하나로서 그리고 보조적인 수단으로서 전쟁의 일반적인 목표에 미친 영향은 무엇이었을까? 그리고 그 정책은 그것을 실행에 옮기는 국민에게 어떻게 작용했을까? 이 의문들에 대해서는 역사적인 증거들이 때때로 자세하게 제시될 것이므로 여기에서는 간단하게 요점만을 살펴보려 한다. 찰스 2세 치세에 영국에 미친 영향은 이미 본 바와 같이 영국 해안이 유린당하고 수도에서 볼 수 있을 만큼의 가까운 거리에서 영국의 선박들이 불타올랐을 정도였다. 스페인 왕위계승전쟁에서 스페인이 군사적 목표를 달성하기 위해 지배했을 때, 프랑스가 외국의 통상에 대한 순양함전에 의존하고 있는 동안에 영국과 네덜란드의 해군은 전혀 저항을 받지 않은 채 반도의 해안을 경비하고, 툴롱 항구를 봉쇄하며, 프랑스의 원군으로 하여금 피레네 산맥을 넘어가게 했고, 해양 항로를 개방함으로써 전쟁터와 가까운 프랑스의 지리적 이점을 무력화시켰다. 그들의 함대는 지브롤터, 바르셀로나, 미노르카를 점령했지만, 오스트리아 육군과의 연합작전은 툴롱을 함락시키지 못하여 실패하고 말았다. 7년 전쟁 때에는 영국의 함대들이 프랑스와 스페인의 매우 중요한 식민지들을 함락시키거나 함락시킬 수 있도록 도와주었고, 프랑스의 해안을 자주 습격했다. 미국 독립전쟁은 아무런 교훈도 주지 않았으며, 함대도 거의 같은 상태를 유지했다. 미국인이 놀랐던 순간은 그 다음에 벌어진 1812년의 전쟁이었다. 미국의 사략선들이 해상을 휩쓸고 다녔다는 것, 그리고 미국 해군의 규모가 적었기 때문에 그 전쟁이 필연적이고 전적으로 순양함전이 될 수밖에 없었다는 것은 모든 사람이 잘 알고 있는 사실이다. 호수를 제외한 해상에서 미국함정이 두 척 이상 함께 행동했는지 어떤지는 의문이다. 따라서 영국의 통상은 과소평가하고 있던 원거리의 적으로부터 예기치 않은 공격을 받아 상당한 피해를 입었다. 반면에 미국 순양함들은 프랑스 함대로부터 강력한 지원을 받았다. 프랑스함정들은 황제의 통제하에 있던 안트웨르펜에서 베니스에 이르는 많은 항구에 대규모나 소규모로 모여 있었기 때문에 영국함대를 봉쇄임무에 묶어둘 수 있었다. 그러나 제국이 몰락하여 영국함대를 봉쇄임무로부터 해방시켜 주었을 때, 미국 해안은 곳곳에서 유린당했다. 영국 함대가 체서피크 만으로 들어와 그곳을 지배하고 해안을 황폐화시켰으며, 포토맥 Potomac 강을 거슬러 올라가 워싱턴을 불태웠다. 북부 해안의 국경 지방은 그곳에 있는 미국 전대들이 절대적으로는 약하지만 그래도 비교적 강한 편이었기 때문에 전반적인 방어를 한 덕분에 경고 상태를 유지하고 있었다. 반면에 남부에서는 미시시피 강으로 아무런 저항도 받지 않은 채 적이 들어올 수 있었으며, 뉴올리언스만이 간신히 위기를 피할 수 있었다. 평화를 위한 협상이 시작되었을 때, 미국 대표에 대한 영국인의 태도는 자기 나라가 견딜 수 없는 적으로부터 위협받고 있다는 사실을 모르는 사람 같았다. 그 후에 있었던 미국 남북전쟁 때 앨라배마*Alabama* 호와 섬터*Sumter* 호가 동료 함정들과 함께 통상파괴의 전통을 부활시켰다. 이러한 통상파괴작전은 그것이 전반적인 목표에 대한 하나의 수단이거나 아니면 강력한 해군에 기반을 두고 있는 한 유용한 작전이라고 할 수 있다. 그러나 선박들에 대한 이처럼 반복적인 통상파괴 행위가 강력한 해군에 대해 무엇인가 할 수 있으리라고 기대해서는 안 된다. 우선 그 함정들은 남부 무역의 중심지와 모든 해안에 대한 출입구를 봉쇄하려는 북군의 결의에 의해 강력하게 뒷받침되고 있었다. 따라서 봉쇄임무 때문에 적을 추격하는 데 이용할 수 있는 함정은 거의 남아 있지 않았다. 둘째, 북군은 실제로 한 척밖에 보유하지 못했지만, 만일 그러한 순양함이 열 척만 있었더라면 북군은 남부 지방을 침입할 수 있었을 것이다. 셋째, 개인이나 국가 산업의 한 분야(해운 산업이 그 중에서 얼마나 높은 위치를 차지하고 있었는가에 대한 필자의 평가는 여기서 다시 되풀이할 필요가 없다고 생각한다)에 직간접적으로 가해진 명백한 피해는 전쟁의 결과에 전혀 영향을 주지 않았다. 흔히 다른 것이 수반되지 않는 그러한 피해는 해운업을 약화시키기보다는 오히려 자극하는 역할을 한다. 그런데 북군의 함대가 거의 필연적이라고 할 수 있는 목적 수정과 촉진을 인정하기를 거부하도록 만들었어야만 했을까? 우리가 살펴본 전쟁을 해양력 측면에서 보면, 남군이 프랑스의 입장을 본받았던 반면에 북군의 입장은 영국의 입장과 비슷했다. 그리고 남군에서는 고통받는 사람이 하나의 계급이 아니라 정부와 국민 전체였다. 국가 재정에 타격을 가한 것은 수가 많든 적든 개별적인 함정이나 호송선단의 포획이 아니었다. 해상에서 적함을 완전히 몰아내는 것 그리고 적함을 도망자로 전략시키는 것은 해상에서 압도적인 세력을 소유하고 있다는 증거였다. 그리고 그러한 압도적인 세력이 공해를 통제함으로써 아군의 무역선이 적의 해안까지도 왕래할 수 있게 되었다. 이러한 압도적인 힘은 강력한 해군에 의해서만 행사될 수 있었다. 그러한 압도적인 힘은 중립국의 깃발이 오늘날과 같은 면제 혜택을 보지 못했던 그 당시에 비해 오늘날 그 효과가 매우 적다. 해양국 사이에 전쟁이 발생했을 경우 적의 통상을 파괴하기를 바라는 해양력을 가진 한 나라는 봉쇄를 시도할 것처럼 보인다. 자국의 이익에 가장 적절한 해양력의 이용방법이 '효과적인 봉쇄'라고 생각한 나머지 그 방법을 실제로 실천해보고자 하는 시도가 있을 것이다. 그리고 군함의 속도와 적절한 배치에 의해 이전보다 훨씬 먼 거리에서 훨씬 적은 수의 함정으로 효과적인 봉쇄를 할 수 있다고 주장할 것이다. 그러한 문제에 대한 결정권은 보다 열세한 교전국과 중립국에 달려 있지만, 동시에 교전국과 중립국들 사이에 문제를 제기할 것이다. 만약 교전국이 압도적으로 강한 해양력을 가지고 있다면, 그 교전국은 해양에 대한 지배권을 가지고 있을 때 오랫동안 중립국의 깃발을 단 선박이 상품을 운반하는 것을 인정하려고 하지 않았던 과거의 영국처럼 자신의 견해를 관철할지도 모른다.

제3장

네덜란드 연방 대 영불동맹의 전쟁(1672~74)
유럽 연합군 대 프랑스의 최후 전쟁(1674~78)
솔배이 해전, 텍셀 해전, 스트롬볼리 해전

루이 14세의 스페인령 네덜란드 침략

브레다 평화조약이 조인되기 직전에 루이 14세는 스페인령 네덜란드와 프랑슈콩테의 일부를 빼앗으려는 첫걸음을 내딛었다. 그는 자신의 군대에게 전진하도록 명령하는 동시에 문제의 영토에 대한 자신의 주장을 담은 국서를 보냈다. 젊은 국왕의 야심에 찬 성격을 드러내는 이 서류는 분명하게 유럽의 불안을 초래했으며 또한 영국 평화파의 세력을 크게 부상시켰다. 영국 재상의 기꺼운 협조와 네덜란드의 주도하에 양국과 지금까지 프랑스의 우방이었던 스웨덴 사이에 동맹이 체결되었다. 이 조약은 루이 14세의 세력이 너무 커지기 전에 그의 진격을 저지하기 위한 것이었다. 1667년의 네덜란드에 대한 공격과 1668년의 프랑슈콩테에 대한 공격은 자국의 영토를 방어하기에 너무나 무력해진 스페인의 모습을 드러내주었다. 이 두 지방은 반격도 하지 못한 채 함락되고 말았다.

네덜란드 연방의 정책

당시 루이 14세의 요구에 대한 네덜란드 연방의 정책은 '프랑스는 우방으로서는 좋지만 이웃으로서는 좋지 않다'는 구절로 요약될 수 있었다. 연방은 프랑스와의 전통적인 동맹관계를 깨고 싶지 않았지만, 자신의 국경이 침입당하는 것은 더욱 바라지 않았다. 국왕과는 달리 영국 국민의 정책은 네덜란드쪽으로 기울었다. 영국민은 루이의 세력이 커지자 유럽 전체에 위험이 닥쳐올 것이라 생각했다. 만약 루이가 대륙에서 우위를 확보하고 해양력을 자유로이 전개할 수 있게 된다면, 그것은 자신들에게도 아주 특별한 위험이 될 것이라고 생각했다. 영국 대사인 템플Temple은 다음과 같이 기록하고 있다. "일단 플랑드르Flanders가 루이 14세의 수중으로 들어가면, 네덜란드 국민은 자기 나라가 단지 프랑스의 일개 연해주에 불과하게 될 것이라고 생각하고 있다." 이어서 그는 다음과 같이 부언했다. "나는 프랑스에 대한 대항정책을 주장했다. 또한 나는 북해 연안의 저지대 국가에 대한 프랑스의 지배를 유럽 전체의 종속으로 생각했으며 프랑스가 해양에 접한 주들을 정복하는 것이 영국에 얼마나 위협이 될 것인지에 대한 의견을 정부에 전달했고 네덜란드와 즉각적으로 협조할 필요가 있다는 점을 지적했다. 나는 이렇게 말했다. '이것은 가장 큰 보복이 될 것이다. 왜냐하면 네덜란드 연방과의 지난 번 전쟁 때 우리가 거기에 연루되도록 프랑스가 속임수를 썼기 때문이다.'"

영국, 네덜란드, 스웨덴의 3국동맹

이러한 고려가 있었기 때문에 앞에서 언급한 것과 같이 양국은 스웨덴과 3국동맹을 체결했으며, 그것은 일시적이기는 하지만 루이의 전진을 저지했다. 그러나 둘 다 해양국이었던 네덜란드 연방과 영국은 최근에 전쟁을 치른 적이 있었고, 게다가 템스 강에서 당한 영국의 굴욕은 너무나 큰 상처였다. 또한 그들은 그 당시에도 경쟁국으로 남아 있었을 뿐만 아니라 경쟁심이 양국 국민들의 가슴속에 너무 깊이 자리잡고 있었기 때문에, 이 동맹은 오래 지속될 수 없었다. 이 두 대립국을 연합시키기 위해서는 위협적인 루이의 세력확장과 양국에 대한 지속적인 진군이 필요했다. 이것은 또 다른 피비린내 나는 전쟁을 부르는 것이다.

루이 14세의 분노

루이 14세는 3국동맹에 격분했다. 그의 노여움은 주로 네덜란드에 대한 것이었는데, 그는 위치로 볼 때 네덜란드가 확실한 적국이라고 믿었다. 그러나 잠시 동안은 그가 네덜란드에 양보하는 것처럼 보였다. 스페인의 왕통이 곧 끊어질 것처럼 보였기 때문에 왕위가 빌 경우 프랑스 동쪽에 있는 영토뿐만 아니라 그 이상의 땅도 빼앗으려는 야심을 갖고 있던 그가 기꺼이 양보하는 것처럼 행동한 것이다. 그러나 겉으로는 시치미를 떼며 양보하는 척하고 있었지만, 그는 그때부터 네덜란드 공화국을 파괴시킬 생각을 내심으로 갖고 있었다. 이러한 정책은 리슐리외가 수립한 정책과는 정반대였으며 또한 프랑스의 진정한 복지와도 거리가 멀었다. 네덜란드 연방이 프랑스의 공격을 받지 않는 것이 적어도 그 당시에는 영국에게 도움이 되었다. 그러나 네덜란드 연방이 영국에 종속되지 않으면, 그것은 프랑스에 훨씬 더 큰 이익이 되었다. 대륙과 떨어져 있는 영국은 해상에서 단독으로 프랑스와 경쟁할 수 있었다. 그러나 대륙 정책 때문에 방해를 받고 있던 프랑스는 동맹국을 갖지 않으면 영국과 해상지배를 다툴 수 없었다. 이 동맹국을 파멸시키기로 결심한 루이는 자신을 도와달라고 영국에 요청했다. 그 최종 결과는 이미 잘 알려져 있지만, 여기에서는 그 투쟁의 개요만을 일별하려 한다.

루이에게 이집트 정복을 건의한 라이프니츠

국왕의 목적이 행동으로 옮겨지기 전에 프랑스의 국력을 다른 방향으로 돌릴 시간이 있었던 탓에 다른 방침 하나가 국왕에게 제안되었다. 그것은 라이프니츠가 수립한 계획이었는데, 우리의 주제와 많은 관련이 있으므로 특별한 관심을 기울일 필요가 있다. 그 계획은 루이가 이미 정한 노선과는 반대로 대륙에서의 확장을 부차적인 일로 간주하고 그 대신 바다 쪽으로 발전해나가는 것을 주요 목표로 삼아야 한다는 내용을 내포하고 있었다. 이러한 경향은 필연적으로 해상통제와 통상지배를 기반으로 프랑스를 위대하게 만들려는 것이었다. 당시 프랑스의 당면 목표는 이집트 정복이었다. 그러나 이집트를 손에 넣는다고 해도 프랑스의 정복욕은 그곳에서 중단될 수 없었다. 이집트가 지중해와 동방 해역을 마주보고 있기 때문에 그 나라를 얻으면 오늘날 수에즈 운하에 의해 완성된 대통상로를 지배할 수 있었다. 이 항로는 희망봉을 돌아가는 항로가 발견되면서부터 그 가치가 많이 떨어졌고, 게다가 그곳을 지나는 해역이 불안정할 뿐만 아니라 해적이 나타나는 일도 잦았다. 그러나 정말로 강력한 해군력으로 이 지점을 점령한다면, 이 통상로는 원래의 가치를 크게 회복할 수 있었다. 이미 오토만 제국Ottoman Empire이 쇠퇴하고 있는 중이었으므로 강력한 해군력을 이집트에 배치하는 것은 인도와 극동의 무역뿐만 아니라 레반트의 무역도 지배하게 해줄 수 있었다. 그러나 그 계획은 거기서 멈추지 않았다. 지중해를 지배하고 있는 마호메트 교도들에 의해 기독교도 선박의 출입이 금지된 홍해를 개방해야 할 필요성 때문에 이집트의 어느 한 지점을 점령하기로 했다. 그렇게 되면 영국의 인도 점령이 야기한 것처럼 프랑스는 말타, 사이프러스, 아덴Aden과 같은 지점들을 점령함으로써 대해양국으로 점차 성장할 수 있었을 것이다. 오늘날에는 이 점이 명백하게 드러나 있다. 그러나 라이프니츠가 200년 전에 프랑스 국왕을 설득하려고 했던 주장을 들어보는 것도 흥미로울 것이다.

라이프니츠의 청원서

그는 터키제국의 허약함을 지적한 다음에, 오스트리아와 프랑스의 전통적인 동맹국이었던 폴란드를 선동하여 터키 제국을 더욱 당황하게 만들 준비를 하자고 주장했다. 그렇게 되면, 지중해에는 더 이상 프랑스에 대항하는 무장 적군이 존재하지 않을 것이며, 이집트의 저편에서 네덜란드에 대항하기 위해 보호를 기다리고 있는 포르투갈 식민지만이 남게 될 것이다. 그는 계속하여 다음과 같이 주장했다.

동방의 네덜란드라 할 수 있는 이집트를 정복하는 것은 네덜란드 연방을 정복하는 것보다 훨씬 쉽습니다. 프랑스는 서방에서 평화를, 그리고 멀리 떨어진 곳에서 전쟁을 각각 필요로 하고 있습니다. 네덜란드와의 전쟁은 최근에 프랑스가 부활시킨 통상과 식민지들뿐 아니라 새로운 인도회사들도 망치게 될 것입니다. 그렇게 되면, 자원이 줄어들게 되어 국민의 부담이 늘어날 것입니다. 네덜란드는 해안 도시로 퇴각해서, 그곳에서 거의 완벽한 방어자세를 취하며, 그리고 확실히 성공할 가능성이 있을 때 해상에서 공세를 취하게 될 것입니다. 그들에 대해 완벽하게 승리하지 못한다면, 프랑스는 유럽에서 모든 영향력을 잃게 될 것이며, 승리를 한다고 해도 그 영향력은 위협받을 것입니다. 반대로 이집트에서는 별다른 반발이 없을 것입니다. 이집트에 대한 승리는 해상에 대한 지배권과 동방과 인도의 통상에 대한 지배권을 동시에 가져다 줄 것이며, 기독교 국가들 사이에 우선권을 차지할 수 있게도 해줄 것이고, 오토만 제국이 쇠퇴하고 있으므로 동방 제국에 대한 지배권까지 제공할 것입니다. 이집트의 소유는 알렉산더의 활동과 맞먹는 정복의 길을 열어줄 것입니다. 동방의 국가들이 극도로 약화되어 있다는 것은 이제 공공연한 사실입니다. 누가 이집트를 소유하든지 그 소유자는 인도양의 모든 해안과 섬들을 갖게 될 것입니다. 네덜란드를 정복하는 것은 바로 이집트를 점령하는 것입니다. 네덜란드를 번영하게 한 유일한 방법이었던 동방의 보고를 빼앗을 수 있는 곳은 바로 그곳입니다. 네덜란드는 그러한 타격을 극복하기 전에 붕괴될 것입니다. 네덜란드가 이집트에 대한 우리의 계획에 반대한다면, 네덜란드는 전 세계의 기독교인들로부터 증오를 받게 될 것입니다. 그러나 네덜란드 본국을 공격한다면, 네덜란드는 그러한 공격을 막아낼 뿐만 아니라 프랑스의 야심적인 계획을 의심하는 전 세계 여론의 지지를 받아 복수까지 할 수 있을 것입니다.[44]

루이 14세와 찰스 2세의 협상

이 청원서는 아무런 소용이 없었다. "루이 14세는 한 국가를 파괴시키기 위해 모든 노력을 기울였다. 네덜란드를 고립시키고 포위하기 위해 상당한 규모의 외교전략이 전개되었다. 프랑스의 벨기에 정복을 유럽 국가들에게 납득시키지 못했던 루이는 네덜란드의 몰락을 두려움 없이 지켜보라고 설득하려고 했다." 그의 노력은 대체로 성공적이었다. 3국동맹은 붕괴되었다. 영국 국왕은 자국 국민들이

---

44) Martin, *History of France*.

원하는 것과는 어긋나게 루이와 공격적인 동맹을 맺었다. 전쟁이 시작되었을 때, 네덜란드는 이미 몰락해버린 스페인과 결코 일류국가라고는 할 수 없는 브란덴부르크 선거후를 제외하고 유럽에 동맹국을 갖지 못한 상태였다. 그래도 루이는 찰스 2세의 도움을 얻기 위해 그에게 막대한 돈을 제공하기로 약속했을 뿐만 아니라 네덜란드와 벨기에로부터 빼앗은 것 중 발허러Walcheren, 슬뢰Sluys, 카트산트Cadsand, 그리고 고레Goree 섬과 보른Voorn 섬까지도 영국에게 넘겨주겠다고 약속했다. 이것은 중요한 통상로인 셸트 강과 뫼즈 강의 하구에 대한 지배권을 주겠다는 내용의 약속이었다. 영국과의 연합함대의 경우에는 영국의 제독을 최고사령관으로 임명하는 데 합의했다. 해군의 우선순위 문제는 프랑스의 제독을 해상에 파견하지 않는다는 조건으로 보류되었는데, 실제로는 프랑스가 양보한 셈이었다. 루이는 네덜란드를 황폐화시키고 대륙에서 영토를 확장하려는 열망 때문에 해상세력의 분야를 영국에 유리하도록 만들기 위해 몸소 노력했다. 따라서 한 프랑스 역사가의 다음과 같은 주장은 타당하다고 할 수 있다. "이러한 협상은 잘못된 판단에서 나왔다. 찰스가 루이 14세에게 영국을 팔았다는 말이 자주 들리고 있다. 국내 정책면에서 볼 때, 이것은 사실이다. 찰스는 외국의 도움을 받아 영국 국내의 정치적 그리고 종교적 복종을 얻고자 했던 것이다. 그러나 대외적인 이익을 살펴보면 영국이 훨씬 유리했다. 왜냐하면 네덜란드의 몰락으로부터 얻는 이익 가운데 많은 부분이 영국으로 돌아가게 되어 있었기 때문이다."[45]

---

45) Martin, *History of France*.

영·불 두 국왕의 네덜란드에 대한 선전포고

전쟁이 발발하기 이전 몇 년 동안 네덜란드는 전쟁을 피하기 위해 모든 외교적인 노력을 기울였다. 그러나 네덜란드에 대한 너무나 큰 증오를 갖고 있던 루이와 찰스는 어떤 양보도 허용하지 않았다. 영국 왕실의 요트 한 척은 영국해협에서 네덜란드의 전열함 사이를 통과할 때 그 전열함들이 국기를 내리지 않으면 발포하라는 명령을 받았다. 1672년 1월에 영국은 네덜란드에 최후통첩을 보내어 영국이 관장하고 있는 바다들의 주권에 대한 영국 국왕의 권리를 인정하라고 요구했을 뿐만 아니라 아무리 작은 영국 군함이 지나가더라도 네덜란드함대는 국기를 내려야 한다고 강요했다. 그리고 이러한 요구들은 프랑스 국왕의 지지를 받았다. 많은 양보를 해왔던 네덜란드는 마침내 모든 양보가 쓸모없다고 판단하고 2월에 75척의 전열함 및 소형 선박들까지도 취역시켰다. 영국은 선전포고도 없이 3월 23일에 네덜란드의 상선단을 공격했고 29일에 국왕은 전쟁을 선포했다. 이어서 4월 6일에는 루이 14세가 선전포고를 했으며, 28일에는 자신이 육군을 직접 지휘하겠다고 선언했다.

전쟁의 군사적 특징

대양에서 네덜란드와 영국 사이에 벌어진 세 번째이자 마지막이었던 대접전이 이제 시작되었다. 그러나 이 전쟁은 이전의 전쟁들과는 달리 순수한 해상전이 아니었다. 따라서 이번에는 지상전의 전반적인 개요에 대해 언급할 필요가 있다. 그것은 지상전의 영향을 분명하게 밝히기 위해서뿐만 아니라 그 지상전이 네덜란드 공화국을 절망상태로 몰아넣었기 때문인데, 위대한 바닷사람이었던 데 뢰이터는 최악의 상태에 놓여 있던 자기 나라를 해양력을 통해 구하는 데 성공했다.

네덜란드 해군의 전략

이 전쟁은 몇 가지 면에서 이전의 것들과 달랐다. 그러나 가장 두드러진 특징은 네덜란드가 개전 후 단 한 차례만 적과 대적하기 위해 함대를 파견했다는 점이었다. 그 대신 네덜란드는 평시에 위험한 해안과 여울을 전략적으로 이용한다는 작전을 수립했고, 실제로 해상작전이 그렇게 수행되었다. 네덜란드가 이러한 방침을 취할 수밖에 없었던 것은 전투가 그들에게 비관적이었기 때문이었다. 그러나 네덜란드는 여울을 단순한 피난처로만 사용하지는 않았다. 네덜란드는 방어적인 공격작전으로 전쟁을 했다. 바람이 영불동맹의 함대에 유리할 때에는 데 뢰이터는 해안에 있는 섬들 사이에 머물거나 적어도 적이 쉽게 추격해올 수 없는 장소에 머물러 있었다. 그러나 바람이 유리하게 불어올 때에는 그는 방향을 바꾸어 적을 공격했다.

데 뢰이터 제독의 전술적 결합

프랑스 파견함대에 대해 시위하는 정도로 부분적인 공격만을 되풀이하는 특별한 행동을 한 데에는 어떤 정치적 동기가 있었을 가능성도 높지만, 데 뢰이터가 그때까지 있었던 어떤 경우보다 더 높은 수준의 전술적 결합을 실행했다는 명백한 증거들이 있다. 네덜란드가 프랑스를 쉽게 공격했다는 불확실한 사실에 대한 해답은 작가들이 쓴 글 외에는 어디에서도 찾아볼 수 없다. 그러나 네덜란드 연방의 지도자들이 가장 위험한 적이었던 프랑스함대에게 치욕을 주지 않음으

로써 자존심을 크게 건드리지 않은 상태에서 자신들의 제안을 관철
시키기 위해 프랑스의 분노를 부채질하려 하지 않았다는 주장도 그
럴듯해 보인다. 그러나 데 뢰이터가 경험이 부족한 프랑스함대를 먼
저 견제한 다음 온 힘을 기울여 영국을 상대하려고 했을 것이라는 것
도 군사적인 면에서 만족스러운 설명이 될 수 있다. 영국은 용감하게
싸웠지만, 군 기강은 전보다 많이 느슨해져 있었다. 반면에 네덜란드
의 공격은 지속적이고 전군이 일치된 활력 속에서 이루어졌는데, 그
것은 군사적으로 대단히 발전했음을 입증했다. 프랑스함대의 행동에
는 때때로 의심스러운 점이 있었다. 루이 14세가 자신의 제독들에게
함대를 경제적으로 활용하라고 명령했다는 주장이 있는데 영국이 프
랑스의 동맹국으로 남아 있던 2년이 끝나갈 무렵에는 루이가 그러한
명령을 내렸다고 믿을 만한 충분한 이유가 있었다.

네덜란드 해군행정의 비효율성

네덜란드 연방 당국은 브레스트 항의 프랑스함대가 템스 강에서 영
국함대와 합류하려고 한다는 사실을 알고, 그 전에 영국함대를 공격
할 수 있도록 자국 전대들의 군비를 갖추기 위해 부단히 노력했다. 그
러나 해군행정의 중앙집중화가 이루어져 있지 않기 때문에 이 계획
은 실패로 끝나고 말았다. 전체 함대의 중요한 부분을 차지했던 젤란
트 주에서 파견된 함대는 준비가 늦어 시간 안에 도착하지 못했던 것
이다. 이 함대의 도착지연은 단순히 관리상의 잘못이 아니라 정부의
지배에 대한 젤란트 주의 불만 때문이었다고 알려져 있다. 동맹군이
도착하기 전에 자국 해역에 있는 영국함대를 우세한 병력으로 공격
해서 타격을 준다는 것은 올바른 군사적인 개념이었다. 이 전쟁 이후

의 역사를 통해 판단해볼 때, 그러한 공격이 있었더라면 전쟁의 전체적인 과정에 중요한 영향을 미쳤을 것이다. 데 뢰이터는 마침내 해상으로 나가 동맹함대와 마주쳤다. 그러나 그는 일전을 불사할 의도를 갖고 있었음에도 불구하고 적의 눈앞에서 자국 해안으로 되돌아갔다. 프랑스와 영국의 동맹군은 그를 추격하지 않고 영국의 동쪽 해안, 즉 템스 강 입구에서 90마일 북쪽으로 떨어져 있는 사우스월드Southwold 만으로 퇴각했다. 그들은 그곳에서 세 전대로 나누어 정박했다. 영국 함대의 두 전대는 동맹함대의 후미와 중앙전대로서 북쪽에 정박했고, 프랑스의 함정으로 구성된 선두전대는 남쪽에 정박했다. 데 뢰이터는 그들을 추격했고, 1672년 6월 7일 이른 아침에 북쪽과 동쪽 방향에서 감시하고 있던 프랑스의 프리깃 함은 네덜란드함대가 다가오고 있음을 알아차렸다. 북동풍이 동맹함대 쪽으로 불고 있었는데, 당시 동맹함대의 많은 사람과 보트들은 급수를 위해 상륙해 있었다. 네덜란드의 전투진형은 복횡렬진이었는데, 앞줄에는 화공선을 포함한 18척의 함정이 포함되어 있었다(〈그림5〉, A). 네덜란드함대는 전열함 91척이었고, 반면에 동맹군의 세력은 전열함 101척이었다.

솔배이 해전(1672)

바람이 해안으로 불고 있었는데, 이곳 해안은 남북으로 뻗어 있어서 동맹함대에게 불리하게 작용했다. 동맹함대는 서둘러 출항하지 않을 수 없었다. 진형을 형성할 시간도 공간도 없었으며, 대부분의 함정들은 닻을 끌어올리지 못하여 닻줄을 끊고 출항했다. 영국함정들은 우현으로 돛을 펴고 북북서쪽으로 향하고 있었는데, 곧 방향을 바꿀 수밖에 없었다. 반면에 프랑스함대는 다른 방향으로 향했다(〈그림

5), B). 그리하여 전투는 동맹함대가 분리된 상태에서 시작되었다. 데 뢰이터는 프랑스함대를 공격할, 좀더 정확히 말하자면 포위할 전대를 파견했다. 네덜란드 전대는 풍상의 위치에 있었기 때문에 원하기만 하면 근접전을 벌일 수 있었지만, 먼 거리에서 함포사격만을 서로 교환했다. 당시 전대사령관이었던 반케르트Bankert는 이러한 행동을 한 것에 대해 아무런 비난도 받지 않았는데, 그것은 어디까지나 명령에 따른 행동이었기 때문이다. 1년 후에 그는 텍셀Texel 해전에서 훌륭한 판단력과 용맹성으로 함대를 지휘하여 눈부신 활약을 보였다. 그러는 동안에 데 뢰이터는 영국의 두 함대에 대해 우세한 병력으로 맹렬한 공격을 퍼부었다. 여기에서 우세하다고 말하는 것은 데 뢰이터의 병력이 3대 2정도로 앞섰다는 영국 해군사가의 주장을 근거로 한 것이다.[46] 만약 이것이 사실이라면, 데 뢰이터가 그 세기에 다른 어떤 사람보다도 장교로서 뛰어난 자질을 가지고 있었음을 보여주는 확실한 증거가 될 수 있다.

단순히 해전 그 자체만 생각한다면, 이 전투의 결과는 결정적인 것이 아니었다. 양측 모두 심각한 피해를 입었지만, 명예와 실질적인 이득은 모두 네덜란드나 데 뢰이터에게 돌아갔다. 그는 퇴각하는 체하면서 동맹함대의 의표를 찌른 후 방향을 바꾸어 전혀 준비가 안 되어 있던 동맹함대를 기습했던 것이다. 네덜란드함대의 위장기동에 의해 동맹함대의 3분의 2를 차지했던 영국함대는 북쪽과 서쪽에 위치했으며, 나머지 3분의 1을 차지했던 프랑스함대는 동쪽과 남쪽에 위치했다. 그리하여 동맹함대는 서로 분리된 상태에 놓이게 되었다. 데 뢰이터는 분리된 동맹함대 사이로 모든 함정을 투입하여 선

---

46) Ledyard, vol. ii . p. 599 ; Campbell, *"Lives of Admirals"*, *Naval Chronicle*, vol. xvii. p.121에 수록되어 있는 Richard Haddock 경의 편지를 보라.

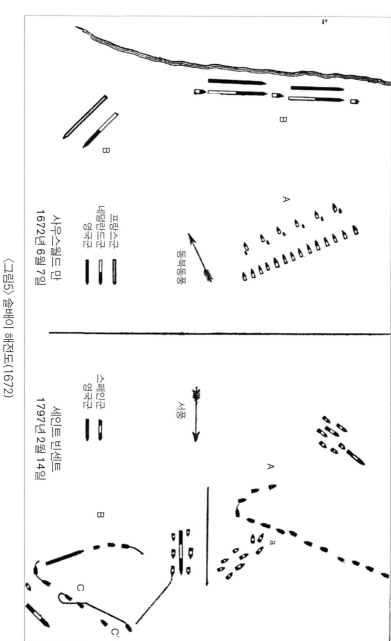

〈그림5〉 솔베이 해전도(1672)

두의 작은 세력으로 프랑스함대를 견제할 수 있었는데, 그는 풍상의
위치를 차지하고 있었기 때문에 근접전을 할 것인가에 대한 선택권
을 가지고 있었다. 그 후, 그는 프랑스 견제용 세력을 제외한 나머지
세력으로 우세한 입장에서 영국함대와 맞설 수 있었다(〈그림5〉, B).

전술에 대한 평가

폴 오스트[47]는 프랑스 함대를 지휘하는 데스트레d'Estrées 중장이 동
맹군 최고사령관이었던 요크 공과 다시 합류하기 위해 침로를 바꾸
어 자신과 대치 중이었던 네덜란드 전대를 돌파하려고 시도했다고
말한 바 있다. 그는 매우 용감했지만 그러한 시도가 초래할 위험을 잘
알 수 있는 노련한 뱃사람이 아니었기 때문에 그러한 행동을 하려고
했을지도 모른다. 하지만 실제로는 그러한 기동은 전개되지 않았다.
그러므로 영국함대와 데 뢰이터는 프랑스함대가 근접전이 아니라 오
히려 회피행동을 하는 것으로 생각했다. 그러나 만약 데스트레가 아
직 경험이 부족한 프랑스함대를 지휘하여 경험이 많고 풍상의 위치
까지 차지하고 있었던 네덜란드 전대의 전열을 돌파하려고 했더라
면, 그 결과는 아마 125년 후에 일어날 세인트 빈센트 해전에서 스페
인 제독이 훌륭한 대형을 형성하고 있는 저비스와 넬슨의 전열을 통
과함으로써 분산된 함대의 재결합을 시도하다가 당했던 재난과 비
슷한 결과를 야기했을 것이다(〈그림5〉, a). 우리는 서로 상반되는 많은
진술을 통하여 다음과 같은 사실을 알 수 있다. 요크 공은 훌륭한 뱃
사람이자 용감한 사람이었지만 능력 있는 인물은 아니었으며, 그의

---

47) Hoste, *Naval Tactics*.

함대는 진형을 잘 갖추지 못했기 때문에 기습을 당한 것이다. 또한 전투에 앞선 그의 명령들이 부정확했기 때문에 프랑스 제독은 동맹군 최고사령관과 반대되는 방향으로 돛을 펼쳤고 그리하여 사령관의 명령에 정확하게 따르지 못했을 뿐만 아니라 양국의 함대는 서로 분리될 수밖에 없었다. 그리고 데 뢰이터는 미리 준비한 기습작전을 통해 적의 미숙함에 의해 주어진 기회를 잘 활용할 수 있었을 뿐만 아니라 대단한 이익을 보았다. 만일 프랑스 제독이 북동풍을 받으며 올바르게 돛을 폈더라면, 프랑스함대는 원해 쪽으로 나아가 기동할 수 있는 공간을 확보할 수 있었을 것이다. 또한 요크 공도 그러한 행동을 했더라면, 비록 풍향이 불리하고 대형이 엉망이 되기는 했더라도 원해로 나갈 수 있었을 것이다. 만일 동맹함대가 그렇게 행동했더라면, 데 뢰이터는 아마도 1년 후에 벌어진 텍셀 해전에서와 같은 행동을 할 수 있었을 것이고, 실제로 그렇게 했을 것이다. 다시 말해서 그는 작은 세력의 선두전대로 프랑스함대를 견제하도록 하고 그 대신 대부분의 세력으로 하여금 중앙과 후위의 전대를 공격하도록 했을 것이다. 상황이 아주 다르다 하더라도 이 두 경우에 데 뢰이터가 취한 행동에는 아주 비슷한 점이 있다. 그는 사우스월드 만에서 프랑스함대는 견제만 하고 영국 함대를 격멸하려고 시도했던 것이다.

해전이 전쟁 경과에 미친 영향

흔히 사우스월드 만 해전 또는 솔배이 해전으로 불리는 이 해전에서 데 뢰이터가 보여준 열정과 재능은 그가 사망한 후 쉬프랑Suffren과 넬슨이 활약할 때까지 바다에서 볼 수 없었다. 1672년의 전쟁 중 그가 참전했던 해전들은 아주 조심스러웠지만 반드시 '신중한 전투

affairs of circumspection'는 아니었다. 그의 목적은 맹렬한 공격을 통해 적 함대의 모든 세력을 무찌르는 것이었다. 그는 솔배이에서 큰 차이는 아니었지만 여하튼 적보다 열세한 상태였으며, 열세의 정도는 점점 더 커졌다.

솔배이 해전의 실질적인 결과는 전체적으로 네덜란드에 유리했다. 동맹군의 함대는 젤란트의 해안을 급습함으로써 프랑스 육군의 작전을 돕기로 되어 있었다. 그런데 데 뢰이터의 공격이 동맹함대에게 대단한 피해를 주었고 또한 많은 탄약을 소모했기 때문에 함대의 출항은 한 달 동안 연기될 수밖에 없었다. 데 뢰이터의 공격은 네덜란드 연방의 영토가 해안 근처로 축소된 거의 절망적인 상황에서 아주 중요했을 뿐만 아니라 사실상 사활이 걸린 견제작전이기도 했다. 게다가 통상파괴이론에 대한 교훈적인 논평으로서 다음의 사실을 부언할 수 있다. 적의 우세한 세력을 이렇게 견제한 이후에 데 뢰이터는 네덜란드 상선대를 안전하게 항구로 호위해왔다.

네덜란드 영토에서 프랑스군의 지상 전투지

지상전의 진행과정에 대해 여기서 간단하게 언급하겠다.[48] 프랑스 육군은 5월 초에 몇 개의 군단으로 나뉘어 스페인령 네덜란드의 외곽을 통과하여 진격했는데, 이것은 네덜란드를 남쪽과 동쪽에서 동시에 공격하기 위해서였다. 평소에 육군을 무시했던 당시 네덜란드의 집권당이었던 공화당은 이번에는 그 육군 병력을 많은 요새도시에 분산배치하는 실수까지 저질렀다. 그들은 분산배치된 각 부대가

---

48) 〈그림2〉의 지도를 보라.

프랑스군의 진격을 어느 정도 지연시킬 수 있을 것으로 믿었던 것이다. 그러나 루이는 튀렌Turenne의 충고를 받아들여 보다 중요한 도시들만 지켜보고 있었는데, 그 동안에 2류 도시들은 요구하기가 무섭게 항복해왔다. 따라서 네덜란드 육군은 영토와 더불어 적의 수중으로 쉽게 넘어가버렸다. 한 달도 채 되지 않아서 프랑스군은 거의 모든 곳을 점령하고 네덜란드의 중심지에 도착했다. 그들 앞에는 진격을 저지할 만한 조직적인 병력이 하나도 없었다. 솔배이 해전이 발생한 지 14일 후에 테러와 혼란이 네덜란드 공화국 전역에 만연했다. 6월 15일에 네덜란드 재상은 강화를 요청하기 위해 루이 14세에게 대표단을 파견하겠다는 계획에 대해 의회의 승인을 받았다. 정치가들의 눈에는 반대당인 오랑주 당이 집권하는 것보다 굴욕적이라 하더라도 강화하는 것이 훨씬 좋아 보였던 것이다. 협상이 진행되는 동안에도 네덜란드 도시들은 계속 항복했다. 6월 20일에는 소수의 프랑스 병사가 암스테르담의 관문인 무이덴Muyden으로 들어왔다. 비록 그들이 속해 있는 본대가 근처에 주둔하고 있기는 했지만, 그들은 낙오병일 따름이었다. 전국이 당황하고 있던 와중에서 주민들은 그들이 소수라는 것을 알고는 술에 취하도록 만든 다음 쫓아버렸다. 암스테르담에 생기를 불어넣고 있던 고상한 분위기를 이 무이덴에서도 느낄 수 있게 되었다. 수도에서 서둘러 파견된 병사들이 이 조그마한 도시를 구했던 것이다. "추이데르 해에 위치해 있고, 암스테르담에서 2시간의 거리에 있는, 수많은 강과 운하의 연결지점인 무이덴은 암스테르담의 주위에서 침수를 막아주는 제방들의 주요 관문일 뿐만 아니라, 암스테르담이라는 중요한 항구도시의 관문이기도 했다. 북해에서 오는 모든 선박은 포대가 설치되어 있는 추이데르 해를 거쳐야만 암스테르담으로 들어갈 수 있었다. 무이덴이

구조되고 제방이 열리자 암스테르담은 잠시 숨 돌릴 시간을 가질 수 있었으며 또한 육상교통이 두절되었지만 해상으로는 자유롭게 통행할 수 있었다."[49] 그것은 침략의 전환점이었다. 그러나 이 운명적인 2주 동안에 동맹함대가 네덜란드 해안을 공격했더라면, 패배의식에 젖어 있고 의회의 갈팡질팡하는 모습에 불안함을 느끼던 네덜란드 국민의 정신에 어떤 영향을 주었을까? 이러한 점에서 볼 때, 네덜란드 국민은 솔베이 해전에 의해 구원받았다고 할 수 있다.

협상은 계속되었다. 부유층과 상인을 대표하는 시장들은 항복에 찬성했다. 그들은 자신들의 재산과 무역이 파괴될까봐 전전긍긍하고 있었다. 새로운 제안도 제시되었다. 그러나 네덜란드 대표들이 루이의 진영에 머무르고 있는 동안, 일반 국민과 오랑주 당이 들고 일어났으며 그와 더불어 저항정신도 살아났다. 암스테르담은 6월 25일에 제방을 열었고, 네덜란드의 다른 도시들도 뒤를 이어 제방을 열었다. 막대한 피해가 뒤따랐다. 전국에서 물이 범람했으며, 도시들은 물에서 솟아 있는 섬처럼 보였다. 그러나 얼음이 어는 계절이 될 때까지는 지상병력으로부터 공격받을 염려는 사라지게 되었다.

네덜란드 재상 데 위트의 살해와 오랑주 공의 계승, 유럽의 불안
혁명은 계속되었다. 나중에 영국의 윌리엄 3세가 된 오랑주 공 윌리엄이 7월 8일에 네덜란드 총독이 되어 육군과 해군의 우두머리가 되었다. 그리고 공화당의 지도자였던 데 위트 형제는 몇 주일 후에 폭도들에 의해 살해되었다.

---

49) Martin, *History of France*.

국민의 열정과 국가적 자부심으로부터 생성된 저항은 루이 14세의 지나친 요구 때문에 한층 강화되었다. 네덜란드의 운명은 승리 아니면 파멸이 분명했다. 그 동안에 유럽의 다른 국가들도 위험을 느끼고, 브란덴부르크 선거후와 독일 황제 그리고 스페인 국왕은 네덜란드를 지지한다고 선언했다. 한편 명목상으로 프랑스와 동맹국이었던 스웨덴은 네덜란드의 붕괴를 원하지 않았다. 왜냐하면 그것이 영국의 해양력에 이익이 되기 때문이었다. 그럼에도 불구하고 그 다음해인 1673년에 영국 국왕은 프랑스에 대한 약속을 천명하며 해상에서 자신의 역할을 수행할 준비를 갖추었다. 그러나 오랑주 공 윌리엄의 확고한 지도력하에 강력한 해양력을 보유하게 된 네덜란드는 자신들이 1년 전에 제시했던 강화조건을 받아들이기를 거부했다.

쇼네펠트 해전(1673)

1673년에 있었던 세 차례 해전은 모두 네덜란드 해안 근처에서 발생했다. 처음 두 해전은 6월 7일과 7월 14일에 쇼네펠트Schoneveldt 앞바다에서 일어났기 때문에 쇼네펠트 해전으로 불린다. 텍셀 해전으로 알려져 있는 마지막 해전은 8월 21일에 발생했다. 이 세 해전에서 데 뢰이터는 자신이 적당하다고 생각하는 시간에 공격했고, 자국의 해안을 보호하는 데 적당하다고 생각되는 때에 퇴각했다. 동맹함대가 자체의 목적을 달성하고, 해상에서 견제활동을 하며, 또한 심하게 압박을 받고 있던 네덜란드의 해양자원을 사용하지 못하게 만들기 위해서는 무엇보다도 우선 데 뢰이터의 함대를 성공적으로 처리할 필요가 있었다. 데 뢰이터 제독과 네덜란드 연방은 이러한 점을 눈치채고 다음과 같은 결정을 내렸다. "함대는 적 함대를 감시하

기 위해 쇼네펠트 수로에 위치하거나 아니면 오스텐트를 향하여 약
간 남쪽에 위치해 있어야 하고, 만약 공격을 받거나 적 함대가 네덜
란드 해안을 기습할 것처럼 보일 때에는 그에 맞서서 적 함대를 격
파하도록 맹렬하게 저항해야 한다."[50] 그곳은 시야가 넓기 때문에 동
맹군의 어떤 움직임도 알 수 있었던 것이다.

　영국과 프랑스의 함대는 찰스의 사촌이었던 루퍼트 왕자의 지휘하
에 6월 1일경 출항했다. 영국 함대를 지휘하고 있던 요크 공은 로마
가톨릭 교도가 국가의 공직을 맡는 것을 금지한 선서조례의 구절 때
문에 공직에서 사퇴해야 했다. 프랑스함대는 솔배이 해전 당시 지휘
를 맡았던 데스트레 중장의 지휘를 받았다. 6천 명의 영국 병사들은
데 뢰이터의 상황이 악화되면 야머스Yarmouth에서 곧바로 승선할 준
비를 갖추고 있었다. 6월 7일에 출동한 네덜란드함대는 일단 쇼네펠
트 주위에 포진해 있었다. 그 함대를 유인하기 위해 소규모 전대가 동
맹함대에서 파견되었지만, 데 뢰이터는 이에 말려들지 않았다. 그러
나 바람이 자신에게 유리하게 작용을 하자, 그는 동맹함대의 전열이
완전히 형성되기 전에 공격하기 위해 파견된 동맹군 전대를 맹추격
했다. 이렇게 되자 프랑스함대는 중앙에 위치하게 되었다. 이 해전은
결전이 아니었다. 그렇다고는 해도 병력의 차이가 컸음에도 피해가
비슷했고, 네덜란드함대는 적의 주요 목적을 좌절시켰다. 데 뢰이터
는 1주일 후에 다시 공격했다. 이 전투도 역시 앞선 해전과 마찬가지
로 결전은 아니었지만 동맹함대는 수리와 재보급을 위해 영국 해안
으로 돌아가지 않을 수 없었다. 이 해전에 참가한 네덜란드함정은 50
척의 전열함이었으며, 이에 반하여 그들의 적 함대는 81척의 전열함

---

50) Brandt, *Life of De Ruyter*.

으로 구성되었는데, 그 중에서 영국함정은 54척이었다.

텍셀 해전(1673)

동맹함대는 7월 하순이 되어서야 비로소 상륙부대를 싣고서 다시 출항할 수 있었다. 8월 20일이 되자 텍셀과 뫼즈 강 사이에서 네덜란드함대의 모습이 보였다. 그러자 루퍼트는 즉시 전투준비를 했다. 그러나 북풍과 서풍이 불어 동맹함대가 풍상의 위치를 차지하면서 공격 방법을 선택할 수 있게 되자, 데 뢰이터는 지리에 아주 익숙한 장점을 살려 적 함대가 감히 접근해올 수 없을 정도로 해안에 가깝게 접근했다. 시간이 흘러 그날 오후에는 더욱 더 해안에 가깝게 접근했다. 밤이 되자 바람이 동남풍으로 바뀌어 육지 쪽에서 불어오기 시작했다. 프랑스 장교의 말을 빌리자면, 새벽이 되었을 때 네덜란드함대는 "돛을 활짝 펴고 용감하게 전투를 시작했다."

동맹함대는 침로를 남쪽으로 잡으면서 돛을 좌현으로 폈다. 프랑스함대는 선두를, 루퍼트는 중앙을, 그리고 에드워드 스프라게 Edward Spragge 경은 후미를 각각 지휘했다. 데 뢰이터는 자신의 함대를 3개의 전대로 나누어, 10~12척으로 구성된 선두전대에게 프랑스함대를 견제하는 임무를 맡겨 파견했다. 그리고 그는 나머지 병력으로 중앙과 후미에 있던 영국함대를 공격했다(〈그림6〉, A, A′, A″). 영국의 전력평가에 따르면, 당시 영국함대는 60척, 프랑스함대는 30척, 그리고 네덜란드함대는 70척으로 이루어져 있었다. 데 뢰이터의 공격계획은 솔배이에서와 마찬가지로 프랑스함대를 견제하면서 비슷한 조건에서 영국함대와 접전을 하는 것이었다. 그 전투에는 몇 가지의 두드러진 국면이 있었는데, 그것은 아주 유용한 교훈을 제공한다. 프랑스의 선두함대를 지휘함으로써 결과적으로 동맹함대의 선두를 지휘하게 된 드 마르텔M. de Martel은 네덜란드 함대의 선두에서 풍상의 위치를 차지함으로써 양쪽에서 네덜란드 함대를 공격할 수 있도록 전진하라는 명령을 받았다. 이리하여 두 함대의 전체적인 상황은 〈그림6〉의 B와 같았다. 그러나 1년 전에 일어난 솔배이 해전에서 분별력 있게 기동한 적이 있던 반케르트는 위험을 느끼자마자 12척으로 구성된 자신의 전대를 이끌고 데스트레의 함대 가운데 남아 있던 20척의 함정 사이를 빠져나왔다(C). 이러한 행동은 반케르트에게는 공적이었지만 프랑스함대에게는 불명예가 되었다. 그리고 나서 반케르트는 루퍼트와 접전을 벌이고 있던(C′) 데 뢰이터와 합류했다. 그는 데스트레의 추격을 받지 않았다. 데스트레는 반케르트가 이 중요한 증원군을 이끌고 네덜란드의 본대로 가는 것을 방해했을 뿐이다. 실제적으로 이것은 이 해전에서 프랑스가 한 유일한 행동이었다.

데 뢰이터와 전투를 하는 도중에 루퍼트는 네덜란드함대를 해안으로부터 멀리 끌어내기 위해 계속 상당한 거리를 유지했다. 그것은 풍향이 다시 바뀌었을 때 네덜란드함대가 근거지로 다시 피하는 것을 막기 위해서였다. 데 뢰이터는 루퍼트를 추격했는데, 그에 따른 영국함대의 중앙과 선두의 분리(B, B′)는 데스트레가 자신의 전대가 지연된 이유로 주장하는 것 가운데 하나이다. 그러나 그러한 데스트레의 행동도 반케르트가 주력부대와 합류하는 것을 막지는 못했다.

스프라게 경이 지휘하는 후미전대의 이상한 행동은 동맹함대에 혼란을 가중시켰다. 몇 가지 이유에서 그는 네덜란드의 후미전대를 지휘하고 있던 트롬프를 자신의 개인적인 적수로 생각했으며, 그리하여 트롬프를 자극하여 전투에 참여하도록 만들기 위해 영국의 후미

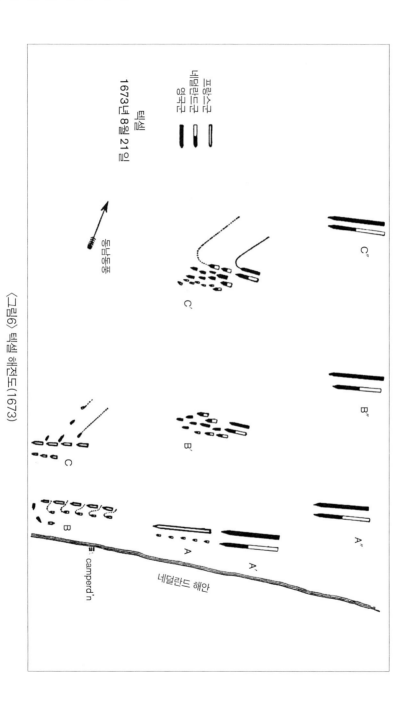

〈그림6〉 텍셀 해전도(1673)

전대 전체에게 그를 기다리라고 명령했다. 스프라게의 이처럼 적절하지 못한 명예심은 그가 국왕에게 한 약속 때문이었던 것 같다. 그는 트롬프를 생포하거나 시체라도 가져올 것이며 그렇지 못할 경우 자신의 목숨을 내놓겠다고 약속했던 것이다. 스프라게가 이렇게 일시적으로 행동을 중단한 것은 이전에 일어난 해전에서 네덜란드 하급지휘관들이 보여주었던 무책임하고 불복종적인 행동을 상기시킨다. 결국 이러한 행동은 후미를 본대에서 멀리 떨어지게 만들었으며(A″, B″, C″), 그 후미는 다시 풍하 쪽으로 빠른 속도로 밀려갔다. 스프라게와 트롬프는 각자 자신의 계산에 의해 격렬한 전투를 했다. 이 두 젊은 제독들은 사력을 다했으며, 두 기함 사이의 전투가 너무나 격렬하여 스프라게는 두 번이나 함정을 갈아타야 했다. 그러나 그가 두 번째로 갈아탔을 때 그 기함은 네덜란드함대의 포격을 받아 침몰했고, 그도 익사하고 말았다.

이와 같이 선두와 후미가 각자 행동을 하자, 루퍼트는 혼자서 데 뢰이터와 전투를 하게 되었다(B′). 선두전대와 다시 합류한 데 뢰이터는 동맹함대의 후미전대를 차단하고서 휘하의 30~40척의 함정에게 남아 있는 적 함정 20척을 포위하라고 명령했다(C′). 그날의 함포사격술이 믿을 만하지 못했기 때문에 그 이상의 결과는 나오지 않았다. 그러나 데 뢰이터의 기량이 아무리 훌륭하다고 하더라도 그가 아주 짧은 시간을 제외하고 영국함대와 대등하게 싸울 수 없었던 사실을 기억해두어야 한다. 수적 열세를 도저히 극복할 수 없었던 그는 완전한 승리를 거둘 수 없었다. 영국함대와 네덜란드함대의 피해는 다같이 막대했는데, 아마도 비슷한 수준이었다고 해도 좋을 것이다.

전쟁에 미친 영향

결국 루퍼트는 전투를 중지했다. 그리고, 그는 영국함대의 후미(C″)가 마주보고 있는 적에게 적절하게 대응하지 못하고 있음을 보고서 그쪽으로 서둘러 나아갔다. 그러자 데 뢰이터는 루퍼트를 추격했으며, 그러므로 두 함대의 중앙전대는 나란히 항해하게 되었다. 캐논 포의 사정거리 안에 있었지만, 탄약이 부족했기 때문에 서로가 함포사격을 자제했다. 4시에 중앙전대와 후미전대가 합류하여 5시경에 다시 시작된 전투는 7시까지 계속되었다. 7시가 되어서 데 뢰이터는 철수했는데, 그때서야 프랑스함대가 영국함대와 합류하려고 접근했기 때문이었다. 전투는 이렇게 끝났다. 이 전투는 앞서 발생한 모든 전투와 마찬가지로 무승부전이라고 할 수 있다. 그리고 그에 대한 영국 해군 역사가의 다음과 같은 비판은 정확하다고 할 수 있다. "지휘관의 신중함 덕분에 네덜란드함대가 이 전투에서 얻은 성과는 대단히 컸다. 왜냐하면 이 전투의 결과 거의 봉쇄되어 있던 자국의 항구들을 개방시켰고 또한 적의 침공 가능성에 종지부를 찍었기 때문이다."[51]

프랑스함대의 애매한 행동

전투의 군사적인 특성은 이미 충분히 설명했다. 데 뢰이터의 기량, 반케르트의 신속성과 대담성(처음에는 프랑스함대를 견제하는 역할을 하다가 나중에는 프랑스함대를 돌파했다), 프랑스함대의 불충실함과 비효율성, 스프라게의 명령 불복종과 큰 실수, 그리고 열심히 싸우기는 했지만 모든 점에서 부족함을 보여준 루퍼트의 함대, 이 모든 것 때문

---

51) Campbell, *Lives of the Admirals*.

에 동맹군은 서로를 심하게 비난했다. 루퍼트는 데스트레와 스프라게를 동시에 비난했다. 데스트레는 루퍼트가 풍하 쪽을 향하는 실수를 범했다고 비난했다. 그리고 데스트레의 이인자인 마르텔은 결과적으로 데스트레를 바스티유 감옥으로 보내게 한 편지에서 자신의 상관을 겁쟁이라고 불렀다. 프랑스 국왕은 브레스트에 있는 해군감독관에게 조사를 명령했다. 이 감독관은 여기에서 이미 언급한 내용을 설명하고, 또 이 전투가 프랑스에 확실한 불명예를 가져다주었다고 보고서를 작성했다.[52] 프랑스의 한 해군사가는 다음과 같이 말하고 있다. "데스트레는 국왕이 자신의 함대에 피해를 입히지 않고 남겨두기를 원했다는 것과 영국을 신뢰할 수 없다는 것을 알고 있었다. 국민과 귀족들이 모두 동맹에 대해 반대하고 있는데 영국에서 찰스 혼자서 동맹을 원했다는 소식이 사방에서 들리고 있는 상황에서 영국과의 동맹을 믿지 못한 것이 그의 잘못일까?" 아마 그렇지 않을 것이다. 그러나 오늘날 프랑스 제독들에게 부과되어 있는 애매한 역할을 하는 군인이 되기를 바랐다면, 그는 틀림없이 잘못한 것이다. 차라리 함대를 잃는 편이 재앙이 적었을 것이다. 목격자들의 눈에 프랑스 함대의 불성실함과 비겁함(이 말은 용납될 수 없는 것이었다)은 너무나 분명했기 때문에 프랑스함대가 왜 전장에서 멀어졌는가에 대해 서로 토론하던 중에 네덜란드 수병 한 명은 다음과 같이 말했다. "이런 바보들 같으니라고! 그들은 자신들을 대신하여 싸우도록 영국함대를 고용했던 것이야. 따라서 그들이 이곳에서 해야 했던 일은 영국이 돈값을 하는지 지켜보기만 하면 되었던 것이란 말이야." 훨씬 진지하고 중요한 말은 브레스트에서 감독관이 공식보고서를 끝맺기 전에 했던

---

52) Troude, *Batailles Navales de la France*, 1673.

것이었다. "이번에 치른 모든 해전에서 데 뢰이터는 프랑스함대를 공격하려는 생각이 전혀 없었으며, 마지막 해전에서도 그는 프랑스함대를 견제하기 위해 10척으로 구성된 젤란트의 함대만 파견했다는 사실이 명백하게 드러났다."[53] 동맹함대의 비효율성과 불성실함에 대한 데 뢰이터의 의견에 대해 이보다 더 훌륭한 증거는 없을 것이다.

해군연합의 일반적인 비효율성

해군연합에 대한 역사의 또 다른 장은 1673년 8월 21일에 있었던 텍셀 해전을 끝으로 막을 내린다. 이 해전에서의 해군연합은 현대 프랑스 장교가 한 다음과 같은 말로 설명될 수 있다. "일시적으로 정치적 이익에 의해서 뭉쳤지만, 밑바닥에는 증오심이 깔려 있어서 회의를 할 때나 전투를 할 때 결코 의견일치를 보인 적이 없었던 그들은 좋은 결과도 얻을 수 없었다. 심지어는 적에 대항하기 위해 함께 기울인 노력에 대한 최소한의 결과조차도 얻을 수 없었던 것이다. 프랑스, 스페인, 그리고 네덜란드의 해군들은 시간 차이는 있었지만 몇 번에 걸쳐 연합을 했는데, 그것은 영국 육군의 승리를 더욱 완전하게 해주는 결과만 초래했을 뿐이었다."[54] 연합에 대해 이처럼 잘 알려진 일반적인 경향에 더해서 세력이 커지고 있는 이웃 국가에 대한 다른 국가들의 시기, 그리고 다른 군소국가들의 격파를 발판으로 등장하는 국가들을 좋지 않게 생각하는 마음이 나타날 때, 해군력은 국가가 필요로 하는 수준으로 성장하게 된다. 그렇지만 소수의 영국인들이 생각하고 있는 것처럼 연합한 국가들 전체와 맞설 만한 능

---

53) Troude, *Batailles Navales de la France*, 1673.

54) Chabaud-Arnault, *Revue Mar. et Col.* July, 1885.

력을 가질 필요까지는 없다. 단지 그 중에서 가장 유리한 조건에 있는 강력한 상대와 대결할 수 있을 정도의 규모만 필요하다. 다른 국가들은 정치적 균형을 깰 요인을 없애는 활동에 참여하지 않을 것이 확실하기 때문이다. 영국과 스페인은 1793년에 툴롱에서 동맹을 맺을 당시에는 혁명에 성공한 프랑스의 여파가 유럽의 사회질서를 파괴할 것처럼 보였다. 그 당시에 스페인 제독은 프랑스 해군을 파멸시켜야 한다고 영국 제독에게 강력히 주장했다. 바로 그때 스페인의 이익과 상충하는 프랑스함대의 대부분은 동맹군 휘하에 있었다. 프랑스함대 가운데 일부는 이 스페인 제독의 행동 덕분에 구조되었는데, 그 제독은 확고한 의지뿐만 아니라 고도의 정치적 이유 때문에 그러한 행동을 했다.[55]

군인으로서 데 뢰이터의 성격

네덜란드와 영국이 해상의 지배를 놓고 다투었던 일련의 전쟁을 끝낸 텍셀 해전은 네덜란드 해군이 고도의 효율성을 지니고 있었다는 점과 이 해전의 위대한 표상이라고 할 수 있는 데 뢰이터의 영광이 절정에 있었음을 보여주었다. 66세의 노령에도 불구하고 해상에서의 그의 활동은 전혀 위축되지 않았다. 공격은 8년 전과 마찬가지로 맹렬했고, 판단력은 전쟁의 경험을 통해 훨씬 빠른 속도로 성숙되었으며 이전보다 군사적 통찰력과 기획력이 훨씬 더 좋아졌다. 그와 공감대를 갖고 있던 위대한 데 위트의 내각에서 네덜란드 해군의 규율이 엄격해지고 군사적 기강이 매우 훌륭했는데, 이 모든 것

---

55) Jurien de la Gravière, *Guerres Maritimes*.

들은 데 뢰이터에게 힘입은 바가 컸다. 그는 영국과 네덜란드라는 양대 해양국이 치른 마지막 해전에서 자신의 천재성을 충분히 발휘했으며 또한 잘 훈련된 함대를 스스로 지휘하여 수적 열세에도 불구하고 조국을 구했던 것이다. 그러한 임무는 용기뿐만 아니라 선견지명과 우수한 기량에 의해서도 수행되었다. 텍셀에서 공격작전의 전체적인 윤곽은 트라팔가르 해전과 비슷했다. 그것은 적의 전위전대를 무시하고 중앙과 후위전대만을 공격하는 작전이었는데, 트라팔가르에서처럼 전위전대가 임무를 수행하는 데 실패했기 때문에 그의 작전은 더욱 적절했던 것으로 나타났다. 그러나 유감스럽게도 그는 넬슨보다 훨씬 더 나쁜 조건에 있었기 때문에 넬슨보다 더 성공했다고 볼 수도 없었다. 솔배이에서 반케르트가 맡은 역할은 본질적으로 세인트 빈센트 해전에서 넬슨의 역할과 같았다. 그 해전에서 그는 자신이 승함한 단 한 척의 함정으로 스페인함대를 가로질러 진로를 막았다(해전도6, C, C′). 그러나 넬슨이 저비스의 명령을 받은 않은 채 스스로 진로를 취한 데 비해, 반케르트는 데 뢰이터의 계획에 따라 그 임무를 수행했다. 물론 환경이 많이 변하기는 했지만, 그래도 이 단순하고 영웅적인 사람을 다시 한 번 살펴보려고 한다. 4일 해전에서 그가 보여주었던 행위를 그의 영광과 비교하여 묘사한 드 기쉬 백작[56]의 글을 여기서 소개하는 것이 적절할 것 같다. 그의 글은 데 뢰이터의 가정적이고 영웅적인 성격을 동시에 보여주고 있다.

나는 지난 3일 동안 그가 침착한 모습을 잃은 때를 본 적이 없다. 승리가 확실하게 되었을 때, 그는 항상 그 승리가 하느님께서 우리에

---

56) *Mémoires*.

게 주신 것이라고 말했다. 함대의 진형이 흩어지고 피해가 발생한 가운데서도 그는 조국이 불운할 경우에만 동요하는 것처럼 보였다. 그러나 그는 항상 하느님의 뜻에 복종했다. 한편 그는 솔직한 사람이었지만, 가장으로서의 권위는 부족했다고 말할 수 있을 것 같다. 그리고 그에 대해 마지막으로 하고 싶은 말은 승리한 다음날 그가 자신의 방을 청소하면서 닭고기를 먹고 있는 모습을 내가 보았다는 것이다.

프랑스에 대한 동맹

텍셀 해전이 있은 지 9일 후인 1673년 8월 30일에 한편으로는 네덜란드, 다른 한편으로는 스페인, 로렌Lorraine, 그리고 독일은 공식적으로 동맹을 체결했다. 그리고 프랑스 대사는 비엔나로부터 추방당했다. 그러자 루이는 즉각적으로 네덜란드에 온건한 조건을 제시했다. 그러나 네덜란드 연방은 새로운 동맹국들이 존재하고 있고 또한 자신들의 뒤에는 자기들에게 유리하고 도움이 되어 주었던 바다가 버티고 있었기 때문에 계속하여 그에게 적대감을 보였다. 영국에서는 국민과 의회의 불평의 소리가 점점 커졌다. 프로테스탄트들의 감정과 프랑스에 대한 오랜 원한이 나날이 커지고 있었고, 그와 더불어 국왕에 대한 국민의 불신도 커지고 있었다.

영국과 네덜란드의 평화

찰스는 네덜란드 연방에 대한 증오가 조금도 줄어들지 않았지만, 양보하지 않을 수 없게 되었다. 루이는 주변상황이 나빠지고 있음을 깨닫고 뒤렌의 충고에 따라 네덜란드로부터 철수하여 위험할 정도로 깊숙이 전진해 있는 위치에서 후퇴하고 다른 한편으로 스페인과 독일의 오스트리아 왕가와는 전쟁을 계속했다. 이와는 별개로 그는 네덜란드와는 평화조약을 맺으려고 했다. 따라서 그는 리슐리외의 정책으로 돌아갔으며, 네덜란드는 구원을 받게 되었다. 1674년 2월 19일에 영국과 네덜란드 사이에 평화조약이 체결되었다. 네덜란드는 스페인의 피니스테어르 곶Cape Finisterre으로부터 노르웨이에 이르는 해상에서 영국 국기의 절대적인 우위를 인정하고, 전쟁 배상금을 지불했다.

영국군이 철수한 이후의 나머지 4년의 전쟁기간은 네덜란드가 중립국으로 남아 있던 기간이었으며, 따라서 네덜란드 해군장병의 함상근무 기간도 필연적으로 줄어들었다. 프랑스 국왕은 자신의 해군이 수나 효율성에서 네덜란드 해군과 단독으로 싸울 수 있는지 여부를 고려하지 않은 채 해군을 대서양에서 철수시키고, 나아가 해상작전을 지중해에서 전개하도록 제한했다. 그 기간에 사략적 성격이 강한 원정대를 서인도제도로 한두 차례 파견했을 뿐이었다. 네덜란드 연방은 해상의 위험에서 벗어나 해상활동을 자유롭게 할 수 있었다. 또한 단기간을 제외하고는 프랑스 해안에서의 작전을 진지하게 고려하지 않았기 때문에 함대의 규모를 줄였다. 이제 전쟁은 점차 지상전의 성격을 띠어갔으며, 유럽의 더 많은 국가들이 전쟁에 개입되었다. 독일은 오스트리아에게 자국 영토를 점점 더 많이 넘겨주었으며, 1674년 5월 28일에 의회는 프랑스에 대해 선전포고를 했다. 프랑스는 지난 세대의 위대한 정책을 다시는 펼치지 못했으며, 오스트리아는 독일에서의 우위를 다시 확보했다. 그리고 네덜란드는 멸망하지 않았다. 발트 해에서 덴마크는 스웨덴이 프랑스 쪽으로 기우는 것을 알고 만 5천 명의 병사를 서둘러 파견하여 독일 제국과 공동의 이익을 추구하려 했다. 그리하여 독일에서는 바바리아Bavaria와 하노버 Hanover, 그리고 뷔르템베르크Württemberg만이 여전히 프랑스의 동맹 국으로 남아 있게 되었다. 다시 말해서 거의 모든 유럽의 강대국들이 지상전에 참가하게 되었다. 그리고 전쟁의 본질상 주요 분쟁지역은 프랑스 동쪽 경계를 넘어 라인 강과 스페인령 네덜란드로 확대되었 다. 그러나 이러한 전쟁이 치열하게 전개되고 있던 동안에 덴마크와 스웨덴은 서로 적으로 참전하여 해전을 했다. 이 해전에 대해서는 네 덜란드가 덴마크를 돕기 위해 트롬프 휘하의 전대를 파견했다는 것, 그리고 연합함대가 1676년에 10척의 함정을 빼앗음으로써 스웨덴에 대승을 거두었다는 것을 제외하고는 특별히 언급할 것이 없다. 해상 에서의 네덜란드의 우세가 루이 14세의 동맹군이었던 스웨덴의 가 치를 크게 떨어뜨린 것은 분명한 사실이다.

스페인에 대한 시칠리아의 반란

또 다른 해전이 스페인의 통치에 반대하는 시칠리아 섬 주민의 폭 동에 의해 지중해에서 발생했다.[57] 그들은 프랑스에 도움을 요청했 고, 프랑스는 스페인에 대한 견제로서 그것을 받아들였다. 시칠리아 작전은 별로 중요한 것이 아니었는데, 그럼에도 불구하고 이 작전은 뒤켄을 상대할 지휘관으로 데 로이터를 끌어들였다는 점에서 해군 의 관심거리가 될 만했다. 뒤켄은 당시 프랑스 해군에서 최고의 명 성을 날리고 있던 투르빌과 비슷하거나 그보다 우수하다고 인정받 던 지휘관이었다. 1674년 7월에 메시나에서 폭동이 발생하자 프랑

---

57) 〈그림1〉의 지중해 지도를 보라.

스 국왕은 즉시 그곳을 자신의 보호하에 두었다. 스페인 해군은 처음부터 끝까지 비효율적으로 서투르게 행동했던 것처럼 보인다. 프랑스는 1675년 초에 이 도시에서 안전한 거점을 확보했다. 그 해에 지중해의 프랑스 해군력은 크게 증가했고, 스페인은 홀로 그 섬을 방어할 수 없게 되자 비용을 전부 떠맡겠다는 조건을 제시하면서 네덜란드에 함대를 파견해달라고 요청했다. 네덜란드 연방은 "전쟁으로 피폐해지고 빚에 시달리고 있었으며, 통상에서 가혹하리만큼 어려움을 겪고 있었다. 그리고 독일 황제와 왕자들에게 필수품을 대느라고 기진맥진한 상태였으므로 이전에 프랑스와 영국을 상대했던 막대한 함대를 더 이상 유지할 수 없었다." 네덜란드는 스페인의 말에 귀를 기울여 18척의 함정과 4척의 화공선으로만 구성된 함대를 데 뢰이터의 지휘하에 파견했다. 프랑스 해군의 성장을 예의주시하고 있던 데 뢰이터는 자신의 병력이 너무 적고 사기도 떨어져 있다는 것을 알고 있었으나 여느 때와 마찬가지로 명령을 묵묵히 받아들였다. 그는 9월에 카디스에 도착했는데, 그러는 동안에 프랑스 해군은 시칠리아 남동쪽에 위치한 아고스타Agosta를 점령하면서 세력이 훨씬 강해져 있었다. 데 뢰이터는 스페인 정부에 의해 더욱 지연되는 바람에 12월 말이 되어서야 비로소 시칠리아 북쪽 해안에 도착할 수 있었는데, 그때 역풍이 불어 메시나 해협으로 진입할 수 없었다. 그는 병사와 보급품을 수송하는 프랑스함대——이 함대는 뒤켄의 지휘를 받고 있을 것으로 예상되었다——를 공격하기에 알맞은 지점인 리파리Lipari 제도와 메시나 사이를 정찰했다.

1676년 1월 7일에 20척의 전열함과 6척의 화공선으로 구성된 프랑스함대가 시야에 들어왔다. 당시 네덜란드함정은 19척밖에 없었는데, 그 중 한 척은 스페인의 것이었고 다른 4척은 화공선이었다.

이 전투에 참가한 네덜란드함정에 대한 세부적인 활동사항은 알려져 있지 않지만, 대체적으로 영국함정에 비해 열세였고 프랑스의 함정에 비해서는 더욱 더 열세였음을 기억해두어야 한다. 첫날은 서로 좋은 위치를 차지하려는 기동작전이 전개되었는데, 네덜란드함대가 풍상의 위치를 차지했다. 그러나 밤이 되자 폭풍이 불어왔다. 네덜란드 함대를 따라가던 스페인 갤리가 이 폭풍에 밀리자 리파리로 피항했다. 풍향이 서남서로 바뀌자 이제는 프랑스함대가 풍상의 위치와 더불어 공격 주도권을 갖게 되었다. 뒤켄은 이를 이용하기로 결심하고 수송선을 앞으로 보낸 다음 남쪽을 향해 우현으로 돛을 펴고 전열을 형성했다. 네덜란드함대도 역시 똑같은 행동을 한 다음, 프랑스함대를 기다렸다.(〈그림7〉, A, A, A)

스트롬볼리 해전(1676)

1월 7일, 뒤켄은 이 위대한 네덜란드 제독이 공격 선택권을 양보하는 것을 보고 틀림없이 기습하고 싶은 생각이 들었을 것이다. 그날 새벽에 적을 다시 발견한 그는 접근작전을 시행했다. 프랑스의 한 보고서에는 이 상황에 대해 다음과 같이 씌어져 있다. 데 뢰이터는 오후 3시에 적과 같은 방향으로 돛을 폈지만, 캐논 포의 사정거리 밖에 위치했다. 3년 전에 해전이 일어난 솔베이와 텍셀에서 결정적인 공격을 퍼부었던 사람이 왜 그렇게 주저하는 모습을 보였을까? 그 이유는 알 수 없지만 아마도 풍하 위치에서는 공격보다 방어가 더 이롭다는 점을 이 사려 깊은 제독이 알고 있었기 때문이 아니었을까? 특히 열세한 병력을 가지고 불완전하지만 충동적인 용기를 갖고 있는 적 함대를 맞이하기 위해 준비하던 시점에서는 그러했을

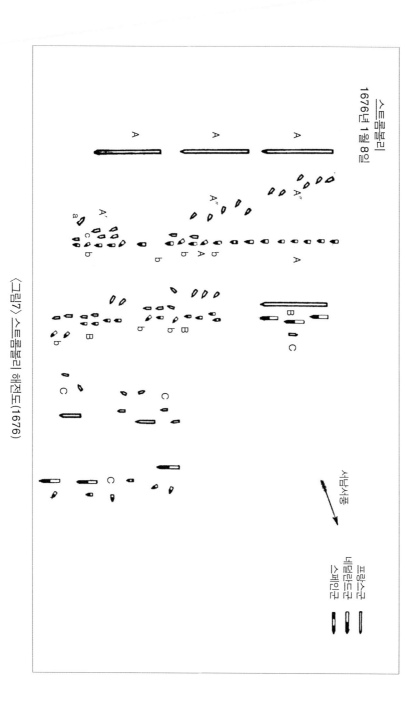

스트롬볼리
1676년 1월 8일

〈그림7〉 스트롬볼리 해전도(1676)

서남서풍

프랑스군
네덜란드군
스페인군

것이다. 이러한 유추는 해전의 결과에 의해 증명될 수 있다. 스트롬볼리Stromboli 해전은 그로부터 100년이 지난 후 영국과 프랑스가 사용할 전략을 부분적으로 예시해주고 있다. 그러나 이 경우에는 풍상의 위치를 차지하고 맹렬하게 공격을 퍼부은 것은 프랑스였으며, 반면에 네덜란드함대는 방어자세를 취했다. 결과는 존 클러크가 해군전술에 대한 유명한 책을 집필하면서 영국에 대해 지적한 것과 아주 비슷했다. 이후의 설명은 모두 프랑스인의 기록에 의한 것이다.[58]

앞에서 이미 말한 것처럼, 두 함대는 남쪽을 향하여 우현으로 돛을 편 채 전열을 형성하고 있었다. 데 뢰이터는 적이 공격해오기를 기다리고 있었다. 그는 자신의 함대가 프랑스함대와 그들의 항구 사이에 위치한다면 프랑스함대가 틀림없이 공격해올 것으로 생각했다. 아침 9시가 되자 프랑스함대는 기동을 시작하여 45도 각도로 네덜란드함대를 향하여 접근했다. 공격하는 함대는 정확한 기동을 하기가 어려웠기 때문에 기동하는 동안에 적 함대로부터 함포사격을 받을 수 있는 불리한 상황에 놓이게 되었다(A, A″, A‴). 실제로 기동하는 동안 프랑스함정 2척이 함포사격을 받아 기동이 불가능할 정도로 피해를 입었다. "프뤼당트Prudente 호에서 라파예트Lafayette가 전투를 시작했다. 그러나 적의 선두함대 속으로 돌진해 갔을 때, 그의 함정은 많은 피해를 입어 뱃머리를 돌리지 않을 수 없었다"(a). 기동이 복잡해지자 프랑스 전열에서 혼란이 발생했다. "전위전대를 지휘하고 있던 드 프뢰이de Preuilli 중장은 공간을 너무 좁게 잡고서 기동했기 때문에 풍향이 바뀌자 함정들 간의 거리가 너무나 가까워 서로의 함포사격을 방해하게 되었다(A′). 전열에서 라파예트가 이탈

---

58) Lapeyrouse-Bonfils, Hist. *de la Marine Française*.

하자 파르페*Parfait* 호가 위험하게 되었다. 네덜란드함정 2척으로부터 공격을 받은 이 함정은 중앙 돛대를 잃어 수리하기 위해 변침하지 않을 수 없었다." 프랑스함대는 일제히 공격하는 대신 차례로 전투하는 전술을 다시 택하게 되었는데, 그것은 잘못된 기동의 필연적인 결과였다. "격렬한 함포전이 진행되는 과정에서", 다시 말해서 자신의 함정들이 전투에 참여한 후 "중앙전대를 지휘하고 있던 뒤켄은 데 뢰이터 전대의 현측에 위치하게 되었다." 프랑스의 후미전대는 훨씬 나중에 전투에 참여했다(A″, A‴). "프랑스 중앙전대의 선두 위치를 차지하고 있던 랑즈롱*Langeron* 호와 베틴*Bethune* 호가 우세한 병력들에 의해 격파되고 말았다." 프랑스가 더 많은 함정을 소유하고 있었음에도 불구하고 어떻게 이런 일이 일어날 수 있었을까? 그것은 프랑스함대가 첫 기동을 할 때 혼란을 바로잡지 못했기 때문이다. 그러나 마침내 전투에 참여하게 된(B, B, B) 뒤켄은 점차 질서를 회복했다. 전열을 따라 전투에 참여한 네덜란드함정들 전체가 대항했으며, 근접전투를 벌이지 않은 함정은 한 척도 없었다. 수적 열세에도 불구하고 네덜란드 제독과 함장들은 더 이상 바랄 수 없을 정도로 훌륭하게 전투를 했다. 그 전투의 나머지 부분에 대한 설명은 여기에서 살펴보려 하는 주제와 별로 상관이 없기 때문에 생략하려 한다. 데 뢰이터는 자신이 이끄는 두 선두전대와 함께 물러났다고 전해지는데, 이것이 약자가 취할 수밖에 없었던 행동이었는지 아니면 전술상의 선택이었는지는 알 수 없다. 그런데 그 순간에 후미전대는 분리되어버렸는데(C′), 이것은 데 뢰이터나 지휘관의 실수 때문에 일어난 일이었다. 그러나 네덜란드의 후미전대를 포위하거나 고립시키려고 하던 프랑스함대의 시도가 실패로 끝나버렸다. 왜냐하면 프랑스함정 한 척이 돛대가 부러지는 피해를 입으면서 고립된 네덜란드함대를 완전히 포위하는 데 실패했기 때문이다. 전투는 후미에서의 싸움을 제외하고는 오후 4시 30분에 끝났다. 스페인의 갤리들이 곧 도착하여 네덜란드의 무력해진 함정들을 예인해갔다. 네덜란드의 손상된 함정들이 피할 수 있었던 것을 보면, 프랑스함대가 얼마나 피해를 입었는지 짐작할 수 있다. C와 C′라는 위치는 네덜란드의 후미전대가 얼마나 고립되었는지를 보여주기 위한 것이다. 항해하면서 이루어진 범선함대 사이의 전투는 혼란스럽게 전개되었는데, 돛대를 잃음으로써 끝이 났다.

해군전술에 대한 클러크의 해설

1780년경에 간행된 해군전술에 대한 클러크의 저서를 잘 알고 있는 사람들은 스트롬볼리 해전을 설명하면서 제시한 모든 특징을 이해할 수 있을 것이다. 그는 자신이 살았던 시대와 그 이전 시대에 영국 해군은 물론 적 함대가 사용했던 전투방법을 이론적으로 전개함으로써 영국 해군의 관심을 끌었다. 클러크의 이론은 영국의 수병과 장교들이 기량과 사기 면에서 프랑스보다 훌륭했으며, 영국함정의 속력이 전반적으로 더 빨랐고, 영국함대가 스스로 우세를 의식하고 공격하기를 바라고 있었던 반면 프랑스는 자신의 열세를 의식하고 또한 다른 어떤 이유 때문에 결전을 피했다는 가정에서 출발했다. 그래서 프랑스함대는 영국함대로부터 불 같은 맹공을 받을 수 있다는 점을 인식하고 외견상으로는 싸울 것처럼 행동하면서 실제로는 적을 피하는 동시에 적에게 가능한 한 많은 피해를 입힌다는 계획을 세웠다. 이미 앞에서 본 것처럼 이 계획은 수세적인 위치에 있으면서 공격을 기다리는 특징을 갖고 있었는데, 풍하의 위치를 차지해야만 가능했다. 클러크의 지적에 따르면, 영국인들의 실수는 전열을 평행으로 혹은 그와 비슷하게 정렬시킨 점이었다. 영국 해군이 기회가 있을 때마다 매번 이러한 행동을 했기 때문에, 이를 경험으로 알고 있는 프랑스 해군은 항상 미리 대비할 수 있었다. 프랑스는 적에게 접근하여 전 병력을 한 곳에 집중시키지 않고 각각 반대편에 있는 함정과 1대 1로 전투하도록 만드는 방법을 사용했다. 이러한 행동을 고집하는 공격자는 자신의 모든 화력을 집중할 수 있는 기회를 잃어버리고, 오히려 적의 일제사격에 자신을 노출시키는 결과를 초래하여 필연적으로 혼란에 빠지게 된다. 왜냐하면 공격대형을 유지하기가 항상 어려웠으며, 특히 포연이 자욱하고 돛이 찢기며 돛대가 넘어지는 전투상황에서 더욱 그러했기 때문이다. 정확하게 말하자면, 바로 이것이 스트롬볼리 해전에서 뒤켄이 사용한 공격방식이었다. 결국 전열이 혼란에 빠졌고, 선두전대가 먼저 도착하여 전투를 시작함으로써 방어하는 네덜란드함대의 집중사격을 받게 되었으며, 선두전대 중 피해를 입은 함정들이 후미에서 혼란을 일으켰다는 등의 결과는 클러크의 지적과 정확하게 일치했다. 나아가 클러크는 전투가 치열해짐에 따라 프랑스함대가 풍하 쪽을 향하자 영국이 또다시 똑같은 공격을 되풀이했다고 주장했는데,[59] 그것은 올바른 주장으로 보인다. 그러므

---

59) 클러크에 의하면, 이러한 기동은 프랑스 전열 전체에 의해 동시에 이루어진 것이 아니었는데, 그 수행방식은 대단히 과학적인 동시에 군사적이었다. 한 번에 두세 척의 함정이 나머지 함정들의 계속된 발포와 연기로 엄호받으면서 철수했다. 적당한 시기에 형성된 둘째 전열은 아직 첫 전열에 남아 있던 함정들을 보호했다. 〈그림7〉에서 b, b, b의 위치에 있던 네덜란드함정들은 이런 방식으로 철수했다. 18세기 영국의 공식보고서는 이러한 프랑스함정들의 행동에 대해 자주 언급하고 있다. 영국 장교들은 클러크가 기술적인 동시에 군사적인 것으로 생각했던 이러한 기동을 그들의 사기충천한 용기 탓으로 돌리고 있다. 1812년에 데카터Decatur가 지휘했던 프리깃 함 유나이티드 스테이츠United States 호는 마케도니안Macedonian 호와의 전투에서 이와 똑같은 전술을 취했다. 모빌에

로 우리는 스트롬볼리에서 데 뢰이터가 같은 방식으로 프랑스함대를 좌초시켰음을 알 수 있는데, 그 동기는 밝혀지지 않았다. 또한 클러크는 다음과 같이 계속하여 지적하고 있다. 아마 전술적인 이유 때문이었을 것으로 생각되는데, 데 뢰이터가 풍하 쪽으로 기동한 것은 공격해오는 프랑스함정들의 돛대를 역공하기 위한 것이었으며, 그렇게 함으로써 방어하는 위치의 네덜란드측보다 공격자인 프랑스측이 더 불리했던 것 같다. 스트롬벨리에서는 프랑스함대의 무기력함이 분명하게 나타나고 있다. 데 뢰이터가 풍하 쪽으로 기동한 후 분리된 자기 함대의 후미를 더 이상 도울 수 없었음에도 불구하고 프랑스함대가 네덜란드함정을 한 척도 침몰시키지 못한 사실로 미루어보면, 그것은 분명한 사실로 드러난다. 그러므로 프랑스함대가 무기력했던 원인이 풍하 쪽에 위치한 데 뢰이터의 신중한 선택 뿐이었다고 말할 수는 없을 것 같다. 왜냐하면 해군으로서의 경험이 부족하고 충동적인 용기만을 가지고 있었던 프랑스군의 성격이 방어적 입장에 있는 데 뢰이터의 열세한 함대에게 최대한의 이익을 줄 수 있는 조건들을 제공했기 때문이다. 적의 자질과 특성이야말로 천재적인 전략가가 고려해야 하는 중요한 요소에 속하며, 넬슨이 찬란한 성공을 거둘 수 있었던 것도 이러한 요소들을 고려했기 때문에 가능했다. 반면에 프랑스 제독들은 완전히 비과학적인 방법으로 공격했다. 그들은 함정 대 함정이라는 방식으로 공격했고, 적의 일부를 집중적으로 공격하려고 시도조차 하지 않았다. 심지어 프랑스 제독들은 가까운 메시나에 있던 8척의 전열함 전대가 합류할 때까지 적과 대치하면서도 그랬다. 그러한 전술은 솔배이 해전과 텍셀 해전에서 사용된 전술과 비교할

있던 남부 연합군의 포함들은 같은 방법으로 패러것Farragut의 기함을 공격하여 막대한 피해를 입혔다.

때 훨씬 뒤떨어진 수준의 것이다. 그러나 투르빌을 제외하고는 뒤켄이 당시 프랑스의 가장 훌륭한 장교였다고 할 수 있고, 이 해전은 전술사에서 그 나름대로의 중요성을 갖고 있었기 때문에 그냥 지나쳐서는 안 된다. 최고사령관의 직위는 프랑스 해군의 최고전술가임을 말해주는 근거였음에 틀림없다. 이 논의를 마치기에 앞서 다음과 같은 점들은 주목할 만하다. 클러크가 제안한 방법은 적 전열의 후위함정을 될 수 있으면 풍하 쪽으로 공격하는 것이었다. 그렇게 되면, 함대의 나머지 함정들은 그 후위함정들을 포기하거나 아니면 전면전을 위해 전진을 멈추는 수밖에 없었다. 클러크의 가설에 의하면, 영국 해군이 바란 것은 후자였다.

데 뢰이터의 전사

스트롬볼리 해전 이후에 데 뢰이터는 팔레르모Palermo로 항진했는데, 도중에 함정 한 척이 침몰했다. 뒤켄은 메시나의 외해에서 그곳에 머무르고 있던 프랑스 전대와 합류했다. 시칠리아 전쟁 중 나머지 사건들은 이 장에서 살펴보려고 하는 주제와 관련이 별로 없기 때문에 중요하지 않다. 4월 22일에 데 뢰이터와 뒤켄은 아고스타 앞바다에서 다시 조우했다. 당시 뒤켄은 29척의 함정을 지휘하고 있었다. 스페인과 네덜란드 연합함대는 27척으로 구성되었는데, 그 중 10척은 스페인함정이었다. 스페인 사령관이 함대 전체의 지휘를 맡고 있었는데, 불행하게도 그는 데 뢰이터의 충고와는 반대로 자국 함정만을 가지고 중앙전대를 구성했다. 데 뢰이터는 동맹국 함정이 얼마나 무능한지 잘 알고 있었기 때문에 스페인함정들을 분산하여 골고루 배치하기를 원했다. 데 뢰이터는 그렇게 배치해야만 스페인함정들을 보다 더 잘 지원할 수가 있다고 생각했던 것이다. 그 자신은 전위전대를 지휘했다. 연합함대는 풍향이 유리해지자 공격을 시작했다. 그러나 중앙에 있던 스페인의 함정들이 긴 사정거리만을 유지하고 접근하지 않았기 때문에, 네덜란드의 전위전대가 적의 공격권 안에 들게 되었다. 최고사령관의 행동을 따르던 후미전대도 역시 가벼운 전투만을 했을 뿐이었다. 오랜 해군 생활을 하는 동안에 한 번도 부상당한 적이 없던 데 뢰이터는 별로 희망도 없는 이 임무를 수행하다가 영광스럽고 안타깝게도 치명적인 부상을 입었다. 그는 이 부상을 당한 지 일주일 후에 시러큐스에서 사망했으며, 그와 더불어 해상저항에 대한 네덜란드의 마지막 희망도 사라져버렸다. 그로부터 한달 후에 스페인과 네덜란드 연합함대는 팔레르모에 정박하고 있다가 적의 공격을 받아 많은 피해를 입었다. 그 동안에 지중해 함대를 보강하기 위해 네덜란드에서 파견된 전대는 지브롤터 해협에서 프랑스함대를 만났기 때문에 카디스로 피할 수밖에 없었다.

프랑스에 대한 영국의 적대 행위

시칠리아 작전은 단순한 견제를 목적으로 할 뿐이었는데, 이 작전의 중요성이 적어진 것은 루이 14세가 대륙작전에 얼마나 집착하고 있었는가를 보여주고 있다. 만약 그가 이집트와 해상으로 시야를 넓혀 고정시켰더라면, 아마도 시칠리아의 가치를 훨씬 더 크게 보았을 것이다. 영국 국민은 세월이 지남에 따라 프랑스에 대해 점점 더 큰 적개심을 갖게 되었다. 영국인의 뇌리에서는 한때 네덜란드가 무역 경쟁자였다는 사실이 점점 사라지고 있었다. 그리고 루이와의 동맹국으로서 참전했던 영국은 그 전쟁이 끝나기도 전에 프랑스에 화살을 겨냥하게 되었다. 여러 이유로 프랑스를 시기했던 영국은 프랑스 해군이 자국 해군보다 수적으로 증가하여 우세하게 된 상황을 알게 되었다. 찰스는 잠시 의회의 압력에 저항했지만, 1678년 1월에 네덜란드와 공수동맹을 맺었다. 이것은 양대 해양국 사이에 동맹이 체결된 것을 의미했다. 그때까지 국왕은 프랑스 육군의 일부로 근무하고 있던 영국 지상군을 소환했다. 그리고 그는 다시 의회가 열린 2월에 90척의 함정과 3만 명의 육군 병사들을 무장시킬 수 있는 예산을 요청했다. 이러한 결과를 예상하고 있던 루이는 곧바로 시칠리아로부터 철수하라고 명령했다. 그는 지상에서는 영국군을 무서워하지 않았지만, 해상에서는 두 해양국의 동맹에 저항할 수 없었다. 동시에 그는 스페인령 네덜란드에 대한 공격을 배가시켰다. 그는 영국함정들을 전장 밖에 묶어둘 희망이 있는 한 벨기에 해안과 관련된 일로 영국 국민의 감정을 건드리는 일을 피해왔다. 그러나 이제 더 이상 영국 국민을 무마시킬 수 없게 되었음을 안 루이는 스페인령 네덜란드에 대한 공격을 강화함으로써 네덜란드를 공포에 빠뜨리는 것이 가장 좋은 방책이라고 생각하게 되었다.

네덜란드 연방의 고난

네덜란드 연방은 사실상 동맹의 추진력이었다. 루이 14세에 대항하여 동맹을 맺은 국가들 가운데 크기가 가장 작았던 이 연방은 지배자인 오랑주 공의 성격과 목적에서, 또한 부——이 부를 가지고 동맹국 지상군을 지원하여 가난하고 탐욕스러운 독일 제후들을 동맹에 충실하도록 묶어둘 수 있었다——에서 가장 강한 나라였다. 연방은 강력한 해양력과 상업능력, 해운업에 의해 거의 단독으로 전비를 부담하고 있었다. 물론 휘청거리고 불평을 하기도 했지만, 연방은 전비를 아직도 견딜 수 있는 상황이었다. 나중에 영국이 그랬던 것처럼, 당시에는 강력한 해양국인 네덜란드가 프랑스의 야망에 대항하는 전쟁을 지원했다고 볼 수 있다. 네덜란드의 상업은 프랑스 사략선의 주요 먹이가 되어 큰 피해를 보았다. 또한 그 연방은 경제에 지대한 공헌을 했던 외국들과의 운송업이 다른 나라의 수중에 넘어갔기 때문에 간접적으로 상당히 커다란 피해를 입었다. 영국이 중립을 지키게 되자 큰 이익을 안겨주곤 했던 이 사업의 주도권은 영국에게로 넘어가버렸다. 특히 영국의 선박들은 루이가 영국과 동맹을 맺고자 하는 강한 욕구를 가지고 있었기 때문에 훨씬 안전하게 바다를 항해할 수 있었다. 결국 루이는 통상조약에서 영국에게 크게 양보할 수밖에 없었다. 그는 콜베르가 프랑스의 연약한 해양력을 키우기 위해 취했던 많은 보호정책들을 시행하지 않고 있었다. 그러나 영국의 열정을 달래기 위한 이러한 미끼는 미봉책에 지나지 않았다. 영국으로 하여금 프랑스와의 동맹을 파기하도록 만든 것은 자국의 이익이 아니라 강한 동기였다.

　루이가 강화하고 싶은 희망을 피력한 이후에 전쟁을 오래 끄는 것은 네덜란드에게 전혀 도움되지 않았다. 지상전쟁은 네덜란드에게는 잘해야 필요악일 뿐이었고, 사실은 네덜란드를 약화시킬 뿐이었다. 네덜란드는 자국과 동맹국의 육군을 위해 소비한 돈 때문에 해군을 유지할 수가 없었다. 그러므로 해상에서의 부의 원천이 고갈되어버렸다. 네덜란드의 오랑주 공이 항상 프랑스의 루이 국왕에 대해 반대하는 태도를 취해온 것은 사실인데, 그러한 그의 태도가 얼마나 정당화될 수 있었는지는 확실치 않았으며 또한 여기에서 그 문제를 확실히 할 필요도 없다. 그러나 다음과 같은 사실은 의심의 여지가 없다.

전쟁은 네덜란드의 해양력을 완전히 소멸시켜버렸으며, 그 나라의 지위는 세계 열강들 사이에서 형편없는 상태로 떨어졌다. 네덜란드의 한 역사학자는 다음과 같이 말하고 있다. "프랑스와 영국 사이에 위치한 네덜란드는 스페인으로부터 독립을 쟁취한 후 영국과 프랑스 중의 한 나라와 항상 전쟁을 하게 되었다. 그러한 전쟁은 네덜란드의 재정을 고갈시켰으며, 해군을 파괴했고, 무역과 제조업과 상업에서의 급속한 쇠퇴를 초래했다. 평화를 사랑하는 이 나라 국민들은 오래 계속된 적대관계 때문에 국력이 쇠퇴했음을 알 수 있었다. 영국과의 우호관계가 네덜란드에게는 적대국보다 오히려 해가 되는 경우가 많았다. 한 나라가 계속 커지고 다른 한 나라가 계속 작아짐으로써, 그것은 마치 거인과 소인의 동맹처럼 보였다."[60] 우리가 보기에 그때까지만 해도 네덜란드는 영국의 공공연한 적이든가 아니면 진정한 경쟁상대였다. 하지만 그 이후부터는 영국의 동맹국으로 등장했다. 두 경우 모두 네덜란드는 영국보다 규모가 작았고 수적으로도 열세였으며, 또한 정세도 불리했기 때문에 고통을 당하는 입장에 있었다.

네이메헌 평화 조약(1678)

네덜란드 연방의 재정고갈, 그리고 상인과 평화파의 아우성, 다른 한편으로 프랑스의 고통, 재정난, 그리고 영국의 해군에 의한 위협은 네덜란드와 프랑스 두 국가로 하여금 오래 질질 끌던 전쟁을 끝내고 평화조약을 체결하도록 만들었다. 루이는 오랫동안 네덜란드와 강화하기를 바라고 있었지만, 제후국들이 이를 저지하고 있었다. 그 이유

---

60) Davies, *History of Holland*.

는 우선 네덜란드가 현재 프랑스와 분쟁관계에 있는 국가들과 우호관계를 맺고 있다는 점이었으며, 다음으로는 오랑주 공 윌리엄의 확고한 목적 때문이었다. 곤란한 문제들이 점차 해결되었고, 또한 네덜란드 연방과 프랑스 사이의 네이메헨Nimeguen 평화조약이 1678년 8월 11일에 체결되었다. 그 밖의 다른 국가들도 얼마 가지 않아서 이 평화조약에 동의했다. 그 평화조약으로 가장 고통을 받는 것은 지나치게 덩치만 크고 허약한 군주국이었는데, 그 중심국가는 스페인이었다. 이것은 매우 자연스러운 현상이었다. 스페인은 프랑스에게 프랑슈콩테와 스페인령 네덜란드에 있는 수많은 국경도시를 양도했다. 이렇게 하여 프랑스는 동쪽과 북동쪽으로 국경을 넓힐 수 있었다. 네덜란드──프랑스의 루이는 이 나라를 파멸시키기 위해 전쟁을 일으켰었다──는 유럽에서 한 뼘의 땅도 잃지 않았다. 다만 바다 건너 아프리카 서쪽 해안과 기아나Guiana에 있던 식민지들을 잃었을 뿐이었다. 네덜란드는 해양력에 의해 자국의 안전과 최후의 승리를 얻을 수 있었던 것이다. 해양력이 네덜란드를 대단히 위험한 상황에서 구제했고, 종전 이후에도 살아남을 수 있도록 만들었다. 해양력은 공식적으로 네이메헨 조약으로 끝을 맺은 이 대규모 전쟁을 결말짓는 데 가장 중요한 요소 중 하나였다.

네덜란드와 프랑스에 대한 전쟁의 영향

그럼에도 불구하고 이 전쟁이 네덜란드의 국력을 약화시켰으며, 그 후 오랫동안 계속된 긴장상태는 네덜란드를 결국에는 붕괴시키고 말았다. 그러나 이 전쟁이 그보다 훨씬 강대국이었던 프랑스──프랑스 국왕의 지나친 야심은 소모전을 일으킨 주요 요소였다──에 미친 영향은 무엇이었을까? 당시 아직 젊었던 프랑스 국왕의 통치에 관한 화려한 서막을 열어준 많은 활동 중에서 콜베르의 활동만큼 중요한 것은 없었다. 콜베르는 우선 당시 프랑스가 빠져 있던 혼란상태로부터 재정을 바로잡았으며, 이어서 확고한 국부의 기초 위에서 재정을 확립하는 것을 목표로 삼았다. 프랑스는 생산과 건전한 활동을 장려하는 무역, 대규모 상선단, 강력한 해군과 식민지 확장을 주요 내용으로 하는 노선을 통해 잠재력에 비해 생산이 아주 적었던 부를 개발했다. 그 중에서 어떤 것은 해양력의 근원이 되었으며, 다른 것은 해양력의 실질적인 구성요소가 되었다. 해양력은 바다와 접해 있는 국가에서 국력의 주요 근원이 아니더라도 변하지 않는 부속물이라고 할 수 있다. 거의 12년 동안 프랑스는 모든 것이 잘 되어갔다. 각 방향에서 모든 것이 보조를 맞추며 이루어지지는 않았다고 하더라도 여하튼 신속하게 발전했다. 게다가 국왕의 수입도 크게 증가했다. 마침내 프랑스 국왕이 두 가지 노선 중에서 하나를 선택해야 할 때가 도래했다. 하나는 대단한 노력을 기울였지만 국민이 자연스럽게 활동하도록 격려하지 못하고, 오히려 그러한 활동을 방해하고 또한 해양의 지배를 불확실하게 만들면서 통상을 파괴하는 노선이었다. 다른 하나는 비용이 들기는 하지만 국경지대의 평화를 유지하면서 해양을 지배하려는 방향을 설정하고, 또한 무역과 그 무역이 의존하고 있는 모든 것에 충격을 줌으로써 국가가 소비할 만큼은 아니라고 하더라고 그와 비슷한 정도의 돈을 확보하는 노선이었다. 이것은 결코 상상화가 아니었다. 루이가 네덜란드에 대해 취했던 태도와 그 결과에 의해 충격을 받은 영국은 프랑스의 콜베르와 라이프니츠가 프랑스에 기대했던 결과를 가져온 것과 같은 노선을 취했다. 그리고 영국은 그것을 프랑스의 루이가 재위하고 있던 동안에 실현했다. 루이는 네딜란드의 해운업을 영국에게 넘겨주었다. 또한 프랑스는 영국이 주민을 펜실베이니아와 캐롤라이나Carolina에 평화적으로 이주시키는 것을 허용했으며, 나아가 뉴욕과 뉴저지를 탈취하는 것도 허용했다. 또한 루이는 영국을 중립국으로 묶어두기 위해 당시 증가하고 있던 프랑스의 통상을 희생시켰다. 그리하여 영국은 즉각적이지는 않지만 빠른 속도로 해양국으로서의 열강의 자리를 차지하게 되었다. 국가적인 고통과 국민 개개인의 어려움이 대단히 심했다고는 하지만, 영국이 전쟁의 와중에서도 크게 번영했던 것은 사실이다. 프랑스가 대륙에서의 위치를 포기할 수 없었으며 또한 대륙 전쟁으로부터도 자유로울 수 없었음은 의심할 여지가 없다. 그러나 만약 프랑스가 해양강국이 되는 길을 선택했더라면, 많은 분쟁으로부터 벗어날 수 있었을 뿐만 아니라 어쩔 수 없이 전쟁을 했더라도 쉽게 감당할 수 있었을 것으로 생각된다. 네이메헨 평화조약을 통해 프랑스는 회복할 수 없을 정도로 큰 피해를 입은 것은 아니지만, "농업, 상업, 제조업, 그리고 식민지는 전쟁으로 말미암아 큰 피해를 보았다. 평화조약의 조건은 프랑스의 군사력과 영토에 유리했다. 그러나 두 해양국인 영국과 네덜란드에 유리하도록 보호관세가 낮아졌기 때문에 프랑스의 제조업은 상당한 타격을 받았다."[61] 상선대도 타격을 받았다. 영국의 시기심을 불러일으켰던 프랑스 왕실 해군은 뿌리 없는 나무처럼 전쟁의 회오리 속에서 곧 시들어버렸다.

---

61) Martin, *History of France*.

데스트레 제독에 대한 촌평

프랑스와 네덜란드의 전쟁에 관한 이야기를 마치기 전에 데스트레 백작을 간단하게 언급할 필요가 있다. 루이는 그에게 연합함대에 파견하는 프랑스함대의 지휘를 맡겼으며, 그는 솔배이 해전과 텍셀 해전에서 그 함대를 지휘했다. 그에 대한 언급은 경험도 쌓기 전에 해군이 되었던 당시 프랑스 해군장교의 자질을 살펴보는 데 도움을 줄 것이다. 데스트레는 남자로서 한창 성숙기에 있던 1667년에 처음으로 바다에 나갔다. 그런데 그는 1672년에 중요한 전대를 지휘했으며 또한 그의 휘하에는 거의 40년 동안이나 뱃사람으로 근무했던 뒤켄이 있었다. 1677년에 데스트레는 나포되는 선박의 수를 반으로 줄이기 위해 국왕 개인 돈으로 유지해왔던 8척의 함선으로 구성된 한 전대의 지휘권을 국왕으로부터 받았다. 그는 이 전대를 지휘하여 그 당시의 네덜란드의 섬으로 간주되었던 토바고Tobago를 공격했는데, 이때에도 텍셀 해전에서처럼 무모한 행동을 했다. 그는 다음 해에 다시 출항하여 아베스 섬Aves Islands에 모든 병력을 상륙시키려고 했다. 그의 이러한 행동에 대한 한 기함 함장의 보고서는 교훈적일 뿐만 아니라 흥미롭기도 하다. 이 보고서에는 다음과 같은 구절이 적혀 있다.

그 전대를 잃은 바로 그날, 그 해군 중장은 항상 그랬던 것처럼 자신의 방에서 조타수들에게 위치가 잘못되었다고 나무라고 있었다. 나는 어떤 일이 벌어지고 있는지 알아보기 위해 그 방으로 들어가다가 3등 조타수부르다루Bourdaloue가 울면서 밖으로 나가는 것을 목격했다. 무슨 일이냐고 묻자, 그는 다음과 같이 대답했다. "제가 기점한 위치가 다른 조타수들과 많이 달랐기 때문에 여느 때처럼 사령관님이 꾸짖고 질책하셨습니다. 저는 최선을 다하고는 있지만 형편없는 사람인 것 같습니다." 내가 사령관실로 들어가자 매우 화가 나 있던 제독은 나에게 말했다. "저 무뢰한 같은 부르다루란 놈이 항상 나를 당황하게 만든단 말이야. 그를 배에서 내리게 해야 되겠어. 그놈이 우리로 하여금 이처럼 위험한 항로를 항해하게 했단 말이야." 나는 누구의 말이 옳은지 몰랐기 때문에 그 불호령이 나에게 떨어질까 무서워 감히 아무 말도 할 수 없었다.[62]

이 보고서를 작성한 프랑스 장교는 이어서 그 사건이 일어난 지 몇 시간 후의 상황에 대해 다음과 같이 말하고 있다. "이제 바다가 아주 이상하게 보였다. 그러나 그것은 그날의 바다의 상황을 정확하게 묘사한 것이었다. 아베스 섬으로 알고 있던 환초군에 부딪쳐 모든 함정들이 손상되었고, 장교들도 마찬가지로 많은 피해를 입었다." 보고서의 다른 부분에는 그 원인에 대해 다음과 같이 기록되어 있다. "함정이 난파된 것은 오로지 데스트레 중장의 일방적인 행위 때문이었다. 그에게 쓸모가 있는 것은 항상 함정의 장교가 아니라 자기 부하들의 의견이었다. 데스트레의 이러한 행동방식은 어느 정도 이해될 수 있다. 해상 경력이 짧아 필요한 지식을 갖지 못했던 그는 적절한 조언을 해줄 조언자를 필요로 했지만, 그의 옆에는 항상 능력 없는 사람만 있었다."[63] 데스트레는 해상에 나온 지 2년만에 중장으로 진급한 사람이었다.

---

62) Guegeard, *Marine de Guerre*.

63) Troude, *Batailles Navales*.

제4장

영국 혁명, 아우크스부르크 동맹전쟁(1688~97)
비치 헤드 해전, 라 오그 해전

루이 14세의 침략 전쟁

네이메헨 평화조약이 체결된 이후 10년 동안 광범위한 전쟁은 한 번도 발생하지 않았다. 그러나 정치적으로 조용한 시대는 결코 아니었다. 루이 14세는 전시와 마찬가지로 평시에도 자국의 국경을 동쪽으로 넓히려는 의도를 갖고 있었으며, 실제로 평화조약으로 얻지 못한 영토를 재빨리 확보해갔다. 그는 예전의 봉건적인 유대를 이유로 들어 조약에 의해 양도된 곳곳을 자신의 영토라고 주장했다. 어떤 때는 돈으로 사들이기도 하고 어떤 때는 노골적으로 강요해서 영토를 확장했던 그는 자신의 권리를 획득하는 소위 평화적인 방법이라고 말했지만 사실상 무력을 앞세운 주장이었다. 그는 1679년과 1682년 사이에 이러한 방식으로 영토를 확장했다. 유럽, 그 중에서도 특히 독일을 가장 놀라게 한 것은 1681년 9월 30일에 당시 독일 제국의 도시였던 스트라스브르Strasbourg의 함락이었다. 그리고 바로 그 날, 이탈리아에 위치한 카살레Casale가 만토바 공작Duke of Mantua에 의해 프랑스에 팔렸는데, 그것은 루이 14세의 야심이 북쪽과 동쪽뿐만 아니라 남쪽으로도 뻗어가고 있었음을 보여주고 있다. 전쟁이 발발할 경우 전자는 독일에, 그리고 후자는 이탈리아에 각각 전략적으로 대단히 중요한 곳이었다.

유럽 전체가 대단히 흥분했다. 냉정하게 자신의 힘을 믿고 있던 루이는 모든 방향에서 새로운 적을 만들고 또한 이전의 우방들로 하여금 등을 돌리게 만들었다. 루이 14세로부터 직접 모욕을 당했을 뿐만 아니라 자국의 되-퐁Deux-Ponts 공국에 의해서도 피해를 입은 스웨덴 국왕은 이탈리아 반도의 국가들이 그랬던 것처럼 루이에게서 등을 돌렸다. 그리고 교황 역시 프로테스탄트로 전향할 기미를 이미 보였으며 또한 낭트 칙령을 폐기하려고 준비하던 루이의 적이 되었다. 그러나 그에 대한 불만이 깊고 전체적으로 커져 있기는 했지만, 그 불만은 조직화되지 못했고, 누군가의 지도를 받아야 할 필요가 있었다. 그리고 불만을 효과적으로 표현하는 데 필요한 정신적인 지주는 네덜란드의 오랑주 공 윌리엄이었다. 그러나 그러한 일을 성숙시키기 위해서는 시간이 필요했다. "아무도 아직 무장하지는 않았다. 그러나 스톡홀름에서 마드리드에 이르는 모든 곳에서 사람들은 서로 대화하고 서신을 교환하며 동요했다. …… 무력을 앞세운 전쟁보다 몇 년 앞서 문필에 의한 전쟁이 시작되었던 것이다. 지칠 줄 모르는 언론인들은 유럽의 여론을 형성하기 위해 끊임없이 호소했다. 새로운 세계적 군주국에 대한 공포가 여러 가지 형태로 확산되었다." 이전에 오스트리아 왕가가 이러한 군주국을 형성하고자 시도한 적이 있었다. 루이가 자신이나 자신의 아들을 독일 황제로 만들려고 한다는 것은 공공연한 비밀이었다. 그러나 이민족 사이의 갈등, 개인적인 이해관계, 경제적 어려움 등이 행동으로 옮기는 것을 지연시키고 있었다. 윌리엄의 바람에도 불구하고 네덜란드 연방은 동맹을 위해 다시 금고 역할을 하기를 꺼려했다. 또한 황제도 헝가리 폭도들과 터키에 의해 동부 국경을 위협받고 있었기 때문에 구태여 서부에서 전쟁의 위험을 무릅쓰려고 하지 않았다.

프랑스, 영국, 네덜란드 해군의 상황

프랑스 해군은 콜베르의 보호하에서 세력을 증강시켜 능률을 크게 높여가고 있었고 북아프리카의 해적과 그들의 근거지 역할을 하고 있던 항구를 공격함으로써 실전의 경험을 쌓아갔다. 같은 기간에 영국 해군과 네덜란드 해군은 모두 세력과 능률 면에서 쇠퇴하고 있었다. 윌리엄이 1688년에 영국 원정을 위해 네덜란드의 군함을 필요로 했을 때 "해군 병력의 감소와 유능한 지휘관들이 없다는 이유"로 거절했던 사실은 이미 언급한 적이 있다. 영국에서는 훈련 부족과 긴축 정책으로 말미암아 점차 군인의 수가 줄어들었을 뿐만 아니라 함대의 상황도 나빠졌다. 그러나 작은 소동이 벌어지자 1678년에 프랑스와의 전쟁을 예상한 국왕은 새로운 인물에게 해군을 보살피도록 했다. 이 일에 대해 영국의 한 역사가는 다음과 같이 말하고 있다. "이러한 새로운 관리체계가 5년간 계속되었다. 만약 이것이 5년만 더 지속되었더라면, 유사시에 어떤 사태가 발생하더라도 왕립 해군에 의해 진압될 수 있었을 것이고, 미래의 실수에 대한 어떤 여지도 남겨두지 않았을 것이다. 그러나 국왕은 어떤 이유인지는 모르겠지만 1684년에 함대를 자신이 직접 관리하기 시작했으며, 이전의 장교들도 대부분 다시 불러들였다. 그러나 일이 크게 진척되기 전에 국왕이 사망하고 말았다."[64]

제임스 2세의 즉위

당시 국왕이었던 찰스가 사망한 것은 1685년이었다. 국왕의 교체

---

[64] Campbell, *Lives of the Admirals*.

는 영국 해군뿐만 아니라 루이 14세의 계획에 중대한 결과를 미쳤고, 루이가 준비를 하고 있던 전면전의 운명 때문에 대단히 중요했다. 해군 출신이자 로스토프트 해전과 사우스월드 해전에서 최고사령관을 역임한 적이 있는 새로운 국왕 제임스James 2세는 해군에 대해 특별한 관심을 가지고 있었다. 해군이 의기소침해 있는 실상을 알고 있었던 그는 즉시 철저하게 병력과 능률의 복구조치를 취했다. 그가 통치한 3년 동안 무기가 대단히 발전했는데, 기이하게도 그가 이렇게 발전시킨 무기는 그 자신과 친구들을 향해 가장 먼저 사용되었다.

유럽인들은 제임스 2세의 즉위가 루이에게 유리한 것으로 생각되었기 때문에 그를 반대하는 움직임을 보였다. 프랑스 국왕과 밀접한 관계를 가지고 루이의 절대적인 통치를 지지하고 있던 스튜어트Stuart 왕조는 프랑스에 대한 영국 국민의 정치적 그리고 종교적 적대감을 견제하기 위해 여전히 막강한 힘을 갖고 있던 왕권을 사용했다. 제임스 2세는 이러한 정치적인 공감대 위에 로마가톨릭적인 종교 열정을 더하여 영국 국민의 반감을 불러일으키는 행동을 했다. 그 결과 국민들은 제임스 2세를 왕위에서 몰아내고, 의회의 요구에 의해 그의 딸인 메리Mary를 여왕으로 옹립했다. 그런데 그녀의 남편은 네덜란드의 오랑주 공 윌리엄이었다.

아우크스부르크 동맹의 결성

제임스가 즉위한 바로 그 해에 프랑스에 반대하는 거대한 외교적 결합이 시작되었다. 이 움직임은 정치와 종교라는 두 측면을 내포하고 있었다. 프로테스탄트 국가들은 프랑스에서 프로테스탄트들에 대한 박해가 심해지고 있는 사실에 대해 분개했으며, 특히 영국에서 제임스의 정책이 점점 로마로 기우는 것을 보고 이 분개심은 더 커졌다. 북부의 프로테스탄트 국가들로 볼 수 있는 네덜란드, 스웨덴, 그리고 브란덴부르크 등은 서로 동맹을 맺었다. 그리고 그 국가들은 독일 황제와 오스트리아 황제, 그리고 정치적인 불안과 분노를 갖고 있던 스페인과 그 밖의 가톨릭 국가들에게도 도움을 요청했다. 그 무렵, 터키에 대해 성공하고 있었던 독일 황제는 프랑스에 반대하는 움직임에 도움을 줄 수 있었다. 독일 황제, 스페인과 스웨덴의 국왕, 그리고 수많은 독일 제후들은 1688년 7월 9일에 비밀협정을 체결했다. 이 협정의 목적은 처음에는 프랑스에 대한 방위였지만, 공격적인 동맹으로 쉽게 변할 수 있었다. 이 협정에는 아우크스부르크 동맹이라는 명칭이 붙었는데, 이 때문에 그로부터 2년 후에 벌어진 전면전은 아우크스부르크 동맹전쟁으로 불리게 되었다.

그 다음해인 1687년에 독일 제국은 터키와 헝가리에서 크게 성공했다. 따라서 프랑스가 그 방향에서 더 이상 도움을 기대할 수 없다는 것은 분명했다. 동시에 영국 국민의 불만과 오라녜 공의 야망이 점차 분명하게 드러나기 시작했다. 오라녜 공은 영국의 왕위를 차지하기를 바랐는데, 그것은 평범한 개인적인 명성의 확장이 아니라 루이 14세의 세력을 영구히 억제하고자 하는 자신의 정치적 신념을 최대한으로 달성하기 위한 것이었다. 그러나 윌리엄은 영국 원정을 위해서 네덜란드 연방으로부터 함정, 군자금, 그리고 병사를 확보할 필요가 있었다. 네덜란드인들은 윌리엄의 요구에 대해 망설였다. 왜냐하면 프랑스 국왕이 제임스를 자신의 동맹자로 선언하고 있었던 상황에서 윌리엄의 영국 원정은 결국에는 프랑스와의 전쟁이 될 것이라는 점을 알고 있었기 때문이었다. 그러나 네덜란드인들의 행동은 결국 루이에 의해 결정되었다. 그는 때마침 네이메헨 조약에서 네덜란드의 무역에 양보했던 것을 취소하기로 결정했던 것이다. 이리하여 네덜란드의 물질적인 이익에 심각한 손해가 발생했으며, 바로 이 때문에 그때까지 결정을 하지 못하고 동요하고 있던 네덜란드는 결정을 내릴 수 있었다. 프랑스의 한 역사가는 다음과 같이 말하고 있다.[65] "프랑스의 네이메헨 조약 위반은 네덜란드의 통상에 심각한 타격을 주어 유럽 무역의 4분의 1 이상을 감소하게 만들었다. 그리하여 그때까지 물질적인 이해관계와 상충관계에 있던 종교적 감정이라는 장애물이 제거되었고, 프랑스를 회유해야 할 이유가 더 이상 없었으므로 모든 네덜란드인은 윌리엄의 뜻을 따르게 되었다. 때는 바야흐로 1687년 11월이었다. 그 다음해 여름, 영국 왕위를 물려받을 상속자가 태어나자 문제가 발생했다. 영국인들은 이미 몇 년 동안 진행되고 있던 당시 국왕의 통치는 참을 수 있어도, 계속되는 로마가톨릭 왕실을 견딜 수는 없었다.

오랫동안 악화되어 왔던 문제들은 마침내 위기촉발의 상황을 만들었다. 오랜 기간에 걸쳐 숙적이었던 루이와 오라녜 공 윌리엄은 강한 개성을 가지고 있었으며 또한 그들은 자신들이 내세운 주의주장으로 미루어볼 때 그 당시 유럽 정치무대의 두 거인이었다. 그들은 원대한 포부를 실현하려는 순간에 있었는데, 그 결과는 여러 세대에 영향을 주었다. 전제적 성격을 가지고 있던 윌리엄은 네덜란드 해변에서 희망을 품고 자유로운 영국을 바라보며 서 있었다. 그는 섬나라 왕국의 방어벽이라고 할 수 있는 좁은 수로를 사이에 두고 영국과 떨어져 있었는데, 이 수로를 자신의 원대한 포부를 가로막는 장벽으로 생각했을지 모른다. 왜냐하면 프랑스 국왕은 마음만 먹으면 언제나 그 수

---

65) Martin, *History of France*.

로를 통제할 수 있었기 때문이다. 프랑스의 모든 권력을 한 손에 쥐고서 이전처럼 동쪽을 노리고 있던 루이는 대륙의 여러 국가들이 자신에 대항하여 집결하는 것을 알고 있었다. 그러나 옆에 위치한 영국은 내심 그에 대한 적대감을 갖고서 대항하기를 열망했지만 아직은 지도자를 갖지 못하고 있었다. 머리가 그것을 기다리고 있는 몸체와 하나가 되어 두 해양국인 영국과 네덜란드를 일인통치에 놓을 수 있는 길을 열어둔 채로 둘 것인지 여부는 여전히 루이의 손에 달려 있었다. 만약에 육상으로 네덜란드를 공격하고 우세한 해군을 영국해협으로 보낸다면, 루이는 윌리엄을 네덜란드에 묶어둘 수도 있었다. 영국 해군은 국왕의 사랑과 격려를 더 많이 받았기 때문에 사령관에 대한 장병들의 충성심보다 더 강한 충성심을 국왕에 대해 갖고 있었다.

독일제국에 대한 루이 14세의 선전포고

일생 동안 편견을 버리지 않고 또한 편견에서 자유로울 수 없었던 루이는 결국 대륙으로 진군하는 방향을 선택했다. 이어서 그는 1688년 9월 24일에 독일에 대해 선전포고를 하고 군대를 라인 강 방면으로 진격시켰다. 그러자 윌리엄은 자신의 야망에 대한 마지막 장애가 사라지는 것을 보고 아주 기뻐했다. 풍향이 좋지 않아 몇 주간을 지체한 그의 원정대는 마침내 10월 30일에 네덜란드를 출항했다. 원정대는 만 5천 명의 병사를 태운 500척 이상의 수송선과 이를 호위할 50척의 함정으로 구성되었다. 여기에 참가한 대부분의 육군 장교들은 지난 전쟁 이후 프랑스에서 추방된 프랑스인 프로테스탄트들이었다. 윌리엄 휘하의 최고사령관은 위그노 쇰베르크Huguenot Schomberg였는데, 그는 최근에 프랑스의 원수가 되었다. 바로 이러한 점들 때문에 이것은 정치적 목적과 종교적 목적을 혼합한 특성을 내포한 대표적인 원정으로 간주될 수 있다.

원정대의 첫 출발은 폭풍우 때문에 좌절되었다. 그러나 11월 10일에 다시 출항했을 때에는 신선하고 쾌청한 바람이 불어 원정대가 도버 해협과 영국해협을 통과할 수 있었으며, 윌리엄도 15일에 토베이에 상륙했다. 그 해가 다 가기 전에 제임스는 자신의 왕국으로부터 도피했다.

윌리엄과 메리의 즉위, 루이 14세의 네덜란드에 대한 선전포고

다음해 4월 21일에 윌리엄과 메리는 대영제국의 군주임을 선언했다. 루이는 윌리엄의 영국 정복소식을 듣자마자 네덜란드 연방에 대해 선전포고를 했다. 이것은 영국과 네덜란드가 이 전쟁에 대비하기 위해 손을 잡게 된 것을 의미했다. 원정 준비가 지체되고 있던 몇 주 동안 헤이그 주재 프랑스 대사와 해군 대신은 국왕에게 프랑스의 강력한 해군력으로 그 원정을 중단시켜달라고 간청했다. 당시 프랑스 해군력은 전쟁 첫해에 영국과 네덜란드 연합함대의 수를 능가할 정도로 대단했다. 그러나 루이는 그들의 의견을 받아들이려 하지 않았다. 프랑스의 루이도 영국의 제임스도 똑같이 눈이 멀어 있었던 것 같다. 왜냐하면 제임스는 불안을 느끼면서도 자신에 대한 영국 해군의 충성심을 믿고 프랑스 함대로부터의 모든 원조를 계속 거부했기 때문이었다. 제임스는 함상에서 미사를 보려는 자신의 시도가 사제를 함정 밖으로 던져버리는 승무원들의 소란으로 무산되었음에도 불구하고 해군을 믿고 있었던 것이다.

이리하여 프랑스는 동맹국 하나 없이 아우크스부르크 동맹전쟁에 뛰어들게 되었다. "프랑스의 정책입안가들이 가장 두려워하고 또한 프랑스가 오랫동안 피했던 일이 결국 발생했다. 영국과 네덜란드는 동맹을 맺었을 뿐만 아니라 동일한 국가원수 아래 하나로 결합되었다. 그리고 영국은 스튜어트 왕조의 정책에 의해 오랫동안 금지되어 있던 동맹을 열정적으로 받아들였다." 해전에 대해 말하자면, 여러 번에 걸친 해전은 데 뢰이터가 참전한 해전들보다 전술적 가치가 훨씬 적었다. 전략적인 면에서 가장 중요한 것은 루이가 해상에 우세한 해군력을 가지고 있었으면서도 아일랜드에 있던 제임스 2세를 적절하게 지원하는 데 실패했다는 점이다. 당시 아일랜드는 여전히 제임스에게 충성하고 있었다. 그 다음으로 중요한 점은 루이 14세가 선택한 대륙정책에 드는 비용 때문에 프랑스의 위대한 함대를 바다에서 더 이상 유지할 수 없었다는 것이다. 별로 중요하다고 할 수 없지만, 세 번째 것은 프랑스의 강력한 함대가 사라지고 없었을 때 프랑스가 취한 통상파괴전과 사략전이 큰 부분을 차지했다는 점과 그전쟁 양상의 특별한 성격이다. 이런 점들과 그것에 의해 발생한 결과는 통상파괴전이 함대의 지원이 없으면 적절하지 않다고 주장해온 이론과 언뜻 보기에 모순되는 것처럼 보일 것이다. 그러나 이 다음에 다룰 상황들을 자세히 살펴보면, 그 모순이 실제보다는 피상적인 것에 불과하다는 것을 알게 될 것이다.

예전에 일어난 분쟁 경험에서 배운 바가 있었다면, 프랑스 국왕은 자신이 일으킨 전면전에서 해양국에 대해, 다시 말해서 오라녜 공 윌리엄과 영국 – 네덜란드 동맹국에 대해 응당 노력을 기울였어야 했다. 윌리엄의 입장에서 최대의 약점은 아일랜드였다. 물론 영국 내에도 추방된 국왕을 따르는 사람들이 아직 많이 남아 있었을 뿐만 아니라 시기심 때문에 윌리엄이 즉위하는 것을 막으려는 사람도 있었다. 윌리엄의 권력은 아일랜드를 진압하지 못하는 한 확보될 수 없었다.

제임스 2세의 아일랜드 상륙

1689년 1월에 영국에서 탈출한 제임스는 프랑스 병사와 전대를 이끌고 그 다음해 3월에 아일랜드에 상륙했다. 그는 그곳에서 가는 곳마다 열렬한 환영을 받았는데, 프로테스탄트 지역인 북부에서는 예외였다. 그는 더블린Dublin을 수도로 정하고 그 다음해 7월까지 그 나라에 머물렀다. 이 15개월 동안 프랑스는 해상에서 훨씬 우위를 차지했고, 병력을 아일랜드에 한 번 이상 상륙시켰다. 그리고 이것을 방해하려던 영국은 밴트리 만Bantry Bay 해전[66]에서 패배했다.

프랑스 해군의 운용 실수

제임스가 아무리 기반을 잘 닦아놓았다고 하더라도 가장 중요한 문제는 지속적인 지지였다. 제임스가 세력을 한층 강화할 때까지 그리고 포위공격을 받고 있던 런던데리Londonderry가 함락될 때까지, 윌리엄이 발판을 다지는 것을 막는 것도 가장 중요한 일이었다. 그리고 1689년과 1690년에 프랑스 해군이 영국과 네덜란드 연합군보다 해상에서 우세였음에도 불구하고 영국의 루크Rooke 제독은 아무런 방해도 받지 않고 런던데리에 증원군을 투입할 수 있었다. 그후 소규모 부대를 이끈 숌베르크 원수는 근처에 위치한 캐릭퍼거스Carrickfergus에 상륙했다. 루크는 아일랜드와 스튜어트 왕조 지지자들이 많았던 스코틀랜드 사이의 교통을 차단한 다음, 소규모의 전대를 이끌고 아일랜드 동쪽 해안선을 따라가다가 더블린 항에 정박해 있던 선박들을 불태우려 했는데, 바람이 불지 않아서 실패했다. 마

---

66) 〈그림2〉 영국해협의 지도를 보라.

침내 루크는 당시 제임스가 점령하고 있던 코크Cork 앞바다에 이르자 그 항구에 있는 섬 하나를 점령한 다음 10월에 안전하게 다운스로 돌아갔다. 런던데리의 포위를 풀게 하고 영국과 아일랜드 사이의 교통을 터준 이러한 활동은 여름철 몇 개월 동안 계속되었다. 하지만 프랑스는 그 활동을 중지시키려는 노력을 한 번도 하지 않았다. 1689년 여름에 프랑스함대가 합동작전을 효과적으로 실시했더라면 영국으로부터 아일랜드를 고립시키고 또한 윌리엄의 세력에 그와 상응하는 피해를 입힘으로써 아일랜드에 있던 제임스에 반대하는 모든 행위를 틀림없이 차단할 수 있었을 것이다.

그 다음해에도 프랑스는 똑같은 전략적이고 정치적 실수를 저질렀다. 힘이 약한 국민과 외국의 도움에 의지했던 제임스의 계획은 순조롭게 진행되지 않으면 세력을 잃을 수밖에 없었다. 그러나 프랑스, 특히 프랑스함대가 진정으로 도와주기만 한다면 기회는 아직도 그의 편이었다. 프랑스 해군처럼 단순히 전투 위주의 해군은 전쟁이 시작될 때 가장 강력한 힘을 발휘할 수 있었다. 반면에 영국과 네덜란드 연합해군은 상선단과 부에서 막대한 자원을 끌어낼 수 있었기 때문에 날로 강력해져갔다. 병력 면에서는 1690년에도 프랑스가 여전히 우위였지만, 1689년만큼 강력하지는 않았다. 가장 중요한 문제는 그 해군력을 어느 방향으로 운용할 것인가 하는 문제였다. 거기에는 해군 전략에 대한 상이한 견해와 관련된 두 가지의 주요 노선이 있었다. 그 중 하나는 연합함대에 대항하는 행동을 취하는 것이었다. 연합함대를 심각할 정도로 패배시키기만 한다면 윌리엄으로 하여금 영국 왕위를 내놓게 할 수 있을지도 몰랐다. 다른 하나는 함대를 아일랜드 작전의 보조 수단으로 사용하는 것이었다. 프랑스 국왕은 전자를 취했는데, 그것은 적절한 행동임에 틀림없었다. 그러나 영국과 아일랜드 사이의 교통을 차단한다는 중요한 임무를 루이는 아무 이유도 없이 무시했다.

윌리엄 3세의 아일랜드 상륙

윌리엄 3세는 3월 초에 전쟁물자와 6천 명의 병사를 실은 함대를 파견했는데, 그 함대는 아일랜드의 남쪽 항구에 아무런 어려움 없이 상륙했다. 그러나 이 임무를 마친 후 브레스트로 돌아간 그 함정들은 투르빌 백작이 지휘하는 대함대가 집결하는 5,6월까지 아무 일도 하지 않은 채 그곳에 머물러 있었다. 이 두 달 동안에 영국은 자국의 서쪽 해안에 병력을 집결시켰으며, 윌리엄은 체스터Chester에서 자신의 병력을 288척의 수송선에 태우고 함정 6척의 호위를 받으면서 6월 21일에 출항했다. 그는 24일에 캐릭퍼거스에 상륙했다. 그후 6척의 군함에게 영국의 대함대와 합류하라고 지시했지만 실패했다. 왜냐하면 투르빌의 프랑스함정들이 그 동안에 출항하여 영국해협의 동쪽을 장악하고 있었기 때문이다. 아일랜드에서 분쟁이 벌어지고 있는 동안에 양쪽 모두가 아일랜드에 이르는 상대방의 해상교통에 대해 무관심했던 사실은 매우 놀랍다. 특히 이것은 프랑스에게 훨씬 더 이상한 일이었는데 프랑스는 대규모의 병력을 소유하고 있었을 뿐만 아니라 영국에 있는 불평분자들로부터 영국 내의 정확한 정보를 틀림없이 제공받았을 것이기 때문이다. 물론 프랑스는 25척의 프리깃 함으로 구성된 전대를 전열함들의 지원하에 세인트 조지 해협에 파견한 적이 있었다. 그러나 그 전대는 그곳에 도착하지 못했고 그 중에서 10척만이 겨우 킨세일Kinsale에 도착할 수 있었는데, 그때는 제임스가 보인 전투에서 완패한 이후였다. 영국의 교통선은 한 시간도 위협받지 않았던 것이다.

투르빌의 함대는 모두 78척의 함정으로 구성되었는데, 그 중의 70척이 전열함이었다. 또한 이 함대는 22척의 화공선도 보유했다. 함대는 윌리엄이 출항한 그 다음날인 6월 22일에 출항했다. 프랑스함대는 30일에 리저드Lizard 앞바다에 출현하여 영국의 제독을 놀라게 만들었다. 영국 함대사령관은 적 함대가 서쪽에서 출현할 것을 예상하지 못하고 서쪽에 정찰함마저 배치하지 않은 채 와이트Wight 섬 앞에 정박하고 있었다. 영국함대는 즉시 출항하여 10일 동안 남동쪽으로 향했는데, 도중에 다른 영국함정들이나 네덜란드함정과 합류하기도 했다. 양국 함대는 때때로 상대방을 육안으로 확인하면서 동쪽으로 계속 기동했다.

비치 헤드 해전(1690)

영국의 정치적인 상황은 위태로웠다. 제임스 2세의 지지자들은 반정부활동을 공공연하게 했으며, 아일랜드에서는 1년 이상 반란이 지속적으로 진행되었고, 윌리엄은 왕비인 메리를 런던에 남겨둔 채 아일랜드에 머물렀다. 상황이 긴박해지자 의회는 프랑스함대와 싸우기로 결정하고 허버트 제독에게 그 임무를 맡겼다. 허버트는 함대를 출항시켜 7월 10일에 북동풍을 받으며 서쪽으로 전열을 형성한 다음 프랑스함대를 공격할 시간을 기다렸다. 프랑스함대는 모든 함정이 앞 돛대의 중간 돛만 우현으로 펼치고 거의 움직이지 않은 채 영국과 네덜란드 연합함대를 기다리고 있었다. 그들은 함수를 북서쪽으로 두고 있었다.

그 후 일어난 해전은 비치 헤드Beachy Head 해전으로 알려져 있다.

이 해전에 참여한 프랑스함정은 70척이었다. 반면에 그들의 계산에 따르면 영국과 네덜란드함정은 56척이었고, 프랑스 기록에 의하면 60척이었다. 연합함대의 전열에서 네덜란드 함대는 전위를, 허버트가 직접 지휘하는 영국 함대는 중앙을, 그리고 네덜란드와 영국함정 일부가 후위를 각각 차지했다. 이 해전의 개요는 대략 다음과 같았다.

(1) 풍상의 위치를 차지하고 있던 연합함대는 횡렬진을 형성했다. 항상 그러했듯이 이 기동은 전열을 형성하기가 쉽지 않았다. 또한 흔히 그랬듯이 전위가 중앙이나 후위보다 먼저 적의 함포사격을 받아 많은 피해를 보았다.

(2) 허버트는 최고사령관이었지만, 적과 상당한 거리를 유지함으로써 중앙함대로 하여금 적을 맹렬하게 공격하지 못하도록 만들었다. 연합함대의 전위와 후위는 적과 접전을 벌였다(〈그림8〉, A). 연합함대의 이러한 기동에 대해 폴 오스트[67]는 허버트가 주로 프랑스함대의 후위를 공격하려 했다고 설명하고 있다. 그는 이 목적을 달성하기 위해 자신의 중앙전대를 후위 쪽으로 접근시켰으며, 또한 풍상 쪽의 장거리포 사정거리에 위치시킴으로써(풍상의 위치에서는 적의 포탄이 도달하지 못한다) 프랑스함대가 바람 불어오는 쪽으로 나아가 후위에 가세하여 전투력을 배가시키는 것을 막았다. 그의 계획은 전체적으로 그럴듯하게 보이지만 세부적인 면에서는 몇 가지 결점을 내포하고 있었다. 이러한 기동은 중앙과 전위 사이의 간격을 아주 벌어지게 만든다. 그는 차라리 데 뢰이터가 텍셀 해전에서 그랬던 것처럼 자신이 다룰 수 있는 만큼의 함정으로 적의 후위를 공격하게 하고, 그 대

---

67) Hoste, *Naval Tactics*.

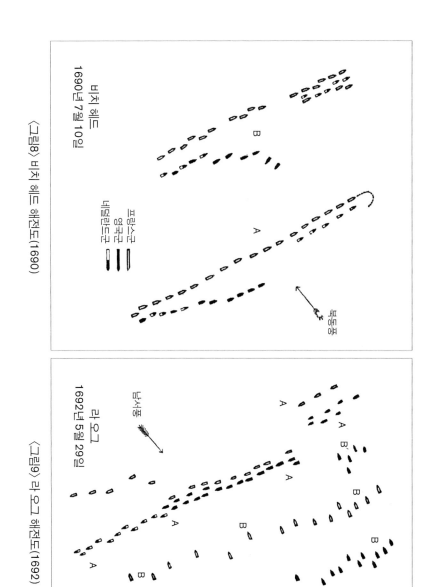

비치 헤드
1690년 7월 10일

프랑스군
영국군
네덜란드군

독도포

〈그림8〉 비치 헤드 해전도(1690)

라 오그
1692년 5월 29일

남서풍

〈그림9〉 라 오그 해전도(1692)

신 자신의 전위에게는 프랑스함대의 전위를 견제하여 교전을 피하도록 했어야만 했다. 수적 열세 때문에 적의 전대처럼 전선을 길고 촘촘하게 유지할 수 없었던 제독은 적군이 자신의 전대를 둘러싸지 않도록 해야만 했다. 그러나 그렇게 하기 위해서는 허버트가 한 것처럼 중앙에 넓은 공간을 둘 것이 아니라 자신의 함정들 사이의 간격을 넓혀서 적에 의한 포위가 가능하지 못하도록 해야만 했다. 연합함대는 중앙에 넓은 공간이 생겼기 때문에 전위와 후위가 분산되었으며, 따라서 적의 공격을 받게 되었다.

(3) 프랑스 전위전대의 사령관은 네덜란드함대가 자신의 전열에 접근하여 자신보다 더 큰 피해를 입었다는 것을 알고, 자신의 선두함 6척을 앞으로 내보내 네덜란드 전열의 반대쪽으로 기동한 후 네덜란드 함대를 양쪽에서 공격했다(〈그림8〉. B).

동시에 투르빌은 중앙에 자신을 상대하는 적의 함정이 없는 것을 알고서 적 중앙의 선두함들을 격파한 후, 앞으로 진격했다. 이렇게 되자 허버트는 상대할 적 함정을 상실하게 되었다. 그리고 투르빌이 이끄는 함정들이 가세한 프랑스함정들은 네덜란드 전위함정들에 대한 공격을 강화했다(B).

그리하여 양 전대의 선두에서 혼전이 벌어졌으며, 그 혼전으로 열세에 있던 네덜란드함대는 큰 피해를 보았다. 연합함대에게는 다행스럽게도 바람이 멎었다. 그러자 투르빌과 다른 프랑스 장교들은 전투를 계속하기 위해 적 함정들을 예인하려고 했다. 연합군 함정들은 프랑스함대의 의도를 알아차리고 모든 돛을 내리고 신속하게 투묘했다. 투르빌이 연합함대에 도달하기 전에 시작된 썰물 때문에 조류가 남서쪽으로 흘렀는데, 이 조류는 프랑스함대를 전장 밖으로 밀어냈다. 결국 프랑스함대는 적으로부터 3마일 떨어진 지점에 투묘할 수밖에 없었다.

오후 9시에 조류가 바뀌자 연합함대는 닻을 올리고 동쪽으로 출항했다. 영국의 기록에 의하면, 많은 함정이 심한 피해를 입은 연합함대는 기동할 수 없는 함정을 지키기 위해 전면전의 위험을 무릅쓰는 것보다는 차라리 파괴시키기로 결정했다.

투르빌은 추격작전을 감행했다. 그러나 그는 총력을 다한 추격전을 지시하지 않았으며, 그 대신 속력이 느린 함정들과 보조를 맞추기 위해 함대의 속도를 늦춘 상태에서 전열을 유지하도록 명령했다. 이 조치는 혼전이 발생할 경우에만 취해야 하는 것이며 그는 패배하여 도망하는 적을 열심히 추격했어야만 했다. 그리고 대형에 대해서는 추격 중인 함정들이 서로 지원할 수 있도록 하면 되었다. 이러한 상황에서는 전투의 초기와 중간단계에서처럼 그렇게 적 함대와 상대적 거리와 방위를 유지할 필요는 없었다. 투르빌이 총력을 다한 추격 명령을 내리지 않은 것은 그가 군인으로서 자질이 뛰어나지 못했음을 보여주는 한 단면이었다. 그리고 그 실패는 그의 생애에서 최고의 순간이 될지도 모를 기회를 놓친 것이다. 그는 이보다 더 좋은 기회를 다시는 가질 수 없었다. 그 당시 기함에 승함했던 오스트는 그가 최고사령관으로서 수행한 최초의 전면적인 해전을 그때까지 있었던 것 중에서 해군의 가장 완전한 승리라고 했다. 그 말은 사실이었다. 그러나 그것은 완전한 해전이기는 했지만 결정적인 해전은 아니었다. 오스트의 말에 의하면 그 해전에서 프랑스는 한 척의 함정도, 아니 한 척의 주정도 잃지 않았다. 만약 그것이 사실이라면 추격을 늦춘 것은 더더욱 잘못이었다. 반면에 연합함대는 16척의 함정을 해안에 버리고, 적이 보는 앞에서 그것들을 불태운 다음 도주했다. 프랑스함대는 그들을 다운스까지 추격했다. 영국은 8척의 함정만 피해를 보았을 뿐이다. 허버트는 자신의 함대를 템스 강으로 진입시킨 후, 부표들을 제거하여 적 함대가 추격하지 못하도록 만들었다.[68]

군인으로서 투르빌의 자질

투르빌은 장 바르를 필두로 한 사략선 선장들을 제외하면 이 전쟁에 참가한 해군장교 가운데 유일하게 유명한 역사적 인물이다. 이 전쟁에 참여한 영국 지휘관 중에서는 모험적이고 진취적인 사람이 한 명도 없었다. 투르빌은 그때까지 거의 30년 가까이 해상 근무를 한 인물로서 뱃사람인 동시에 군인이었다. 젊은 시절에 사람들을 매혹시킬 정도로 용기 있는 행동들을 보여주었던 그는 프랑스함대가 싸우는 곳이면 어디든지——영국-네덜란드 전쟁, 지중해·아프리카 북부 해안의 해적들과의 싸움——모습을 드러내었다. 제독의 지위에 오른 그는 이 전쟁의 초기에 파견되었던 최대 규모의 함대를 직접 지휘했으며, 이론과 경험에 기초를 둔 과학적인 전술지식을 지휘에 도입했다. 그러한 전술지식은 그가 전술원칙을 해상에서 가장 잘 적용하기 위해 필요한 뱃사람들의 임무가 무엇인지 잘 알았다는 사실에서 비롯되었다. 이처럼 모든 면에서 훌륭한 자질을 갖고 있었음에도 불구하고, 그는 많은 노장들이 그러했듯이 막중한 책임을 맡을 능력을 갖고 있지 못했던 것처럼 보인다.[69] 비치 헤드 해전 이후에 연합함대를 추격할 때 나타난 신중함은 2년 후에 발생한 라 오그

---

68) 레디야르Ledyard는 부표를 제거하라는 명령이 실행되지 않았다고 말했다(*Naval History*, vol. ii, p. 636).

69) 그 당시 해군장관이었던 세느레이Seignelay는 그를 '머리는 비겁하지만 마음은 그렇지 않은' 사람이라고 말했다.

La Hougue 해전에서도 나타났던 특징이었다. 이때 투르빌은 국왕으로부터 특별 명령을 받았기 때문이기도 했지만, 휘하의 함대를 거의 확실하게 파멸의 길로 끌고 갔다. 그는 어떤 일을 하든지 상당히 용기를 갖고 있어도 가장 무거운 임무를 맡을 만큼 책임감이 강한 사람은 아니었다. 투르빌은 다가올 시대에 나타나는 주도면밀하고 기교를 갖춘 선구적인 전술가였지만, 17세기 해상지휘관들의 특징이었던 과감하게 싸울 수 있는 기풍도 가진 사람이었다. 그는 비치 헤드 해전 이후 자신이 매우 훌륭하게 잘해냈고 만족할 만하다고 생각했다. 그러나 만약 그가 다음과 같은 말을 한 넬슨처럼 생각했다면, 그는 실제로 다른 행동을 취했을 것이다. "만약 우리가 적 함정 11척 중에서 10척을 나포했더라도 나포할 수 있었던 11번째 함정을 놓쳤다면, 나는 그날을 그렇게 기분좋은 날로 여기지 않을 것이다."

보인 강 전투(1690)

훌륭한 전투를 했지만 부분적인 성과밖에 거두지 못한 비치 헤드 해전이 일어났던 다음날, 제임스 2세의 대의명분은 아일랜드에서 기반을 잃게 되었다. 아무런 피해도 입지 않고 아일랜드에 상륙했던 윌리엄의 군대는 수적으로나 질적인 면에서나 제임스의 군대보다 우수했고 윌리엄 자신도 전왕인 제임스보다 우수한 지도자였다. 루이 14세는 제임스에게 결전을 피하고, 필요하다면 아직도 그에게 전적인 충성심을 지니고 있는 아일랜드의 중부 쉐넌Shannon으로 퇴각할 것을 권유했다. 그러나 1년 이상 점령하고 있던 수도를 포기하는 것은 사기에 상당한 영향을 주었다. 그것은 아마도 윌리엄의 상륙을 저지하려는 목적에서 나온 충고였을 것이다. 제임스는 보인 강을 방어선으로 잡고 더블린을 방어하려고 했다. 그리하여 그곳에서 7월 11일에 두 군대가 교전을 하게 되었는데, 결과는 제임스의 완전한 패배였다. 제임스는 킨세일로 도피했는데, 그곳에서 세인트 조지 해협을 통제하도록 배치되었던 프리깃 함들 중 10척을 발견했다. 그는 함정에 올라타고 프랑스로 다시 피신했다. 프랑스에서 그는 루이에게 영국 본토에 남아 있는 또 다른 프랑스 함대와 함께 자신이 상륙하여 비치 헤드의 승리를 이용할 수 있게 해달라고 간청했다. 그러나 화가 난 루이는 그의 간청을 거부했을 뿐만 아니라, 아직 아일랜드에 남아 있던 병력을 즉시 철수시키라고 명령했다.

아일랜드에서의 전쟁의 종료

제임스는 적어도 세인트 조지 해협의 해안에서만큼은 자신을 지지하는 봉기가 발생할 것으로 믿었지만, 이러한 그의 생각은 과대망상에 지나지 않았다. 연합함대가 템스 강으로 무사히 퇴각한 후, 투르빌은 제임스의 지시에 따라 스튜어트 왕조의 대의명분에 대한 반응을 보려고 영국 남부에서 해상시위를 몇 차례 했는데, 아무런 성과도 거두지 못했다.

아일랜드에서는 상황이 달랐다. 아일랜드 육군은 보인 강 전투 이후 프랑스 파견부대와 더불어 쉐넌으로 후퇴하여 그곳에서 저항했다. 한편 루이는 화를 냈던 처음의 일시적인 감정을 억누르고 증원군과 보급품을 계속 보냈다. 그러나 대륙에서의 전쟁이 점점 긴박하게 돌아갔기 때문에 루이는 계속하여 충분한 지원을 해줄 수 없었다. 그리하여 아일랜드의 전투는 1년 정도 지난 다음에 아그림Aghrim에서의 패배와 리머릭Limerick의 항복으로 막을 내리게 되었다. 보인 강 전투는 그 독특한 종교적 색채 때문에 약간 부자연스러운 이름을 갖게 되었지만, 윌리엄이 영국의 왕관을 확실하게 쓰게 된 그 날짜 때문에 그러한 명성을 얻었는지도 모른다. 그러나 다음과 같이 말하는 것이 좀더 정확할 것이다. 윌리엄의 승리와 아우크스부르크 동맹전쟁에서 루이 14세에 대한 유럽의 승리는 1690년의 전투에서 프랑스 해군이 저지른 실수와 실패 덕분이었다. 물론, 프랑스는 영국과 실시한 해전 중에서 가장 빛나는 승리를 그때 거두었다. 윌리엄이 체스터를 출항한 다음날 출항한 투르빌이 보인 강 전투가 일어나기 전날에 비치 헤드 해전에서 승리한 것은 아주 인상적인 군사작전이라고 볼 수 있는데, 사실 그렇게 논평하는 것은 미묘한 생각을 갖도록 만든다. 그러나 진정한 패배는 윌리엄으로 하여금 아무런 방해도 받지 않은 채 강력한 군대를 수송할 수 있도록 허용했다는 데 있다. 그가 아일랜드로 가도록 놓아두는 것이 프랑스 정책에 유리했을지도 모른다. 하지만, 그처럼 강력한 군대를 데리고 가게 하는 것은 전혀 유리하지 않았다. 아일랜드 전투의 결과 덕분에 윌리엄은 영국 국왕의 지위를 확고하게 할 수 있었으며 또한 영국과 네덜란드가 동맹을 맺게 되었다. 그리하여 두 해양국이 한 국왕 아래에 통합되었으며, 대륙에 있는 두 국가의 동맹국들은 그 두 국가가 바다에서 확보하는 부와 상업 및 해양 활동의 능력을 바탕으로 대륙전쟁을 성공적으로 수행할 수 있도록 보장받았다.

1691년에는 유명한 사건이 일어났다. 이 사건은 후에 투르빌의 '원양순항deep-sea cruise' 또는 '근해순항off-shore cruise'으로 알려져 있다. 프랑스 해군의 기억에 이것은 아주 멋진 전략적·전술적 전개로서 오늘날까지 남아 있다. 그러한 해양력이 단순한 군사제도가 아니라 국민의 성격과 취향에 기초를 두고 있는 국민적 특징이라 할 수 있는 지구력이라는 점은 이미 언급한 적이 있는데, 그 지구력은 이제 동맹국들과 함께 위력을 발휘하게 되었다. 비치 헤드 해전에서의 패배와 손실에도 불구하고, 영국과 네덜란드 연합함대는 러셀 제독의 지휘로 1691년에 100척의 전열함을 이끌고 출항했다. 투르빌은 이에 대항하기 위해 겨우 72척만을 모을 수 있었을 뿐이었는데, 이것은 그가 1년 전에 보유한 수와 같았다. "투르빌은 함정들을 이끌고 6월 25일에 브레스트를 출항했다. 적이 영국해협의 해안에 아직 나타나지 않았기 때문에 그는 해협 입구를 자신의 순항 해역으로 삼고, 모든 방향으로 정찰함을 파견했다. 레반트에서 출항하여 올 것으로 예상되는 수송선단의 항로를 보호하기 위해 연합함대가 실리Scilly 섬 근처에 정박하고 있다는 정보를 얻은 투르빌은 영국해협으로 가는 길을 서두르지 않았다. 왜냐하면 자메이카에서 오는 또 다른 상선단이 그곳으로 접근 중이라고 생각했기 때문이다. 그는 허위 침로를 취하여 영국의 순양함들을 속인 다음, 영국함대에 접근하여 몇 척을 나포했으며, 이어서 러셀이 자기와 싸우기 위해 그곳에 도착하기 전에 영국 상선단을 분산시켰다. 마침내 연합함대와 마주치게 되었을 때, 투르빌은 아주 능숙하게 기동했을 뿐만 아니라 항상 풍상의 위치를 유지하면서 적을 대양으로 끌어냈다. 그리하여 연합함대는 적과 전투할 기회를 갖지도 못한 채 50일을 허비했다. 그 동안에 프랑스의 사략선들은 영국해협 전역에 흩어져 적의 통상을 교란시키고 또한 아일랜드에 파견된 자국의 수송선단을 보호했다. 부질없는 노력에 지친 러셀은 아일랜드의 해안으로 항진했다. 투르빌은 수송선단이 무사히 본국에 도착할 수 있게 보호한 다음 다시 브레스트 정박지에 정박했다."

투르빌 함대가 실제로 나포한 것은 그리 대단한 것이 아니었다. 그러나 연합함대를 유인하여 묶어둠으로써 프랑스의 통상파괴전에 기여한 공로는 대단했다. 그럼에도 불구하고 영국 통상의 손실은 다음 해보다 더 심각하지는 않았다. 연합국의 주요 손실은 네덜란드의 북해무역에서 비롯된 것으로 보인다.

라 오그 해전(1692)

1692년에 일어난 라 오그La Hougue 해전은 프랑스함대에 엄청난 재앙을 가져다주었다. 전술적으로 생각할 때, 라 오그 해전 자체는 거의 중요하지 않고 실질적인 결과도 많이 과장되어온 것도 사실이다. 그러나 널리 알려진 기록에는 그것이 유명한 해전 중의 하나로 되어 있기 때문에 이 해전을 그냥 지나칠 수는 없을 것 같다.

루이 14세는 영국에서 들어온 보고에 속고, 또한 많은 영국 해군 장교들의 자신에 대한 충성심이 국가에 대한 것보다 훨씬 크다고 경솔하게 믿었던 제임스의 보고에도 속아서 영국 남쪽 해안으로 침공을 시도하기로 결심했다. 그 첫 단계로서 투르빌은 50~60척의 전열함——그 중 13척은 툴롱에서 오기로 되어 있었다——을 지휘하여 영국함대와 교전하려고 했다. 프랑스는 영국함대의 사기가 계속 저하되고 있고 수많은 탈영자가 발생했으므로 완전한 승리를 쉽게 거둘 수 있을 것으로 예상했다. 프랑스함대의 최초의 장애는 역풍 때문에 툴롱 함대가 합류하는 데 실패한 것이었다. 그리하여 투르빌은 44척만을 가지고 출항했다. 그는 적과 만날 경우 수가 적든 많든 또한 어떤 일이 발생하더라도 적과 싸우라는 국왕의 명령을 받았다.

투르빌은 5월 29일에 북쪽과 동쪽에서 영국과 네덜란드 연합함대를 보았다. 적 함대는 99척의 전열함으로 구성되었다. 그는 남서풍 때문에 풍상 쪽에서 전투할 수 있었지만, 우선 모든 함장들을 자신의 기함으로 소집하여 싸울 것인지 의견을 물었다. 그들은 모두 싸우지 않겠다고 대답했다. 그러자 그는 왕명을 그들에게 보여주었다.[70] 그들은 경함정으로 하여금 영국함대를 수색하게 하라는 상반된 명령을 받았다는 사실을 알고 있었지만, 아무도 그 왕명에 대해 반론을 제기하지 않았다. 자신의 함정으로 돌아간 장교들은 자신들을 기다리고 있던 연합함대를 향하여 한꺼번에 진격했다. 연합함대는 우현 쪽으로 돛을 펴고 남남동쪽으로 향하고 있었는데, 네덜란드 함대가 전위를 그리고 영국함대가 중앙과 후위를 구성하고 있었다. 적당한 거리에 이르게 되자 프랑스함대는 연합함대와 같은 방향으로 돛을 펴고 풍상의 위치를 유지했다. 수적으로 대단히 열세에 있던 투르빌은 적의 전열이 자신의 후위까지 펼쳐지는 것을 피할 수 없었다. 그렇다고 하여 자신의 함대를 지나치게 펼치면 취약한 상태에 놓일 것은 뻔한 사실이었다. 그러나 그는 자국의 전위전대로 하여금 적의 전위전대를 견제하기 위해 함정들 사이의 간격을 넓히지 않고 일정하게 유지하도록 하면서, 적의 중앙과 후위에 대해 접전함으로써(〈그림9〉 A, A, A) 비치 헤드 해전에서 허버트가 범한 실수를

---

70) 필자는 투르빌의 명령으로 알려진 전통적인 근거와 그의 행동 동기들을 원문에 따르고 있다. 프랑스의 크리스누아Crisenoy는 그 사건에 수반되고 사건 자체를 진척시키는 역할을 한 비밀 이야기와 관련된 아주 흥미로운 서류에 나타나 있는 이처럼 많은 전통적인 성명들을 자세히 고찰했다. 그에 의하면, 루이 14세는 국가에 대한 영국 장교들의 충성심을 중시하지 않았다. 어떤 면에서 단호하기까지 한 투르빌이 받은 지침들은 전투시 프랑스함대의 위치에서 싸울 것을 강요하지 않았다. 그러나 이 지침들의 어조는 사전 순항과 비치 헤드 해전 이후의 추적 작전에서 제독의 활동에 대한 불만을, 그리고 당시 시작하고 있는 중이었던 전투에서 그의 열정을 궁극적으로 의심했음을 의미했다. 그는 굴욕을 느낀 나머지 연합함대를 필사적으로 공격하게 되었다. 그리고 크리스누아에 따르면, 제독의 방에서 있었던 작전 회의와 국왕 명령의 극적인 제시는 실제로 존재하지 않았다.

되풀이하지 않았다. 이 불균형한 상태에서 벌어진 해전의 전 과정을 더듬어볼 필요는 없다고 생각한다. 그런데 밤에 포격이 끝났을 때 짙은 안개와 잔잔한 바람 때문에 프랑스함정 중 항복하거나 침몰한 배가 한 척도 없었다는 이상한 결과가 나타났다. 군인정신과 효율성을 이보다 더 잘 보여준 군대는 그때까지 없었으며, 그 결과는 주로 투르빌의 전술적 능력과 선박조종술에 힘입은 바가 컸다. 그리고 연합함대에는 전혀 칭찬받을 만한 것이 없었다는 점도 인정해야 할 것이다. 두 함대는 어두워지자 닻을 내렸다(B, B, B). 그런데 영국함대 중 한 전대(B')가 프랑스대의 남서쪽에 남아 있었다. 나중에 그 전대의 함정들은 스스로 닻을 끊고 주력전대와 합류하기 위해 프랑스 전열을 통과하려고 했는데 주력함대가 있는 쪽으로 이동하는 동안, 그들은 많은 어려움을 겪었다.

　프랑스 함대의 명예를 충분히 지킨 후라서 더 이상 싸우는 것이 무익하다고 생각한 투르빌은 퇴각하려고 생각했다. 가벼운 북동풍을 받으며 자정에 퇴각을 시작하여 그 다음날 하루종일 계속했다. 그러자 연합함대는 추격작전을 실시했고, 프랑스함대의 후퇴작전은 기함인 로열 선Royal Sun 호가 피해를 입었기 때문에 상당한 어려움을 겪고 있었다. 이 기함은 프랑스 해군에서 가장 훌륭한 함정이었다. 따라서 투르빌 제독은 이 함정을 파괴시켜야 할지 여부를 결정하기 어려웠다. 프랑스함대의 주요 퇴각방향은 샤넬 제도Channel Islands였으며, 35척의 함정이 사령관과 함께 행동하고 있었다. 그 중 20척은 조류를 타고 올더니 수로Race of Alderney——올더니 섬과 영국 본토 사이에 있다——로 알려진 위험한 수로를 통과한 다음, 생 말로St. Malo에 무사히 도착했다. 나머지 15척은 수로를 통과하기 전에 조류가 바뀌어 투묘했는데, 조류에 의해 닻이 끌리면서 동쪽으로, 다시 말해서 적에 대해서는 풍하 쪽으로 밀렸다. 그들 중 3척은 방파제도 항구도 없는 셰르부르에, 그리고 나머지 12척은 라 오그에 피항했다. 그 함정들은 모두 아군에 의해서든 적에 의해서든 소각되었다. 이리하여 프랑스함대는 프랑스 해군에서 가장 훌륭한 함정 중 15척과 거기에 실려 있던 최소한 60문의 함포를 잃었다. 그러나 이것은 비치 헤드 해전에서 입은 연합함대의 피해보다 크지는 않았다. 그러나 루이 14세의 영광과 성공에 익숙해져 있던 대중들은 전투결과가 나쁜 만큼 나쁜 인상을 갖게 되었으며, 투르빌과 그를 따르는 사람들의 헌신에 대해 나쁜 기억을 갖게 되었다. 라 오그 해전은 프랑스함대가 수행한 최후의 전면전투였다. 프랑스함대가 그 후 대단히 빠른 속도로 쇠퇴의 길을 걸었던 사실로 미루어볼 때, 이 재난은 프랑스함대에 치명타를 가한 것으로 보인다. 그러나 실제로는 그 다음해에 70척의 함정으로 구성된 프랑스함대가 출항한 것으로 보아 라 오그 해전에서의 피해는 그때 이미 복구되었다고 말할 수 있다. 프랑스함대의 쇠퇴는 어떤 한 해전의 패배에 의한 것이 아니라 나라의 쇠퇴와 대륙전쟁에서의 막대한 비용 때문이었다. 그리고 이 대륙전쟁은 주로 영국과 네덜란드라는 두 해양국들에 의해 수행되고 있었으며, 그 두 나라의 결합은 아일랜드 전투에서 윌리엄의 승리에 의해 가능했다. 프랑스의 1690년도 해군작전이 실제와는 다른 방향으로 지도되었더라면 그 결과가 달라졌을 것이라고 주장하지 않더라도, 그 작전의 잘못된 지도가 사태를 그 방향으로 이끌어간 직접적인 원인이었으며 또한 프랑스 해군의 쇠퇴를 가져온 가장 중요한 원인이었다고 말할 수 있을 것이다.

전쟁에 대한 해양력의 영향

모든 유럽 국가들이 프랑스에 대항하여 무기를 들었던 아우크스부르크 동맹전쟁의 나머지 5년 동안은 어떠한 중요한 해전이나 가장 중요한 해상 사건이 하나도 발생하지 않았다는 것으로 특징지어진다. 연합국 해양력의 영향을 평가하기 위해서는 해양력이 프랑스에 지속적으로 가했던 무언의 꾸준한 압력을 요약해볼 필요가 있다. 실제로 해양력은 항상 이렇게 작용한다. 그러나 그 작용이 대단히 조용하게 이루어지기 때문에 주의를 끌지 못하기 쉬우며 따라서 조심스럽게 지적해야 할 것이다.

루이 14세에게 대항한 쪽의 지도자는 윌리엄 3세였다. 해전보다는 육군작전을 선호했던 윌리엄의 취향은 해상보다 대륙에서 적극적으로 전쟁을 하려고 한 루이의 전쟁노선과 결합되었다. 강력한 프랑스 함대가 점차 철수한 것은 연합국 해군을 해상에서 무적의 존재로 남겨두는 것과 같은 맥락에서 이루어진 행동이었다. 게다가 수적으로는 네덜란드 해군의 두 배에 이르는 영국 해군의 효율성은 당시에 대단히 낮았다. 찰스 2세 치하에서 일어난 사기저하의 영향은 그의 동생인 제임스 2세의 치세 3년 동안에 완전히 극복되지 못한 상태였다. 그리고 영국의 정치적인 상황에서 비롯된 더욱 심각한 문제가 있었다. 제임스가 해군 장병들이 자신에게 애정을 갖고 있는 것으로 믿었다는 것을 언급한 적이 있다. 그리고 맞든지 틀리든지 간에 오늘날의 통치자에게도 있는 그러한 생각은 많은 장교들의 충성심과 신뢰에 의심을 품게 만들어 해군행정에 혼란을 가져오는 경향을 초래했다. "상인들의 불평이 너무나 잘 받아들여져 영국은 해군을 지시하는 해군 본부에 자질이 없는 사람을 앉히는 어리석은 행동을 했다. 그리고 이러한 악습은 시정되지 않았다. 왜냐하면 해군에 오래 근무하고 경험이 많은 사람들이 정부에 불만을 가지고 있다고 생각했기 때문이었다. 그리고 치료방안이 질병 그 자체보다 더 나쁜 것으로 나타났다"[71] 는 말이 있기도 하다. 시와 내각은 의혹으로 가득 찼으며, 장교들은 파벌을 일삼고 우유부단했다. 그런가 하면, 전투에서 패배하거나 함정을 상실한 장교는 가혹한 대역죄의 처벌을 받는다고 생각했다.

통상에 대한 공격과 방어

라 오그 해전 이후, 연합해군의 직접적인 군사행동은 세 방향으로 나아갔다. 첫째는 프랑스의 항구, 특히 영국해협과 브레스트와 가까운 항구들을 공격하는 것이었다. 그러나 그것은 국부적인 피해나 선박 파괴, 특히 프랑스 사략선들이 출입하는 항구에 대한 공격 이상의 것을 목적으로 삼지 않았다. 그리고 몇몇 경우에 대규모 병력이 함정에 승함하기는 했지만, 윌리엄은 루이로 하여금 야전군에서 병력을 뽑아 해안방어에 나서게 함으로써 견제만을 목표로 삼고 있었다. 이 전쟁이나 그 이후의 전쟁에서 프랑스 해안에 대한 이러한 작전들은 거의 아무런 효과를 거두지 못했고, 일반적으로 견제작전도 프랑스 육군을 대단히 약화시키지는 못했다고 일컬어진다. 프랑스 항구들이 잘 방어되지 못했거나 프랑스 수로가 체서피크나 델라웨어 그리고 남부의 해협들처럼 국가의 심장부와 직결되어 있었다면, 결과는 아마 달라졌을 것이다.

둘째는 연합국 해군이 대단한 군사적인 능력을 가지고 있었다는 점이다. 루이 14세가 1694년에 스페인을 공격하는 방법으로 전쟁을

---

71) Campbell, *Lives of the Admirals*.

하기로 결심했을 때, 연합해군은 어떤 전투도 하지 않았다. 대단히 약한 상태이기는 했지만, 스페인은 프랑스의 배후에 있다는 위치 때문에 상당히 골칫거리였다. 마침내 루이는 스페인 북동쪽 해안에 있는 카탈로니아Catalonia에서 전쟁을 함으로써 스페인에 강화를 강요하기로 결심했다. 프랑스 육군의 이동은 투르빌이 지휘하는 함대의 도움을 받아 이루어졌다. 위험에 처한 카탈로니아 지방의 함락은 훨씬 우세한 병력을 보유한 연합국 해군이 접근함으로써 투르빌의 함대가 툴롱으로 퇴각할 수밖에 없게 될 때까지 신속하게 진행되었다. 이러한 연합국 해군의 접근은 바르셀로나를 구하기도 했다. 그때부터 두 해양국은 강화를 결정할 때까지 스페인 해안에 함대를 주둔시키고 프랑스의 진격을 저지했다. 윌리엄이 1697년에 강화의 뜻을 밝혔으나 스페인이 그것을 거부했을 때, 루이가 다시 침공해왔다. 그런데 이때 연합함대가 나타나지 않았기 때문에 바르셀로나는 함락되고 말았다. 동시에 프랑스 해군은 남아메리카에 있는 카르타헤나로 원정하라는 지시를 성공적으로 수행했다. 그리고 프랑스로부터 해상 통제에 의한 공격을 두 차례나 받은 스페인은 항복했다.

연합국 해군의 군사적인 셋째 기능은 해상통상을 보호하는 것이었다. 그런데 역사를 살펴보면, 그들은 분명히 크게 실패했다. 이 기간 동안 통상에 대한 공격이 대규모로 행해졌지만, 큰 성과를 거둔 적은 없었다. 프랑스의 통상파괴작전은 라 오그 해전 직후 몇 년 동안 자국 함대가 모습을 감추었던 바로 그 시기에 가장 광범위하고 가장 철저하게 이루어졌다. 이 사실은 통상파괴작전이 근처 항구나 강력한 함대를 기반으로 해야 한다는 주장과 분명히 모순되고 있다. 사략선에 의한 통상파괴가 해양국들로 하여금 강화를 원하도록 만드는 중요한 요소가 되는 한, 그것은 어느 정도 충분하게 토론될 필요가 있다. 영국과 네덜란드의 통상은 자국의 재정을 유지해줄 뿐만 아니라 군사비용을 대륙에 지불할 수 있게도 해주었다. 이러한 자금은 전쟁을 오래 끌 수 있도록 했으며 또한 결국에는 프랑스를 굴복시킨 주요한 수단이 되었다. 통상의 공격과 방어는 아직도 현존하고 있는 문제이다.

무엇보다도 먼저 주목해야 할 것은 프랑스함대의 점진적인 쇠퇴, 프랑스함대가 영국해협에 나타남으로써 사기에 끼친 영향, 비치 헤드 해전에서 프랑스함대의 승리, 그리고 라 오그 해전에서 프랑스함대의 용감한 행동이 상당 기간 연합해군에게 깊은 인상을 주었던 점이다. 이러한 인상은 연합국으로 하여금 함대를 분산하여 적의 순양함들을 추격하도록 만들지 않고, 그 대신 한 곳에 집결시키도록 만들었다. 그리하여 프랑스의 순양함은 해상에서 실제로 전쟁에 준하는 지원을 할 수 있었다. 앞에서 말한 적이 있지만, 영국 해군의 효율성은 낮았으며 또한 해군행정은 그보다 더 좋지 않은 상태에 있었다. 또한 영국 내부의 배신행위는 프랑스 해군이 자세한 정보를 얻을 수 있도록 했다. 라 오그 해전이 일어난 다음해에 프랑스는 대규모의 수송선단이 스미르나Smyrna로 향하고 있다는 정확한 정보를 얻고서 5월에 투르빌을 파견했다. 이것은 연합국 해군이 계획에 따라 브레스트에서 투르빌의 함대를 봉쇄할 수 있는 준비를 완료하기 전에 그가 바다로 나아갈 수 있었음을 의미했다. 연합국의 행동이 이렇게 지연된 것은 형편없는 행정 때문이었다. 자국 함대가 상선단과 함께 출항할 때까지 영국 정부가 투르빌의 출항사실을 몰랐던 것도 바로 그런 이유에서였다. 투르빌은 해협 근처에서 선단을 급습하여 400척의 함선 중 100척을 파괴시키거나 나포했으며, 나머지는 모두 분산시켜버렸다. 이것은 당시 투르빌의 함대가 71척으로 구성되었기 때문에 이것은 단순한 순항통상파괴전이라고 할 수 없다. 한편, 그것은 영국 해군행정의 무능함을 보여주기도 한다. 사실 순양함들의 약탈이 가장 심했던 것은 라 오그 해전 직후였다. 그 이유는 두 가지였다. 하나는 연합국 함대가 대륙으로 군대를 상륙시키기 위해 군대를 소집하고 있던 두 달 이상의 기간 동안 스핏헤드Spithead에 집결해 있었기 때문에 프랑스 순양함의 활동을 저지할 수 없었다는 사실이었다. 그리고 다른 하나는 그 해 여름에 자국 함대를 다시 파견할 수 있었던 프랑스가 해군장병이 사략선에서 활동하는 것을 허용했으며, 따라서 사략선의 수가 대단히 증가했다는 사실이다. 이 두 가지가 결합하여 프랑스의 통상파괴전은 무사히 그리고 대규모로 실시될 수 있었고, 영국에서 신랄한 비난을 불러일으켰다. 영국 해군의 연대기 작가는 이렇게 말하고 있다. "우리의 통상은 프랑스가 해상을 지배하고 있었던 지난해보다 오히려 프랑스함대가 항구에 봉쇄당하고 있던 올해에 훨씬 많은 고통을 당하고 있다는 것을 인정하지 않을 수 없다." 그러나 그 이유는 통상의 규모가 작지만 비교적 많은 수의 선원(주로 함대에서 근무하고 있었다)을 가지고 있던 프랑스가 함대의 봉쇄로 말미암아 그 선원들이 순양함에서 근무하는 것을 허용할 수 있었기 때문이었다.

프랑스 사략행동의 특징

전쟁의 압력이 커지자, 루이는 취역 중인 함정의 수를 계속하여 줄이고 그 대신 통상을 파괴하는 함정의 수를 증가시켰다. "프랑스 왕립 해군의 장교나 함정들은 일정한 조건으로 개인회사나 사략사업을 하는 회사에 파견되었다. 그리고 내각의 대신들조차도 그러한 회사에서 몫을 배당받는 것을 부끄럽게 여기지 않았다." 심지어 그들은 국왕을 위해서 그런 일을 하도록 요구받기도 했다. 점차 배를 사용한 대가로 이익의 일정한 부분을 국왕에게 바쳐야 한다는 조건이 선박 임대계약에 추가되었다. 그러한 행위는 군대의 사기를 꺾을 수도 있지만, 반드시 그랬던 것은 아니었다. 한정된 기간에 주어지는 조건이 그들로 하여금 사략행위에 몸을 바치게 했던 것이다. 사실, 프랑스는 공공재산이라고 할 수 있는 해군을 유지할 수가 없게 되자 무의미하게 방치하는 것보다 사적인 자본과 결합하여 적을 약탈함으로써 수입을 올리려는 뜻에서 사략질을 지원했다. 그런데 이 통상파괴전은 단순히 순양함들에 의해서만 수행된 것이 아니었다. 3~4척에서 6척으로 구성된 전대가 한 명의 지휘하에 집단으로 행동했다. 그들이 약탈보다는 오히려 장 바르, 포르뱅, 뒤기에-트루앙 같은 뱃사람 밑에서 싸우기를 원했다고 말하는 편이 옳을 것 같다. 이러한 사략선의 원정 중에서 가장 대규모이면서 프랑스 해안에서 멀리 나아갔던 것은 스페인 본토의 카르타헤나를 향한 1697년의 원정이었다. 그 원정대는 7척의 전열함과 6척의 프리깃 함, 그리고 소규모 함선들로 구성되었으며, 2천 8백 명의 병사가 승선하고 있었다. 원정의 주요 목적은 카르타헤나 시에 세금을 강요하는 것이었다. 이 원정은 스페인 정책에 큰 효과를 발휘해서, 마침내 스페인으로 하여금 강화를 맺도록 만들었다. 이와 같은 중용과 조화로운 행동은 성공적으로 함대를 강화할 수 있는 환경을 제공했는데, 그렇다고 해서 함대를 전적으로 지원할 수는 없었다. 또한 비록 영국과 네덜란드 연합국이 대규모 함대를 한 곳에 유지시켜 두고 있었지만, 전쟁이 계속되고 행정의 효율성이 좋아짐에 따라 프랑스의 통상파괴전도 한계를 맞이하게 되었다. 지원을 받지 못한 순양함들이 이 유리한 환경에서조차 얼마나 고통을 받고 있었던가 하는 증거는 영국의 보고서를 보면 알 수 있다. 그 보고서에 따르면 영국은 59척의 함정을 나포했다고 주장했는데, 프랑스는 그 중 18척만을 인정했다. 영국이 프랑스의 군함과 개인회사에 대여된 함정을 구별하지 못한 데서 이 차이가 나왔다는 프랑스 해군사가의 주장이 있는데, 일리가 있다. 실제로 사략선의 나포가 어느 정도였는지는 인용한 목록에 나타나 있지 않다. "그러므로 이 전쟁에서의 통상파괴는 기지와 멀지 않은 곳에서 순양함이 전대를 이루어 행동했으며, 반면에 적은 다른 곳에 함대를 집중시켜두는 것이 가장 좋다고 생각하고 있었다는 것에 특징이 있다. 또한 영국 해군의 보잘것없는 행정에도 불구하고 프랑스의 강력한 함대가 쇠퇴함에 따라 순양함들이 점차 규제를 더 많이 받게 되었다는 것도 그 특징에 속한다." 그러므로 1689~97년에 걸친 전쟁의 결과를 통해 다음과 같은 일반적인 결론을 내릴 수 있다. "순양함의 통상파괴전이 파괴적인 것이 되기 위해서는 전대의 작전지원과 전열함으로 구성된 분대의 지원을 받아야 한다. 전열함들의 활동으로 적은 부대를 집중시키기 때문에 순양함들은 적의 무역을 공격할 기회를 갖게 되는 것이다. 그러한 뒷받침이 없으면 결과는 단순히 순양함들의 나포뿐이다." 이 전쟁 말기가 가까워지면서 이러한 경향은 분명하게 드러났으며, 프랑스 해군이 훨씬 약했던 다음 전쟁에서는 그 경향이 훨씬 더 분명해지게 된다.

해양국들은 피해가 있었음에도 불구하고 이익을 지켜나갔다. 프랑스의 공세로 시작된 전쟁은 모든 곳에서 프랑스를 수세로 밀어부치면서 끝나갔다. 또한 그 전쟁은 루이로 하여금 평소에 자신의 숙적일 뿐만 아니라 찬탈자로 여겼던 사람을 영국 국왕으로 인정하도록 해서 자신의 강한 편견과 스스로 가장 합리적이라고 생각하는 정치적 바람을 이루기 위해 즉각적으로 폭력을 사용하지 않을 수 없게 만들었다. 전체적인 관점에서 보자면 표면상으로 이 전쟁은 스페인령 네덜란드에서 라인 강, 이탈리아의 사보이Savoy, 그리고 스페인의 카탈로니아에 이르는 곳에서 전개된 완전한 지상전처럼 보일 것이다. 영국해협에서의 해전과 아일랜드 전투는 단순한 에피소드처럼 보인다. 반면에 표면에 드러나지 않는 무역과 통상활동은 완전히 무시되거나 고통을 이기지 못해 비난의 소리가 높아질 경우에만 주목되었다. 그러나 무역과 해운은 고통을 이겨냈을 뿐만 아니라 육군의 전쟁비용을 주로 부담했다. 두 해양국의 부가 동맹국들의 금고로 들어갈 수 있었던 것은 프랑스가 전쟁을 시작할 당시 보유했던 해군의 우위를 잘못된 방향으로 이끌어가면서 가능하게 되었을 것이고 또한 촉진되기까지 했을 것이다. 당시 진정으로 훌륭한 해군이 준비를 제대로 하지 못한 경쟁상대에게 압도적인 타격을 입히는 것은 가능한 일이었고, 앞으로도 아마 그럴 것이다. 그러나 프랑스는 그처럼 좋은 기회를 놓쳐버렸으며, 본래 강국이었을 뿐만 아니라 확고한 기반을 가졌던 프랑스의 동맹국은 자신의 권리를 주장할 시기를 맞이하게 되었다.

리스빅 평화 조약(1697)

1607년에 리스빅Ryswick에서 조인된 평화협정은 프랑스에 대단히 불리했다. 프랑스는 19년 전에 네이메헨 평화조약에서 얻었던 주요 지역인 스트라스브르를 제외하고 모두 잃었다. 루이는 평화가 지속되던 동안에 술책과 압력으로 손에 넣었던 모든 것을 포기했다. 그리하여 막대한 영토가 독일과 스페인으로 원상회복되었다. 스페인령 네덜란드가 반환됨으로써 스페인뿐만 아니라 전 유럽과 네덜란드 연방은 즉각 이익을 보았다. 영국과 네덜란드, 이 두 해양국들에게는 조약의 약관에 의해 통상의 이익이 제공되었으며, 그 이익은 양국의 해양력을 증가시켰지만, 그 결과 프랑스 해양력은 피해를 보았다.

프랑스의 국력 소모와 그 원인

프랑스는 거대한 전쟁을 수행했다. 그 당시에 그리고 그 이후로도 몇 차례 그러했듯이 프랑스가 혼자서 전 유럽을 상대한 것은 대단한 위업이었다. 네덜란드 연방은 국민이 아무리 진취적이고 능동적이라고 하더라도 취약한 인구와 영토를 가진 약소국이 외부 자원에만 의존하는 것은 불가능하다는 교훈을 가르쳐주었다. 반면에 프랑스는 아무리 인구가 많고 내부자원을 많이 갖고 있더라도 국가가 단독으로 영원히 살아갈 수는 없다는 교훈을 가르쳐주었다.

어느 날 콜베르가 창문 밖을 멍하니 내다보고 있는 것을 보고 친구가 그 연유를 물었더니 다음과 같이 대답했다는 일화가 있다. "내 눈 앞에 펼쳐진 비옥한 들판을 바라보면서 생각하자니 다른 곳에서 내가 보았던 들판들이 생각나네. 프랑스는 정말 풍요로운 국가야!" 국왕의 사치와 전쟁으로 인한 재정적 어려움과 싸우던 공직생활 중 수많은 난관을 겪을 때 콜베르를 지탱시켜준 이러한 신념은 콜베르 이후의 프랑스 역사에서도 옳은 것으로 입증되어 왔다. 프랑스는 국민들이 검소하고 부지런할 뿐만 아니라 천연자원도 풍부한 국가이다. 그러나 개별적인 국가나 국민도 국가들끼리 혹은 국민들끼리 유대관계가 끊기면 번영할 수 없다. 제도적 구속력이 아무리 소박하다고 해도 그것은 가까운 곳에서든 먼 곳에서든 국가의 성장과 힘, 그리고 전반적인 복지에 도움되는 모든 것을 국가로 끌어낼 수 있는 건전한 주위환경과 자유를 필요로 한다. 신체의 움직임과 순환이 쉽게 이루어지기 위해서는 내부의 유기조직이 만족스럽게 작용해야 할 뿐만 아니라 육체와 정신 외부에 있는 원천으로부터 건강에 좋은 다양한 영양물질을 공급받아야 한다. 프랑스는 그러한 모든 천연자원을 보유하고 있었지만, 대내외 통상으로 알려진 국내의 교류와 다른 국민과의 꾸준한 교역이 부족했기 때문에 모든 천연자원을 소비해버렸다. 전쟁이 이러한 부족한 상태를 야기한 원인이었다는 주장이 있는데, 그것은 완전한 사실은 아니다. 전쟁이 많은 고통을 가져다준다는 것은 잘 알려져 있는 사실인데, 특히 전쟁은 한 나라를 다른 나라로부터 격리시켜 고립시킬 때 가장 유해하다. 실제로 그 난폭한 충격이 효과를 가져오는 시기가 있을지 모른다. 그런데 이 기간은 예외적이고 대단히 짧아서 일반적인 진술을 뒤엎지는 못한다. 루이 14세가 일으킨 그 이후의 전쟁에서 프랑스는 그러한 고립의 운명에 놓여졌고, 그것이 프랑스를 거의 파괴시킬 뻔했다. 그러한 침체로부터 프랑스를 구하는 것이 콜베르의 일생에 걸친 위대한 목표였다.

만약 프랑스 왕국이 국내외적으로 유통기관을 설립하여 활발한 활동을 한 후에 전쟁이 발생했더라면, 전쟁만으로 그러한 결과가 나타나지는 않았을 것이다. 콜베르가 대신이 되었을 때, 그러한 기구는 존재하지 않았다. 전쟁에서 비롯된 타격을 극복하기 위해서는 그러한 기구가 설립될 뿐만 아니라 뿌리도 확고하게 내렸어야 했지만 그런 큰일을 할 시간은 주어지지 않았다. 루이 14세도 자신에게 순종적이고 헌신적인 국민의 에너지를 이 사업에 유리한 방향으로 유도하여 콜베르의 계획을 지원해주어야 했는데 그렇게 하지 않았다. 그리하여 영국이 비슷한 궁지에 처했을 때 했던 것과는 달리, 국력에 강력한 긴장이 가해졌을 때 프랑스는 모든 경로와 지역으로부터 힘을 끌어 모으는 대신 외부세계 전체로 하여금 선원과 선박을 기부할 것을 강요했다. 그리하여 프랑스는 바다에서는 영국과 네덜란드의 해군에 의해, 그리고 대륙에서는 적국들의 포위에 의해 고립되고 세계로부터 격리되었다. 프랑스가 이러한 점진적 기아로부터 벗어날 수 있는 유일한 도피처는 효율적인 해양통제였다. 해양통제는 국토의 부와 국민의 근면성이 자유롭게 발휘될 수 있도록 강력한 해양력을 확립하는 것을 의미했다. 프랑스는 이것을 실현하기에 자연적으로 대단한 이점을 가지고 있었다. 왜냐하면 프랑스가 영국해협, 대서양과 지중해에 접한 세 곳의 해안선을 갖고 있었기 때문이다. 그리고 정치적으로도 프랑스는 영국에 대해 적대적이거나 최소한 경계 대상이었던 반면에, 네덜란드와는 우호적인 동맹관계였기 때문에 자국 해양력을 네덜란드의 그것과 결부시킬 수 있는 좋은 기회를 가지고 있었다. 그러나 왕국의 절대적 지배를 의식하여 자신의 힘에 자만심을 가졌던 루이는 자신의 힘을 강화시켜줄 수 있는 이러한 방책을 포기해버렸으며, 그 대신 공격을 계속함으로써 유럽을 적으로 만드는 길을 걸었다. 우리들이 지금까지 보아온 시기에는 프랑스가 대체로 당당하고 성공적인 자세를 유지함으로써 루이의 자신감을 정당화시켜 주었다. 프랑스는 앞으로 나아가지도 않았고, 그렇다고 크게 후퇴하지도 않았다. 그러나 이러한 힘의 전개는 대단히 소모적이었다. 프랑스는 해상으로 접촉을 유지할 수 있었던 외부세계에 의존하지 않고 완전히 독자적으로 전쟁을 끌어왔기 때문에 국력을 소모해버렸다. 다음에 이어질 전쟁에서도 똑같은 에너지를 보이지만, 활력은 똑같지 않았다. 프랑스는 곳곳에서 타격을 입고서 파멸의 길을 걷고 있었다. 두 전쟁의 교훈은 같았다. 국가는 인간과 마찬가지로 아무리 강하다고 해도 내부의 힘을 끌어내고 뒷받침해줄 외부의 활동과 자원으로부터 단절될 때에는 쇠퇴한다. 우리가 이미 보아왔듯이 국가는 완전히 독자적으로 존재할 수는 없다. 그리고 한 국가가 다른 나라의 국민들과 왕래할 수 있고 또한 국력을 갱신할 수 있는 가장 쉬운 길은 바로 바다이다.

제5장

스페인 왕위계승전쟁(1702~13)
말라가 해전

오스트리아 왕가의 스페인 왕위계승 실패

무력분쟁과 외교분쟁이 유달리 많았던 17세기의 마지막 30년 동안 새로운 대분쟁을 일으킬 수 있는 사건이 점차 다가오고 있었다. 이것은 그 당시 스페인의 왕위에 올라 있던 오스트리아 왕가가 직계 왕통을 잇는 데 실패한 사실로부터 비롯되었다. 당시 국왕은 몸과 마음이 대단히 허약하여 언제 사망할지 몰랐다. 따라서 그가 사망할 경우 프랑스의 부르봉가와 독일의 오스트리아가는 새로운 군주의 자리를 놓고 대립할 태세였다. 어느 쪽이 왕위를 차지하는가에 따라 새로운 국왕이 문자 그대로 스페인을 그대로 상속하거나 아니면 스페인 왕국이나 그 광대한 영토가 유럽 강대국들의 세력 균형을 위해 분할되는 문제가 결정될 상황이었다. 이러한 세력 균형은 대륙의 재산에 대한 편협한 생각 때문에 인식되지 못했다. 새로운 정치적인 판도가 통상과 해운업, 그리고 대서양과 지중해에 대한 통제에 미칠 영향은 세인들의 주목을 받고 있었다. 영국과 네덜란드라는 양대 해양국의 영향과 그 관심의 본질은 점점 더 분명하게 드러나기 시작했다.

전략 문제를 이해하기 위해 당시 스페인의 지배를 받고 있던 여러 국가들을 살펴볼 필요가 있다. 유럽에서 스페인의 지배를 받고 있던 나라는 네덜란드(지금의 벨기에), 나폴리, 그리고 이탈리아 남부, 밀라노와 그 밖의 여러 지방, 지중해의 시칠리아와 사르디니아, 그리고 발레아레스 제도Balearic Isles 등이었다. 코르시카는 제노아에 속해 있었다. 당시 스페인은 서반구에서도 쿠바와 포르토 리코Porto Rico 외에 오늘날 여러 국가로 분리되어 있는 아메리카 대륙——지금은 그 지역의 상업적 가능성이 인식되고 있다——의 대부분을 차지하고 있었다. 또한 스페인은 아시아 지역에도 넓은 영토를 가지고 있었지만 현지 주민과의 갈등 때문에 깊이 관여하지는 못했다. 스페인은 중앙집권적인 왕권의 쇠퇴 때문에 국가 자체가 지나칠 정도로 허약해졌다. 그러나 다른 국가들은 시급한 당면문제 때문에 스페인의 광대한 영토에 무관심할 수밖에 없었다. 그런데 이러한 무관심은 스페인이 유럽 강대국 중 한 국가와 동맹을 맺어 후원을 받음으로써 좀더 강력한 정부가 등장할 조짐이 보이자 더 이상 지속되지 못했다.

스페인 국왕의 사망

통치자의 교체에 따라 국민들과 영토에 대해 정치적 균형을 평화적으로 추구했던 외교적 타협을 자세하게 언급하는 것은 이 책의 주제와 무관하므로 여기에서는 각국의 주요 정치적 요점만 간단히 언급하려 한다. 스페인의 대신들과 국민은 제국을 분할하는 해결책에 반대했다. 영국과 네덜란드는 스페인령 네덜란드에서 프랑스가 세력을 확장하는 것에 반대했고 또한 프랑스가 스페인계 중남미 지역과의 무역을 독점하는 것도 반대했다. 또 양국은 부르봉가의 사람이 스페인 왕위를 이어받았을 때 초래할 결과를 두려워했다. 루이 14세는 분할이 이루어질 경우 시칠리아와 나폴리가 자신의 아들에게 돌아가기를 원했다. 프랑스는 그곳을 얻게 되면 지중해에 강력한 거점을 확보하게 되겠지만, 그 거점은 해양력에 의존할 수밖에 없는 곳이었다.

윌리엄 3세는 이러한 루이의 요구를 마지못해 인정했다. 그러나 오스트리아 황제는 이러한 지중해의 지점들이 자신의 가문으로부터 분리되는 것에 반대한 나머지 분할에 관한 어떤 조약도 거부했다. 그런데 협정이 체결되기 전에 스페인 국왕이 사망하고 말았다. 그는 사망하기 전에 스페인의 모든 영토를 루이 14세의 손자에게 넘겨준다는 내용의 유서를 작성하여 대신들에게 남겨두었다. 그 손자는 앙주 공작 Duke of Anjou이었는데, 후에 스페인의 펠리페Philip 5세가 되었다. 스페인은 이러한 조치에 의해 유럽에서 가장 강력한 국가 가운데 하나이며 가장 가까운 거리에 있는 국가의 방어를 받게 되어 분할되지 않고 전체를 보존할 수 있으리라고 생각했던 것이다. 가장 가까운 프랑스가 바다를 지배할 힘을 보유하지 못했다면, 스페인은 함정을 자유롭게 보낼 수 있는 국가에 비해 항상 취약한 곳이었다.

루이 14세의 유산 수락

루이 14세는 스페인 국왕의 유언을 받아들였으며, 모든 분할 시도를 자신의 명예를 걸고 막아야겠다고 생각했다. 두 국가를 한 왕조로 통합하는 것이 프랑스에 커다란 이익을 주리라는 것은 뻔한 이치였다. 프랑스는 국경을 동쪽으로 확장하려는 자국의 수많은 시도를 오랫동안 방해하고 있던 배후의 적으로부터도 이제 해방될 수 있을 것으로 믿었다. 사실 그 후부터 프랑스와 영국 사이에는 보기 드물게 동맹관계가 유지되었으며, 스페인의 왕위가 부르봉가로 넘어감으로써 스페인은 힘은 없었지만 나머지 유럽 국가들 때문에 위협을 느끼지 않게 되었다. 다른 국가들도 이러한 상황을 즉시 간파했다. 따라서 프랑스가 양보하지 않는 한 전쟁을 피할 수 있는 길은 전혀 없었다. 만약 전쟁이 발생한다면 자국의 부에 의지할 수밖에 없는 영국과 네덜란드의 정치가들은 이탈리아가 오스트리아 황제의 아들에게 양도되어야 하며, 자신들이 벨기에를 점령해야 하고, 또한 스페인의 새로운 국왕이 인도에 대한 특권을 다른 나라보다 프랑스에 더 많이 인정해서는 안 된다고 주장했다.

루이의 스페인령 네덜란드 도시 점령

그 정치가들의 제안이 최선책이라는 사실은 전후 10년이 되었을 때 나타났으며, 이것은 그들이 얼마나 지혜로웠는가를 말해준다. 이 제안에는 해양을 통한 세력확대를 꾀하려는 의도가 내포되어 있었다. 그러나 루이는 굴복하려고 하지 않았다. 오히려 그는 스페인 관리들의 묵인하에 스페인과의 조약에 의거하여 네덜란드 병사들이 점령하고 있던 스페인령 네덜란드 도시들을 점령했다. 1701년 2월에 소집된 영국 의회는 프랑스에게 지중해의 지배를 약속한 모든 조약의 폐기를 선언했다. 네덜란드는 무장하기 시작했고, 오스트리아 황제도 자신의 군대를 북부 이탈리아로 진군시켰다. 그리하여 그곳에서 전투가 벌어지게 되었는데, 상황은 루이에게 대단히 불리했다.

영국, 네덜란드, 오스트리아의 공격동맹

같은 해, 즉 1701년 9월에 두 해양국과 오스트리아 황제는 비밀협정에 조인했다. 그 협정으로 스페인 반도를 제외한 지역의 전쟁 노선이 확정되었다. 동맹국은 이 협정을 통해 프랑스와 네덜란드 연방 사이에 장벽을 쌓기 위해 스페인령 네덜란드를 공격하고, 오스트리아 황제가 관할하는 여러 지방의 안전을 확보하기 위해 밀라노를 공격하며, 역시 오스트리아 지방의 안전과 더불어 영국과 네덜란드 연방 국민의 상업과 항해의 안전을 확보하기 위해 나폴리와 시칠리아를 공격하기로 약속했다. 해양국들이었던 영국과 네덜란드는 이른바 항해와 통상의 실익을 위하여 스페인령 서인도제도의 국가와 도시를 점령해야 했고, 동시에 그곳에서 얻을 수 있는 것을 반드시 얻어 자기 것으로 만들지지 않으면 안 되었다. 전쟁은 시작되었다. 동맹국들 중 어떤 나라도 다른 나라의 도움을 받지 않고, 또 다음과 같은 조치를 취하지 않고서는 전쟁을 지속할 수 없었다. 그 조치는 첫째, 프랑스와 스페인 왕국이 한 국왕 아래 영원히 통합되는 것을 막으며 둘째, 프랑스가 스페인령 서인도제도의 영구적인 지배자가 되는 것과 상선을 그곳에 파견하는 것을 막고 셋째, 영국과 네덜란드 연방의 국민들이 사망한 스페인 국왕이 통치했을 때 스페인 전역에서 누렸던 상업적 특권을 확보하는 것이었다.

이러한 조건들에는 스페인 왕국에 의해 요구되어 처음에는 영국과 네덜란드에 의해 인정받았던 부르봉 왕조의 왕위계승에 대해 반대할 의도를 내포한 내용이 없었다는 데 주목해야 한다. 반면에 오스트리아 황제는 자신의 사람을 즉위시키겠다는 생각을 철회하지 않았다. 조약 내용이 자국의 상업적 이익을 보장한다는 부분에서는 두 해양국의 목소리가 최고조에 달했지만, 지상전에서 독일 육군을 이용할 예정이었기 때문에 독일의 요구조건도 고려하지 않으면 안 되었다. 한 프랑스의 역사가는 다음과 같이 언급했다.

이것은 사실 새로운 분할조약이었다. …… 모든 것을 주도했던 윌리엄 3세는 스페인 왕국을 고스란히 보존하기 위해 영국과 네덜란드를 지치게 하지 않으려고 애를 썼다. 그의 마지막 조건은 새로운 국왕 펠리페 5세를 적당한 신분으로 지위를 낮추고, 전에 스페인 왕국이 지배했던 모든 지역에 대한 상업적 이용권을 영국과 프랑스가 확보하는 것이었다. 동시에 스페인에 있는 중요한 군사적 거점과 해상거점을 프랑스에 대항하기 위한 지점으로 확보하는 것이었다. [72]

전쟁이 임박했지만, 각국은 싸우기를 주저했다. 네덜란드는 영국이 움직이기 전에는 움직이지 않으려 했다. 그리고 프랑스에 대한 강력한 적대감에도 불구하고, 영국의 제조업자와 상인들은 지난 전쟁이 가져다주었던 심각한 고통을 기억하고 있었다. 영국이 전쟁의 규모를 결정하지 못하고 갈팡질팡하고 있을 때, 제임스 2세가 사망했다. 루이는 동정심과 가까운 측근들의 충고에 따라 제임스의 아들을 영국 국왕으로 공식적으로 인정했다. 영국 국민들은 그것을 협박과 모욕으로 간주하고 격분하여 이성을 완전히 잃어버렸다. 영국의 상원은 "스페인 왕국의 강탈자가 이성을 찾을 때까지 안정이란 있을 수 없다"고 선언했다. 그리고 하원은 5만 명의 육군과 3만 5천 명의 해군, 그리고 독일과 네덜란드에 대한 지원금을 승인했다. 그 직후인 1702년 3월에는 윌리엄 3세가 사망했다. 그러나 앤Anne 여왕이 그의 정책을 이었으며, 그것은 영국과 네덜란드 국민의 정책이 되었다.

선전포고

루이 14세는 다가오는 폭풍을 피하기 위해 나머지 독일 국가들 사

---

72) Martin, *History of France*.

이에 중립동맹을 체결하려고 했다. 오스트리아 황제는 독일의 감정을 교묘하게 이용했다. 그는 브란덴부르크 선거후를 프러시아 국왕으로 인정하여 자기편으로 끌어들였다. 그런 방법을 통해 북부 독일에 프로테스탄트 왕실을 세워 그 주변에 다른 프로테스탄트 국가들이 자연스럽게 모여들게 만들었는데, 그것은 나중에 오스트리아에 대한 무서운 경쟁자가 되었다. 이러한 황제의 노력은 프랑스와 스페인이 바바리아를 제외하고는 동맹국도 없이 전쟁으로 치닫게 하는 즉각적인 결과를 초래했다. 네덜란드는 5월에 프랑스와 스페인에 대해 선전포고를 했다. 이미 선전포고를 했던 영국의 앤 여왕은 펠리페 5세의 인정을 거부했다. 왜냐하면 그가 영국 국왕으로 제임스 3세를 인정했기 때문이다. 한편 오스트리아 황제는 프랑스 국왕과 앙주 공작에 대해 선전포고를 함으로써 자신의 의도를 훨씬 솔직하게 나타냈다. 이리하여 스페인 왕위계승전쟁이 시작되었다.

　10년 이상이나 계속된 전쟁기록 전체를 분석하여 연구주제와 특별히 관계가 있는 부분만을 찾아 그것으로부터 다시 전체에 대한 맥락을 놓치지 않고 동시에 찾아 해결하는 것은 결코 쉬운 일이 아니다. 그러나 만약 전체에 대한 어떤 부분의 관계라는 시각을 잃어버린다면, 그것은 치명타가 될 것이다. 이 책의 목적은 해군 관련 사건들에 대한 연대기를 단순히 기록하려는 것이 아니다. 전반적인 역사에서 어떤 해군 관련 사건을 그 사건의 인과관계로부터 분리시키려는 전략적이거나 전술적인 토론도 아니다. 이 책의 목적은 일반적인 전쟁 결과와 국가 번영에 미친 해양력의 영향을 평가하는 것이다. 여기에서 다시 한 번 더 지적하지만, 윌리엄 3세의 목표는 비교적 해양력과 무관한 왕위 자체를 놓고 펠리페 5세와 다투는 것이 아니었다. 오히려 그는 통상과 식민제국에 이익이 되는 스페인령 중남미 소유지를 가능한 범위까지 점령하는 것을 목표로 삼았으며, 동시에 오스트리아 왕정시대에 영국과 네덜란드가 누렸던 특권을 상실하는 것을 최소한으로 방지할 수 있는 조건을 부르봉 가문의 새로운 제국에게 요구하는 것을 목표로 삼았다는 점을 강조할 필요가 있다. 해양국들이 주력했던 정책은 스페인 반도가 아니라 아메리카 대륙을 겨냥하는 것이어야 했을 것이다. 그랬더라면, 연합함대는 지브롤터 해협에 들어가지 못했을지도 모른다. 시칠리아와 나폴리는 영국이 아니라 오스트리아에게 귀속될 예정이었던 것이다.

연합국의 카를로스 3세 스페인 국왕 임명

이러한 전반적인 정치판도는 그 후 여러 원인들에 의해 아주 큰 변화를 가져왔다. 연합국은 독일제국 황제의 아들을 카를로스Carlos 3세라는 이름으로 1703년에 새로운 스페인 국왕 후보자로 추대했다. 그리하여 스페인 반도는 영문도 모르는 채 피비린내 나는 전쟁터가 되어버렸다. 영국과 네덜란드의 함대는 스페인 해안을 계속 항해했다. 그 결과 양국의 해양력은 스페인령 아메리카에서 결정적인 역할을 전혀 할 수 없었다. 그러나 영국은 지브롤터와 포트 마혼을 공략하여 수중에 넣었으며, 바로 이때부터 지중해에 세력을 보유한 국가가 되었다. 영국은 카를로스 3세를 스페인 국왕으로 선언하는 동시에 포르투갈과 매슈엔 조약Mathuen Treaty을 체결했다. 영국은 이 조약으로 포르투갈의 무역을 실질적으로 독점할 수 있게 되었고 또한 브라질산 황금을 리스본을 경유하여 런던으로 보낼 수 있었다. 이 때문에 영국은 대단히 많은 이익을 얻어서 해군을 유지할 수 있었을 뿐만 아니라 대륙에서의 전쟁을 수행하는 데 필요한 물질적 도움도 받을 수 있었다. 동시에 해군의 효율성도 크게 증가했기 때문에 비록 프랑스 순양함들에 의한 피해가 아직 크기는 했지만 대체로 견딜 만했다.

전쟁이 발발했을 때, 독자적인 정책을 추구하던 조지 루크 경은 50척의 전열함과 만 5천 명의 병력을 실은 수송선들로 구성된 함대를 이끌고 카디스로 파견되었다. 그곳은 스페인과 아메리카의 무역에서 중심지 역할을 하고 있는 곳이었다. 서방의 산물과 정금은 일단 그곳에 도착했다가 유럽 전체로 수송되었다. 윌리엄 3세는 동반구 무역의 중심지이던 카르타헤나의 점령을 목표로 삼았다. 결국, 그는 사망하기 6개월 전인 1701년 9월에 전통적인 구식 뱃사람 벤보우Benbow가 지휘하는 전대를 파견했다. 벤보우는 그 지역의 보급품을 수송하고 세력을 강화할 목적으로 파견된 프랑스 전대와 마주쳤으며, 카르타헤나 북쪽에서 일전을 벌였다. 그는 이 해전에서 우세한 병력을 보유하고 있었지만 몇몇 함장이 전투를 기피하는 반역행위를 함으로써 목적을 달성하는 데 실패했다. 해전은 그가 탄 기함이 무력해지고 그도 중상을 입으면서 종료되었는데, 그 결과 프랑스 전대는 무사히 도피할 수 있었고 카르타헤나도 영국의 침입으로부터 벗어날 수 있었다. 벤보우는 죽기 직전에 프랑스 전대사령관으로부터 전쟁 결과를 알리는 편지 한 장을 받았는데, 이렇게 씌어 있었다. "어제 아침만 해도 나는 귀관의 사령관실에서 저녁식사를 하지 않으면 안 될 만큼 희망이 없었소. 귀관은 그렇게 비겁한 행위를 한 귀하의 함장들을 교수형으로 처벌해야 할 것입니다. 그들은 당연히 그러한 벌을 받을 짓을 했습니다." 실제로 두 명의 함장이 교수형에 처해졌다.

비고 만의 갈레온 사건

반드시 성공할 것으로 생각되었던 루크의 카디스 원정은 결국 실패하고 말았다. 그가 실패한 것은 스페인 국민들을 회유하여 부르봉가 출신의 왕을 싫어하도록 만들라는 불명확한 명령이 그의 발목을 잡았기 때문이다. 그 실패 이후에 그는 서인도제도에서 은과 산물을 싣고 온 갈레온들이 프랑스함정들의 호위하에 비고Vigo 만으로 들어갔다는 소식을 들었다. 그는 즉시 그곳으로 가서 정찰한 결과 적이 항구 안에 있다는 것을 알게 되었다. 그 항구의 입구는 4분의 3마일밖에 되지 않았으며, 요새와 강력한 방어시설로 방어되고 있었다. 항구 안으로 들어가려면 방어시설을 통과해야만 하는데, 그때 강력한 포격을 받게 되어 있었다. 그럼에도 불구하고 그는 그곳을 함락시켰다. 그곳에 있던 모든 선박들은 선적된 정금과 산물과 함께 나포되거나 침몰되어버렸다. 비고 만의 갈레온 사건으로 알려진 이 사건은 눈부시게 뛰어난 업적이었지만, 두 국왕의 권위와 재정에 타격을 주었다는 것 외에는 주목할 만한 군사적인 특징을 별로 드러내지 않았다.

포르투갈의 연합국 가담

그러나 비고 만 사건은 아주 중요한 정치적인 결과를 초래했을 뿐만 아니라 앞에서 언급한 해양력의 전반적인 판도를 변화시키는 데에도 도움을 주었다. 프랑스를 두려워하게 된 포르투갈 국왕은 펠리페 5세를 스페인 국왕으로 인정했지만 내심으로는 거부하고 있었다. 왜냐하면 아주 가까이 있는 작고 고립된 자신의 왕국에 프랑스의 영향과 세력이 미치는 것을 두려워했기 때문이다. 스페인과 프랑스라는 두 왕국의 동맹으로부터 포르투갈을 분리시키는 것은 루크의 임무 중 하나였다. 그리고 자국 국경 근처에서 발생한 비고 만 사건은 그에게 연합해군력에 대한 깊은 인상을 주었다. 사실 스페인 보다는 바다에 더 가까운 포르투갈은 당연히 바다를 지배하는 세력의 영향을 많이 받게 되어 있었다. 오스트리아의 황제는 스페인의 영토를 할양해주겠다고 했으며 또한 해양국들은 특별 보조금을 주 겠다고 포르투갈에게 제안했다. 그러나 포르투갈 국왕은 오스트리아 특사가 리스본에 와서 대륙전쟁과 스페인 반도전쟁에 대한 연합군의 입장을 분명하게 밝힐 때까지 자신의 의견을 나타내려 하지 않았다. 오스트리아 황제는 자신의 자리를 차남인 카를로스에게 물려주었다. 비엔나에서 선포된 이 양위에 대해 영국과 네덜란드의 인정을 받은 후, 그는 연합국 함대로 리스본으로 향했다가 1704년 3월에 그곳에 상륙하는 데 성공했다. 이것은 필연적으로 해양력의 판도에 커다란 변화를 가져왔다. 카를로스를 지원하기로 약속했으므로 영국과 네덜란드의 함대는 반도의 해안을 방어하고 통상을 보호했다. 반면에 서인도제도에서의 전쟁은 소규모로 수행되고 또한 사소한 문제로 치부되면서 어떤 결과도 야기하지 못했다. 이때부터 포르투갈은 영국의 충실한 동맹국이 되었고, 그 결과 영국의 해양력은 다른 어떤 경쟁국보다 절대적인 우위를 차지하게 되었다. 포르투갈의 항구들은 영국함대의 피난처인 동시에 지원기지가 되어서 영국은 나중에 스페인 문제로 나폴레옹과 전쟁을 벌일 때 포르투갈의 기지를 이용했다. 포르투갈은 100년 동안 다른 어떤 국가보다도 영국으로부터 많은 것을 얻었지만, 영국에 대해 그만큼 더 많은 두려움도 갖게 되었다.

해전의 특징

두 해양국의 해양에서의 절대적인 우세가 전쟁의 전반적인 결과에 미친 영향은 대단히 컸으며 또한 영국이 1세기 후에 가질 수 있었던 해양에서의 절대적인 우위에도 영향을 주었다. 그러나 이 전쟁에서 군사적인 목적을 위해 일어난 해전은 하나도 없었고 대함대끼리 단 한 번 마주친 적이 있기는 했지만, 별로 대단한 결과가 나타나지는 않았다. 그 후 프랑스는 해전을 포기하고 통상파괴전에만 전적으로 매달리게 되었다. 스페인 왕위계승전쟁의 이러한 경향은 미국 독립전쟁이라는 예외가 있기는 하지만 18세기의 거의 전체적인 특징이라고 할 수 있다. 소리도 없이 지속적으로 소모적인 압력을 가하는 해양력은 자국의 자원유입을 유지하되 적의 자원유입은 차단하고 또한 드러나지 않게 배후에서 전쟁을 지원한다. 그리고 이 전쟁과 반세기 후에 발생한 전쟁에서 일어난 사건들을 주의 깊게 살폈던 사람들은 대부분의 함정이 파괴되기는 했지만 해양력이 간헐적으로 놀라운 타격을 가했던 사실을 강조하고 있다. 영국의 압도적인 해양력은 앞에서 언급한 기간 동안에 유럽사에서의 결정적인 요소였다. 그러한 해양력 덕분에 영국인들은 해외에서 전쟁을 하면서도 국민의 부를 유지시킬 수 있었을 뿐만 아니라 오늘날 볼 수 있는 것과 같은 거대한 제국도 건설할 수 있었다. 그러나 적이 영국의 강력한 해양력을 피해다녔기 때문에 영국함대의 행동은 주목받지 못했다. 싸워야 할 경우가 몇 번 있기는 했지만, 영국 해양력의 우세가 너무나 뚜렷하여 전투라고 할 수조차 없는 정도였다. 그러나 빙Bying 제독의 미노르카 해전과 호크 제독의 키브롱Quiberon 해전은 예외라고 할 수 있을 것 같다. 해군사에서 가장 눈부신 페이지를 장식하는 것 중 하나라고 할 수 있는 호크 제독의 해전은 비록 비슷한 세력간에 벌어진 치명적인 전투는 아니었지만, 1700년에서 1778년 사이에 벌어진 해전 중에서 군사적 흥미를 가장 많이 끄는 것이었다.

이러한 특징 때문에 이 책에서는 스페인 왕위계승전쟁에 대해서 원래의 목적에 따른 서술을 피하고 그 대신 함대활동의 일반적 방향을 개괄적으로 표현했다. 플랑드르와 독일, 그리고 이탈리아에서의 전쟁은 자연히 해군과 별 관계가 없었다. 그러나 해군이 연합국의 통상을 아주 잘 보호한 탓에 대륙 전쟁에 필요한 물자보급이 원만하게 이루어질 수 있었으며, 결국 지상군은 마음놓고 싸울 수 있었던 것이다. 그런데 스페인 반도의 상황은 달랐다. 카를로스 3세가 리스본에 상륙한 직후에 조지 루크 경은 바르셀로나로 항진했다. 일반적으로 함대가 나타나면 바르셀로나가 영국에게 양도될 것으로 예상되었지만, 그곳의 총독은 국왕에게 충성을 다했고 계속 오스트리아파를 억눌렀다. 그리하여 루크는 프랑스함대가 정박하고 있던 툴롱으로 항진했다. 도중에 그는 브레스트에서 출항한 다른 프랑스함대를 목격하고 추격했으나 따라잡을 수는 없었다. 따라서 두 프랑스함대는 툴롱 항구에서 합류할 수 있었다. 여기에서 주목해야 할 것은 영국함대가 그해 겨울에 프랑스 항구를 봉쇄하려고 시도하지 않았다는 점이다. 이 기간에는 프랑스함대와 마찬가지로 영국함대도 겨울에는 휴식을 취했던 것이다. 영국의 쇼벨 제독은 봄에 브레스트를 봉쇄하라는 임무를 받았다. 그러나 그의 함대가 너무 늦게 도착하여 프랑스함대가 이미 출항해버리고 없었으므로 계속하여 지중해로 항진했다. 루크는 자신의 함대가 이미 합류를 마친 프랑스의 두 함대에 저항할 만큼 강하지 못하다고 생각하여 해협으로 되돌아갔다. 당시 영국은 지중해에 어떤 기지나 항구, 또한 동맹국도 갖고 있지 않았고 가장 가까운 정박지는 리스본이었다.

영국의 지브롤터 점령

루크와 쇼벨은 라고스Lagos 앞바다에서 만나 작전회의를 열었다. 그 회의에서 선임자인 루크는 스페인 국왕과 포르투갈 국왕의 허락 없이는 어떠한 일도 하지 말라는 지시를 받았다고 말했다. 이것은 실제로 해양력의 손발을 묶어두는 조치였다. 그러나 아무런 행동도 취하지 않는 것은 매우 자존심 상하는 것이고 또한 아무런 일도 하지 않은 채 귀국하는 것을 부끄럽게 생각한 루크는 다음과 같은 세 가지 이유로 지브롤터를 공격하기로 결심했다. 첫째 지브롤터의 수비가 허술하다는 정보를 얻었으며, 둘째 그곳이 전쟁을 하는 데 대단히 중요한 항구이고, 셋째 그곳을 점령하면 영국 여왕의 군대에 믿음을 줄 수 있다고 생각한 것이다. 지브롤터는 영국함대의 함포사격을 받았으며 또한 주정들로부터 공격을 당했다. 그리하여 영국은 1704년 8월 4일부터 지브롤터를 소유하게 되었다. 루크의 이러한 공적은 그의 이름과 더불어 현재까지도 생생하게 살아 있다. 그의 대담한 판단과 책임감 덕분에 영국은 지중해의 관문을 소유하게 되었던 것이다.

말라가 해전(1704)

스페인의 부르봉가 출신 국왕은 지브롤터를 즉시 탈환하기 위한 공격을 할 수 있도록 툴롱에 있던 프랑스 함대에 지원을 요청했다. 당시 프랑스 함대는 투르빌이 1701년에 사망했기 때문에 툴루즈 Toulouse 백작에 의해 지휘되고 있었다. 그는 루이 14세의 사생아로 당시 겨우 26세였다. 툴루즈의 함대와 루크의 함대는 8월 24일에 벨레즈 말라가Velez Malaga 앞바다에서 만났다. 연합함대는 북동풍을 받으며 풍상의 위치를 차지하고 있었다. 두 함대는 모두 좌현으로 돛을 펴고 남동쪽을 향하고 있었다. 함정 수는 약간 불확실한데 프랑스함대가 52척의 전열함으로 구성된 데 비해 상대방은 그보다 6척 가량 더 많았던 것 같다. 연합함대는 한 곳에 집결하지 않고 각 함정이 맡은 적 함정을 향했다. 루크는 대규모 함대가 전투하는 데 필요한 전술적 작전계획을 전혀 갖고 있지 못했던 것 같다. 영국함대가 매우 비과학적인 공격방법을 처음으로 전개했다는 것을 제외하고는 말라가 해전은 군사적인 흥미를 끌 요소를 전혀 보여주지 못한다. 클러크는 이러한 함대의 전개방법에 대해 비판했지만, 그러한 방법은 18세기 내내 유행했다. 주목할 만한 것은 그 해전의 결과가 같은 원칙을 가지고 싸웠던 다른 모든 해전들과 같았다는 점이었다. 선두는 중앙과 상당한 거리를 두고 떨어져 있었다. 이 틈 사이로 돌진하여 영국함대의 선두를 분리시키려던 프랑스함대의 시도는 전술적인 기동이었을 뿐이었다. 나중에 클러크가 지적한 대로, 말라가 해전에서는 신중하고 노련한 전술이 전혀 나타나지 않았다. 몽크와 루이터 그리고 투르빌의 유능한 함대운용으로부터 단순한 뱃사람의 시대로의 퇴보가 말라가 해전에서 드러났다. 말라가 해전은 바로 이러한 점에서만 중요성을 가졌다. 또한 말라가 해전에서는 머콜리가 다음과 같이 노래했던 원시적 전투 방식——이 방식은 오랫동안 영국 해군의 이상으로 남아 있었다——도 볼 수 있다.

> 그때 양쪽 지휘관들이
> 돌격명령을 내렸다
> 그리하여 양쪽 보병은
> 창과 방패를 들고 성큼성큼 나아갔으며
> 양쪽 기병들은

피가 나도록 박차를 가했다

서로 마주친 병사들은

포효하면서 서로 부딪쳤다

인간의 행동이 항상 진보만 하는 것은 아니다. 오늘날의 해군 관련 간행물에서도 이와 약간 비슷한 현상이 발견되기도 한다. 아침 10시에 시작되어 오후 5시에 끝난 그 해전은 격렬했지만, 결말이 나지 않았다. 그 다음날, 프랑스함대는 풍향이 바뀌어 풍상의 위치를 차지하게 되었지만 공격할 기회를 이용하지 않았다. 프랑스함대는 이 사실 때문에 많은 비난을 받았다. 루크는 싸울 수 없는 상태였는데 그의 함대 중 거의 절반에 가까운 25척의 함정이 모든 탄약을 다 소모해버렸기 때문이다. 연합함대의 함정 가운데 몇 척은 한쪽 현에서만 사용할 화약과 포탄까지 다 떨어졌기 때문에 전투 도중에 전장 밖으로 예인되었다. 이것은 확실히 앞서 실시한 지브롤터에 대한 공격 때문에 나타나는 현상이었다. 지브롤터 공략시 만 5천 발의 포탄이 사용되었는데, 이를 보충할 수 있는 보급기지가 현지에 없었던 것이다. 이러한 결점은 지브롤터를 새로 소유하게 됨으로써 해소되었다. 지브롤터를 함락시킨 루크는 남북전쟁 초기에 북군이 포트 로열 Port Royal을 점령했던 것과 같은 목적을 가지고 있었다. 그리고 그러한 목적 때문에 파르마Parma 공작이 스페인의 강력한 무적함대를 출동시키기 전에 네덜란드 해안에 위치한 플러싱Flushing을 점령하도록 촉구했다. 스페인 국왕이 파르마 공작의 충고를 받아들였더라면, 스페인함대가 영국 북쪽을 향해 그처럼 비참하고 쓸쓸하게 항해할 필요는 없었을 것이다. 미국 해안에서 심각한 작전을 벌이려는 어떤 국가도 같은 이유에서 중심지로부터 멀리 떨어져 있으면서도 방어하기 쉬운 가디너스 만Gardiner's Bay이나 포트 로열과 같은 지점을 점령하고 싶을 것이고 그 지점들을 미국 해군의 능률이 떨어졌을 때 탈취하여 확보하려 할 것이다.

프랑스 해군의 쇠퇴

루크는 도중에 지브롤터에 들러 자신의 함대가 비축해놓은 모든 식품과 탄약을 그곳에 넘겨주고 평화롭게 리스본으로 퇴각했다. 툴루즈는 그를 끝까지 추격하는 대신에——만약 그렇게 했더라면 승리했을지 몰랐다——툴롱으로 돌아가면서 지브롤터에 대한 공격을 지원하기 위해 단지 10척의 전열함을 파견했다. 지브롤터를 탈환하려는 프랑스의 모든 시도는 보잘것없었다. 그곳에 투입된 전대는 결국 격파되었고 또한 육상 공격으로도 봉쇄되어버렸다. 프랑스의 한 해군장교는 다음과 같이 말했다. "이렇게 역전되면서 국민들 사이에서 해군에 대한 반감이 나타나기 시작했다. 해군이 보여주었던 경이감이나 위대한 업적들은 이미 잊혀져버렸다. 누구도 이제 더 이상 해군의 가치를 믿지 않았다. 그 대신 국민들과 훨씬 직접적으로 접촉하고 있던 육군이 국민의 호감과 동정을 받았다. 프랑스의 흥망성쇠가 라인 강 유역에 달려 있다는 잘못된 생각이 널리 퍼졌으며, 해군에게 등을 돌린 반감은 영국을 강국으로, 우리나라를 약소국으로 만들었다."[73]

---

73) Lapeyrouse-Bonfils, *Hist. de la Marine Française*.

지상전의 경과

1704년에 블렌하임Blenheim 전투가 일어났다. 이 전투에서 프랑스와 바바리아의 병사들은 말버러와 외젠 왕자Prince Eugene가 지휘하는 영국군과 독일군에게 완전히 패배당했다. 그 결과 바바리아는 프랑스와의 동맹을 포기했으며, 독일은 전쟁의 보조적인 무대가 되었고, 그 후 주요 무대는 네덜란드와 이탈리아 그리고 스페인 반도로 이동했다.

다음해인 1705년에 연합군은 펠리페 5세를 공격하기 위해 리스본에서 마드리드로 향하는, 그리고 바르셀로나를 경유하는 두 방면으로 진군했다. 리스본으로부터의 공격작전은 비록 바다를 기반으로 하기는 했지만 주로 지상병력에 의해 실시되었으며, 그 결과는 보잘것없었다. 스페인 국민들은 강대국에 의해 옹립된 국왕을 환영하고 있지 않음을 그곳에서 보여주었다. 그러나 카탈로니아에서는 달랐다. 카를로스 3세는 자신이 직접 연합함대와 함께 그곳으로 갔다. 수적으로 열세였던 프랑스 해군은 항구 안에 있었다. 프랑스의 육군도 역시 나타나지 않았다. 연합군 병사들은 함대가 제공한 보급품과 함정 승무원 3천 명의 도움을 받아 그 도시를 에워쌌다. 당시 연합함대는 지상군의 보급기지이자 교통로였다. 바르셀로나는 10월 9일에 항복했다. 모든 카탈로니아인들은 카를로스를 환영했고, 그러한 움직임은 아라곤Aragon과 발렌시아Valencia로 전파되었고, 발렌시아의 지방소재지는 카를로스를 국왕으로 선언했다.

다음해인 1706년에 프랑스는 포르투갈로 향하는 산악 통로를 차단하면서 카탈로니아 국경 부근에서 스페인을 공격했다. 연합함대가 작전 해역을 이탈하자, 프랑스군에 대한 연합군의 저항은 무력하게 되었다. 바르셀로나는 다시 프랑스에 의해 포위되었는데, 이번에는 프랑스군이 30척의 전열함과 툴롱 근처의 항구로부터 보급품을 수송하는 수많은 수송선들로 구성된 함대로부터 지원을 받았다. 4월 5일에 시작된 포위공격은 대단히 희망적이었다. 오스트리아인으로 자처한 카를로스 3세는 그 성 안에 있었다. 그러나 5월 10일에 연합함대가 다시 나타나자 프랑스함대는 퇴각했으며 따라서 포위공격은 포기되었다. 부르봉 왕조가 스페인 국왕으로 내세운 펠리페 5세는 감히 아라곤으로 퇴각하지 못하고 그곳이 점령되도록 방치한 루시용Roussillon을 경유하여 프랑스로 갔다. 동시에 대양에서 벌어들인 자금으로 유지되고 있던 지상군이 포르투갈로부터 진격하기 시작했다. 영국과 네덜란드는 포르투갈을 기지로 유용하게 이용하고 있었다. 이번에는 서부로부터의 공격이 훨씬 성공적이었다. 에스트레마두라Estremadura와 레온Leon에 위치한 많은 도시들이 함락되었다. 연합국의 장군들은 바르셀로나에 대한 포위가 풀렸다는 소식을 듣자마자 즉시 살라망카Salamanca를 경유하여 마드리드로 진군했다. 프랑스로 피신했던 펠리페 5세는 피레네 산맥 서쪽을 거쳐 스페인으로 다시 돌아왔지만 연합군이 다시 접근하자 자신의 수도를 적에게 넘겨주고 다시 피신했다. 포르투갈과 연합군의 병사들은 1706년 6월 26일에 마드리드에 입성했다. 바르셀로나가 함락된 후, 연합함대는 알리칸테Alicante와 카르타헤나를 점령했다.

그때까지는 성공적이었다. 그러나 연합국은 스페인 국민들의 성향을 잘못 이해하고 있었으며 또한 자연적 특징에 의해 자연스럽게 생성된 자존심과 의지를 아직 이해하지 못하고 있었다. 이교도에 대한 종교적인 반감——영국 장군 자신도 위그노 교도로서 망명한 사람이었다——뿐만 아니라 포르투갈에 대한 국민적 증오도 일어났다. 마드리드와 그 주변 지역에서 불만이 일어났으며, 남부 지방은 부르봉 왕조 출신 국왕에 대해 충성을 다짐했다. 연합군들은 적의에 가득 찬 수도에 더 이상 머물러 있을 수 없었다. 더욱 견딜 수 없었던 것은 주변 지역에서 보급품을 얻을 수 없었고 또한 게릴라가 수없이 출현했다는 점이었다. 그들은 카를로스 3세가 머물고 있는 아라곤을 향하여 동쪽으로 퇴각했다. 연합군은 역전에 역전을 거듭하다가 1707년 4월 25일에 알만사Almansa에서 대패하여 만 5천 명의 병사를 잃었다. 스페인의 모든 영토는 카탈로니아——그곳의 일부도 항복했다——지방을 제외하고 다시 펠리페 5세의 지배를 받게 되었다. 프랑스는 그 다음해인 1708년에 이 지역에서 약간 전진하는 데 성공했지만, 바르셀로나를 공격할 수는 없었다. 그러나 발렌시아와 알리칸테는 프랑스에 의해 정복당했다.

1707년에는 어떠한 중요한 해전도 발생하지 않았다. 여름에 지중해에 배치된 연합함대는 오스트리아군과 피드몬트Piedmont 족들에 의해 시도되고 있던 툴롱에 대한 공격을 지원하기 위해 스페인의 해안으로부터 그곳으로 항진했다. 피드몬트 족은 지중해 해안을 따라 이탈리아에서 이동했는데, 이때 함대는 보급품을 공급하면서 해상에서 측면지원을 했다. 그러나 이 포위공격은 실패했으며, 전투는 결판이 나지 않았다. 고국으로 돌아오는 길에 쇼벨 경은 7척의 전열함들과 함께 시칠리아 제도에서 조난을 당했는데, 이것이 바로 역사적으로 유명한 난파선 기록 가운데 하나이다.

연합국의 사르디니아와 미노르카 점령

1708년에 연합함대는 사르디니아를 점령했다. 이곳은 토양이 비옥할 뿐만 아니라 바르셀로나와의 거리도 가까웠기 때문에 연합함대의 도움으로 해상을 통제하기만 하면 오스트리아의 카를로스에게 풍요로운 저장고 역할을 할 수 있는 곳이었다. 같은 해에 중요한 항구인 포트 마혼이 있는 미노르카도 영국에 의해 점령되어 그로부터 50년 동안 지배를 받았다. 지브롤터를 소유함으로써 카디스와 카르타헤나를 봉쇄하고, 포트 마혼을 소유함으로써 툴롱을 마주보게 된 영국은 이제 스페인이나 프랑스처럼 지중해에 튼튼한 기반을 갖게 되었다. 또한 영국은 포르투갈과 동맹을 맺으면서 리스본과 지브롤터 두 지점을 관할하게 되었으며, 나아가 내해나 외해 양쪽 모두에서 통상로를 감시할 수 있었다. 1708년 말에 해상과 육상에서 일어난 재난, 프랑스 왕국의 가혹한 고통, 나라를 파멸시키고 있는 거의 절망적인 전쟁, 그리고 상대적으로 전쟁을 잘 견디고 있는 영국 등과 같은 여러 가지 요인들이 루이 14세로 하여금 평화를 위해 대단히 굴욕적인 양보를 하도록 만들었다. 그는 부르봉 왕가 출신의 국왕을 위해 스페인 전체를 넘겨주고, 그 대신 나폴리는 남겨놓겠다고 연합군에게 제안했다. 그러나 연합군들은 이 제안을 거부했다. 그들은 앙주 공작——연합군은 그를 왕으로 부르는 것을 거부했다——에게 아무것도 남겨놓지 않은 채 스페인 전체를 포기할 것을 요구했다. 그리고 프랑스를 파멸로 이끌 수 있는 조건들을 추가로 요구했다. 루이는 당연히 이러한 조건들을 받아들이려 하지 않았고 전쟁은 계속되었다.

　나머지 기간에는 연합국 해양력——이때는 거의 영국의 독무대였고 네덜란드는 아무런 도움을 주지 못하고 있었다——의 활동이 별로 두드러지지 않았다. 그러나 그 실질적인 효과는 여전히 있었다. 대부분의 활동이 카탈로니아에 제한되어 있던 오스트리아가 옹립한 카를로스는 영국함대에 의해 사르디니아와 독일의 이탈리아 방면 지방 사이를 왕래했다. 그러나 프랑스함대가 완전히 사라지고 해상에 함대를 배치하지 않겠다는 루이의 의도가 분명해지자, 지중해 함대의 규모는 약간 축소되었으며, 그 결과 함대는 무역을 보호하는 데 더 힘을 쏟게 되었다. 1710년과 1711년에는 북아메리카의 프랑스 식민지들에 대한 원정이 시도되었다. 이 원정대는 노바 스코샤는 점령했지만 퀘벡Quebec을 점령하는 데에는 실패했다.

말버러 장군의 불명예

1709년과 1710년 사이의 겨울에 루이는 스페인으로부터 모든 병력을 철수함으로써 자신의 손자에 대한 모든 명분을 포기했다. 그러나 프랑스의 대의명분이 매우 낮은 상태에 있었고 또한 프랑스의 양보가 마치 그 나라를 이등국으로 전락시킬 수도 있을 것처럼 보이자, 연합군의 제휴관계는 영국을 대표하던 말버러의 체면 손상으로 인하여 위협을 받게 되었다. 그가 여왕으로부터 신임을 잃게 되고 전쟁이 지속되는 것을 반대하는 측에서 정권을 잡게 되었다. 이러한 변화는 1710년 여름에 일어났다. 그 당시 영국이 대단히 유리한 입장에 있었고 영국이 짊어지고 있는 부담도 매우 무거웠기 때문에 평화를 바라는 목소리가 점차 강하게 나타났다. 전쟁을 계속 수행한다면 짊어지고 있는 부담에 비례하는 만큼의 이익을 얻을 것 같지 않았다. 약한 동맹국이었던 네덜란드는 동맹의 약정대로 함정을 제공할 수 없었다. 선견지명이 있는 영국인들은 경쟁국의 해양력이 쇠퇴하는 것을 보고 안심했을지 모른다. 그러나 당대인들은 네덜란드가 제 몫을 하지 못하여 비롯된 즉각적인 비용부담의 증가를 더욱 민감하게 느낄 수 있었다. 대륙에서의 전쟁과 스페인 왕위계승전쟁의 비용은 거의 영국의 보조금으로 충당되고 있었다. 또한 대륙전쟁으로부터 얻을 것이 더 이상 없었으며, 스페인 국민들도 카를로스 3세에게 압도적인 지지를 보내지 않았다. 그러자 얼마 가지 않아서 영국과 프랑스 사이에 비밀협정이 시작되었다. 그러나 스페인 왕위를 물려받도록 내정된 오스트리아 왕가의 독일 황제——카를로스의 형——가 갑작스럽게 사망하는 충격적인 사건이 발생했다. 다른 상속인이 없었으므로 카를로스는 즉시 오스트리아 황제가 되었으며, 이어서 독일 황제로도 선출되었다. 영국은 부르봉 왕가 출신이 두 개의 왕위를 차지하는 것을 바라지 않았던 것처럼 오스트리아 왕가 출신이 두 개의 왕관을 쓰는 것도 바라지 않았다.

영국의 평화조약 제시

영국이 1711년에 평화조건으로 제시한 요구사항은 영국이 가장 순수한 의미에서 실제로 해양국이 되었음을 보여줄 뿐만 아니라 영국 국민도 그렇게 의식했다. 영국은 같은 인물이 스페인과 프랑스의 왕위를 함께 가질 수 없다고 주장하며, 국경 지방의 요새화된 도시들을 프랑스와의 경계선이 되도록 영국의 동맹국인 네덜란드와 독일에 양도하며, 프랑스가 정복한 영국 동맹국들의 땅을 원상회복시키고, 그리고 지브롤터와 포트 마혼——이 두 곳의 전략적·해양적 가치에 대해서는 이미 언급한 바 있다——을 영국에게 공식적으로 할양하라고 요구했다. 또한 영국은 통상을 괴롭혀온 해적들의 근거지라고 할 수 있는 덩케르크 항의 폐쇄, 프랑스가 당시 마지막으로 소유하고 있던 식민지라고 할 수 있는 뉴펀들랜드, 허드슨 만, 노바 스코샤 등의 양도, 그리고 마지막으로 스페인이 1701년에 프랑스에게 주었던 스페인령 아메리카와의 노예무역 독점권——아시엔토Asiento로 알려져 있다──의 양도를 요구했다.

적대행위가 중단되지 않았지만, 협상은 계속되었다. 1712년 6월에 영국과 프랑스 사이에 4개월간 휴전이 성립되자 영국은 대륙에 있던 연합군으로부터 군대를 철수시켰다. 그 부대의 위대한 지휘관이 었던 말버러는 그보다 1년 전에 사령관직에서 물러나 있었다. 1712년의 전투는 프랑스에게 유리하게 전개되었다. 그러나 어찌 되었든 영국군의 철수가 잠시나마 전쟁을 멈추게 했다. 그리고 네덜란드는 1707년 이래 자신들에게 할당된 것의 3분의 1도 채 안 되는 함정을 지원하는 방식으로 불만을 표출했다. 네덜란드는 전쟁기간 내내 자신들에게 할당된 양의 절반 정도밖에 지원하지 않았다. 이에 대해 하원은 1712년에 국왕에게 보낸 성명에서 다음과 같이 불평했다.

전쟁 기간 내내 해상에서의 임무는 우리 왕국에게 대단히 불리한 방식으로 진행되어 왔습니다. 왜냐하면 지중해에서의 우위를 유지하기 위해, 그리고 프랑스 서부의 항구들이나 덩케르크에서 준비를 갖추고 있는 적의 세력에 맞서기 위해 대함대가 매년 필수품을 갖추어야 할 필요성이 대두되었기 때문입니다. 그러한 임무를 수행할 수 있는 함정의 비율을 맞추기 위한 전하의 준비성은 네덜란드를 설득시키지 못했습니다. 네덜란드는 매년 전하께서 준비한 비율보다 훨씬 적은 함정을 보냈습니다. …… 그리하여 전하께서는 그 부족분을 메우기 위해 전하의 함정들을 추가로 보내 보강하지 않을 수 없었습니다. 전하께서 많은 함정들을 원해에서 오랫동안 활동하게끔 했기 때문에 해군은 1년 내내 상당한 피해를 입었습니다. 이러한 피해는 곧 무역수송의 고통으로 이어졌습니다. 해안 지방은 순양함들의 부족으로 노출되어버렸습니다. 전하께서는 적이 서인도제도와의 무역을 통해 많은 이익을 남기고 있는 것을 방해할 수 없었습니다. 그리하여 그들은 그곳에서 막대한 양의 보물을 가져갔으며, 그것이 없었더라면 그들은 전쟁비용을 감당할 수 없었을 것입니다.

위트레흐트 조약(1713)

사실 1701년과 1716년 사이에 프랑스는 스페인령 아메리카와의 무역에서 정금으로 4천만 달러의 수입을 올렸는데, 영국은 이에 대해 네덜란드에게 불평했다. 이에 대해 네덜란드 대사는 자신의 나라가 영국에게 약속을 이행할 수 있는 상황이 아니라고 대답할 수밖에 없었다. 영국이 평화를 바라는 입장에서 1712년에 상황이 역전되자 네덜란드는 동일한 결정을 내릴 수밖에 없었다. 영국인들은 동맹국에 대해 불만을 가지고 있으면서도 프랑스에 대한 적대감이 더욱 강했기 때문에 네덜란드의 그럴듯한 주장을 계속하여 지지했다. 1713년 4월 11일에 위트레흐트 평화조약으로 알려지게 될 조약이 체결되었는데, 이것은 역사적 대사건 가운데 하나였다. 프랑스는 이 조약에 서명했으며, 영국과 네덜란드, 프러시아, 포르투갈, 그리고 사보이는 다른 쪽에 서명했다. 아직도 전쟁을 지속하고 있었던 독일 황제는 영국으로부터 보조금이 중단되자 군대를 이동시킬 수밖에 없었다. 해양세력의 철수가 대륙에서의 전쟁을 저절로 끝내게 했을지도 모른다. 그러나 자유로워진 프랑스는 1713년에 독일에서 아주 멋지고 빛나는 승리를 거두었다. 1714년 3월 7일에는 프랑스와 오스트리아 사이에 평화조약이 체결되었다. 조약 체결 이후에도 전쟁의 타다 남은 불이 카탈로니아와 발레아레스 제도에서 계속해서 타오르고 있었다. 그 섬들에서는 펠리페 5세에 반대하는 폭동이 계속하여 일어났다. 그러나 프랑스군이 그곳에 투입되자마자 그 폭동은 곧 진압되었다. 바르셀로나는 1714년 9월에 프랑스군의 급습으로 점령되었고, 카탈로니아와 발레아레스 제도는 그 다음해 여름에 굴복했다.

평화 조건 그리고 교전국의 서로 다른 전쟁 결과

이 장기적인 전쟁에 의해 영향을 받고 평화조약에 의해 규정된 변화들은 크게 보면 다음과 같이 요약될 수 있다.

(1) 부르봉 왕가는 스페인의 왕위를, 그리고 스페인 황제는 서인도제도와 아메리카의 식민지들을 유지했다. 서인도제도와 아메리카에서 스페인의 지배에 도전하고자 했던 윌리엄 3세의 의도는 영국이 오스트리아의 왕자를 지원하기로 결정하여 막대한 해군력을 지중해에 묶어두면서 좌절되었다.

(2) 스페인 황제는 네덜란드에 있던 소유지를 상실했는데, 헬더란트Gelderland는 새로운 왕국인 프러시아로, 벨기에는 오스트리아의 황제에게로 각각 넘어갔다. 그리하여 스페인령 네덜란드는 오스트리아령 네덜란드가 되었다.

(3) 스페인은 지중해에 있는 주요 섬들도 잃었다. 사르디니아는 오스트리아에게로, 미노르카는 그곳에 있는 훌륭한 항구와 더불어 영국에게로, 시칠리아는 사보이 공국으로 각각 넘어갔다.

(4) 이탈리아에 있던 밀라노와 나폴리 같은 스페인의 소유지도 오스트리아 황제에게로 넘어갔다. 이렇게 된 중요한 이유는 스페인 왕위를 둘러싼 계승전쟁 때문이었다.

펠리페 5세를 스페인 왕위계승자로 후원했던 프랑스는 전쟁으로 국력을 소진했을 뿐만 아니라 영토도 상당히 잃었다. 프랑스는 자국 왕실의 후손을 이웃 나라의 왕위에 앉히는 데는 성공했지만, 그 대신 해양력은 완전히 기진맥진한 상태가 되었고, 인구도 감소했으며, 또한 국가의 재정상태도 황폐해졌다. 게다가 프랑스 북부와 동부의 국경 지역 가운데 상당 부분이 다른 나라로 넘어갔다. 프랑스는 영국 상선들을 두려움에 떨게 만들었던 사략전의 기지 덩케르크 항의 사용을 포기했다. 아메리카에서는 노바 스코샤와 뉴펀들랜드를 양도했는데, 이것은 반세기 후에 캐나다 전체를 상실하게 될 일련의 사태 가운데 첫 단계였다. 그러나 프랑스는 세인트 로렌스 강과 걸프 만으로 가는 관문인 루이스버그 항과 브레턴 곶Cape Breton Island을 잠시나마 보유하고 있었다.

전쟁과 조약을 통하여 영국이 얻은 것은 프랑스와 스페인이 잃은 것과 거의 같았으며, 모든 것들이 영국의 해양력을 확장하고 강화하는 방향에 있었다. 지중해에 있는 지브롤터와 포트 마혼, 그리고 이미 언급한 적이 있는 북아메리카의 식민지들은 해양력을 위한 새로운 기지를 제공함으로써 영국의 무역을 확대하고 보호해주는 역할을 했다. 지상전에서의 막대한 전비지출과 해군의 쇠퇴로 말미암아 야기된 프랑스와 네덜란드의 해양력 상실은 영국 해양력의 확장으로 연결되었던 것이다. 프랑스와 네덜란드의 해양력 쇠퇴에 대해서는 다음에 다시 살펴보게 될 것이다. 네덜란드가 자국에 배당된 함정의 수를 채우지 못했으며 또한 파견된 함정들의 상태도 형편없었던 것은 영국의 추가 부담을 야기했지만, 해군을 보다 더 발전시키고 노력을 기울이게 하는 원인이 되기도 했다. 해상에서 군사력의 불균형은 덩케르크 항의 시설이 파괴되면서 더욱 더 증가했다. 그 항구는 본질적으로 일급의 항구 요건을 갖추지 못했고 수심도 별로 깊지 않았지만, 훌륭한 시설을 갖추고 있었을 뿐만 아니라 영국의 무역을 괴롭히기에 아주 적절하다는 지리적 이점을 갖고 있었다. 그곳은 사우스포어랜드South Foreland와 다운스로부터 40마일 거리에 있었고, 또한 영국해협과는 20마일밖에 떨어져 있지 않았다. 그 항구는 루이가 초기에 획득한 지역 중 하나였으며, 그곳의 성장과 더불어 자연히 항구도 발전했다. 그러므로 그 항구의 시설을 파괴하고 다른 시설로 대체하는 것은 당시 루이에게 대단히 굴욕적인 일이었다. 영국은 프랑스 해양력이 전적으로 군사적 요충지에 의지하지 못하게 하고 또한 함정에 기반을 두지 못하도록 온갖 지혜를 모았다. 한편, 한때 프랑스가 가졌던 것을 영국이 전쟁과 평화조약에 의해 획득한 통상의 이익은 대단히 컸다. 그 자체가 수지가 맞는 일이기도 했던 스페인령 아메리카와의 노예무역 양도는 그들 국가와의 막대한 규모의 밀수를 더욱 조장하는 기반을 마련해주었고 또한 영국의 실질적인 소유상실을 일부나마 보상해주었다. 반면에 남아메리카에서 프랑스가 포르투갈에게 양도한 것들은 주로 영국에게 유리했다. 왜냐하면 영국이 1703년 조약에 의해 포르투갈의 무역을 통제할 수 있었기 때문이다. 양도된 북아메리카의 식민지들은 군사적인 기지로나 상업적으로도 가치가 있었다. 또 영국은 프랑스와 스페인과 유리한 통상조약을 맺었는데 당시의 한 대신은 의회에서 그 협정을 옹호하면서 다음과 같이 말했다. "이 평화조약으로부터 얻을 수 있는 이점은 우리를 부유하게 하는 추가요인으로 나타나고 있습니다. 최근에 막대한 양의 순금이 화폐로 주조되고 있습니다. 평화조약이 체결된 이래 우리의 해운업과 어업 그리고 상업의 괄목할 만한 증가, 수입관세와 상업의 두드러진 성장 덕분에 이렇게 많은 순금을 얻을 수 있었던 것입니다." 한 마디로 말하면, 모든 분야의 무역에 자극이 된 것이다.

이처럼 영국이 아주 유리한 조건으로 전쟁을 끝내고 오랫동안 유지해왔던 해양력의 우세를 지킨 반면에, 무역과 전투에서 영국의 오랜 경쟁국이었던 네덜란드는 실의에 찬 뒤에 처져버렸다. 전쟁의 결과, 네덜란드는 해상에서 아무것도 얻지 못했다. 네덜란드는 식민지도 아무런 기지도 얻지 못했다. 프랑스와의 통상조약은 네덜란드에게 영국과 동등한 자격을 부여했지만, 네덜란드는 스페인령 아메리카에서 동맹국인 영국이 획득한 것과 같은 발판을 마련할 수 있는 어떤 지역도 양도받지 못했다. 사실 평화조약이 체결되기 몇 년 전 연합국이 여전히 카를로스와의 연합을 유지하고 있었을 때, 카를로스와 영국은 네덜란드가 모르게 조약을 체결했다. 이 조약 덕분에 영국은 아메리카에서의 스페인의 무역독점권을 실질적으로 할양받았다. 이 조약은 우연히 알려지게 되었는데, 전혀 몫을 차지하지 못한 네덜란드에게는 커다란 충격이었다. 그러나 당시 영국은 연합국과의 단결이 대단히 필요했으므로 구성원이 이탈해나갈 수 있는 위험을 감수하려고 하지는 않았다. 네덜란드가 육상에서 얻은 이익은 오스트리아령 네덜란드에 있는 역사상 '관문 도시'로 알려진 몇몇 요새화된 지점을 군사적으로 점령한 것뿐이었지만 재정이나 인구 그리고 자원 면에서 그 도시들로부터 얻을 수 있는 것은 하나도 없었다. 네덜란드는 여러 국가들 사이에서 부나 리더십 면에서 지켜왔던 선두의 길을 어쩔 수 없이 포기할 수밖에 없었고 대륙에서의 위급한 상황 때문에 해군에도 많은 관심을 기울일 수 없었다. 그리하여 전쟁과 사략행위가 이루어지고 있던 동안에 네덜란드는 수송업과 통상에서 상당한 손실을 보아야만 했다. 네덜란드는 전쟁기간 동안에 줄곧 고개를 꼿꼿하게 들고 다녔지만, 무력 면에서 약소국이라는 징조가 뚜렷하게 나타났다. 그러므로 네덜란드 연방은 개전 초기의 커다란 목적을 달성하고 프랑스의 수중에서 스페인령 네덜란드를 구하는 데 성공했지만, 그 성공은 수지맞는 것이 아니었다. 그때부터 이 연방은 오랫동안 유럽의 외교와 전쟁에서 한 발자국 뒤로 물러나 있었다. 그것은 부분적으로 자신들이 얻은 이익이 너무 적다는 점을 깨달았기 때문이지만 그보다 더 중요한 이유는 그 연방의 실질적인 허약함과 무능력이었다. 이것은 전쟁에 전력을 다한 후 나타나는 일종의 반작용이었다. 또한 영토가 좁고 국민의 수가 적은 네덜란드의 약점도 그대로 드러냈다. 네덜란드 연방이 눈에 띄게 쇠퇴한 것은 위트레흐트 조약이 체결되고서부터였지만 실질적인 쇠퇴는 그보다 더 빨리 시작되었다. 네덜란드는 더 이상 유럽의 강대국 대열에 끼지 못했고, 그 해군은 이제 더 이상 외교적, 군사적 요소가 되지 못했다. 네덜란드의 통상도 국가의 전반적인 쇠퇴와 같은 길을 걸었다.

이제 오스트리아와 독일에 나타난 전쟁 결과를 전반적으로 간단하게 언급하는 일만 남았다. 프랑스는 라인 강의 장벽을 그 강의 동쪽 제방에 접해 있는 요새들과 함께 양보했다. 오스트리아는 앞서 말한 대로 벨기에와 사르디니아, 나폴리, 그리고 이탈리아 북부에 있는 스페인 소유지를 받았다. 다른 점들에서 불만을 가지고 있던 오스트리아는 특히 시칠리아를 확보하는 데 실패한 것을 불쾌하게 생각했으며, 그 이후에 계속 협상을 벌여 결국 그 섬을 손에 넣고 말았다. 독일과 전 유럽에 훨씬 중요했던 상황은 오스트리아가 그렇게 멀리 떨어져 있는 섬을 수중에 넣었다는 점이 아니라 프러시아의 성장이었다. 프러시아는 이 전쟁에서 프로테스탄트 국가이자 군사적 왕국으로서 오스트리아에 대한 견제역할을 할 운명을 가지고 태어났다.

그러한 것들은 "십자군전쟁 이래 유럽이 목격한 전쟁 중 가장 컸던" 스페인 왕위계승전쟁의 주요 결과였다. 주로 육상에서 일어났던 전쟁에서 말버러와 외젠 왕자라는 위대한 두 장군은 블렌하임, 마리예, 말플라크Malplaquet, 그리고 투린 전투에서 싸웠다. 이 모든 전투는 역사에 무관심한 사람에게조차 잘 알려져 있다. 그 밖에 많은 유능한 사람들이 플랑드르와 독일, 이탈리아, 그리고 스페인에서 일어난 분쟁에서 모습을 드러내었다. 해상에서의 큰 전투는 단 한 번밖에 없었는데, 그 해전의 이름을 거론하는 경우는 아주 드물다. 그러나 우선 직접적이고 분명한 결과만을 볼 때 누가 가장 이득을 보았을까? 스페인 왕위에 부르봉 왕가의 사람을 앉힌 것밖에 없는 프랑스였을까? 오스트리아 출신의 왕 대신에 부르봉 왕가 출신의 왕을 맞이하여 프랑스와 가까운 동맹국이 된 스페인이었을까? 요새화된 도시를 장벽으로 갖게 되었지만 해군이 황폐화되고 국민이 피로에 지쳐버린 네덜란드였을까? 마지막으로 해양력이 가져다준 돈으로 전쟁을 하고 스페인령 네덜란드와 나폴리 같은 지역을 얻은 오스트리아였을까? 오로지 지상전에만 매달려 육상에서의 이득에만 눈을 고정시켜온 이 모든 국가였을까, 아니면 지상전의 비용을 부담하고 병사를 보내어 지상전을 지원하면서 그 동안에 해군을 육성·강화시키며, 확장시켜 자국의 통상을 보호하고 해양국의 위치를 차지한──한 마디로 말해 해군을 창설하여 경쟁국이든 적국이든 우방국이든 다른 나라의 해양력을 황폐화시키도록 뒷받침한──영국이었을까? 물론 영국 해군의 성장에만 눈을 고정시켜 다른 나라들이 전쟁으로부터 얻은 이득을 과소평가하지는 말아야 한다. 다른 나라들이 얻은 것들은 단지 영국이 얻은 것이 막대하다는 것을 더욱 분명하게 나타내줄 뿐이었다. 프랑스에게는 비록 해군과 해운업이 파괴되기는 했지만 후방에 적이 아닌 우방국을 갖게 된 것이 소득이라면 소득이었다. 스페인의 소득은 1세기에 걸친 정치적 쇠퇴 이후 프랑스처럼 활발하게 활동하는 국가와 밀접한 교류를 하게 된 점과 또한 자국 영토의 대부분을 위협으로부터 벗어나게 한 점이었다. 네덜란드가 얻은 것은 약한 약소국으로서가 아니라 위풍당당하게 강력한 벨기에를 장악함으로써 프랑스의 침략으로부터 벗어났다는 점이었다. 그리고 오스트리아가 얻은 소득은 다른 나라들의 비용으로 숙적의 발전을 견제할 수 있을 뿐만 아니라 시칠리아와 나폴리를 얻었다는 점이었다. 만약 오스트리아 정부가 현명했더라면, 이러한 지방들은 강력한 해양국이 될 수 있는 기반을 제공할 수 있었을 것이다.

영국의 지도적 위치

그러나 이러한 소득들 중 어느 하나도, 아니면 그것들을 모두 합하더라도 영국이 얻었던 것과는 비교가 되지 않는다. 영국 해양력은 아우크스부르크 동맹전쟁 바로 직전에 형성되기 시작하여 스페인 왕위계승전쟁 동안에 완성되었다. 그 때문에 영국은 경쟁자가 없이 함정을 가지고 대양의 통상로를 지배했다. 반면에, 다른 나라들은 전쟁으로 해양력을 완전히 소진하여 영국과 감히 경쟁할 수 없었다. 이때부터 영국 군함은 세계적인 분쟁이 가능한 곳이면 어디에서나 활동할 수 있도록 해주는 확고하고 강력한 기지를 갖게 되었다. 영국의 인도 식민지가 아직 정착되지는 않았지만, 영국의 막강한 해군력은 멀리 떨어지고 풍요로운 지방과 교역하는 어떤 나라도 통제할 수 있도록 해주었다. 그리고 또 국가들 사이에 무역분쟁이 발생할 경우, 영국이 의지를 충분히 관철시킬 수 있도록 만든 것도 막강한 해군력 덕분이었다. 전시에 영국의 번영을 유지해주고 동맹국들에게 군사비용을 마련해주었던 통상은 적 순양함들에 의해 견제당하고 많은 고통을 당하기도 했지만(여러 가지 문제로 영국은 그러한 적 순양함들에 대해 주의를 많이 기울일 수 없었다), 전쟁이 끝나자 새로운 영역으로 도약하기 시작했다. 전쟁비용을 부담하느라 지쳐버린 모든 나라의 국민들은 번영과 평화로운 통상시대가 되돌아오기를 바라고 있었다. 그러나 영국처럼 철저하게 준비하고 있던 나라는 하나도 없었다. 영국은 합법적이든 비합법적이든 상품의 매매를 촉진시킴으로써 모든 이익을 거두어들일 자본도, 재화도, 선박도 가지고 있었다. 스페인 왕위계승전쟁 동안에 영국이 현명하게 관리를 잘한 것에 비해 다른 나라들이 모든 국력을 소모해버렸기 때문에, 영국의 해군과 무역은 꾸준히 성장할 수 있었다. 당시는 프랑스가 파견한 순양함들이 쉬지 않고 바다를 종횡무진 누비고 있어 항상 위험한 상황이었으므로, 해군의 효율성은 안전한 항해를 의미했고 따라서 상선 보호를 위해 많은 해군 함정이 이용되었다. 네덜란드의 상선보다 보호를 더 잘 받은 영국 상선들은 훨씬 안전한 수송수단이라는 명성을 얻게 되었고 따라서 운송업은 점점 더 영국에게 집중되었다. 그리고 영국 상선을 이용해본 사람들은 계속하여 그것을 선호하게 되었다.영국 해군의 한 역사가는 다음과 같이 말했다.

모든 것을 종합해볼 때 국가에 대한 믿음과 국민들의 사기가 이때보다 더 높았던 적은 없지 않았을까라는 생각이 든다. 해상에서의 우리 무기의 성공, 무역을 보호할 필요성, 그리고 해양력을 증가시키기 위해 취해진 모든 단계에 대한 국민들의 호응은 해양력을 매년 육성시키는 조치들을 추구하도록 만들었다. 그리하여 1706년 말 영국 해군이 등장할 무렵에는 상당한 힘의 차이가 생겼다. 영국 해군은 함정

의 수뿐만 아니라 질적인 면에서도 명예혁명의 시기나 그 이전보다
도 훨씬 우수했다. 우리의 무역이 지난 전쟁기간에도 감소하기는커녕
증가했고 또한 포르투갈과의 교류를 통해 막대한 이익을 보게 된 것
은 바로 이 때문이었다.[74]

통상과 해군력에 의존하는 해양력

영국의 해양력은 단순히 너무나 일반적으로 그리고 배타적으로 관
계를 맺고 있는 위대한 해군에만 존재한 것이 아니었다. 프랑스는
1688년에 그러한 해군을 소유한 적이 있었지만, 불에 던져진 나뭇잎
처럼 곧 오그라들고 말았다. 어느 것도 단독으로는 순탄한 통상을 약
속해주지 못한다. 우리가 지금까지 논의해온 시기보다 몇 년이 지난
후 프랑스의 통상이 상당한 수준으로까지 성장했던 적이 있었다. 그
러나 크롬웰의 해군이 전에 네덜란드 해군을 싹 쓸어버렸듯이 프랑
스의 통상은 영국 해군의 타격을 받아 해상에서 순식간에 사라져버
렸다. 영국은 해군과 통상을 잘 결합하여 다른 어떤 나라보다 우수하
고 훨씬 뛰어난 해양력을 확보했다. 해양력 분야에서의 이러한 영국
의 소득은 스페인 왕위계승전쟁과 관계가 있으며 또한 그 전쟁으로
부터 시작되었다고 할 수 있다. 그 전쟁이 일어나기 전에는 영국은
단순한 해양국가 중 하나에 불과했다. 전쟁 이후에 영국은 어느 나라
도 감히 넘볼 수 없는 유일한 해양국이 되었다. 영국은 우방국에 의해
분할되지도 않고 또한 적에 의해 견제를 받지도 않은 채 이러한 힘을
유지할 수 있었다. 영국만이 부유하고 해상을 지배할 수 있었기 때문

---

74) Campbell, *Lives of the Admirals*.

에 광범위한 해운업은 경쟁국이 출현하리라는 우려를 할 필요도 없을 정도로 대양에서 막대한 부를 얻을 수 있었다. 반면에 다른 나라들이 해양에서 얻는 소득은 그 수준이나 종류에서 보잘것없었다.

그렇다면 해양력이 홀로 국가의 위대함과 부를 만들어낼 수 있다는 뜻인가? 분명히 말하지만, 그렇지는 않다. 바다의 적절한 사용과 지배는 부를 축적시키는 거래의 고리 중 하나에 지나지 않는다. 그러나 그 고리는 중심에 있기 때문에 자국의 이익을 위해 공헌하도록 만들며 또한 국가의 부를 위해 모든 것을 확실하게 모아주는데, 이것은 역사에서 쉽게 알 수 있는 사실이다. 영국에서는 많은 사건이 일어날 때마다 이러한 바다의 사용과 통제가 자연스럽게 나타난 것처럼 보인다. 더구나 스페인 왕위계승전쟁이 일어나기 이전의 몇 년 동안에는 일련의 재정적인 조치에 의해 영국의 번영은 더욱 촉진되었다. 머콜리는 그것을 "세계에서 가장 거대한 상업적 번영의 구조물이 세워지게 된 깊고 단단한 기반"으로 표현했다. 그러나 무역에 노력을 경주하여 발전한 국민의 천재성이 그러한 조치들을 더 쉽게 취할 수 있도록 하지 않았을까, 그리고 그러한 조치가 적어도 해양력 덕분에 선택될 수 있지 않았을까 하는 점은 의문이다. 어쨌든 간에 영국해협의 반대쪽에는 영국보다 먼저 해양력의 경주에 나선 나라가 있었다. 그 나라는 전쟁과 통상을 이용하여 해양을 통제하기에 적합한 상황이나 자원이라는 면에서 대단히 좋은 조건을 갖고 있었다.

해양력에 대한 프랑스 특유의 위치

다른 나라들은 국경 너머로 이동하려면 바다나 육지에서 다소간 제한을 받았다. 그러나 프랑스는 긴 지상국경을 갖고 있었고 또한 3

개의 대양과도 접해 있었다. 1672년에 프랑스는 육상으로의 확장노선을 선택했다. 당시 콜베르는 12년 동안 프랑스 재정을 관리하면서 대단히 어려운 혼란상황을 극복하고 국왕의 수입을 영국 국왕의 수입의 두 배가 넘도록 만들었다. 프랑스는 유럽에 대한 보조금을 내고 있었다. 프랑스를 위한 콜베르의 소원과 계획은 프랑스를 강력한 해양국으로 만드는 것이었지만 네덜란드와의 전쟁은 이 계획을 무산시켜버렸다. 그리하여 번영을 향한 전진은 중단되었으며 또한 국가는 외부세계와 단절되어 내팽개쳐졌다. 끊임없는 전쟁, 통치 후반기에 나타난 비효율적 관리, 그리고 통치 기간 계속된 낭비벽은 루이 14세 통치의 종말을 알리는 비참한 결과였는데, 그 종말이 오기까지에는 그 밖에도 많은 원인들이 작용했을 것임에 틀림없다. 그러나 프랑스는 실제로 침략당한 적이 없었다. 전쟁은 아주 사소한 경우를 제외하고는 프랑스의 국경 지방이나 그 외곽에서 진행되었기 때문에 프랑스의 국내산업은 직접적인 피해를 거의 입지 않았다. 이러한 점에서 프랑스는 영국과 거의 비슷했으며 다른 적들보다 훨씬 좋은 환경에 놓여 있었다고 할 수 있다. 그런데 프랑스와 영국 사이에 결과의 차이를 가져온 것은 무엇이었을까? 영국이 번영하여 미소를 머금게 된 반면에, 프랑스는 왜 비참한 상태에 이르고 또한 그처럼 국력을 소모하게 되었을까? 왜 영국이 평화조약의 조건을 제시하고 프랑스가 그것을 받아들였을까? 그 이유는 분명히 부와 신용 면에서의 차이였다. 프랑스는 단독으로 많은 적을 상대했지만, 그 적들은 영국의 보조금을 받아 움직이고 있었다. 영국의 재무장관은 1706년에 말버러에게 다음과 같은 편지를 썼다.

영국과 네덜란드의 국토와 무역이 지나친 부담을 떠맡고 있기는 하지만, 아직 신용이 우리 두 나라 사이를 잘 지속시키고 있습니다. 반면에 재정을 지나치게 소모한 프랑스는 왕국 밖으로 내보내는 모든 금액을 정금으로 내지 않는 한 20~25%의 세금을 내야 합니다.

프랑스의 불경기와 영국의 상업 번창

1712년에 프랑스의 지출이 2억 4천만 프랑이었지만 조세수입은 1억 천3백만 프랑에 불과했는데, 그 중에서 손실액과 필요한 경비를 빼면 겨우 3억 7천만 프랑만이 국고에 남았다. 따라서 결손액을 메우기 위해 다가올 몇 년간의 수입을 기대하며 이름조차 이해하기 어려운 일련의 임시 조치들이 취해졌다.

평화조약이 맺어진 지 2년이 지난 1715년 여름의 상황은 최악이었다. 국가의 공신력도 개인의 신용도 존재하지 않았다. 국가의 일정한 수입도 더 이상 없었다. 국가 수입의 일부를 다음해를 미리 대비하며 남겨둘 수도 없었다. 노동도 소비도 유통부족 때문에 회복이 불가능한 상태였다. 고리대금업은 사회를 파멸로 이끌고 있었고 높은 물가와 생필품의 구매력 감소가 교대로 발생함으로써 국민은 파탄에 이르렀다. 국민들, 심지어 군대에서 식료품 폭동이 발생했다. 활기를 잃은 제조업은 결국에는 중단되었다. 도시에는 구걸하는 사람들이 즐비했다. 들판은 황폐해졌고, 토지는 농기구와 가축 그리고 비료의 부족으로 방치되었으며 집들도 무너져내렸다. 프랑스는 나이든 국왕과 더불어 마지막 숨을 내쉬고 있는 것 같았다.[75]

---

75) Martin, *History of France*.

영국 인구가 8백만 명인데 비해 천9백만 명의 인구를 가졌고 또한 국토도 훨씬 더 비옥하고 생산성이 높았던 프랑스는 당시 그러한 상태에 있었다. 또한 프랑스에는 석탄과 철도 많이 있었다. "하지만 영국 의회가 1710년에 승인한 엄청난 국가예산은 프랑스에 엄청난 충격을 주었다. 왜냐하면 프랑스의 신용이 밑바닥 상태에 있거나 아주 없어져버린 반면에 우리 영국의 신용은 절정에 있었기 때문이다." 이 전쟁 기간에 "우리 상인들은 강한 정신력을 발휘했으며, 또한 상업조직을 아주 활발하게 가동시켜 왕국 전체에 돈을 꾸준히 유통시킬 수 있게 해주었다. 그리고 그러한 원기가 모든 제조업자들을 고무시켰다."

우리는 포르투갈과의 조약을 통해 막대한 수입을 올렸다. …… 포르투갈 사람들은 자신들의 브라질 광산에서 상당한 수입효과를 느끼기 시작했고, 우리와의 막대한 규모의 통상을 통해 그들의 상당한 부가 우리 것으로 되었다. 그리고 그러한 일이 그 이래로 계속 이어지고 있다. 그렇지 않았다면 우리가 전쟁비용을 어떻게 마련했을지 모른다. …… 왕국에서는 현금유통이 매우 많이 증가했는데, 그것은 틀림없이 포르투갈과의 무역 덕분이었다. 그리고 이것은 내가 주장했듯이 전적으로 우리의 해상력 덕분이었다(우리의 해양력은 포르투갈로 하여금 두 왕국과 동맹에서 손을 떼고 해상세력의 보호에 나서도록 만들었다). 카디스를 경유하는 우리의 스페인령 서인도제도와의 통상은 전쟁 초기에 많은 방해를 받았다. 그러나 그것은 나중에 오스트리아 대공 휘하에 있던 몇몇 지방과의 직접적인 교역에 의해, 그리고 포르투갈과의 상당한 양의 밀무역에 의해 상당 부분 회복되었다. 동시에 우리는 서인도제도에 있는 스페인 사람들과의 통상에 의해(그리고 밀무역에 의해서도) 상당한 이익을 얻었다. …… 우리의 식민지들은 본국 정부가 자신들을 무시한다고 불평하면서도 점차 부유해지고, 인구도 증가했으며, 이전보다 훨씬 먼 지역과도 무역을 하게 되었다. ……우리 국가의 목적은 이 전쟁에서 특히 큰 성공을 거두었다. 여기에서 목적이란 해상에서의 프랑스 세력의 파멸을 의미했다. 왜냐하면 말라가 해전 이후에 우리는 프랑스함대가 해상에 나타난다는 말을 듣지 못했기 때문이다. 그리고 이처럼 함대가 사라짐으로써 사략선이 크게 증가하기는 했지만, 우리 상선의 손실은 이전보다 훨씬 줄어들었다. …… 프랑스 국왕이 1688년에 소집한 것과 같은 막대한 규모의 해군력을 우리가 출범시키게 된 것은 대단히 만족스러운 일이었다. 그 동안 우리는 많은 어려움을 안고 살아왔다. 그리고 1697년에 그 고통스러운 전쟁에서 벗어나게 되었을 때, 우리는 짧은 평화기간이기는 했지만 너무나 부담이 무거워 휘청거리게 되었다. 그러나 1706년까지 우리는 프랑스함대가 우리 해안에서 돌아다니는 것을 보는 대신에, 그들을 괴롭히기 위해 매년 우리의 강력한 함대를 파견할 수 있게 되었다. 우리 함대가 대양뿐만 아니라 지중해에서도 그들보다 우세했기 때문에, 그들은 우리 함대의 깃발이 보이기만 해도 바다에서 완전히 모습을 감추어버렸다. …… 이로써 우리는 레반트와의 무역을 확고하게 하고 이탈리아의 모든 왕들과의 관계를 강화했을 뿐만 아니라 폭력으로 아프리카 북부 지역의 바바리 제국을 강타하여 술탄이 프랑스의 어떠한 제안도 거부하도록 만들었다. 그러한 것들이 우리의 해군력 강화가 가져온 결과였다. …… 그러한 함대는 필요했다. 그 함대는 우리나라와 연합국을 보호했으며, 연합국들로 하여금 우리 이익과 부합되는 행동을 하도록 만들었다. 그리고 다른 모든 것보다 더 중요한 것은 그 함대가 우리의 명성을 아주 효과적으로 회복시켜주어

서 오늘날까지(1740) 그러한 명성이 가져다준 효과를 실감할 수 있
다는 점이다.[76]

무력한 통상파괴

더 이상 덧붙일 필요도 없이 프랑스의 역사가는 프랑스 순양함들
이 통상에 많은 도움을 주고 있었던 동안에도 해양력이 유지되고 있
었다고 말하고 있다. 영국의 역사가는 그 기간에 막대한 손실이 있
었음을 인정하고 있다. 1707년에 한 하원위원회의 보고서에 의하면,
"영국은 전쟁 초기부터 약 30척의 군함과 1,146척의 상선을 잃었는
데, 그 중에서 300척은 다시 탈취해왔다. 반면에 우리는 그들로부터
80척의 군함과 1,346척의 상선을 빼앗거나 파괴했으며, 175척의 사
략선도 나포했다." 앞에서 설명했듯이 더 많은 군함들이 사략선들의
제물이 된 것 같다. 그러나 상대적인 숫자야 어떻든 간에 프랑스는
강력한 해양력을 파괴하기 위해 대함대를 기반으로 하지 않고 그 대
신 단순한 순양함전만을 수행했다. 앞서도 설명했던 이 단순한 순양
함전의 무력함을 다시 한 번 반복할 필요는 없다. 장 바르는 1702년
에 사망했다. 그러나 포르뱅, 뒤 카스, 그리고 그 밖의 다른 사람들,
특히 뒤기에-트루앙은 성공한 사람이었다. 그들은 세상의 어떤 통
상파괴자와 비교해도 뒤지지 않을 정도였다.

---

76) Campbell, *Lives of the Admirals*.

뒤기에-트루앙의 리우 데 자네이루 원정(1711)

스페인 왕위계승전쟁을 끝마치기 전의 뒤기에-트루앙이라는 이름은 사략을 목적으로 한 가장 위대한 원정행위를 떠올리게 한다. 그는 직업적인 선원들도 가기 힘들 정도로 고국과 멀리 떨어진 곳으로 원정을 떠났는데, 그것은 당시의 진취적인 모험정신을 보여주는 동시에 프랑스 정부가 쇠퇴하게 된 과정도 설명해주고 있다. 1710년에 프랑스의 소전대가 리우 데 자네이루Rio de Janeiro를 공격했으나 반격을 받아 몇 명의 죄수를 잃게 되었는데, 그들은 사형당한 것으로 알려졌다. 뒤기에-트루앙은 프랑스가 받은 모욕에 복수하기 위해 원정을 허락해달라고 청했다. 국왕은 허락했을 뿐만 아니라 사략선에 돈도 대주고 선원들도 공급해주었다. 그리하여 국왕과 뒤기에-트루앙을 고용한 회사 사이에 계약이 맺어지고 또한 비용과 식량을 누가 댈 것인가에 대한 약관도 마련되었다. 그 약관에는 사무적이고 이상한 내용이 있었는데, 그것은 죽거나 살해당하거나 항해 중 실종된 병사들에 대해 회사가 1인당 30프랑의 벌금을 물어야 한다는 내용이었다. 국왕은 순 수입의 5분의 1을 받고, 전투 중에 파괴되거나 난파된 함정들에 대한 피해도 부담해야 했다. 자세하게 열거된 이러한 장기계약서하에 뒤기에-트루앙은 6척의 전열함과 7척의 프리깃 함, 그리고 2천 명이 넘는 병사들을 데리고 1711년 리우 데 자네이루로 항해했다. 그는 일련의 작전을 전개한 끝에 그곳을 점령하고 배상금으로 4십만 달러──오늘날로 치면 거의 백만 달러에 해당된다──와 설탕 500상자를 받았다. 사략선 회사는 이 위험한 모험을 통해 92%의 이익을 올렸다. 그런데 2척의 전열함이 귀국하는 도중 실종되었으므로 국왕의 이익은 아마 적었을 것 같다.

러시아와 스웨덴의 전쟁

서유럽에서 스페인의 왕위계승전쟁이 벌어지고 있는 동안, 동쪽에서는 이 문제에 커다란 영향을 끼쳤을 것으로 생각되는 분쟁이 진행되고 있었다. 스웨덴과 러시아는 전쟁을 하고 있었고, 헝가리 사람들은 오스트리아에 대해 폭동을 일으켰으며, 터키는 1710년 말까지 잘 견디다가 결국 움츠러들고 말았다. 만약 터키가 헝가리 사람들을 도와주었더라면, 헝가리는 역사에서 처음은 아니지만 강력한 전환기를 맞이하여 프랑스에 유리하게 작용했을 것이다. 영국의 역사가는 터키가 영국함대를 두려워하여 주저했을 것이라고 설명하고 있다. 어찌 되었든 터키는 움직이지 않았으며, 헝가리는 결국 복종하고 말았다. 스웨덴과 러시아 사이의 전쟁은 발트 해에서의 러시아의 우세와 프랑스의 오랜 우방국인 스웨덴이 이류국으로 전락하는 결과를 초래했다. 그리고 이때부터 러시아는 유럽 정치의 무대에 등장하게 되었다.

제6장

프랑스의 섭정, 스페인의 알베로니, 월폴과 플뢰리의 정책,
폴란드 왕위계승전쟁,
스페인계 중남미 국가에서 영국의 불법무역,
스페인에 대한 대영제국의 선전포고
(1715~39)

앤 여왕과 루이 14세의 사망, 조지 1세의 왕위 계승

위트레흐트 평화조약이 체결된 이후 얼마 되지 않아서 스페인 왕위계승전쟁에서 가장 중요한 역할을 했던 두 나라의 지도자들이 사망했다. 앤 여왕은 1714년 8월 1일에, 루이 14세는 1715년 9월 1일에 각각 사망했던 것이다.

영국의 왕위를 이어받은 독일인 조지 1세는 국민들로부터 호감을 받지 못했다. 그러나 국민들은 로마가톨릭을 믿는 국왕 대신 프로테스탄트 국왕을 갖게 된다는 점에서 그를 어쩔 수 없이 받아들였다. 자기 당파들에 의해서조차 냉대와 혐오를 받고 있던 그는 제임스 2세의 아들을 국왕으로 옹립하고 싶어하는 사람들이 상당히 많다는 사실을 알게 되었다. 그러므로 그의 왕위는 대단히 불안한 것이었지만, 그는 여전히 그 자리에 앉아 있었다.

필립 오를레앙의 섭정

반대로 프랑스에서는 왕위의 계승에 별 문제가 없었다. 그러나 왕위계승자가 5살에 불과했기 때문에 섭정이 국왕보다 더 절대적인 권력을 가지고 있었는데, 이를 시기하는 사람이 많았다. 섭정은 왕위계승의 두 번째 서열이었던 오를레앙 공 필립Philip에 의해 행사되고 있었다. 그러나 그는 자신의 지위를 뒤흔들려고 하는 국내의 시도뿐만 아니라 스페인의 부르봉 왕가 출신 국왕 펠리페 5세가 드러내는 노골적인 적대감 때문에 항상 불안해했다. 그 적대감은 지난 전쟁 때 오를레앙 공이 펠리페를 스페인의 왕위에서 몰아내려고 했던 음모를 꾸민 후부터 생긴 것 같았다. 따라서 영국과 프랑스 정부는 자연히 불안함과 우려를 감출 수 없었으며, 그것은 실제로 두 나라의 정책에 영향을 주었다. 양국의 실질적인 통치자가 한동안 서로 증오하고 있었음에도 불구하고 루이 14세가 가문의 결속을 원했기 때문에 프랑스와 스페인의 관계는 표면상 우호관계를 유지했다. 그러나 내심으로는 두 나라가 서로 헐뜯고 있었다.

오를레앙 공은 그 시대의 대단히 유능하고 저명한 프랑스 정치가 뒤부아Dubois 사제의 충고를 받아들여 대영제국에 동맹을 제안했다. 그는 우선 영국 국왕이 받아들일 수 있을 정도로 상업적인 양보를 했다. 그는 프랑스 선박이 남태평양과 무역하면 그 선원들을 사형에 처하겠다는 조치를 통해 그곳과의 무역을 금지시켰으며, 또한 영국의 석탄수입에 대한 관세를 낮추었다. 영국은 처음에 이러한 제안들을 경계심을 가지고 받아들였다. 그러나 프랑스의 섭정은 낙담하지 않고 오히려 제임스 3세를 알프스 산맥 저쪽으로 추방할 것을 제안했다. 그는 또한 프랑스 정부가 덩케르크 항구의 상실을 만회하기 위해 새로 보호하려고 하고 있던 마르딕크Mardyck 개항지를 다시 매립하기 시작했다. 대부분 프랑스 해양력과 상업의 희생으로 이루어진 이러한 양보는 영국으로 하여금 조약에 조인하도록 만들었다. 양국은 이 조약으로 서로의 이익이 걸려 있는 한 위트레흐트 조약의 이행을 보장하게 되었다. 그리고 특히 루이 15세가 후세를 남기지 못하고 사망하면 오를레앙 가문이 프랑스 왕위를 계승한다는 위트레흐트 조약의 항목도 보장받게 되었다. 역시 영국에서의 프로테스탄트의 왕위 계승도 보장받았다. 전쟁에 의해 피폐해진 네덜란드는 새로운 톱니바퀴 속에 끼는 것을 바라지 않았지만, 프랑스로 수출되는 네덜란드 상품에 대해 세제 혜택을 준다는 약속 때문에 마침내 이 조약에 참가하게 되었다. 1717년 1월에 조인된 이 조약은 3국동맹으로 일컬어지고 있으며, 그로부터 몇 년간 프랑스는 영국에 끌려다녔다.

스페인의 알베로니 행정

이렇게 프랑스가 영국과 교섭하고 있는 동안, 또 다른 유능한 성직자의 지도를 받고 있던 스페인도 역시 비슷한 동맹을 맺으려고 시도하는 동시에 자국의 잃어버린 이탈리아 영토를 되찾을 목적으로 국력을 키우고 있었다. 새로 재상이 된 알베로니 추기경은 펠리페 5세에게 만약 5년간의 평화만 보장해준다면 시칠리아와 나폴리를 재정복하게 해주겠다고 약속했다. 그는 복수를 하는 한편, 해군을 재건하고 육군을 원상회복시키기 위해 아주 열심히 일했다. 동시에 그는 제조업과 상업, 그리고 해운업을 촉진시켜서 눈부신 발전을 이룩했다. 그는 잃어버린 소유지를 되찾아 지브롤터의 상실로 처참하게 무너져버린 세력을 지중해에서 재건하겠다는 커다란 야망을 갖고 있었는데, 그 야망은 프랑스의 섭정 오를레앙을 타도하려는 펠리페의 시기 적절하지 못한 계획 때문에 무산되고 말았다. 스페인처럼 약해진 프랑스의 해양력을 무시하고 해양강국인 영국과 네덜란드의 환심을 사지 않으면 안 되었던 알베로니는 환심을 사기 위해 상업적인 양보를 하려고 했다. 그 일환으로 스페인은 당시까지 미루어왔던 위트레흐트 조약에 의해 인정된 영국의 특권을 즉시 인정하겠다고 약속했다.

대신에 알베로니는 그 대가로 스페인이 이탈리아에서 행하는 행동에 대해 호의적인 입장을 취해주도록 요구했다. 원래 독일인이었던 조지 1세는 이러한 제안이 이탈리아를 지배하는 독일 황제에게 비우호적으로 보일 수 있다는 이유로 거부했다. 그러자 기분이 상한 알베로니는 제안을 철회했다. 3국동맹은 프랑스의 왕위계승에 대한 기존의 타협을 보장해서 펠리페 5세를 더욱 언짢게 만들었다. 그는 프랑스 왕위를 계승하려는 꿈을 갖고 있었던 것이다. 이 모든 타협의 결과는 영국과 프랑스로 하여금 스페인과 대립하도록 결속시켰다. 이것은 어디까지나 두 부르봉 왕국의 눈먼 정책 때문에 일어난 현상이었다.

이처럼 서로 다른 목표와 감정에 의해 만들어진 상황의 요점은 바로 오스트리아 황제와 스페인 국왕이 모두 시칠리아를 원했다는 점 (하지만 위트레흐트 조약에 의해 시칠리아는 사보이 공국으로 넘어갔다), 그리고 프랑스와 영국이 모두 서유럽의 평화를 바라고 있었다는 점이었다(왜냐하면 전쟁이 영국과 프랑스의 불평불만자에게 기회를 제공했기 때문이다). 그러나 조지의 위치보다 더욱 약했기 때문에 오를레앙 공의 정책이 조지의 정책에 밀리는 경향이 나타났는데, 이러한 경향은 스페인 국왕의 노골적인 악의에 의해 더욱 강해졌다. 독일 출신이었던 조지는 오스트리아 황제의 성공을 기원했다. 그리고 영국 정치가들은 자연히 시칠리아가 스페인보다 훨씬 더 확고하게 우호관계를 맺고 있는 최근 동맹국의 수중에 남아 있기를 원했다. 프랑스는 자국의 정책과는 일치하지 않았지만 섭정의 지위에 대한 절박성 때문에 똑같은 견해를 갖게 되었다. 그리하여 시칠리아를 사보이 공국에서 오스트리아로 양도하고 그 대신 사보이 공국에 사르디니아를 양도하기 위해 위트레흐트 조약을 수정하자는 제안이 등장했다. 그러나 지난 전쟁 당시의 스페인의 허약성을 알고 있는 사람들을 놀라게 할 정도로 스페인 군사력이 알베로니의 통치하에서 강화되었다는 사실을 고려할 필요가 있었다.

스페인의 사르디니아 침공

스페인은 아직 전쟁할 준비를 갖추고 있지 않았다. 왜냐하면 알베로니 추기경이 요청했던 5년 중 절반밖에 지나지 않았기 때문이다. 그러나 스페인은 야망을 실현시킬 준비를 하고 있었다. 이러한 와중에 사소한 사건이 발생했다. 로마에서 스페인으로 육로여행을 하던 한 스페인 고위관리가 오스트리아 황제의 이탈리아 영역을 통과하다가 황제의 명령에 의해 반역자로 체포되었다. 오스트리아 황제는 아직도 자신을 스페인 국왕으로 자칭하고 있었다. 이러한 모욕을 받자 알베로니는 더 이상 펠리페를 말릴 수 없었다. 12척의 전함과 8천6백 명의 병사로 구성된 원정대가 사르디니아(아직 사보이 공국으로의 양도가 이루어지지 않은 상태였다)로 파견되었고, 그 섬은 몇 개월 내에 스페인으로 넘어갔다. 이 사건은 1717년에 발생했다.

영국, 프랑스, 네덜란드, 오스트리아의 동맹

스페인 병력은 시칠리아로 즉시 이동했다. 프랑스와 영국은 전면전이 발생할 것을 우려하여 이 사건에 적극적으로 개입했다. 영국은 지중해로 함대를 파견했다. 그리고 일련의 협상이 파리, 빈, 그리고 마드리드에서 시작되었다. 이 회담들의 결과, 영국과 프랑스는 앞에서 언급한 것처럼 시칠리아와 사르디니아를 교환하기로 동의했고, 스페인에게는 이탈리아 북부의 파르마Parma와 투스카니Tuscany를

주어 보상하기로 했다. 그리고 오스트리아 황제로 하여금 스페인 왕
관이 자신의 것이라는 어리석은 고집을 단념하도록 명문화했다. 이
러한 내용은 필요하다면 무력에 의해 집행될 예정이었다. 처음에 황
제는 이것을 거부했다. 그러나 스페인에서 알베로니의 전쟁준비가
점점 끝나가고 있다는 것을 알게 되자, 황제는 마침내 그 제안을 받
아들이기로 결심했다. 네덜란드의 합류로 이 동맹은 4자동맹이라는
역사적 명칭을 얻게 되었다. 스페인은 완강했다. 국력을 성장시키려
는 알베로니의 의욕도 대단했다. 뿐만 아니라 걱정할 정도는 아니지
만, 조지 1세의 열망도 만만치 않았다. 그리하여 그 제안은 지브롤터
를 양도했을 때에야 비로소 스페인의 동의를 받아낼 수 있었다. 만
약 섭정인 오를레앙이 이것을 알았더라면, 그것은 아마 그의 협상
추진을 부분적으로나마 정당화시켜 주었을 것이다.

스페인의 시칠리아 침공

알베로니는 전 유럽에 외교적인 노력을 확대해서 자신의 군사력
을 뒷받침하고자 했다. 러시아와 스웨덴은 스튜어트가를 돕기 위해
영국을 침략할 계획을 세우고 있었다. 네덜란드의 4자동맹 조인은
알베로니의 대리인에 의해 지연되고 있었다. 그리고 프랑스에서는
섭정에 대한 음모가 시작되었다. 터키에서는 황제에 대항한 소요가
일어나고 있었다. 그러자 대영제국 전체에 불만이 팽배해졌다. 그리
고 시칠리아를 빼앗기고 이성을 잃어버린 사보이 공작을 같은 편으
로 만들려는 시도가 있었다. 1718년 7월 1일에 전열함 22척의 호위
를 받은 3만 명의 스페인군이 팔레르모에 나타났다. 사보이의 병력
은 도시와 성에서 거의 철수했고, 메시나 요새에서 집중적으로 저항

했다. 영국의 제독 빙[77]이 메시나가 포위된 다음날 나폴리에 닻을 내릴 때까지는 그곳도 위험했다. 빙 제독은 시칠리아 국왕이 4자동맹에 동의한 이후 메시나에 상륙시키기 위해 2만 명의 오스트리아군을 승선시켰다. 메시나에 도착한 그는 그곳이 포위당하고 있는 것을 발견하자 스페인 장군에게 2개월간의 휴전을 제안하는 편지를 보냈다. 물론 이것은 거부되었다. 결국, 오스트리아군은 이탈리아의 레지오Reggio에 상륙했으며, 빙은 남쪽으로 빠져나가버린 스페인함대를 찾아 메시나 해협을 통과했다.

잇달아 발생한 교전은 거의 전투라고 부를 수 없는 것이었으며, 전쟁 발발의 위험에 처해 있지만 실제로 선전포고되지 않은 상태에서 흔히 일어나기 쉬운 그러한 사건에 불과했다. 영국의 공격이 어느 정도 도덕적으로 정당화될 수 있는 것인가에 대해서는 상당한 의심의 여지가 있다. 빙 제독이 선전포고 이전에 스페인 함대를 포위하거나 격파하려고 결심하고 있었다는 것은 확실했지만, 군인으로서의 그의 그러한 명령을 정당한 것으로 인정할 수도 있다.

파사로에서 스페인 해군의 격파(1718)

스페인 해군장교들은 어떠한 행동노선도 아직 정하지 못한 상태였다. 알베로니가 서둘러 재건하려고 노력했지만 해군은 수적으로 굉장한 열세에 있었으며 아직 육군이 보유한 수준의 효율성을 보유하지 못한 상황이었다. 영국함대가 접근하면서 위험이 증가되자 스페인의 함정 중 한두 척이 발포를 시작했다. 반면에 영국함대는 풍상의

---

77) 그는 존 빙John Byng 제독의 아버지로서 후에 토링턴 경Lord Torrington이 되었는데, 1757년에 사살되었다.

위치에 정지하여 스페인함대를 격파하기 시작했다. 스페인의 함정 몇 척만이 발레타Valetta 항구로 도피할 수 있었다. 스페인 해군은 실질적으로 전멸했다. 몇몇 저술가들이 전투대형을 전혀 고려하지 않은 채 공격했던 당시 빙의 태도를 중요하게 다루고 있는 것은 이해하기 어렵다. 그는 수적으로나 훈련 면에서 훨씬 열세한 상태에 있는 무질서한 적을 공격했을 뿐이다. 그의 장점이라고 하면 아주 주도면밀한 지휘관이라도 피하기 쉬운 책임을 떠맡기 위해 준비를 철저히 했다는 점이었다. 그러나 이 전투를 비롯한 모든 교전에서 그가 영국에 큰 공헌을 했다는 점은 분명하다. 영국 해양력은 잠재력을 가진 적의 함대를 파괴함으로써 다시 강력해졌고, 빙 제독은 귀족의 작위를 받는 것으로 보상을 받았다. 그날 일어난 일에 대해 통신문이 전해져오고 있는데, 이것은 영국 역사가들로부터 대단한 관심을 받고 있다. 선임함장 중 한 명이 달아나는 적 함정을 격파하기 위해 분대를 이끌고 추격했다. 제독에게 보낸 그의 보고서에는 이렇게 쓰여져 있다. "제독님, 저희는 이 해안에서 모든 스페인함정을 나포하거나 격파시켰습니다. 월튼G.Walton 올림." 대부분의 저술가들은 대체로 이 통신문에 그다지 큰 의미를 부여하지는 않았다. 한 영국인 저술가는 프랑스에 대해 불필요하게 특유의 악담을 퍼부으면서 영국함정들이 끝까지 밀어부친 행동을 많은 지면을 사용하여 장황하게 설명했다.[78] 이른바 파사로 곶Cape Passaro 해전은 그렇게 장황한 기록을 남길 만한 전투가 아닌 것으로 평가되며, 월튼 함장도 그렇게 생각했을 것 같다. 그러나 해군전투에 대한 모든 보고서가 그것을 본받는다면, 해군 역사의 서술은 공식 문서에 의존하지 않게 될 것이다.

---

78) Campbell, *Lives of the Admirals*. ; Lord Mahon, *History of England*에서 재인용.

스페인 해군은 1718년 8월 11일에 파사로 곶에서 격파당했다. 이제 불확실했던 시칠리아의 운명이 결정되었다. 영국함대는 섬 주변을 순항하면서 오스트리아군을 지원하고 스페인군을 격리시켰는데, 스페인군은 평화조약이 체결되기 전에는 그곳을 빠져나가지 못했다. 알베로니의 외교활동은 이상하게도 차례로 실패했다. 그 다음해에 프랑스는 동맹조건을 이행하기 위한 의도로 스페인 북부를 침공하여 조선소를 파괴했다. 그들은 건조 중이던 9척의 대형함정을 불태웠고, 프랑스 사령부에 동행했던 영국 무관의 부추김을 받아 7척 이상의 함정에 장비할 수 있는 물품들도 태워버렸다. 이리하여 스페인 해군은 완전히 파괴되었다. 한 영국 역사가의 말대로 스페인 해군의 파멸은 영국 해군의 질투 때문이었다. 스튜어트가의 사생아였던 프랑스 사령관 베르위크Berwick 공작은 다음과 같이 언급했다. "이번 행동은 스페인 해군을 감축시키기 위해 할 수 있는 모든 노력을 다했다는 것을 영국 의회에 증명하기 위한 것이었다." 영국 해군사가가 언급한 것처럼, 조지 빙 경의 행동은 당시 영국의 의도를 훨씬 더 명백하게 드러냈다. 메시나의 도시와 요새가 오스트리아인과 영국인 그리고 사르디니아인에 의해 포위되고 있던 동안, 항구 안에 있는 스페인 군함의 소유권을 둘러싼 논쟁이 벌어졌다. 빙 제독은 "혼자서 곰곰이 생각했다. 스페인 수비대가 그 함정들을 본국으로 안전하게 귀환시키기 위해 항복해올 가능성도 있었다. 그러므로 나는 그 군함을 둘러싼 논쟁을 용인하지 않기로 결심했다. 다른 한편으로 스페인 군함에 대한 소유권이 관련국 사이에 불필요한 분쟁을 야기할 가능성도 있었다. 결국, 나는 그 군함이 영국 것이 될 수 없다면 어떤 나라의 소유물도 되어서는 안 된다고 결정하고 오스트리아의 장군인 메르시 백작에게 포대를 설치하여 스페인 군함들을 파괴시키자고 제안했다."[79] 약간의 이견을 가진 지휘관들이 있기는 했지만, 그 함정들은 그렇게 처리되었다. 만약 꾸준한 관심과 신중함이 성공을 보장하는 것이라면, 영국은 분명히 해양력을 가질 만한 가치가 있는 나라였다. 그러나 이 문제에 대한 프랑스의 어리석은 행동은 어떻게 평가되어야 할까?

알베로니의 실정과 실각

스페인은 계속해서 쇠락하는 경향에 있을 뿐만 아니라 해군이 없으면 멀리 떨어진 곳의 해상소유권을 다툴 수 있는 희망도 없다는 생각 때문에 저항을 중단했다. 영국과 프랑스는 알베로니의 해임을 요구했고, 펠리페는 4자동맹의 조건을 받아들였다. 영국이 지브롤터와 포트 마혼에 안착했던 것처럼, 영국에 우호적이던 오스트리아 세력은 이렇게 하여 지중해 중심지와 나폴리 그리고 시칠리아에 확고하게 자리잡게 되었다. 영국에서 재상이 되어 이제 막 정권을 잡은 로버트 월폴 경Sir Robert Walpole은 나중에 이러한 우호관계를 지원하는 데 실패하면서 자국의 전통적인 정책을 크게 벗어나버렸다. 그때부터 시작된 사보이 가문의 사르디니아 지배는 계속되고 있다. 사르디니아 국왕이라는 자리가 이탈리아 국왕이라는 더 넓은 의미의 자리에 흡수된 것은 최근에 들어와서야 시작되었을 뿐이다.

스페인의 조약 조건 수락

알베로니가 재상을 맡고 있고 또한 스페인이 야망을 품고 있던 바

---

79) Campbell, *Lives of the Admirals*.

로 그때부터 약간의 세월이 지난 후까지 발트 해를 둘러싼 분쟁이 계속 진행되었다. 이 분쟁 덕분에 영국의 해양력은 힘들이지 않고 남쪽과 북쪽에서 활동할 수 있었다. 스웨덴과 러시아 사이의 장기간에 걸친 분쟁은 1718년에 잠시 소강상태를 맞이했다. 영국에서 스튜어트 왕조가 복귀하고 폴란드의 왕위계승 문제를 해결하기 위해 두 나라가 동맹을 맺을 가능성이 높았고 평화를 위한 협상도 진행되었기 때문이다. 알베로니가 기대를 많이 걸고 있던 이 계획은 스웨덴 국왕이 전사함으로써 결국 중단되고 말았다. 전쟁은 계속되었고 스웨덴이 지쳐버린 것을 안 러시아 황제는 스웨덴에게 무조건 항복을 요구했다. 발트 해를 둘러싸고 있던 양대 세력의 균형이 파괴되자 발트 해는 러시아의 호수처럼 되어버렸는데, 이것은 프랑스와 영국 어느 쪽의 마음에도 들지 않는 결과였다. 특히 영국이 그러했다. 왜냐하면 영국은 해양력을 유지하는 데 필요한 물자를 이들 지역에서 주로 조달하고 있었기 때문이다. 따라서 이 두 왕국은 외교 경로를 통해 간섭을 했으며, 영국은 함대를 파견하기까지 했다. 덴마크는 전통적으로 적대관계에 있던 스웨덴과 전쟁을 하다가 쉽게 항복했다. 그러나 러시아의 표트르 대제는 스웨덴에게 은연중에 압력을 가했다. 그는 영국 사령관이 본토의 명령을 받아 함대를 이끌고 스웨덴의 함대와 합류하여 발트 해에서 파사로 곶의 영광을 재현하려고 하자 놀라서 자신의 함대를 철수시켜버렸다. 이 사건은 1719년에 발생했다. 그러나 표트르 대제는 실패하기는 했어도 완전히 굴복한 것은 아니었다.

발트 해에 대한 영국의 간섭

그 다음해에 영국 해군이 스웨덴 해안을 심각한 피해로부터 제때에 구할 수는 없었지만, 영국의 반복된 중재는 큰 효과를 발휘했다. 러시아 황제는 자신의 목표를 분명히 인식하고 있었지만, 개인적인 관찰과 경험을 통해 영국 해양력의 강력함을 알고 있었기 때문에 결국 평화를 받아들였다. 프랑스는 자국이 외교적 노력을 다했기 때문에 이러한 만족스러운 결과가 나왔다며 그 대가로 많은 것을 요구했다. 프랑스는 스웨덴에 대한 영국의 지원이 미약했기 때문에 발트 해 동부 해안을 잃는 결과를 가져왔다고 주장했다. 프랑스는 스웨덴이 영토를 잃으면 그곳이 러시아의 영토로 되어 러시아의 막대한 자원을 영국에 보다 쉽게 들여올 수 있을 것으로 영국이 생각했다고 주장한 것이다. 이것은 아마 사실일지도 모른다. 특히 그 이후의 통상과 해양력에 대한 영국의 관심을 살펴보면 그것을 확실히 느낄 수 있다. 그러나 러시아의 표트르 대제는 영국함대의 군사적 효율성과 러시아의 바로 코앞까지 접근할 수 있는 영국함대의 능력에 크게 부담을 느끼고 있었다. 1721년 8월 30일에 체결된 니스타트Nystadt 평화조약에 의해 스웨덴은 리보니아Livonia, 에스토니아Esthonia, 그리고 발트 해 동부 연안에 있는 다른 지역들을 포기해야만 했다. 이러한 결과는 필연적인 것이었다. 조그만 국가들이 자국 영토를 보존하기가 점점 어려워지고 있었던 것이다.

우리는 4자동맹에 의해 요구된 조항들에 대해 가장 큰 불만을 가진 나라가 스페인이었음을 쉽게 이해할 수 있다. 평화조약이 체결된 이후 12년 동안은 평화로운 기간이었다. 그러나 이 평화는 장차 전쟁을 발발시킬 수 있는 요소를 내포하고 있었다. 시칠리아와 나폴리가 오스트리아의 손으로, 지브롤터와 포트 마혼이 영국의 수중으로 넘어갔고, 또한 마지막으로 막대한 밀무역이 스페인령 아메리카에서 영국 상인과 선박들에 의해 이루어지고 있다는 사실로 스페인은 매우 큰 고통을 받고 있었다. 영국이 이 모든 위해행위의 적극적인 지원자였다. 그러므로 영국은 스페인 고유의 적이었지만, 스페인은 영국의 유일한 적이 아니었다.

필립 오를레앙의 사망

알베로니가 해임된 이후 그처럼 평온한 시대가 될 수 있었던 것은 주로 영국과 프랑스 양국 대신의 성격과 정책 때문으로, 그들은 전반적으로 평화를 원한다는 데 의견의 일치를 보았다. 프랑스 섭정의 정책과 동기 등은 이미 살펴보았다. 뒤부아는 그와 똑같은 동기에서, 그리고 영국에 의한 우발적인 공격 위험에 대비한다는 이유로 위트레흐트 조약에 의해 인정된 통상의 이점 이외에 자국에 대한 양보를 스페인으로부터 더 많이 받아냈다. 그는 서인도제도에서의 무역을 위해 매년 선박 한 척을 파견할 수 있게 되었는데 이 선박은 투묘한 후 다른 선박들로부터 계속해서 공급을 받았던 것으로 일컬어진다. 그리하여 싣고 온 화물을 한쪽에서 해안으로 계속 내려놓고 또한 다른 쪽 갑판에는 새로운 화물을 실었다. 뒤부아와 섭정은 8년간 나라를 다스린 후 1723년 후반기에 모두 사망했다. 그들은 통치기간 동안 영국과 오스트리아와 동맹을 맺고 프랑스의 이익을 희생시켰다는 점에서 리슐리외의 정책을 역행했다고 할 수 있다.

프랑스에서 플뢰리의 행정

프랑스의 섭정과 명목상의 정부는 또 다른 왕족에게로 넘어갔다. 그러나 실질적인 통치자는 겨우 13살이었던 국왕의 교사 플뢰리 추기경이었다. 그를 해임하려는 시도들이 있었지만 오히려 그에게 1726년에 대신이라는 명칭과 권력을 안겨다주는 결과를 초래했다. 바로 그때 로버트 월폴 경은 영국 수상으로서 국가 정책을 실질적으로 좌지우지할 수 있는 권력과 영향력을 가지고 있었다. 월폴과 플뢰리가 가장 바란 것은 평화, 특히 서유럽에서의 평화였다. 프랑스와 영국은 계속하여 그 목적을 위해 행동을 같이했다. 그들은 모든 잡음을 없앨 수는 없었지만 몇 년 동안이나마 분쟁의 발생을 막는 데 성공했다. 그렇게 이 두 대신의 목적은 같았지만, 정책을 취하게 된 동기는 서로 달랐다. 영국의 왕위계승이 아직 안정되지 못한 상태에서 월폴은 영국의 통상이 평화적으로 발전하기를 바랐으며 (그는 그것을 직접 눈으로 확인했다), 그리고 아마도 그의 성격이라고 할 수 있는데, 전쟁이 발생하면 자신보다 강한 사람이 등장할 것을 두려워했기 때문에 평화를 원했다고 할 수 있다. 프랑스의 플뢰리는 월폴처럼 왕위와 자신의 권력을 합리적으로 안정시키기 위해 자국의 평화를 원했다. 또한 그는 일반적으로 노인들에게서 자연스럽게 나타나는 성향처럼 전쟁을 두려워하고 그 대신 조용한 생활을 좋아했다. 실제로 그는 73세의 나이에 대신이 되었다가 90세에 사망하면서 비로소 공직에서 물러났다. 프랑스는 그의 온화한 통치기에 다시 번영했다. 당시 프랑스에 간 여행객들은 그 나라와 사람들의 모습에서 변화를 찾아낼 수 있었다. 그러나 이러한 변화가 전적으로 이 조용한 노인의 통치 때문이었는지, 아니면 더 이상 전쟁으로 고통받지 않고 다른 세계로부터 고립되지 않음으로써 자연히 발생한 국민의 여유 때문이었는지는 확실히 알 수 없다.

프랑스 통상의 발전

프랑스 당국은 농업이 국가 전역에서 부흥하지 않았다고 말한다. 그러나 루이 14세가 사망한 직후 통상제한이 철폐되면서 해상에서 만큼은 획기적인 번영이 이루어졌음은 확실하다. 특히 서인도제도가 대단한 번영을 구가했는데, 그것은 그곳과 무역을 하고 있는 모국의 항구도 번영하게 만들었다. 마르티니크, 과달루페, 루이지애나의 열대기후와 노예에 의한 경작은 모든 프랑스 식민지의 특징이기도 한, 온정적이면서 군사적인 통치에 큰 도움이 되었지만, 캐나다에서는 좋지 않은 기후 때문에 별로 좋은 결과를 얻지 못했다. 프랑스는 서인도제도에서 영국에 비해 결정적인 우위를 차지하고 있었다. 서인도제도에 있는 영국령이 지닌 가치를 모두 합해도 프랑스령 하이티Hayti가 지닌 가치의 절반 정도에 해당했으며, 또한 프랑스의 커피와 설탕은 영국의 설탕과 커피를 유럽 시장에서 축출해버렸다. 프랑스 역사가들은 지중해와 레반트 무역에서도 프랑스가 영국보다 유리했다고 주장했다.

프랑스와 동인도제도

프랑스의 동인도회사도 부흥했다. 동인도회사(동인도와의 연합을 나타내기 위해 이런 회사명을 붙였다)의 프랑스 보급소인 로리앙L'Orient의 브러통Breton 시는 얼마 가지 않아서 화려한 도시가 되었다. 인도에 있는 프랑스의 상업과 권력의 중심지였던 코로만델 연안의 퐁디셰리Pondicherry, 갠지스Ganges 강 부근의 샹데르나고르Chandernagore도 급속히 성장했다. 인도양을 통제하기에 가장 좋은 위치에 있던 부르봉Bourbon 섬과 프랑스France 섬(현 모리셔스 섬) 중에서 전자는 부유한 농경식민지였고, 후자는 강력한 해군기지였다. 대규모의 동인 도회사는 프랑스와 인도의 주요 지점 사이의 무역을 독점했다. 인도 양을 통과하는 운송업은 사기업私企業에 개방되었고, 여기에 뛰어든 사기업은 대단히 빠른 속도로 성장했다. 완전히 자연발생적인 이러한 움직임은 정부에 의해 의혹의 눈초리를 받고 있었는데, 이러한 의혹은 뒤플레Dupleix와 라 부르도네La Bourdonnais라는 두 사람에 의해 그 실체가 드러났다. 전자는 샹데르나고르 출신이었고 후자는 프랑스 섬 출신이었는데, 그들은 동쪽 해상에서 프랑스의 권력과 명성을 쌓아올리는 일을 했다. 그러한 움직임은 프랑스를 힌두교 지역에서 영국의 경쟁국으로 만들었으며, 대영제국의 여왕에게 새로운 명성을 부여한 그 대제국에 대해 잠시나마 기대를 갖게 했지만, 그러나 영국 의 해양력 앞에서 비틀거리다가 소멸해버렸다. 정부의 보호가 아니 라 평화와 제한을 철폐한 덕분에 계속하여 이루어진 프랑스 무역의 확대는 루이 14세가 사망할 당시 300척에 불과하던 프랑스의 상선 수가 20년 후에 천8백 척으로 증가한 사실만으로도 입증된다. 이에 대하여 한 프랑스 역사가는 다음과 같이 주장했다. "국가의 부를 무 제한으로 확대할 수 있는 해양무역에 프랑스가 적합하지 않다는 개 탄할 만한 편견은 우리에게 불행을 안겨주었다."[80]

플뢰리는 국민의 이러한 행복하고 자유로운 움직임을 받아들일 수 없었다. 그는 그러한 움직임에 대해 오리알을 품고 있는 닭을 바 라보는 듯한 불신을 갖고 있었던 듯하다. 월폴과 그는 평화를 사랑 하는 데에 동의했다. 그러나 월폴은 영국 국민을 고려하지 않을 수 없었는데, 영국 국민들은 이미 자신들이 확보하고 있는 해상과 통

---

80) Martin, *History of France*.

상에서 다른 경쟁국이 출현하는 것을 불쾌하게 생각했다. 게다가 플뢰리는 루이 14세의 불운한 정책을 이어받았다. 그의 시선은 대륙에 고정되어 있었던 것이다. 그는 스페인과 분쟁을 일으킨 섭정의 정책을 따르지 않고, 오히려 스페인과 가깝게 지내려고 했다. 자국의 평화를 희생하지 않고서는 스페인과 가까운 관계를 유지할 수 없었음에도 불구하고, 그는 영국에 대한 스페인의 계속적인 적대감 때문에 여전히 대륙에서의 프랑스의 위치를 강화하는 쪽으로 기울었다. 그는 가능한 한 많은 곳에 부르봉 왕조 출신 국왕을 추대하여 동맹을 맺고 또한 그들을 한 곳에 모아 프랑스의 위치를 강화하려고 했던 것이다. 그런데도 불구하고 해군은 점점 더 약화되었다. "프랑스 정부는 국민이 개인적인 노력으로 바다를 다시 차지하려고 노력하고 있던 바로 그 순간에 바다를 포기해버렸다." 프랑스의 실제 세력은 54척의 전열함과 프리깃 함뿐이었는데, 그나마도 모두 형편없는 상태였다. 영국과의 전쟁이 임박했던 5년 동안에도 영국이 90척의 전열함을 가진 데 비해 프랑스는 45척만 갖고 있었다. 이 차이는 뒤이은 25년간 벌어질 전쟁의 결과를 미리 보여주고 있었다.

영국과 스페인의 충돌

같은 기간에 월폴은 플뢰리의 협조를 믿고 영국과 스페인 사이의 전쟁을 반대했다. 그러나 그는 스페인과 동맹국의 위협적이고 자극적인 행동 때문에 곤란을 겪었으며 또한 그들의 해군력 시위에 의해 실제로 어려움에 부딪힌 때도 잠시 있었다. 스페인 국왕과 오스트리아 황제는 오랫동안에 걸친 대립을 중단하기로 1725년에 동의하고 빈에서 조약에 서명했다. 그 조약에는 지브롤터와 포트 마혼에 대한 스페인 국왕의 주장을 오스트리아의 황제가 필요할 때 지원해준다는 비밀 내용이 들어 있었다. 러시아도 또한 이 동맹에 합류하겠다는 의사를 밝혔다. 이에 대한 반동맹이 영국, 프랑스, 그리고 프러시아 사이에 결성되었다. 영국은 함대를 세 곳에 파견했는데, 하나는 러시아 황후에게 두려움을 주기 위해 발트 해로, 다른 하나는 스페인 정부를 견제하고 지브롤터를 보호하기 위해 스페인 연안으로, 그리고 마지막 함대는 스페인 본토에 있는 포르토 벨로Porto Bello로 각각 파견했다. 마지막 함대는 그곳에 집결해 있는 갈레온 함대를 봉쇄하고, 보급품 차단을 통해 아메리카 지방의 정금에 의존하고 있다는 스페인에게 그 정금이 수송되는 해상로를 영국이 통제하고 있음을 상기시켜 준다는 목적을 갖고 있었다. 월폴이 전쟁을 싫어했던 사실은 포르토 벨로의 사령관에게 보낸, 봉쇄만 할 뿐 싸워서는 안 된다는 엄격한 내용의 명령에서 찾아볼 수 있다. 그러나 그 명령에 의해 함대가 열악한 기후의 해안에 오랫동안 머물게 되면서 승무원들이 치명적인 상황을 맞이했고, 이것은 국민에게 충격을 주었다. 사령관 호우저Hosier를 포함한 3,4천 명의 장병이 그곳에서 사망했다. 이 사건은 다른 여러 원인들과 함께 몇 년 후 그가 실각한 원인이 되었다. 그러나 월폴의 목적은 달성되었다. 스페인이 지브롤터를 육상으로 공격하는 어리석음을 범하기는 했지만, 영국함대가 그곳에 존재한다는 사실 자체만으로도 스페인으로 하여금 지브롤터에 대한 공급과 설비를 확보하도록 하게 함으로써 공식적인 전쟁의 발발을 막았다. 오스트리아 황제는 동맹에서 탈퇴하고 오스트리아령 네덜란드에서 권한을 가지고 있던 동인도회사의 특허권도 영국의 압력을 받아 철회했다. 영국 상인들은 이 경쟁회사와 덴마크의 비슷한 회사가 없어지기를 바라고 있었다. 영국 내각은 네덜란드의 후원을 받아 이 두 가지의 양보를 받아냈다.

스페인계 중남미에서의 영국의 불법무역

스페인이 지브롤터를 요구하면서 계속하여 위협하고 무례하게 굴기는 했지만, 월폴의 평화정책은 통상이 매년 자연스럽게 증가했기 때문에 쉽게 유지될 수 있었다. 그러나 불행하게도 이제는 스페인이 영국 통상의 큰 골칫거리로 등장했다. 아시엔토(노예계약독점권을 의미한다)나 노예무역의 양보, 그리고 매년 남아메리카로 가는 선박(아메리카와의 무역을 위해 영국은 매년 1척의 배를 파견할 수 있도록 승인받았다)의 양보에 대해서는 이미 언급한 적이 있다. 그러나 이 특권들은 그러한 지역에 대한 영국 통상의 일부에 지나지 않았다. 식민지 무역과 관련된 스페인의 제도는 가장 제한적이고 배타적인 성격을 보였다. 그러나 스페인은 식민지에 대한 외국인 왕래의 차단을 시도했을 뿐, 그 식민지가 필요로 하는 물품을 공급하는 데에는 게을리했다. 그 결과 스페인령 아메리카 식민지에서는 주로 영국인이 행하는 밀수와 불법무역이 성행했다. 영국은 아시엔토를 이용하여 합법석으로 무역을 했고, 매년 파견된 선박은 불법적이거나 공인되지 않은 무역을 조장했다. 이 제도는 스페인령 식민지의 주민들에게 막대한 이익을 가져다주었기 때문에 그들에 의해 장려되기조차 했다. 그러나 식민지를 통치하는 사람들은 때로는 돈 때문에, 때로는 지역 여론과 그곳에 사는 사람들의 고통을 잘 알고 있었기 때문에 불법무역을 묵인했다. 그러나 자신들의 사업이 영국의 특권과 그 남용에 의해 피해를 입고 있다는 사실을 아는 스페인 국민들도 있었다. 또한 스페인 정부는 세입이 감소하면서 자존심이 상했고 재정적인 분야에서 고통을 받았다. 스페인은 고삐를 잡아당기기 시작했다. 시대에 뒤떨어진 규제들이 다시 부활되고 강화되었다. 이 오래된 논쟁에서 스페인의 행동에 대해 언급된 주장들이 오늘날 미국이 참여하고 있는 논쟁에도 적용될 수 있다는 점은 상당히 이상한 일이다. "조약을 성립할 수 있게 만든 정신은 이미 사라졌을지라도 조문은 이행되기 시작했다. 영국 선박들은 수리와 식료품을 적재하기 위해 스페인 항구에 여전히 자유롭게 접근할 수 있었지만, 우호적이거나 상업적인 통상을 위해 항구에 접근할 수는 없었다. 그들은 이제 주도면밀하게 감시를 받았고, 해안경비대의 엄격한 임검을 받았다. 매년 파견되는 선박을 제외하고는 식민지 주민과의 통상을 방해하기 위한 모든 효과적인 수단들이 사용되었다." 만약 스페인이 더욱 엄격한 감시를 할 수 있었다면, 그리고 자국의 영해에서 관세규정을 철저하게 적용할 수 있었다면 아마 더 이상의 큰 피해는 없었을 것이다. 그러나 상황이나 스페인 정부의 성격이 거기서 멈추게 놓아두지는 않았다.

영국 선박에 대한 스페인의 불법수색

헤아릴 수 없을 정도로 출입구가 많은 수백 마일의 해안을 효과적으로 지키고 봉쇄하는 것은 불가능했다. 처벌을 받거나 스페인 사람의 감정을 상하게 할까 두려워한 나머지 스스로 자신의 권리라고 생각하는 이익 추구를 포기하는 무역업자나 상인은 없었다. 스페인의 국력은 자국 상인들의 감정에도 불구하고 영국 내각으로 하여금 선박을 규제하고 또한 조약상의 특권 남용을 중단해달라고 요구할 만큼 강하지 못했다. 그리하여 모욕을 당하고 끊임없이 시달리게 된 이 힘 없는 국가는 불법적인 수단을 사용할 수밖에 없었다. 군함과 해양경비선은 스페인의 관할구역 밖인 공해에서 영국 선박을 세워 조사하도록 지시를 받았거나, 그러한 행위를 할 수 있도록 허용되었다. 그리하여 무력한 중앙정부에 의해 제한을 받지 않았던 오만한 성격의 스페인 사람은 합법적이든 비합법적이든 조사하는 과정에서 영국 선박에 대해 모욕을 주거나 폭력을 행사하는 일조차 있었다. 오늘날에도 스페인 관리들이 영국과 미국의 상선을 다루는 과정에서 거의 비슷한 일들이 나타나고 있다. 이러한 폭력에 대한 이야기는 영국으로 전해졌고 징발과 무역에서 어려움을 당했던 이야기까지 가세되어 영국민의 감정을 뒤흔들었다. 1737년에 서인도회사의 상인들은 하원에 진정서를 제출했는데, 거기에는 다음의 내용이 들어 있었다.

> 지난 몇 년 동안 우리 선박은 자국 해안을 보호한다는 구실하에 정찰할 장비를 갖춘 스페인 선박에 의해 자주 정지당하여 조사를 받았을 뿐만 아니라 공해에서 강제로 그리고 불법적으로 나포되었습니다. 그리고 선장과 선원들은 비인간적인 대접을 받았고, 배는 스페인의 어느 항구로 끌려가 화물을 몰수당했습니다. 이것은 양국의 국왕 사이에 맺어진 조약을 완전히 위반하는 행위입니다. 마드리드에 있는 영국 영사가 항의를 했지만, 아무런 소득도 얻지 못했습니다. 그들의 약탈과 모욕은 우리의 무역을 곧 파괴시키고 말 것입니다.

평화유지를 위한 월폴의 투쟁

월폴은 1729년 이후 10년 동안 전쟁을 막기 위해 열심히 노력했다. 그 해에 세비야Seville에서 한 조약이 조인되었다. 이 조약은 몇 가지 사항을 조정하여 선언되었는데, 4년 전의 무역상황을 다시 회복하고, 6천 명의 스페인 병사가 즉시 투스카니와 파르마를 점령한다는 내용이 들어 있었다. 월폴은 전쟁을 하면 자신들이 그때까지 스페인 영토에서 누려왔던 상업적 특권을 잃게 된다며 국민들을 설득시켰다. 한편, 그는 국내의 아우성을 진정시키기 위해 양보와 배상을 요구하면서 스페인과 협상을 벌였다.

폴란드 왕위계승전쟁

이 기간 중에 폴란드 왕위계승을 둘러싼 전쟁이 발생했다. 프랑스 국왕의 장인은 그 왕위에 대한 권리를 주장할 수 있는 사람 중 한 명이었다. 오스트리아는 그의 경쟁자를 지지했다. 프랑스와 스페인은 오스트리아에 대한 공통적인 적개심을 통해 하나로 뭉칠 수 있었다. 프랑스와 스페인 측에 사르디니아 국왕이 합류했다. 그는 이 동맹을 통해 오스트리아로부터 밀라노를 빼앗아 피에몬테Piedmont라는 자국 영토에 추가하기를 원했다. 영국과 네덜란드는 오스트리아령 네덜란드를 공격하지 않겠다는 약속을 받고 중립을 지켰다. 왜냐하면 오스트리아령 네덜란드의 일부라도 프랑스에게 넘어가면 영국의 해양력이 위협받을 것으로 생각했기 때문이었다. 동맹국들은 1733년 10월 오스트리아에 대해 선전포고를 했으며, 그들의 군대도 모두 이탈리아로 진군했다. 그러나 오랫동안 염원해오던 나폴리와 시칠리아에 대한 계획을 실행하기 위해 스페인군은 동맹국들과 떨어져 남쪽으로 진군했다. 침략자들이 해상을 지배하고 주민들도 호의적이었기 때문에 나폴리와 시칠리아는 쉽고 빠르게 정복되었다. 스페인 국왕의 차남은 카를로스 3세라는 이름으로 왕위에 올랐다.

부르봉 왕국의 건설

그리하여 두 시칠리아 섬에서 부르봉 왕국이 탄생했다. 월폴의 전쟁회피는 오랫동안 유지해오던 동맹국을 포기하도록 만들었고, 그 결과 지중해의 중부 해역은 필연적으로 영국에 대해 비우호적인 국가에게로 넘어가버렸다.

부르봉 왕가의 계약

이처럼 오스트리아 황제를 저버린 월폴은 친구라고 할 수 있는 플뢰리에게 배반을 당했다. 그리고 월폴이 스페인과 오스트리아에 대항하기 위한 동맹을 공공연하게 맺자, 프랑스 정부는 영국에 대항한다는 내용을 가진 비밀조항에 동의했다. 이 조항에는 다음과 같이 적혀 있었다. "이 계약이 양국에 똑같이 유리하게 작용하는 한, 영국은 통상분야에서 만용을 더 이상 부리지 못할 것이다. 만약 영국이 이를 거부한다면, 프랑스는 육상과 해상의 모든 세력을 모아 영국의 적대행위를 막을 것이다." 호크 경의 전기작가는 다음과 같이 지적하고 있다. "그리고 이 계약은 프랑스가 영국과 친밀하고 자랑스러워한 동맹관계를 유지하고 있는 동안에 작성되었다."[81] "이리하여 윌리엄 3세가 영국과 유럽에 대해 무장하도록 요청했던 것에 대항하는 정책이 수립되었다." 만약 월폴이 이 비밀계약을 알았더라면, 평화를 위해 좀더 애썼을지도 몰랐다. 왜냐하면 그가 미처 몰랐던 위험을 자신의 예리함과 정치적 감각으로 느끼고 하원에 다음과 같이 말했기 때문이다. "만약 스페인 사람들이 자기들보다 더 강한 국가로부터 비밀리에 격려를 받지 않았더라면, 그들은 우리가 경험했던 피해와 모욕을 결코 가할 수 없었을 것입니다." 이어서 그는 자

---

81) Burrows, *Life of Lord Hawke*.

신의 의견을 다음과 같이 덧붙였다. "영국은 프랑스와 스페인의 경쟁국이 아닙니다."

프랑스의 바와 로렌 지방 획득

플뢰리는 자신의 오랜 친구들과 동료 정치가에게 실제로 치욕적인 몰락을 안겨주었다. 2년간에 걸친 폴란드 왕위계승전쟁——유럽 국가들의 명부에서 곧 사라질 운명에 있던 불안정한 왕국의 통치자를 선택하기 위한 전쟁——을 불러일으켰던 특별한 문제는 하찮았던 것처럼 보인다. 그러나 그 전쟁에 참전한 강대국들의 행위에 의해 유럽 정치계에서 일어난 변화는 매우 특이한 중요성을 보여준다. 프랑스와 오스트리아는 1735년 10월에 사르디니아와 스페인이 나중에 가맹한다는 조건하에 협정을 맺었다. 이 협정은 폴란드 왕위에 대한 프랑스측 권리주장자가 그 권리를 포기하고, 그 대신 프랑스 동부에 있는 바Bar와 로렌Lorrain 공작령을 받되, 그가 사망할 경우에는 그 땅을 사위인 프랑스 국왕에게 양도한다는 내용으로 요약될 수 있다. 시칠리아와 나폴리의 두 왕국은 스페인의 부르봉가 왕자인 돈 카를로스Don Carlos에게 추인되었다. 그리고 오스트리아는 파르마를 돌려받았다. 사르디니아 군주국도 또한 자국의 이탈리아 영토를 확장했다. 이리하여 프랑스는 평화를 사랑하는 플뢰리의 통치하에서 훨씬 호전적인 통치자조차도 탐만 낼 뿐 실제로 갖지 못했던 힘을 갖게 되었고 동시에 대외적인 지위도 높아졌다. 반면에 지중해 중부를 통제할 수 있는 지점이 프랑스의 동맹국에 넘어가면서 영국의 지위는 낮아졌다. 그러나 플뢰리는 영국의 막강한 해양력을 생각할 때마다 영국의 통상을 견제하기 위한 비밀협정과 프랑스의 쇠퇴한 해군을 연상시키고 좌절을 느끼곤 했다. 프랑스와 스페인 사이의 계약──두 시칠리아 왕국은 나중에 합류했다──은 그대로 유지되었는데, 이번에는 영국과 스페인 사이에서 긴장상태가 나타났다. 긴장관계는 대영제국의 탄생과 미국의 독립을 초래한 영국과 부르봉가 사이의 대규모 전쟁의 불씨가 되었다.

스페인에 대한 영국의 선전포고

영국에서는 스페인의 무례함에 대해 아우성이 컸는데, 월폴에 반대하는 사람들은 이 불만에 동조했다. 이제 60세를 넘어선 노인이었던 그는 자신의 고정관념과 주요정책을 바꾸려 하지 않았다. 그는 가끔 억압과 타협책을 사용했으나 국가들과 민족들의 분쟁에서 일시적인 효과를 보았을 뿐 그 분쟁을 감당할 수 없었다. 영국인들이 서인도제도와 스페인령 아메리카를 개방하기로 작정한 데 반해, 스페인 정부는 그것을 차단하기로 결심했다. 불행하게도 스페인의 차단정책은 공해에서 영국 선박들을 불법적으로 조사하고 영국 선원들에게 무례한 행위를 함으로써 반월폴파의 입지를 강화시켜주었다. 영국 선원들 중 몇 명은 하원에서 자신들이 약탈뿐만 아니라 고문을 당하고, 감옥에 수감되기도 했으며, 지긋지긋한 상황에서 생활하고 일하도록 강요받았다고 증언했다. 가장 유명한 경우는 상선 선장이었던 젠킨스Jenkins의 경우였다. 그는 스페인 장교가 영국 선원의 귀 한쪽을 잘라서 자기 국왕에게 갖고 가도록 시켰으며, 만약 자신도 그곳에 있었더라면 그러한 대접을 받았을 것이라고 증언했다. 그렇게 위험하고 고통스러운 순간에 어떤 생각이 들었냐는 질문을 받자, 그는 "나는 내 영혼을 신에게, 그리고 내 대의명분은 국가에 바쳤다"라고 대답했다. 그러한 계층의 사람에게서 나온 이처럼 잘 짜여진 극적인 증언은 전체의 이야기를 각색한 것 같은 의혹을 준다. 그러나 그것이 중대한 전쟁을 바라는 대중의 불타는 외침이었을 것으로 쉽게 생각할 수 있다. 그러한 국민 감정의 대세는 타협을 향한 월폴의 여러 가지 정책을 일소했으며, 결국 영국은 1739년 10월 19일에 스페인에 대해 전쟁을 선포했다. 영국의 최후통첩은 스페인이 행사한 수색권을 공식적으로 폐지하고 북아메리카에 대한 영국의 요구를 인정하라는 것이었다. 이러한 요구 중에는 최근에 식민지로 건설한 조지아Georgia 지방의 경계에 관련된 것이 있었는데, 그것은 스페인령 플로리다의 경계선을 침범하고 있었다.

스페인에 대한 영국 행위의 도덕성

영국 저술가들은 영국에 의해 촉구되고 시작된 전쟁이 도덕적으로 타당했다고 일방적으로 주장했다. 식민지 무역과 관련된 스페인 법률은 항해조례에 나타난 영국의 것과 그 정신이 같았다. 그리고 스페인 해군장교들의 입장은 반세기 후에 서인도제도에서 프리깃 함의 함장으로 일할 넬슨과도 거의 같았다. 미국의 상인과 선박은 영국으로부터 분리된 후 식민지 주민으로서 자신들이 해왔던 무역을 계속했다. 당시 영국의 통상이익을 보호하는 데 열성이었던 넬슨은 항해조례를 강요했으며, 때문에 자신에 대한 서인도제도와 식민지 당국의 감정이 나빠졌다는 것도 알고 있었다. 그러나 그나 그를 지원한 사람들이 불법적으로 선박수색을 실시한 것 같지는 않다. 왜냐하면 영국의 해양력은 부당한 수단을 사용하지 않고서도 자국의 해운업을 보호할 만큼 강했기 때문이다. 반면에 허약한 상태에 있던 스페인은 1730년과 1740년 사이에 늘 그래왔듯이 자국의 합법적인 관할구역 밖에서조차 영국 선박을 발견하면 어디서든지 나포하려고 덤벼들었다.

버로우Burrows 교수의 《호크 경의 생애Life of Lord Hawke》에서 전쟁을 촉구한 월폴 반대자들의 주장을 아주 감동적으로 읽은 한 외국인은 다음과 같이 결론지었다. 그의 결론에 의하면, 영국이 주장한 것처럼 수색권을 관대하게 행사한 국가는 없었으며 또한 당시에는 일반적인 관례처럼 스페인도 식민지에 대한 모국의 권리에 따라 악랄하게 행동했는데, 이것은 분명히 잘못된 일이었다. 우리의 주제와 관련해서 주목할 만한 가치가 있는 것은 분쟁이 근본적으로 해양과 관련된 문제였다는 점과 자국 무역의 확대와 식민지 이익의 증가에 대한 영국인의 요구가 통제할 수 없을 정도로 커버렸다는 점이었다. 한 영국 저술가가 주장하고 있듯이, 프랑스도 역시 그러한 생각을 갖고 행동했을 수 있다. 그러나 플뢰리의 성격이나 전반적인 정책은 프랑스 국민의 천성과 더불어 이러한 행동을 불가능하게 만들었다. 당시 프랑스에는 여론을 알려고 하는 의회도 반대당도 없었다. 그 이후에는 플뢰리의 성격과 통치에 대한 서로 다른 평가가 나오기 시작했다. 영국인들은 오히려 프랑스가 로렌 지방을 그리고 부르봉 왕가가 시칠리아 왕국을 차지하도록 해준 능력을 보고서 월폴이 지나쳤다고 비난했다.

프랑스 해군의 쇠퇴

프랑스 사람들은 플뢰리에 대해 다음과 같이 말했다. "그는 노년을 조용하게 보내기만을 바라면서 하루하루를 살았다. 그는 프랑스를 치료하려고 노력하지 않고 최면술로 프랑스를 마비시켜버렸다.

그러나 그는 이 쥐죽은듯한 고요함을 죽을 때까지 연장시킬 수는 없었다."[82] 영국과 스페인 사이에 전쟁이 발발했을 때, "스페인은 프랑스와 방위동맹을 맺은 자국이 유리하다고 생각했다. 자신의 의지와는 달리 플뢰리는 한 전대를 준비시켜야 했다. 그는 마지못해 그렇게 했다." 22척의 함정으로 구성된 이 전대는 페롤에 집결해 있던 스페인함대를 아메리카까지 호송했다. 그리고 이러한 프랑스함대의 보강은 스페인함대를 영국의 공격으로부터 막아주었다.[83] "그럼에도 불구하고 플뢰리는 월폴에게 사정을 자세히 설명하면서 여전히 타협을 바라고 있었다. 그러나 타당한 근거가 없는 이러한 희망은 우리 해양의 이익에 비참한 결과를 가져왔으며, 전쟁 초기에 동쪽에 있는 바다에서 프랑스에 우월성을 제공할 수도 있을 조치를 취하지 못하게 막았다." 그러나 다른 프랑스인은 다르게 말하고 있다. "월폴이 자신의 바람을 저버리자, 플뢰리는 자신의 실수가 해군을 쇠퇴시켰음을 인식했다. 그는 그제서야 해군의 중요성을 느끼게 되었던 것이다. 그는 나폴리와 사르디니아의 국왕들이 프랑스와의 동맹을 깨

---

82) Martin, *History of France*.

83) 영국이 스페인과 전쟁 중이던 1739년과 1744년 사이에 영국에 대해 프랑스가 가지고 있던 독특한 정치적 관계를 설명해야 할 필요가 있다. 왜냐하면 그 관계가 실제로 폐기되어버린 국제적인 의무에 의존하고 있기 때문이다. 프랑스는 방위동맹 때문에 스페인이 전쟁에 휘말리게 되었을 때 스페인함대에 파견할 전대를 준비해야 했다. 그러나 프랑스는 이 전대의 파견이 영국과의 평화조약에 위반되는, 영국에 대한 적대 행위가 아니라고 주장했다. 즉 파견된 프랑스의 군함은 영국의 적이지만, 프랑스 국민과 프랑스의 모든 무장병력은 프랑스가 중립국이기 때문에 중립국이 갖는 모든 특권을 가지고 있다고 주장했다. 물론 영국은 이 주장을 받아들이려 하지 않았으며, 프랑스의 행위를 개전의 동기가 될 만한 것으로 간주했다. 1744년에 그랬던 것처럼 이런 관계가 전쟁으로 비화될 것 같았지만, 결국 영국은 프랑스의 주장을 마지못해 인정했다. 몇 년 후에 네덜란드도 프랑스와 전쟁을 하는 오스트리아 육군에 대규모 파견군을 보냈지만, 중립국의 권리를 프랑스에 주장했다.

뜨린 단순한 이유가 영국함대의 나폴리와 제노아에 대한 함포사격과 이탈리아에 대한 육군 파병의 위협이라는 점을 알고 있었다. 프랑스는 해군이라는 중요한 요인의 결여 때문에 최대의 굴욕을 감내해야 했으며, 영국 순양함들의 폭력행위에 대해 불평하는 것 이외에는 아무것도 할 수 없었다. 영국 순양함들은 국제법을 위반하면서까지 우리의 통상을 약탈하고 있었다."[84] 이러한 약탈은 프랑스함대가 영국과 전쟁 중이던 스페인함대를 호송하던 때부터 공식적으로 전쟁이 발발한 기간 사이에 이루어졌다.

월폴과 플뢰리의 사망

프랑스와 영국의 두 대신은 분명히 상충되지 않는 노선을 따르는 데 묵시적으로 합의했다. 프랑스는 영국 국민의 질투심을 야기하지 않는 한, 또 월폴의 견해에 따르면 해상에서의 경쟁에 의해 영국의 이익이 침해받지 않는 한 지상에서의 세력확장을 할 수 있는 상태로 남아 있었다. 이러한 방향은 플뢰리의 견해와 맞아떨어졌다. 영국은 해상으로 그리고 프랑스는 육지로 각각 권력을 추구했다. 어느 쪽이 더 현명했는가는 전쟁이 말해줄 것이다. 왜냐하면 한쪽이 스페인과 동맹을 맺은 상태였기 때문에 바다에서 전쟁이 발발했기 때문이다. 이 두 대신은 모두 자기 정책의 결과를 볼 때까지 살지 못했다. 월폴은 1742년에 권좌에서 물러난 후 1745년 3월에 사망했다. 플뢰리는 1743년 1월 29일 재임 중에 사망했다.

---

84) Lapeyrouse-Bonfils, *Hist. de la Marine Française*.

제7장

영국과 스페인의 전쟁(1739),
오스트리아 왕위계승전쟁(1740),
영국에 대한 프랑스와 스페인의 연합(1744),
매슈스 해전, 앤슨 해전, 호크 해전,
엑스 라 샤펠 평화조약(1748)

1739~83년에 일어난 전쟁들의 특징

이제 중간에 짧은 평화기간이 간간이 끼어 있기는 해도 거의 반세기 동안 이어져 온 일련의 대전쟁의 발발을 볼 때가 되었다. 이 전쟁은 도중에 오도된 점들이 많이 있기는 하지만, 이전과 이후의 많은 전쟁과 구별되는 광범위한 특징을 갖고 있다. 이 전쟁은 곳곳에서 일어난 분쟁 때문에 세계의 4개 지역에서 수행되었지만, 주요 장소는 어디까지나 유럽이었다. 세계의 역사와 관련하여 이 전쟁에 의해 결정되어야 할 중요한 문제들은 해양의 지배, 멀리 떨어진 곳에 있는 국가들의 통제, 식민지 소유, 그리고 이러한 것들에 기반을 둔 부의 증대였다. 정말 이상한 점은 전쟁의 종말에 가까워서야 비로소 대함대가 참전했다는 점이었는데, 그때부터 전투의 주요 무대는 바다로 바뀌었다.

프랑스 정부의 해양력 무시

해양력의 전투는 대단히 분명한 결과를 야기하는데, 그 결과에 대해서는 이 책의 첫 부분에서 지적한 적이 있다. 그러나 프랑스 정부가 그러한 진리를 깨닫지 못했기 때문에 오랫동안 중요한 해전이 발생하지 않았다. 식민지를 확장하려는 프랑스의 움직임을 주도한 사람들 중에서 몇몇 중요한 인물의 이름이 거론되기는 하지만, 대부분은 대중들에 의해 이루어졌다. 프랑스 지배층은 냉소적이고 불신의 태도를 취했다. 그러므로 그들은 해군에 주의를 기울이지 않았으며, 따라서 중요한 문제에서 실패할 뿐만 아니라 프랑스의 해양력도 당분간 파멸상태에 놓이리라는 예견된 결말에 도달해 있었다.

다가올 전쟁의 성격이 그러했기 때문에, 전쟁이 벌어졌던 유럽 외의 지역에서 3대 강국의 상대적인 위치를 살펴보는 것이 중요하다.

프랑스, 영국, 스페인이 보유한 식민지

영국은 이제 북아메리카에서 현 메인Maine 주부터 조지아 주에 이르는 최초의 미합중국이었던 13개 주를 식민지로 보유했다. 이 식민지들은 영국의 독특한 식민지 통치형태를 가장 잘 발달시켰다. 그들은 본질적으로 자치와 자립정신을 갖고 있으면서 국왕에 대한 열렬한 충성심도 여전히 갖고 있던 자유로운 사람들로 구성되었는데, 그들은 농업과 상업, 그리고 해양업에 종사했다. 주로 국가의 성격과 생산력, 그리고 긴 해안과 피항 가능한 항구들을 가졌다는 면에서 해양력의 모든 요소를 갖추고 있었으며, 이미 상당한 수준으로 발전한 상태였다. 영국의 해군과 육군은 그러한 국가와 사람들을 의지하여 서반구에 확고한 기반을 다지고 있었다. 영국의 식민주의자들은 프랑스인과 캐나다인들로부터 대단한 시기를 받고 있었다.

프랑스는 지금보다 그 면적이 훨씬 더 컸던 루이지애나와 캐나다를 소유하고 있었다. 또한 프랑스는 먼저 발견했다는 점과 세인트 로렌스와 멕시코 만 사이의 연결고리라는 점을 이유로 오하이오Ohio와 미시시피 강의 모든 유역을 자국 영토라고 주장했다. 이 중간 지역을 확실하게 점령한 나라는 아직 없었지만 영국은 프랑스의 주장을 인정하지 않았다. 그리고 영국의 식민주의자들은 서부로 계속 확장해갈 권리를 주장하고 있었다. 프랑스인은 캐나다에서 강력한 위치에 있었다. 세인트 로렌스는 프랑스의 심장부로 통하는 수로를 제공했다. 또한 프랑스는 뉴펀들랜드와 노바 스코샤를 잃기는 했지만 브레턴 섬을 보유했기 때문에 그 강과 만의 열쇠를 쥐고 있는 셈이었다. 캐나다에서는 프랑스 식민제도의 특징을 볼 수 있는데, 그 제도는 그곳의 기후와 잘 맞지 않았다. 세습적이고 군사적이며 수도사적인 정부는 개인사업과 그 공동목적을 위한 자유로운 결합의 발전을 방해했다. 식민지 주민들은 통상과 농경을 포기하고, 즉시 소비할 수 있는 식량만을 재배했으며, 또한 무기를 들고 사냥을 다녔다. 그들의 주요 상품은 모피였다. 그들 사이에는 기술을 가진 사람이 거의 없었으므로 국내용 선박부품을 영국의 식민지로부터 사와야만 했다. 가장 중요한 힘의 요소는 군대였는데, 주민들은 무장을 했고 개인이 모두 군인이었다.

양국 식민지는 본국으로부터 적대감을 물려받았을 뿐만 아니라 직접 마주보고 있었기 때문에 사회적·정치적 제도 사이에 대립이 생길 수밖에 없었다. 해군의 견지에서 보면, 캐나다는 서인도제도로부터 멀리 떨어져 있다는 점과 겨울 기후가 사람 살기에 부적당하다는 점 때문에 아메리카보다 식민지로서의 가치가 훨씬 적었다. 게다가 자원과 인구도 아주 적었다. 1750년에 캐나다 인구가 8만 명이었던 데 비해 영국 식민지의 인구는 120만 명이었다. 이처럼 힘과 자원 면에서 영국 식민지와 차이가 있는 캐나다를 프랑스의 해양력이 지원할 수 있는 유일한 기회는 인접 해양을 직접 통제하든가 아니면 다른 곳에서 강력한 견제작전을 실행하여 캐나다에 대한 압력을 경

감시키는 것이었다.

스페인은 북아메리카 대륙에서 멕시코와 그 남부 지방 및 플로리다를 소유하고 있었다. 플로리다는 정확한 경계가 정해지지 않은 채 넓은 지역을 포함하고 있었는데, 이 긴 전쟁 동안 스페인에 전혀 도움을 주지 못했다.

서인도제도와 남아메리카에서 스페인은 쿠바와 포르토리코, 하이티의 일부 외에도 지금까지 스페인계 아메리카 국가들로 알려진 지역들을 주로 소유하고 있었다. 프랑스는 과달루페와 마르티니크, 그리고 하이티의 서반구를 차지하고 있었다. 영국은 자메이카와 바베이도스Barbadoes, 그리고 그보다 적은 몇 개의 섬을 차지하고 있었다. 토지의 비옥함, 상업적인 산물, 그리고 온화한 기후 때문에 이 섬들은 식민지전쟁에서 각별한 야심의 대상이 될 만했지만 실제로는 자메이카를 제외하고는 그러한 시도는 없었다. 스페인이 다시 획득하기를 원한 자메이카는 더 큰 섬을 정복하려는 야심의 목표가 되었다. 그 이유는 아마도 해양력 덕분에 주요 침략자가 될 수 있었던 영국이 대규모의 영국인을 북아메리카 대륙으로 보낼 때 그 섬을 이용하려고 했기 때문일 것이다. 다른 서인도제도의 섬들은 너무 작기 때문에 해양을 지배하는 국가를 제외하고는 계속 유지하기가 어려웠다. 그러나 이 섬들은 전쟁에 있어 두 가지의 가치를 지니고 있었다. 하나는 해양력에 기지를 제공하는 군사적 가치였으며, 다른 하나는 자국의 자원을 늘리거나 적의 자원을 감소시키는 상업적 가치였다. 이 섬들을 둘러싼 전쟁은 통상전쟁으로, 그리고 그 섬 자체는 재화를 적재한 적함이나 선단으로 각각 간주될 수 있다. 그러므로 이 섬들은 화폐처럼 소유주가 바뀌지만, 평화가 찾아들면 원래의 상태로 돌아갔다. 대부분이 최종적으로는 영국의 수중에 남게 되었다. 그럼에도 불구하고 강대국들이 각각 이 상업 중심지에 몫을 가지고 있다는 사실은 대규모 함대나 소규모 전대를 이곳에 끌어들였다. 유럽 대륙에서 군사작전을 하기가 어려운 시기에는 그러한 경향이 더 두드러지게 나타났다. 그리고 서인도제도에서 이 긴 전쟁 동안 수많은 함대간 전투들이 발생한 것은 바로 이러한 사실을 잘 설명해주고 있다.

유럽에서 멀리 떨어진 또 다른 지역에서도 영국과 프랑스는 분쟁을 일으켰는데, 이 분쟁 역시 북아메리카에서와 마찬가지로 함대간 전투로 판결이 났다. 인도에서의 경쟁국들은 각각 동인도회사에 대표성을 부여했고, 각국의 동인도회사가 행정과 통상을 지배했다. 물론 그 회사들 뒤에는 본국이 도사리고 있었다. 그러나 토착민 통치자와 직접 접촉한 사람들은 회사에 의해 임명된 사장과 관리들이었다. 당시 영국인들이 주로 정착해서 살았던 곳은 서쪽 해안가의 봄베이, 해상과는 약간 거리가 있지만 갠지스 강변에 있는 캘커타Calcutta, 그리고 마드라스Madras였다. 한편 마드라스에서 남쪽으로 조금 떨어진 곳에 또 하나의 도시와 기지가 건설되었는데, 영국인들은 그곳을 세인트 데이비드 요새Fort St. David나 쿠달로르Cuddalore로 불렀다. 봄베이, 캘커타, 그리고 마드라스의 사장들은 서로 독립적인 존재여서 런던에 있던 행정관에게만 의무를 다하고 있었다.

프랑스는 갠지스 강변에서 캘커타 위쪽의 샹데르나고르, 마드라스에서 남쪽으로 80마일 되는 지점에 있는 퐁디셰리, 그리고 서해안에서 봄베이의 남쪽으로 멀리 떨어져 있고 중요도가 약간 떨어지는 제3의 기지인 마에Mahé를 식민지로 건설했다. 그러나 프랑스는 인도양에 이미 언급한 바 있는 중계기지로서 프랑스 섬과 부르봉 섬을 소유하고 있다는 이점을 가지고 있었다.

인도에서 뒤플레와 라 부르도네

프랑스에게 더욱 다행스러웠던 점은 당시 인도 반도에서 일을 하고 있던 뒤플레와 라 부르도네라는 두 지도자의 개인적인 성격이었다. 인도에 주재하는 어떤 영국인보다 능력이 뛰어나고 성격이 좋았던 이 두 사람이 서로 협력하여 일을 했더라면 영국의 인도 식민지 건설을 무력화시킬 수도 있었을 것이다. 그러나 불행하게도 그들은 바다와 땅 중에서 어느 곳에 더 주력해야 할지 주저했는데, 이것은 마치 프랑스의 지리적 위치에 따르는 고민을 미리 보는 것 같았다. 뒤플레는 통상 이익에 무관심하지 않았지만, 프랑스가 수많은 종속국들을 다스리게 될 대제국을 건설하는 데에 시선을 고정시켰다. 그는 이러한 목표를 달성하기 위해 대단한 기지와 지칠 줄 모르는 활력으로 일했다. 아마도 그는 멋진 상상력이 솟구치는 사람이었는지도 모른다. 그러나 그가 라 부르도네를 만날 때마다 불화가 생겼다. 라 부르도네는 해양에서의 우위를 목표로 삼고서 동양의 음모와 동맹이라는 불안정한 것 대신에 본국과의 자유롭고 확실한 왕래를 기반으로 한 자치령을 건설한다는 단순하고 건전한 생각을 갖고 있었다. 뒤플레가 더 높은 목표를 가졌어야 한다고 믿었던 한 프랑스사가는 "해군의 열세가 그 발전을 가로막은 중요한 원인이었다"고 기술했다.[85] 해군의 우세는 스스로 뱃사람이자 한 섬의 통치자였던 라 부르도네가 목표로 삼은 것이었다. 영국 식민지에 비해 캐나다가 허약했기 때문에 그곳에서 해양력이 실질적인 쟁점을 변화시킬 수 없었을지도 모른다. 그러나 인도에서 경쟁국들의 상황으로 볼 때, 모든 것은 해양의 지배 여부에 달려 있었다.

---

85) Martin, *History of France*.

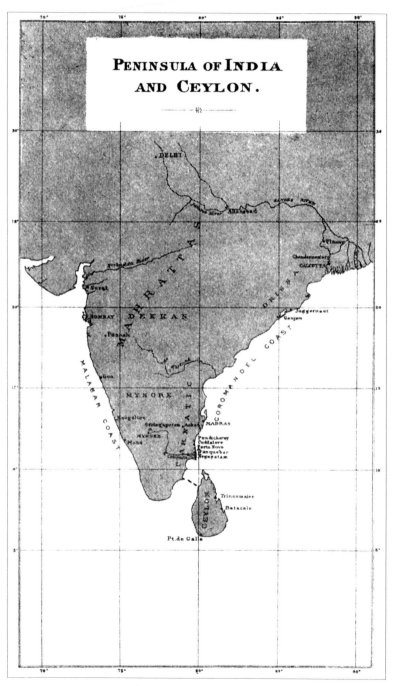

〈그림10〉 인도 반도와 실론

외국의 주요 전쟁터에서의 세 나라의 상대적인 상황은 이상과 같았다. 여기에서 아프리카 서해안에 있는 식민지들에 대해 언급하지 않은 이유는 그것들이 군사적 중요성이 전혀 없는 단순한 무역 기지에 불과했기 때문이다. 희망봉을 차지하고 있었던 네덜란드는 전쟁 초기에 능동적인 역할을 하지 않았지만, 18세기 초에 일어난 여러 전쟁에서 영국이라는 동맹국 덕분에 살아남을 수 있었기 때문에 영국에 상당히 호의적인 중립국이었다.

경쟁 중인 해군들의 상황

아직까지 중요성을 인식하지 못했던 해군의 상황에 대해 간단하게 언급할 필요가 있다. 함정의 정확한 숫자나 상태를 정확하게 설명할 수는 없지만 상대적인 효율성은 공평하게 평가할 수 있다. 그 당시 영국 해군역사가였던 캠벨Campbell은 1727년에 영국 해군이 60문 이상의 함포를 탑재한 84척의 전열함, 50문의 함포를 탑재한 40척의 함정, 54척의 프리깃 함과 소형 함정을 보유했다고 기록했다. 1734년에는 70척의 전열함과 50문의 대포를 가진 19척의 함정으로 줄어들었다. 스페인과 4년간 전쟁을 치르고 난 1744년에는 90척의 전열함과 84척의 프리깃 함을 보유했다. 캠벨에 따르면, 첫번째 전쟁이 끝날 무렵인 1747년에 스페인 해군이 22척의 전열함, 그리고 프랑스가 31척의 전열함만을 소유한 데 비해, 영국 해군은 126척의 전열함을 소유했다. 프랑스 저술가가 조사한 것은 다소 부정확하기는 하지만, 프랑스 해군의 함정 수가 유감스러울 정도로 줄었을 뿐만 아니라 함정의 상태도 나빴고, 조선소의 자재도 부족했다고 말하고 있는데, 이러한 것들은 캠벨의 기록과 서로 일치하고 있다. 이와 같이 해군을 경시하는 경향은 계속되었으며, 1760년에야 비로소 국민들은 그 중요성을 깨닫고 해군을 증강시키려고 노력했다. 그러나 프랑스의 가장 심각한 패배를 막기에는 때가 너무 늦었다. 프랑스와 마찬가지로 영국에서도 평화시대가 오래 지속됨으로써 규율과 행정이 무너져가고 있었다. 무장이 무용지물이라는 소문이 나돌았으며, 크림전쟁의 발발 당시에 있었던 스캔들을 생각나게 했다. 반면에 함정이 거의 없어진 프랑스는 그것을 대체할 함정의 필요성을 느끼게 되었는데, 새로 진수되는 함정들은 좀더 근대적이고 과학적이었기 때문에 동급의 낡은 영국함정들보다 우수했다. 저술가 개개인의 불평을 받아들이는 데에는 신중을 기해야 하는데 프랑스의 저술가들은 영국함정이 더 빠르다고 주장한 반면, 같은 시기의 영국인들은 자기들의 함정이 더 느리다고 불평했다. 1740년에서 1800년 사이에 건조된 프랑스함정들이 영국의 동급 함정들보다 더 대형이고 디자인이 좋았다는 점은 일반적으로 인정해도 좋을 것 같다. 영국은 확실히 장병들의 수와 질면에서 프랑스보다 우수했다. 영국 장교들은 상태가 좋든 나쁘든 간에 출동을 나가 자신의 업무에 충실했다. 반면에 프랑스 장교들 가운데 5분의 1은 1744년에 근무지에서 이탈한 상태에 있었다. 이러한 영국의 우위는 실전을 통해 점점 더 확고하게 되어 우세한 병력을 가진 프랑스의 군항을 봉쇄할 수 있었던 것이다. 프랑스함대는 출동을 나갔을 때 실전기술이 영국보다 뒤진다는 것을 곧 알 수 있었다. 반면에 영국은 선원 수가 많기는 했지만 통상의 요구가 너무 커서 전 세계에 흩어질 수밖에 없었고, 따라서 함대의 일부는 항상 승무원의 부족을 절실히 느껴야 했다. 훌륭한 선원이 되기 위해서는 풍부한 경험이 필요하지만 선원이 부족했기 때문에 가리지 않고 누구든지 선원으로 고용하는 바람에 무능력하거나 병든 사람들이 선원이 됨으로써 전체의 질이 떨어지게 되었다. 당시 함정 승무원들의 상황을 이해하기 위해서는 세계일주 항해를 준비하고 있던 앤슨Anson과 전쟁준비를 위해 무장하고 있던 호크에게 보낸 문서를 읽어볼 필요가 있다. 그 문서에 있는 진술은 거의 믿을 수 없으며, 내용도 대단히 비참했다. 그것은 공중위생과 관련된 문제만은 아니었다. 제공된 물자들은 해상 생활에는 맞지 않았던 것이다. 영국 해군이나 프랑스 해군이나 장교 가운데 많은 무능력자를 솎아낼 필요가 있었다. 하지만 그 당시는 아부와 정치적 영향력이 전성기를 맞이한 시대였고 게다가 오랫동안 평화를 누린 후 모두가 훌륭한 군인처럼 보였기 때문에 누가 더 시대적인 시련을 잘 극복하고 또한 솔선수범하여 전쟁의 임무를 수행할 것인지 구별하는 것은 거의 불가능했다. 양국 모두 한 세기 전만 해도 전성기에 있었던 장교들에게 의지하는 경향이 있었는데, 그 결과는 좋지 않았다.

버논과 앤슨의 원정

영국은 스페인에 대해 1739년 10월에 전쟁을 선포했다. 영국은 분쟁의 원인이었을 뿐만 아니라 풍부한 전리품을 쉽게 얻을 수 있을 것으로 생각된 스페인령 아메리카 식민지들에 대해 최초로 행동을 개시했다. 최초의 원정대는 같은 해 11월에 버논Bernon 제독의 지휘하에 출항하여 대담한 기습 공격을 통해 포르토 벨로를 점령했다. 그러나 갈레온들이 이미 출항해버린 항구에는 겨우 만 달러 정도의 돈만 있었을 뿐이었다. 자메이카로 돌아온 버논은 다시 대규모 증원군을 받았으며, 만 2천 명의 지상군도 버논의 부대에 합류했다. 그는 이러한 증원부대를 거느리고 1741년과 1742년 사이에 카르타헤나와 쿠바의 산티아고Santiago를 공격했으나 모두 실패했다. 함대사령관과 지상군 장군은 서로 다투었는데, 다른 지휘관의 작전을 분명하게 이해하지 못하던 그 당시에는 흔한 일이었다. 매리엇Marryatt은 카르타헤나 공격 당시에 있었던 오해를 유머를 섞어 이렇게 과장하여 표현했다. "육군은 해군이 두께가 10피트나 되는 성벽을 파괴할 수 있을 것이라 생각했고, 해군은 수직으로 30피트나 되는 그 성벽을 왜 육군이 기어오르지 않는지 의아하게 생각했다."

1740년 앤슨의 지휘하에 출항한 또 다른 원정대는 끈기와 인내력을 보여주었을 뿐만 아니라 아주 힘들었지만 결국은 승리를 거둠으로써 유명해지기도 했다. 그 원정대의 임무는 케이프 혼Cape Horn을 돌아 남아메리카 서부 해안의 스페인 식민지를 공격하는 것이었다. 이 전대는 행정이 원활하게 돌아가지 않아 예정보다 상당히 지체한 후, 1740년 말에야 출항하게 되었다. 일년 중 기후가 가장 좋지 않은 계절에 케이프 혼을 통과했기 때문에, 전대는 아주 엄청난 폭풍우를 계속하여 만났다. 그 결과 전대는 뿔뿔이 흩어졌으며, 다시는 모두 집결할 수 없었다. 앤슨은 수없이 모험을 한 다음에야 후안 페르난데스Juan Fernandez에 전대의 일부를 집결시키는 데 성공했다. 두 척의 함정은 영국으로 돌아갔으며, 세 번째 함정은 칠레 남서쪽에서 잃어버렸다. 그리하여 그는 남은 세 척의 함정을 이끌고 파야타Payta라는 도시를 약탈하고 남아메리카 해안을 따라 항해했다. 그의 의도는 가능한 한 파나마와 가까운 곳에 접근하여 버논과 손을 잡고 그곳과 파나마 지협을 빼앗는 작전을 펼치는 것이었다. 카르타헤나의 재난에 익숙해진 그는 태평양을 가로질러 매년 아카풀코Acapulco에서 마닐라로 항해하는 두 척의 갈레온을 기다렸다가 공격하기로 결심했다. 그는 태평양을 횡단하는 과정에서 자신에게 남아 있던 함정

두 척 중 상태가 너무 나쁜 한 척을 파괴할 수밖에 없었다. 나머지 한 척을 가지고 그는 자신의 마지막 계획에 성공하여 150만 달러의 정금을 실은 대형 갈레온을 나포했다. 수없이 발생한 불행한 사건으로 말미암아 그 원정은 약탈을 제외하고는 아무런 군사적인 행동을 할 수 없었지만, 결과적으로 스페인의 정착지를 당혹스럽게 만들었다. 그러나 원정대의 연속적인 불운과 그러한 불운 속에서도 커다란 성공을 거둔 인내심이 그 원정에 명성을 안겨주었다.

오스트리아 왕위계승전쟁 발발

이미 스페인과 영국이 전쟁하고 있는 중이었지만, 유럽에 전쟁을 일으킬 두 사건이 벌어졌다. 그 해 5월에 프리드리히 대왕이 프러시아 국왕이 되었으며, 10월에는 이전에 스페인 왕위를 둘러싼 왕위계승 주장자였던 오스트리아의 황제 찰스 6세가 사망했다. 그에게는 아들이 없었으며, 따라서 유언으로 장녀인 마리아 테레지아Maria Theresa에게 자신의 영토를 넘겨주었는데, 이것은 그가 몇 년 동안 지향해왔던 외교적 노력을 계승시키려는 의도에서 비롯된 조치였다. 이러한 왕위계승은 유럽의 강대국들에 의해 보장되었다. 그러나 약해 보였던 그녀의 지위가 다른 군주들의 야심을 자극했다. 바바리아 선거후는 프랑스의 지원을 받아 모든 유산을 자신의 것이라고 주장했다. 한편 프러시아 국왕은 실레지아Silesia 지방을 요구하다가 마침내 점령해버렸다. 다른 강대국들도 이 두 문제에 개입했다. 한편 국왕이 하노버 선거후였던 영국의 입장은 대단히 복잡했다. 영국인들은 주로 오스트리아에 대해 대단히 호의적이었지만, 결국 중립을 선택했다. 그 동안 스페인령 아메리카에 대한 원정실패와 영국 통상의 심각한 피해가 월폴에 대한 전반적인 원망을 불러일으켰으며, 그 결과 그는 1742년 초에 사직하고 말았다.

오스트리아에 대한 영국의 연합

새로운 대신을 맞이한 영국은 오스트리아와 공개적으로 동맹국이 되었다. 의회는 오스트리아 여왕에 대한 보조금을 지원할 뿐만 아니라 오스트리아령 네덜란드에 대한 보조병력으로서 부대를 파견하기로 결정했다. 동시에 영국의 영향하에 있던 네덜란드는 영국과 마찬가지로 이전의 조약에 의해 마리아 테레지아의 왕위계승을 지원해야 했으므로 역시 보조금을 지급하는 데 동의했다. 이리하여 영국과 네덜란드는 주요 교전국으로서가 아니라 오스트리아 여왕에 대한 지원자로서 프랑스와의 전쟁에 참전하게 되었다. 실제로 전쟁터에 있는 병력을 제외한 영국과 네덜란드 국민은 아직도 평화상태에 있다고 생각하고 있었다. 그러한 미지근한 상황은 결국 하나의 결과를 초래했다. 프랑스 역시 양국의 방위동맹 때문에 해상에서 스페인을 지원하는 입장에 있었지만 프랑스는 여전히 영국과 평화관계에 있는 것처럼 가장했다. 그런데 프랑스 저술가들이 양국 사이의 공개적인 전쟁기간이 아니라는 이유로 프랑스에 대한 영국함정의 공격을 불평하는 것은 정말 이상한 일이다. 1740년에 프랑스 전대가 아메리카로 가는 스페인 선단을 지원했다는 것은 이미 앞에서 언급한 바 있다.

지중해의 해군 문제

오스트리아의 적으로서 대륙전쟁에 참여하게 된 스페인은 1741년에 바르셀로나로부터 이탈리아에 있는 오스트리아 소유지를 공격하기 위해 만 5천 명의 병사를 파견했다. 지중해에 있던 영국의 해덕 Haddock 제독은 스페인함대를 찾아다니다가 마침내 발견했다. 그러나 12척의 프랑스의 전열함이 스페인함대와 함께 있었는데, 프랑스 사령관은 자신이 스페인함정과 함께 원정에 참가했으며, 만약 영국과 공식적인 전쟁관계에 있는 스페인이 공격을 받으면 싸우라는 명령을 받았다고 해덕에게 말했다. 스페인과 프랑스 양국의 병력이 자신의 병력보다 두 배나 많았으므로, 해덕은 포트 마혼으로 퇴각하지 않을 수 없었다. 그 후 그는 곧 해임되었다. 새로운 사령관이 된 매슈스Matthews는 즉시 지중해 최고사령관과 사르디니아의 수도인 투린의 장관직을 겸하게 되었다.

전쟁에 미친 해양력의 영향

1742년 중에 매슈스 휘하의 한 함장은 수척의 스페인 갤리를 추적하여 프랑스의 생 트로페St. Tropez 항구로 몰아넣었다. 그는 프랑스가 중립상태에 있었는데도 불구하고 그 항구 안까지 밀고 들어가 스페인함정을 불태워버렸다. 같은 해에 매슈스는 마틴 준장 휘하의 전대를 나폴리로 파견하여, 부르봉 왕가 출신의 국왕에게 이탈리아 북부에서 오스트리아군에 맞서 스페인 육군과 함께 있던 2만 명의 병사를 철수시키도록 강요했다. 적이 협상을 제안하자 마틴은 자신의 시계를 꺼내고서 항복하는 데 1시간의 여유를 주겠다고 대답했다. 나폴리의 부르봉 왕가 출신 국왕은 항복하는 수밖에 없었다. 영국함대는 위험한 적으로부터 오스트리아 여왕을 해방시켜주고, 24시간 동안 항구에 머무른 후 떠났다. 그때부터 스페인이 이탈리아에서 벌인 전쟁은 프랑스를 통해 군대를 수송함으로써만 가능하게 되었다. 왜냐하면 영국이 해상과 나폴리의 행동을 지배하고 있었기 때문이다. 생 트로페와 나폴리에서 일어난 이 두 사건은 연로한 플뢰리에게 깊은 인상을 주었다. 그는 확고한 기반을 쌓은 해양력의 중요성과 영향에 대해 너무 늦게 깨달았던 것이다. 양국에서 불만의 원인들이 누적되기 시작했으며, 영국과 프랑스가 전쟁의 지원국 역할을 하면서 쓰고 있던 가면을 벗을 때가 빠르게 다가오고 있었다. 그러나 그러한 때가 오기 전에, 영국의 해양력과 부는 사르디니아 국왕으로 하여금 오스트리아 편을 들도록 했다. 프랑스와 동맹을 맺을 것인가 아니면 영국과 동맹을 맺을 것인가 하는 갈림길에 있던 국왕의 고민은 보조금과 지중해에서의 강력한 영국함대의 지원약속에 의해 끝났다. 그 대가로 그는 4만 5천 명의 병력을 전쟁에 투입시키기로 약속했다. 이 협정은 1743년 9월에 체결되었다. 10월에 플뢰리가 죽자, 루이 15세는 스페인과 조약을 체결했다. 이 조약에 의해 그는 영국과 사르디니아에 대해 전쟁을 선포했을 뿐만 아니라 지브롤터, 마혼, 조지아와 마찬가지로 이탈리아에 대한 스페인의 요구를 지지하기로 약속했다. 이리하여 전쟁이 임박하게 되었지만, 선전포고는 아직도 주저되고 있었다. 따라서 명목상의 평화가 유지되고 있는 동안에 가장 큰 해전이 발발하게 되었다.

1743년 후반기에 스페인의 펠리페 대공은 오스트리아에게 비우호적이었던 제노아 공화국의 해안에 군대를 상륙시키려 했다. 그러나 그 시도는 영국함대에 의해 좌절되었고, 스페인함정은 툴롱으로 퇴각할 수밖에 없었다. 그들은 영국함대의 우수성 때문에 4개월 동안 그곳에 머물면서 밖으로 나갈 수 없었다. 이러한 상황에서 스페인은 루이 15세에게 호소하여 드 쿠르De Court의 지휘하에 있던 프랑스

함대의 파견명령을 받아낼 수 있었다. 드 쿠르 제독은 80세의 노인으로서 루이 14세 당시의 베테랑이었는데, 그는 스페인함대를 제노아 만이나 스페인 항구까지 호위하라는 명령을 받았다. 프랑스함대는 공격을 받지 않는 한 발포하지 말라는 명령을 받고 있었다. 드 쿠르는 효율성을 거의 믿을 수 없는 스페인함대와 최대한으로 공동작전을 펼치기 위해 훨씬 오래 전에 데 뢰이터가 했듯이 스페인함정을 분산시켜 자신의 함정들 속에 배치해주도록 제안했다. 그러나 스페인의 제독이었던 나바로Navarro는 그 제안을 거부했다.

툴롱 해전(1744)

연합함대의 전투진형은 선두에 9척의 프랑스함정, 중앙에 6척의 프랑스함정과 3척의 스페인함정, 후미에 9척의 스페인함정, 모두 합하여 27척으로 형성되었다. 연합함대는 1744년 2월 19일에 툴롱을 출항했다. 예르Hyères 앞바다에서 감시하고 있던 영국함대는 연합함대를 추격했으며, 그리하여 22일에는 영국의 선두와 중앙이 연합함대에 접근하는 데 성공했다. 그러나 영국의 후미는 몇 마일이나 풍상쪽에 떨어져 있어서 선두를 지원할 수 없었다(〈그림11〉). 동풍이 불고 있는 상태에서 양 함대는 남쪽으로 향하고 있었는데, 영국이 풍상의 위치에 있었다. 함정의 수는 거의 비슷했다. 영국함정의 수가 29척이었고 연합함대의 함정 수는 27척이었다. 그러나 이러한 수적인 면에서의 우위는 영국 전대의 후위가 합류하는 데 실패하면서 역전되었다. 후위전대의 사령관이 그러한 진로를 취한 것은 매슈스에 대한 악의 때문이었다. 분리되어 있는 위치에서 그가 사령관과 합류하기 위해 모든 돛을 펴고 항해했다는 것은 입증되기는 했지만, 그는 후에 공

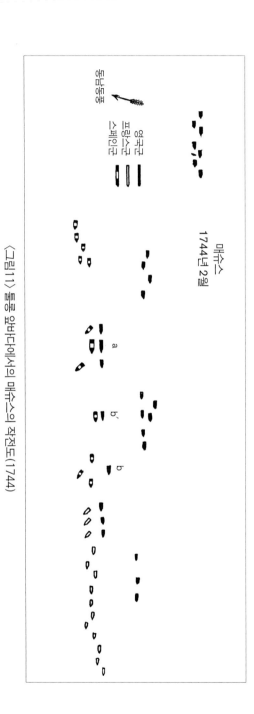

〈그림11〉 툴롱 앞바다에서의 매슈스의 작전도(1744)

격할 수 있었는데도 공격하지 않았다. 그는 전투진형을 유지하라는 신호와 싸우라는 신호가 동시가 게양되어 있었다고 변명했다. 그것은 대형을 형성하라는 신호를 무시하고 싸우기 위해 전열을 벗어날 수 없었다는 의미였다.[86] 이 변명은 그 뒤에 열린 군사법정에서 받아들여졌다. 실제 상황에서 하급지휘관의 나태함으로 고통받았던 매슈스는 자신이 더 이상 머뭇거리면 적이 도피할까 두려워 영국의 선두전대가 적의 중앙전대와 나란히 있을 때 싸우라는 신호를 보냈다. 그는 즉시 전열에서 벗어나 90문의 함포를 장비한 자신의 기함으로 적의 전열 중 110문의 함포를 장비한 스페인 기함(a) 로열 필립Royal Philip 호를 공격했다. 이 공격을 할 때 그는 바로 앞과 뒤에 있던 함정들로부터 적극적인 지원을 받았다. 공격시점은 신중하게 선택된 것처럼 보인다. 다섯 척의 스페인함정은 사령관의 기함 전후에 있는 두 척의 함정에게만 기함을 지원하는 역할을 맡기고서 멀리 뒤쪽으로 뿔뿔이 흩어졌다. 그리고 나머지 세 척의 스페인함정은 계속 프랑스 함대와 행동을 같이하고 있었다. 영국함대의 선두가 멈춘 채 연합함대의 중위전대와 교전하게 되자 연합함대의 선두는 상대할 적이 없어졌다. 그리하여 접전을 벌이지 못하게 된 연합함대의 선두는 영국의 선두를 사이에 두고 포격을 할 수 있도록 영국함대 전열의 선두에 대해 풍상 쪽을 차지하기 위해 침로를 바꾸려고 했다. 그러나 그러한 행동은 영국의 훌륭한 세 함장에 의해 저지되었다. 그들은 신호를 무시하면서까지 자신들의 주도적인 위치를 유지함으로써 병력을 배가시키려는 적의 시도를 저지시켰다. 이러한 행위 때문에 그들은 군법

---

86) 매슈스는 전투진형을 의미하는 기류신호를 보낸 후 진형이 미처 형성되기 전에 공격신호를 다시 보냈다. 그런데 당시 영국 해군은 전투진형의 형성을 가장 중요한 것으로 간주했다. 후위전대 사령관은 레스토크L'Estocq였다.

회의에서 면직당했다가, 나중에 복직되었다. 그러나 중앙에 있던 영국의 거의 모든 함장들은 신중하지 않고 정당화될 수도 없는 신호위반을 했다. 그리고 선두에 있는 몇 명의 함장들도 이러한 행위를 했다. 이 선두의 함장들은 자국의 최고사령관이 가까운 곳에서 격렬하게 전투를 벌이고 있는데도 원거리 포격만을 계속하고 있었다. 예외적인 행동을 한 사람은 후에 훌륭한 제독이 된 호크 대령뿐이었다. 그는 최고사령관의 행동을 본받아 맨 처음 목표로 삼은 적을 물리친 다음 선두에서 자신의 위치(b)를 벗어나, 다른 5척의 함정들과 함께 스페인함정(b′)을 막다른 골목에 밀어넣어 나포했다. 그것이 그날 얻은 유일한 성과였다. 그 해전의 군사적인 사항에 대해서는 더 이상 주목할 가치가 없으며, 가장 중요한 것이라고 하면 호크가 얻은 성과뿐이었다. 국왕과 정부는 이 해전에서의 호크의 역할을 잊지 않았다. 전쟁을 선포한 지 5년 후에 이 전쟁(40년 동안 계속될 드라마 중 최초의 장면)에서 확실하게 우세한 해군을 갖고 있던 영국이 얻으리라고 기대하고 있던 결과를 얻는 데 실패한 이유는 영국 함장들의 전반적인 비효율성과 만연된 부정행위였다. 이러한 사실은 해군장교들에게 자기 시대의 전쟁상황들을 연구해서 스스로 마음을 준비하고 지식을 축적할 필요가 있다는 교훈을 주고 있다.[87]

---

87) 모든 시대의 장교들에게 이 툴롱 해전보다도 더 충격적인 경고를 주는 것은 근대 해군사에서 없다. 이 해전은 해군의 활동이 비교적 무기력했던 때에 발생하기는 했지만, 화력을 통해 인간의 명성을 시험했다. 필자의 판단으로는, 이 해전의 교훈은 자신의 직업에 대한 지식과 전쟁이 요구하는 정서를 알려고 하지 않는 사람들에게 불명예스러운 실패의 위험이 존재한다는 점이다. 보통 사람들은 겁쟁이가 아니다. 그러나 그들은 중요한 순간에 적절한 방향을 직관적으로 택할 수 있는 능력을 천부적으로 부여받은 사람도 아니다. 그러한 능력은 경험과 심사숙고를 통해 얻을 수 있다. 만약 이 두 가지가 그들에게 결여되어 있다면, 그들은 무엇을 할지 모르거나 혹은 완전한 자기희생이나 자신의 지휘가 필요하다는 사실을 깨닫지 못함으로써 우유부단하게 될 것이다. 면직을 당한 함장들

영국함대의 패배 원인

그 해전에서 수많은 해군 장교들이 그렇게 어리석은 행동을 한 것은 그들이 야비하거나 겁이 많아서였던 것 같지는 않다. 그것은 그들이 마음의 준비가 되어 있지 않았고 또한 군사적인 효율성도 부족했기 때문이었는데, 그것이 사령관의 지도력 부족과 결합되어 그렇게 나타난 것 같다. 사령관이 무례하고 난폭하게 대했기 때문에 부하장교들이 사령관에 대해 좋지 못한 감정을 갖게 된 것이 이러한 대실패의 원인이었다. 여기에서 주의해야 할 것은 부하들에 대한 사령관의 성심성의와 선의가 가져다줄 효과이다. 그것이 군사적인 성공을 거두는 데 필수적인 요소는 아닐 수 있지만, 그러한 성공에 꼭 필요한 다른 요소들에 정신, 즉 삶의 활력소를 제공하고 있음은 확실하다. 그러한 정신은 그것이 없으면 불가능한 것을 가능하게 해준다. 또한 그러한 정신은 아무리 엄격한 훈련을 받더라도 달성할 수 없는 최고의 헌신이나 성취를 이룰 수 있게 해준다. 그것이 천부적인 선물임에는 틀림없다. 해군장교들 중에서 널리 알려져 있는 가장 좋은 예는 넬슨일 것 같다. 트라팔가르 해전이 발생하기 직전에 그가 함대에 배치되었을 때, 기함의 갑판 위에 모여 있던 함장들은 자신의 계급도 망각한 채 기쁨에 들떠 그를 맞이한 것처럼 보인다. 그 해전에서 전사한 더프Duff 대령은 다음과 같이 기록하고 있

중 한 명에 대해 다음과 같은 이야기가 있다. "그의 명성에 회복할 수 없을 정도로 타격을 준 그 불행한 사건이 발생하기 이전에 그보다 더 훌륭하고 더 고귀한 품성을 가진 사람은 없었다. 그를 잘 알고 있고 대중으로부터 존중받고 있던 많은 당대인들은 분명하게 인정되고 밝혀진 사실을 거의 믿을 수 없었다. 그들은 용감하고 대담한 버리쉬Burrish 대령이 달리 행동한다는 것은 거의 불가능하다고 믿었다." 그는 25년간 복무했으며, 그 중 11년간 함장으로 해상근무를 했다(Charnock의 *Biographia Novalis*). 유죄선고를 받은 다른 사람들도 훌륭한 인품을 갖고 있었다. 그리고 재판을 피하기 위해 도망간 리처드 노리스 Richard Norris도 상당히 좋은 평판을 듣고 있던 사람이었다.

다. "넬슨 제독은 아주 자애롭고 뛰어난 사람이자 매우 친절한 지도
자라서 우리 모두는 그가 바라는 것 이상을 할 수 있기를 원하여 그
가 명령을 내리기 전에 미리 일을 해치웠다." 넬슨 자신도 이러한 자
신의 매력과 그 가치를 알고 있었는지, 나일 강 해전 때 하우 경에게
다음과 같이 편지를 썼다. "나는 형제 같은 부대를 지휘하는 행복을
누렸습니다."

해전 이후의 군법회의

툴롱 해전에서 매슈스가 얻은 악명은 그 해전을 이끌어간 기술이
나 해전의 결과 때문이 아니었다. 그것은 국내의 불만과 해전 이후
에 열린 군법회의의 횟수와 판결 때문이었다. 사령관과 부사령관,
그리고 29명의 함장 중 11명이 기소되었다. 사령관은 전열을 깨뜨
렸다는 이유로 해임되었다. 하지만 그가 적과 싸우기 위해 전열에서
벗어났을 때, 휘하의 함장들이 그를 뒤따르지 않은 것이 사실이다.
그러한 군법회의의 결정은 상당한 모순을 가지고 있었다. 부사령관
은 이미 설명한 전술적 배경 때문에 무죄로 석방되었다. 그는 멀리
떨어져 있었기 때문에 전열에서 벗어나는 잘못을 피할 수 있었던 것
이다. 11명의 함장들 중 1명은 전사했으며, 1명은 실종되었고, 7명은
해임되거나 휴직되고, 2명만이 무죄선고를 받았다. 프랑스와 스페
인에서도 상황은 비슷했다. 상호간에 비난이 벌어졌다. 프랑스의 드
쿠르 제독은 사령관직에서 해임되었지만 스페인 사령관은 전투에
서 최선을 다했다고 하여 데 라 빅토리아de la Victoria 후작의 작위를
받았다. 반면에 프랑스측에서는 스페인 사령관이 아주 사소한 부상
을 이유로 갑판에서 내려갔으며, 우연히 그 배에 타고 있던 프랑스

대령이 실제로 그 전투를 지휘했다고 주장했다.

영국 해군의 비효율적인 전투

보통 자주 쓰이는 표현을 빌리자면, 40년 전에 일어난 말라가 해전 이후 최초의 전면전이었던 이 해전은 영국 국민들을 '일깨워' 건전한 반응을 보이도록 해주었다. 이 해전에 의해 시작된 변화가 계속해서 진행되고는 있었지만, 그 결과가 너무 늦게 나타났기 때문에 전쟁에 적절한 효과를 보여줄 수 없었다. 영국 해양력의 전반적인 가치가 드러난 것은 그 이전이나 이후의 시기에 얻은 눈부신 성공보다는 오히려 부실한 전투에 의해서였다. 그것은 마치 귀중한 능력을 가지고 있을 때는 거의 가치를 발휘하지 못하다가 그것이 없어진 다음에 비로소 그것을 그리워하는 것과 같았다. 이제 영국은 바다의 여왕이 되었다. 그것은 그 자체의 훈련이 잘 된 병력에 의해서가 아니라 적의 허약함 때문에 가능했다. 그리고 영국은 그러한 해양지배로부터 적절한 결과를 얻지 못했다. 가장 확고한 성공이라고 할 수 있는 브레턴 곶의 점령(1745)도 뉴잉글랜드의 식민지 부대에 의해 이루어졌다. 이때 영국 해군은 해양 교통로에 함대를 위치시켜서 귀중한 도움을 주었다. 툴롱 앞바다에서의 잘못된 행동은 서인도제도와 동인도제도의 사령부에 소속된 고급장교들에 의해 반복됨으로써 동인도제도에서 마드라스를 잃는 결과를 초래했다. 해군장교들의 무기력한 행동들이 다른 요인들과 결합됨으로써 본국에서 멀리 떨어진 곳에서 해양력을 행사하는 데 방해를 주었다. 영국 자체의 상황은 불안했다. 그것은 스튜어트 왕가의 대의명분이 여전히 존재하고 있었고, 1744년에 삭스Saxe 원수 휘하의 만 5천 명 병사에 의해 침입이 좌절되기는 했지만——영국해협의 함대와 덩케르크 앞바다에 집결해 있던 수척의 수송선이 폭풍에 의해 난파되었다——그러나 위험은 그 다음해에도 존재하고 있었다. 그 해에 왕위를 노리는 사람이 몇 명만을 데리고 스코틀랜드에 상륙하여 북부 왕국을 세웠던 것이다. 영국에 대한 그의 침입은 성공적이었다. 그러므로 온건한 역사가들은 한때 궁극적으로 성공할 수 있는 기회가 그에게 주어졌다고 생각했다. 영국의 해양력을 완전히 사용할 수 없게 만든 또 다른 족쇄는 대륙 작전에 대한 프랑스의 개입과 프랑스를 막기 위해 사용한 잘못된 수단들이었다. 프랑스군은 독일을 무시하고 오스트리아령 네덜란드로 향했다. 그런데 영국은 자국의 해양 이익과는 무관한 그곳이 프랑스에 의해 정복되는 것을 바라지 않았다. 왜냐하면 안트웨르펜과 오스텐트, 그리고 셸트 강이 경쟁국의 수중으로 들어가게 되면, 영국의 통상이익이 직접적으로 위협을 받기 때문이었다. 프랑스의 이러한 행위를 저지할 수 있는 가장 좋은 방법은 다른 곳에 있는 프랑스의 귀중한 점령지들을 탈취하여 담보물로 삼는 것이었는데, 영국 정부의 허약함과 해군의 비효율성 때문에 그러한 행동을 할 수 없었다. 또한 하노버의 입장이 영국의 행동을 통제하기도 했다. 왜냐하면 그는 허약하고 기회주의적인 내각과 협의를 할 때 군주와의 인연으로 몸이 영국과 결합되어 있기는 했지만, 자신의 모국인 대륙 국가에 대한 통치권, 다시 말하여 모국 군주의 자리에 대한 애착을 강하게 느꼈기 때문이었다. 영국인의 강력한 우월감으로 윌리엄 피트William Pitt 1세가 하노버를 무시한 까닭에 그는 격분했으며, 따라서 피트에게 국사를 맡겨야 한다는 국민의 여망을 오랫동안 받아들이지 않았다. 국내의 분열, 네덜란드에 대한 이해관계, 하노버에 대한 배려라는 서로 다른 여러 대의명분은 의견의 차이를 불러일으켰고, 또한 해전에 대한 적절한 지시와 적절한 사기를 불어넣는 데 실패하도록 만들었다. 그러나 해군 자체의 상황이 조금이라도 나았더라면 보다 나은 결과를 가져올 수도 있었을 것이다. 바로 이러한 상황이었기 때문에 전쟁의 결과는 영국과 그 숙적 사이의 분쟁에 대해 아무런 결과도 가져오지 못했다.

벨기에와 네덜란드에 대한 프랑스의 침공

대륙에서는 1745년 이후에 문제가 두 가지로 압축되었다. 하나는 오스트리아의 소유지 중 어떤 부분을 프러시아, 스페인, 사르디니아에게 줄 것인가 하는 문제였으며, 다른 하나는 영국과 네덜란드 사이의 평화를 프랑스가 어떻게 파괴할 수 있는가 하는 문제였다. 영국과 네덜란드라는 두 해양국은 원래 옛날처럼 전쟁 경비를 공동으로 부담하기로 했지만, 이제는 주로 영국이 부담하고 있었다. 이 전쟁 동안 플랑드르에서 프랑스군을 지휘한 삭스 원수는 그 상황을 간단하게 요약하여 국왕에게 말했다. "폐하, 평화는 마에스트리흐트 Maestricht 성 안에 있습니다." 이 강력한 도시는 뫼즈 강의 수로와 프랑스 육군이 네덜란드 연방을 후미에서 공격할 수 있는 길을 제공했다. 왜냐하면 영국함대가 네덜란드함대와 연합하여 해상에서 프랑스가 공격할 수 있는 길을 가로막고 있었기 때문이다. 1746년 말에는 연합국의 온갖 노력에도 불구하고 벨기에의 거의 전부가 프랑스의 수중에 놓여 있었다. 그리고 이때에 네덜란드의 보조금이 오스트리아 정부를 지원했고 또한 네덜란드 군이 오스트리아령 네덜란드에서 오스트리아를 위해 싸우고 있었지만, 네덜란드 연방과 프랑스 사이에는 명목상의 평화가 유지되고 있었다. 1747년 4월에 "프랑스 국왕이 네덜란드의 플랑드르를 침공했다. 그는 네덜란드 의회가 오스트리아군과 영국군의 보호를 승인했기 때문에 그것을 저지하기 위해 프랑스 육군을 파견하지 않을 수 없다고 말했다. 그러나 또한 그는 프랑스가 네덜란드와의 관계를 단절할 의도를 갖고 있지 않으며, 프랑스에 의해 점령된 지방과 지역들은 네덜란드 연방이 프랑스의 적들에 대한 원조를 중단하는 즉시 네덜란드에 되돌려주겠다고 말했다." 이것은 실질적으로는 전쟁상태였지만, 공식적으로는 전쟁이 아니었음을 뜻했다. 그 해에 수많은 지역이 프랑스의 수중으로 넘어갔고, 이러한 프랑스의 성공이 네덜란드와 영국 양국으로 하여금 협상할 필요를 느끼게 만들었다. 그 해 겨울에 협상은 진행되었다. 그러나 1748년 4월에 삭스가 마에스트리흐트를 포위했다. 이 포위작전은 평화조약을 맺도록 강요하는 역할을 했다.

앤슨과 호크의 해전

그 동안에 활발하지는 않았지만, 해전이 전혀 발생하지 않았던 것은 아니다. 1747년에 영국과 프랑스의 전대는 두 차례에 걸쳐 교전을 치렀으며, 영국이 모두 결정적으로 우세했던 그 교전은 프랑스 해군을 전멸시켰다. 숫자상으로 압도당하면서도 끝까지 저항한 프랑스 함장들은 훌륭하게 전투를 하고 영웅적으로 지구력을 발휘했지만, 이 해전에서 얻을 수 있는 것은 단 하나의 전술적인 교훈뿐이었다. 이 교훈은 처음부터 그랬거나 전투의 결과로 그랬거나 간에 적이 병력면에서 대단한 열세에 놓여 있어 전투명령을 따를 수 없을 경우에, 반대편 지휘관은 총추격 명령을 내려야 한다는 것이었다. 이러한 면에서 투르빌의 실수는 이미 언급한 바 있다. 여기에서 언급하고 있는 최초의 추격을 전개했을 때, 영국 사령관 앤슨은 14척의 함선을 지휘했다. 반면에 프랑스 전대는 8척의 함선으로 구성되었는데, 결과적으로 프랑스 전대는 수적으로 열세였을 뿐만 아니라 개별적인 함정도 약했다. 두 번째의 경우에는 에드워드 호크 경이 14척을 보유했으며, 반면에 프랑스 전대는 9척밖에 없었다. 프랑스 각 함정의 크기는 영국함정보다 컸다. 두 경우 모두 총추격을 하라는 명령이 내려졌으나, 결국은 혼전을 초래하고 말았다. 다른 어떤 행동도 취해볼 기회가 없었다. 그 당시 필요했던 유일한 행위는 도주하는 적을 따라잡는 것이었다. 그렇게 하려면, 가장 속력이 빠르거나 좋은 위치에 있는 함정을 선두로 나서게 하여 적으로 하여금 가장 느린 함정을 포기하게 하든지 아니면 함대 전체를 궁지에 몰리도록 만들어야 한다.

레탕뒤에르의 방어 성공

두 번째 경우에 프랑스 사령관이었던 레탕뒤에르l'Etenduère 준장은 멀리까지 추격당할 염려가 없었다. 그는 250척으로 구성된 상선을 호송하는 중이었는데, 전열함 1척은 계속 상선단과 함께 행동하면서 호송하도록 하고, 자신은 8척의 전열함을 자국 상선단과 적 사이에 위치시킨 다음 돛을 활짝 펴고 공격을 기다렸다. 영국함대는 그곳에 도착하자마자 프랑스 진형의 양편으로 갈라졌으며, 따라서 양편에서 접전이 벌어지게 되었다. 완강한 저항 끝에 프랑스함정 중 6척은 나포되었으나 상선단은 무사했다. 영국인들이 배를 다루는 데 능숙하지 못했으므로 프랑스의 군함 중 나머지 2척은 무사히 프랑스로 돌아갈 수 있었다. 그러므로 에드워드 호크 경이 공격하면서 훌륭한 판단력과 돌파력을 보여주었다면, 숫자상으로 불리한 프랑스 사령관이 주도적인 위치를 차지하기 위해서는 행운이 필요했을 것이다. 한 프랑스 장교가 다음과 같이 한 말은 일리가 있다. "목표가 지상군을 구하거나 지상군의 전개를 확보하는 데 있을 때 한 지점을 방어하는 것처럼, 레탕뒤에르 사령관은 상선단을 보호하고서 자신은 산산조각나 버렸다. 정오에서 오후 8시까지 계속된 전투 이후, 완강한 방어 덕분에 프랑스 상선단은 무사할 수 있었다. 레탕뒤에르와 그 휘하 함장들의 헌신 덕분에 250척의 선박은 그 주인에게로 무사히 돌아갈 수 있었던 것이다. 의심할 수 없는 분명한 헌신적인 행동이었다. 왜냐하면 8척이 14척의 함정과 싸워 무사한 경우가 거의 없었기 때문이다. 8척의 함정밖에 없는 사령관으로서 그는 피할 수도 있는 전투를 받아들였을 뿐만 아니라 부하장교에게 어떻게 자신에게 신뢰를 가지게 할 수 있는지도 알고 있었다. 결국 그는 무너지고 말았지만 아주 훌륭하고 활력에 넘치는 방어작전을 펼쳤다는 훌륭한 증거를 남겼다. 4척의 함정은 돛대가 모두 없어졌고, 2척의 함정에는 앞 돛대만 서 있었다."[88] 영국과 프랑스 양국에 의해 수행된 총체적인 전투는 초기부터 존재한 것이든 아니면 전투 중에 얻은 것이든 간에 유리한 점을 따르는 방법에 대한 연구를 가능하게 해주었다. 또한 특별한 목적을 위해서라면 방어할 희망이 없을 때조차도 용감한 사람들이 얻을 수 있는 결과에 대한 연구소재도 제공해주었다. 자신이 직접 추격할 수 없게 된 호크가 슬룹형 포함sloop of war(외돛배의 일종으로서 상판갑에만 포를 단 소형 포함—옮긴이주)을 서인도제도에 파견했다는 사실을 덧붙여야 할 것 같다. 선단의 일부를 나포하는 단계는 사건 전체의 종말을 다소 암시하기도 하지만, 역사에 생생하게 남아 자신들의 중요한

---

88) Troude, *Batailles Navales de la France*.

과업을 가장 잘 수행하는 연출가들을 흥미롭게 바라보는 관객이라고 할 수 있는 학생 장교들을 분명히 만족시킬 것이다.

동인도제도에 대한 뒤플레와 라 부르도네의 계획

이 전쟁 이야기를 끝내기 전에 그리고 평화조약의 체결에 대해 언급하기 전에, 인도에서의 상거래를 설명하겠다. 당시 인도에서 영국과 프랑스는 비슷한 상황에 있었다. 이미 말한 대로, 그곳에서 일어난 모든 사건은 영국이나 프랑스의 동인도회사에 의해 통제되었으며 또한 인도에서는 뒤플레가, 동인도의 여러 섬들에서는 라 부르도네가 프랑스를 각각 대표했다. 라 부르도네는 1735년에 그 직위에 임명된 이래 지칠 줄 모르는 천재성을 모든 행정분야에서 발휘했는데, 특히 프랑스 섬을 강력한 해군기지로 만들 때 그러했다. 그것은 기초부터 다져야만 하는 작업이었다. 창고, 조선소, 방어시설, 선원 등 모든 것이 부족한 상태였다. 프랑스와 영국 사이에 전운이 감돌고 있던 1740년에 그는 자신이 요청한 것보다 소규모이기는 하지만 동인도회사로부터 전대를 얻는 데 성공했다. 그는 그것을 가지고 영국의 통상과 해운업을 황폐화시키려고 했다. 그러나 전쟁이 실제로 발생했던 1744년에 그는 영국군을 공격하지 말라는 명령을 받았다. 프랑스의 동인도회사는 비록 양국이 전쟁 중에 있기는 하지만 본국에서 멀리 떨어진 곳에서 동인도회사끼리 중립을 유지하기를 원했던 것이다. 오스트리아군에 병사를 파견하면서도 명목상으로는 평화상태에 있었던 프랑스에 대한 네덜란드의 기이한 관계에 비추어 볼 때, 그 제안은 가능했던 것으로 보인다. 그러나 프랑스함대에 내려진 명령은 인도양에서 열세상태에 있던 영국에게 훨씬 유리하게 작용했다. 영국의 동인도회사는 본국 정부나 영국 해군을 포함시키지 않는다는 조건하에 그 제안을 받아들였다. 이리하여 라 부르도네가 오랫동안 그곳에 머물기는 했지만, 그가 유리하다고 예상한 상황은 이미 사라져버렸다. 그러는 동안 영국 해군성은 전대를 파견하여 인도와 중국 사이에서 프랑스 선박을 나포하기 시작했다. 그때가 되어서야 비로소 프랑스 동인도회사는 환상에서 깨어났다. 이러한 행동을 한 다음, 영국 전대는 인도 해안을 따라 항해하다가 1745년 7월에 프랑스령 인도의 행정수도로서 그 당시에 마드라스 총독이 육상으로 공격할 준비를 하고 있던 퐁디세리 앞바다에 모습을 드러냈다. 라 부르도네에게 이제 때가 온 것이다.

한편, 뒤플레는 인도 본토에서 원대한 포부를 가지고 프랑스의 우위를 확립하기 위한 기반을 다지고 있었다. 서기라는 하위직으로 회사에 처음 입사한 그는 뛰어난 능력을 발휘하여 짧은 순간에 샹데르나고르의 통상부서장이 되었다. 그는 통상을 크게 확대하여 영국 통상에 대해 중대한 영향을 주었는데, 그 건물은 후에 파괴되고 말았다. 1742년에 그는 프랑스 총독이 되어 퐁디세리로 옮겼다. 그곳에서 그는 인도를 프랑스 치하에 두겠다는 목표로 정책을 펴기 시작했다. 그는 전 세계의 바다를 이용한 유럽인의 전진과 확산을 통해 동양인들이 유럽인들과 접촉해야 할 때가 왔다고 생각했다. 나아가 그는 자주 정복을 당한 적이 있는 인도가 이제 유럽인들에 의해 정복되려 한다고 판단했다. 프랑스가 인도를 확보해야 하며, 이 분야에서 영국만이 경쟁국이 될 수 있는 것으로 생각한 그는 인도의 정책에 간섭하는 정책을 수립했다. 그러기 위해 그는 먼저 외국인과 독립된 식민지의 수령이 되려 했고, 이미 그러한 위치에 있었다. 이어서는 그는 위대한 무굴Mogul제국의 봉신이 되고 싶어했다. 분할해서 점령하는 것, 현명한 동맹국들에 의해 프랑스의 경계선과 영향력을 확장하는 것, 프랑스의 용기와 기술을 다른 나라에 주입시킴으로써 다른 나라를 갈팡질팡하게 만드는 것이 그의 목표였다. 퐁디셰리는 형편없는 항구였지만, 그의 정치적인 계획을 실현하기에는 알맞은 장소였다. 그곳은 무굴제국의 수도였던 델리Delhi로부터 멀리 떨어져 있어서 프랑스의 공격적인 확장이 두드러지게 나타날 때까지는 별로 눈에 뜨이지 않는 곳이었던 것이다. 그러므로 뒤플레의 목표는 벵갈Bengal 만에서 현재의 위치를 유지하면서, 퐁디셰리 주변의 인도 남동부에 프랑스의 대규모 공국을 건설하는 것이었다.

인도 문제에 미친 해양력의 영향

여기에서 뒤플레가 직면한 문제의 핵심은 인도에 제국을 어떻게 건설할 것인가가 아니라 영국을 어떻게 제거할 것인가 하는 점이었다. 그가 가슴에 품었을 수도 있는 통치권에 대한 가장 원대한 꿈도 몇 년 후에 영국이 실질적으로 성취한 것 이상은 아니었다. 유럽인의 기질은 다른 유럽인의 방해에 의해 없어지지 않는 한 꼭 이야기되어야만 한다. 그리고 다른 한편의 그러한 방해는 해양통제에 달려 있었다. 백인에게는 대단히 참기 어려운 기후였음에도 불구하고 많은 전쟁터에서 그것을 견디어낸 소수의 영웅들이 계속하여 나타났다. 어디서나 항상 그러했듯이, 여기서도 해양력의 행사는 조용하게 이루어져 별로 눈에 띠지 않았다. 그러나 처음에 참전한 영국 해군장교의 비효율성과 해전에서의 결과에도 불구하고, 해양력이 행사한 결정적인 영향력을 입증하기 위해 당시 영국의 영웅이자 대영제국의 건설자이기도 한 클라이브Clive의 자질과 경력을 과소평가할 필요는 없을 것이다.[89] 만약 1743년 이후 20년 동안 영국함대 대신에 프랑스함대가 인도 반도 주변의 해안과 인도와 유럽 사이의 바다를 지배했더라면, 뒤플레의 계획이 실패했을 것이라고 믿을 수 있겠는가? 프랑스의 한 역사가는 다음과 같이 말하고 있다. "해군의 열세가 뒤플레의 계획을 방해한 중요한 원인이었다. 프랑스 해군은 뒤플레 시대에 동인도제도에 모습을 드러내지도 않았다." 그에 대한 이야기를 간단히 요약해보자.

라 부르도네의 마드라스 점령

1745년에 영국은 자국 해군이 육상병력을 지원하기로 되어 있던 퐁디셰리를 포위할 준비를 하고 있었다. 그러나 뒤플레의 정치적 계획이 야기한 효과가 즉시 나타났다. 카르나티크Carnatic의 태수Nabob(무굴제국시대의 인도의 태수太守——옮긴이주)가 마드라스를 공격하겠다고 위협하자, 영국은 계획을 중단했다. 그 다음해에 라 부르도네가 그곳에 나타났으며, 그리하여 그의 함대와 페이턴Payton 사

---

89) "작년에 상당한 병력과 더불어 랄리Lally를 파견한 프랑스인들의 비범한 노력에도 불구하고, 나는 올해(1759) 말이 되기 전에 어떤 예기치 못한 사건이 그들에게 유리하게 발생하지 않는 한, 카르나티크에서 최후의 순간을 맞게 될 것을 확신한다. 우리 전대의 우수성과 카르나티크 해안에서 우리 우방국들이 이 지역(벵갈)으로부터 공급받게 될 모든 종류의 보급품과 풍부한 자금——그에 비해 적은 모든 면에서 부족한 상태에 있었는데, 이 불균형을 바로잡을 수 있는 어떤 수단도 없었다——은 적절하게 관심을 쏟기만 하면 인도의 다른 모든 지역뿐만 아니라 바로 그 지역도 완전히 황폐화시킬 수 있는 이점이었다"(클라이브가 1759년 1월 7일에 캘커타의 피트에게 보낸 편지. Gleig, *Life of Lord Clive*).

클라이브가 여기에서 언급하고 있는 벵갈 지역의 지배와 이용이 최근에 영국인에 의해 달성되었으며 또한 뒤플레의 시대조차 프랑스인들이 그곳을 소유하지 못했다는 점을 기억해야 한다. 나중에 살펴보겠지만, 클라이브가 이 편지에서 예견한 것은 모두 완전히 실현되었다.

령관 휘하의 함대 사이에 전투가 벌어졌다. 그 전투는 무승부로 끝났지만, 영국 장교는 그 해안을 포기하고 프랑스함대에 해상 지배를 넘겨준 채 실론으로 도피했다. 라 부르도네는 퐁디셰리에 투묘했다. 그곳에서 그와 뒤플레 사이에 곧 분쟁이 발생했는데, 본국으로부터 받은 지시에 대한 불평 때문에 분쟁이 더 심화되었다. 9월에 라 부르도네는 마드라스를 육상과 해상으로 동시에 공격하여 빼앗았다. 그는 그곳의 총독과 배상금을 놓고 협상을 벌인 결과, 2백만 불의 배상금을 받았다. 뒤플레는 이러한 사실을 알고서 격노하면서 자신의 관할권 안에 있는 장소에 대한 협상은 무효라고 주장했고 라 부르도네는 대단히 불쾌하게 생각했다. 두 사람이 이렇게 다투고 있을 때, 심한 폭풍이 라 부르도네의 함선 중 2척을 난파시키고 또한 나머지 함정의 돛을 파괴해버렸다. 그리하여 그는 곧 프랑스로 되돌아갔는데, 프랑스 정부는 그의 활동과 열정에 대한 보답으로 그를 3년간 수감했다. 그는 감옥에서의 후유증으로 사망했다. 라 부르도네가 프랑스로 돌아간 후 뒤플레는 협상을 파기했고, 마드라스를 탈환했으며, 그곳에 있는 영국 이주민들을 내쫓았다. 또한 그곳의 방어체계를 더욱 강화했다. 그는 마드라스에서 세인트 데이비드 요새로 진군하여 공략했으나, 영국 함대의 도착으로 말미암아 1747년 3월에 포위를 풀지 않을 수 없었다.

엑스 라 샤펠 평화조약(1748)

그 해에 대서양에 있던 프랑스 해군에 재해가 발생했기 때문에 영국함대는 아무런 방해를 받지 않은 채 바다를 지배할 수 있었다. 그 다음해 겨울에 영국은 아직까지 동방에서는 볼 수 없었던 최대 규모의 함대를 대규모의 육상병력과 함께 인도로 파견했다. 그 함대의 지휘관은 해군 제독이자 육군장교이기도 한 보스카웬Boscawen이었다. 그 함대는 1748년 8월에 코로만델 해안에 나타났다. 퐁디셰리는 육상과 해상으로 공격을 받았는데, 뒤플레의 저항은 성공적이었다. 오히려 영국함대가 허리케인 때문에 큰 피해를 입었으며, 따라서 그곳에 대한 포위공격은 10월에 이르러서야 재개될 수 있었다. 얼마 후에 유럽전쟁이 끝났음을 알리는 엑스 라 샤펠Aix-la-Chapelle 평화조약이 체결되었다는 소식이 들렸다. 본국과의 교통로를 다시 회복한 뒤플레는 기지를 확보하려는 치밀하고 꾸준한 노력을 할 수 있게 되었는데, 그 기지는 해전이 벌어졌을 때 가능하다면 그에게 피신처를 제공해줄 수 있는 곳이어야 했다. 대단한 노력과 재능을 기울인 작업이 완전히 허사가 되어버린 것은 참으로 유감스러운 일이었다. 해군의 지원을 제외하고는 해상공격으로부터 보호받을 수 있는 길이 아무것도 없었는데, 본국에서는 그러한 해군을 지원할 수 없었다.

마드라스와 루이스버그의 교환

평화조건 중 하나는 북미의 식민통치자들이 얻은 전리품이었던 루이스버그와 교환조건으로 마드라스를 북미에 반환한다는 내용을 포함하고 있었다. 루이스버그는 뒤플레가 마지못해 마드라스를 내놓은 것처럼 억지로 프랑스에 양도되었다. 이것은 비스툴라 강변에 있는 퐁디셰리를 다시 정복하겠다고 한 나폴레옹의 장담을 설명해주고 있다. 그러나 해상에서 우위를 차지하고 있던 영국은 마드라스나 인도의 어떤 다른 지역보다 루이스버그를 훨씬 강력하게 만들었고, 그곳이 프랑스의 수중으로 들어가고 난 다음에도 교역을 통해서 얻는 이익은 결정적으로 영국에게로 넘어갔다. 영국인들은 이 정도에 만족하지 않았지만, 그래도 자국의 해양력을 믿고 있었고 또한 자국 해안으로부터 멀지 않은 지점에서 이전처럼 다시 이익을 얻을 수 있다는 것도 알고 있었다. 그들은 사정을 잘 이해하고 있었던 것이다. 그러나 마드라스에 대해서는 그렇지 못했다. 이 양도에 대해 제후들이 얼마나 놀랐을지, 또한 승리의 순간에 이해할 수 없는 힘에 의해 전리품을 양도하도록 강요받은 뒤플레를 보면 제후들에 대한 그의 영향력이 얼마나 상처받았을 것인가는 쉽게 짐작할 수 있다. 제후들의 생각은 옳았다. 그들이 비록 볼 수는 없었어도 그 작용을 인식하고 있었던 신비스러운 힘은 어떤 한 인간, 혹은 국왕이나 정치가가 아니라 바다의 지배였다. 하지만 프랑스 정부가 이미 알고 있던 바다를 지배하는 힘이 영국함대에 대항하여 멀리 떨어진 곳에서 독립성을 유지하려는 소망을 방해했던 것이다.

전쟁의 결과

이 전면전을 종결시킨 엑스 라 샤펠 조약은 영국과 프랑스, 그리고 네덜란드에 의해 1748년 4월 30일 조인되었고, 같은 해 10월 마침내 모든 강대국들도 조인했다. 오스트리아 제국의 일부를 분할하여 실레지아는 프러시아에게, 파르마는 스페인의 펠리페 대공에게, 피드몬트 동쪽의 이탈리아 영토는 사르디니아 국왕에게 나누어준 것을 제외하면, 이 조약의 전반적인 경향은 전쟁 이전의 상태로 돌아가는 것이었다. "큰 사건이 대단히 많았고 또한 막대한 인명과 재산을 상실했는데도 불구하고, 전쟁에 참여한 국가들이 전쟁 초기와 거의 같은 상황으로 종전을 맞이한 전쟁은 아마 없을 것이다." 사실 프랑스와 영국 그리고 스페인에 대해서 보자면, 영국과 스페인 사이의 전쟁 직후에 발생한 오스트리아 왕위계승전쟁은 전쟁의 향방을 거의 완전히 바꾸어버렸으며, 결국 마리아 테레지아의 왕위계승보다 훨씬 더 밀접한 관련을 맺고 있는 분쟁의 해결을 15년 동안이나 지연시켜버렸다. 오래된 적인 오스트리아 왕국이 어려움에 빠져 있을 때였기 때문에, 프랑스는 쉽게 전쟁을 재개할 수 있었고 또한 영국은 독일의 문제에 영향을 주려는 프랑스의 시도에 쉽게 저항할 수 있었다. 이러한 영국의 행동은 국왕이 독일에 대한 관심이 많았기 때문에 이루어진 것이다. 프랑스의 정책이 전쟁을 통해 라인 강과 독일을 거쳐 오스트리아 제국의 심장부로 갈 생각이었는지 아니면 실제로 나타났던 것처럼 멀리 떨어진 곳에 있는 네덜란드의 영유지를 목표로 했는지는 알 수 없다. 전자의 경우에 프랑스는 바바리아에 있는 우방의 영토를 근거지로 삼았고 이어서 당시 군사력을 조금씩 내보이기 시작하던 프러시아에 손을 내밀었다. 그것이 전쟁의 최초 상황이었다. 반면에 네덜란드에서는 적대행위의 주요 무대가 나중에 바뀌었다. 프랑스는 오스트리아를 공격했을 뿐 아니라 그곳에 대한 자신의 침략을 시기하고 있던 해양국들도 공격했다. 그 해양국들은 프랑스의 적들에게 전쟁자금을 지원했다. 전쟁의 핵심은 스페인과 프랑스의 통상에 피해를 주고 프랑스와 맞서는 것이었다. 루이 15세가 평화조약을 맺어야 한다고 스페인 국왕에게 말할 수밖에 없을 정도로 프랑스의 상황은 비참했다. 이미 프랑스 육군이 네덜란드를 차지했음에도 불구하고 루이 15세가 그렇게 단순한 강화조건을 받아들인 것으로 보면, 프랑스는 확실히 상당히 심각한 고통을 받고 있었다. 대륙에서는 그 정도였지만, 프랑스 해군은 전멸했으며, 따라서 식민지와의 교통도 단절된 상태였다. 그리고 그 당시 프랑스 정부가 식민지에 대해 어느 정도 야심을 갖고 있었는지 몰라도, 프랑스 통상이 막대한 피해를 입고 있었던 것은 확실하다.

전쟁 결과에 대한 해양력의 영향

이러한 사정 때문에 프랑스가 평화조약을 맺지 않을 수 없는 상황에 놓여 있을 때, 영국은 1747년에 일어난 스페인령 아메리카와의 분쟁과 해군의 비효율적인 전투를 통해 대륙전쟁에 말려들었다. 이 대륙전쟁에서 고전을 한 탓으로 영국은 8억 파운드의 빚을 짊어지게 되었고, 동맹국이던 네덜란드 연방으로부터 침략하겠다는 위협을 받았다. 평화조약은 프랑스 대표의 위협하에 조인되었다. 프랑스 대표는 평화조약이 지연되면 자국이 점령하고 있는 도시의 요새를 파괴하고 즉시 침공을 시작하겠다고 위협했던 것이다. 동시에 자원이 부족한 형편에 있었던 영국도 이미 모든 자원을 다 써버린 네덜란드로부터 물자를 빌려달라는 요청을 받고 있었다. "그 도시에서 결코 돈이 그렇게 귀하지는 않았지만, 12%에도 미치지 못했다"고 일컬어진다. 따라서 만약 프랑스가 영국 해군에 대항할 수 있는 해군력만 가지고 있었다면, 세력이 열세라도 네덜란드와 마에스트리흐트를 장악하고 있었기 때문에 자국의 뜻을 강요할 수 있었을지 몰랐다. 반면에 대륙으로 가는 도중에 벽에 부딪힌 영국은 해군을 이용하여 바다를 지배하고 있었기 때문에 동일한 조건으로 평화조약을 체결할 수 있었다.

3개국의 통상은 모두 막대한 피해를 입었다. 그러나 계산해보면, 영국이 다른 나라에 비해 2백만 파운드 정도 더 이익을 보았다고 할 수 있다. 다른 방식으로 표현하면, 전쟁 동안에 프랑스와 스페인의 선박 3,434척이 피해를 당했는 데 비해, 영국에서는 3,238척이 피해를 입었다. 그러나 이러한 통계에서는 각국이 보유한 상선 총수와의 관계를 고려해야 한다. 영국에 비해 프랑스의 선박 총수가 천 척 가량 더 많았는데, 그것은 손실도 그만큼 많았음을 의미했다. 프랑스의 어떤 저술가는 다음과 같이 말했다.

레탕뒤에르 전대가 재난을 당한 이후 프랑스 국기는 해상에서 사라져버렸다. 22척의 전열함이 프랑스 해군을 구성하고 있었는데, 60년 전에는 12척만을 가진 적도 있었다. 사략선들도 거의 성과를 거두지 못하고 있었다. 모든 곳에서 추격을 당하면서도 보호받지 못한 사략선들은 거의 모두 영국함정의 사냥감이 되어버렸다. 경쟁자가 없는 영국 해군은 아무런 방해를 받지 않은 채 대양을 누비고 다녔다. 1년 동안에 그들이 프랑스 통상으로부터 7백만 파운드를 빼앗았다고 추정된다. 영국의 해양력은 또한, 프랑스 식민지와 스페인 식민지를 점령할 정도의 능력을 가지고 있었지만 그들에게 주어진 지시에 일관성과 통일성이 결여되었기 때문에 사실상 그렇게 하지 못했다.[90]

요약하자면, 프랑스는 해군의 부족 때문에 정복을 포기하지 않을 수 없었고, 영국은 최대한으로 이용하는 데 실패하기는 했지만 해양력 때문에 국가의 위치를 지킬 수 있었다.

---

90) Lapeyrouse-Bonfils, *Hist. de la Marine Française*.

옮긴이 / 김주식

전북에서 태어나 해군사관학교를 졸업했다.
고려대학교 사학과를 졸업하고 같은 대학 대학원 석사 및 박사 학위 취득 후
프랑스 소르본대학교와 사회과학고등연구원에서 공부했다.
해군사관학교 교수와 박물관장을 역임하고 해군 대령으로 예편했으며,
국립해양박물관 상임이사 겸 운영본부장을 역임하고 현재 해군사관학교 명예교수다.
주요 저서로 《이순신, 옥포에서 노량까지》,《한반도의 운명을 결정한 전쟁이 있으며》,
옮긴 책으로 《조지프 니덤의 동양항해선박사》,《한국전쟁과 미국 해군》,
《영국 해군 지배력의 역사》 등이 있다.

해양력이 역사에 미치는 영향 1

초판 1쇄 발행   1999년 3월 15일
개정 1판 1쇄 발행   2022년 11월 17일
개정 1판 3쇄 발행   2024년 12월 2일

지은이   알프레드 세이어 마한
옮긴이   김주식

펴낸이   김준성
펴낸곳   책세상
등록   1975년 5월 21일 제2017-000226호
주소   서울시 마포구 동교로23길 27, 3층 (03992)
전화   02-704-1251
팩스   02-719-1258
이메일   editor@chaeksesang.com
광고·제휴 문의   creator@chaeksesang.com
홈페이지   chaeksesang.com
페이스북   /chaeksesang   **트위터**   @chaeksesang
인스타그램   @chaeksesang   **네이버포스트**   bkworldpub

ISBN   979-11-5931-555-8 04390
ISBN   979-11-5931-273-1 (세트)